Jürgen Wolf

Investitionsplanung zur Flexibilisierung der Produktion

Jürgen Wolf

Investitionsplanung zur Flexibilisierung der Produktion

DUV Springer Fachmedien Wiesbaden GmbH

CIP-Titelaufnahme der Deutschen Bibliothek

Wolf, Jürgen:
Investitionsplanung zur Flexibilisierung der Produktion / Jürgen Wolf. - Wiesbaden: Dt. Univ.-Verl., 1989
Zugl.: Darmstadt, Techn. Hochsch., Diss., 1989

D 17

Der Deutsche Universitäts-Verlag ist ein Unternehmen der Verlagsgruppe Bertelsmann.

ISBN 978-3-8244-0029-4 ISBN 978-3-322-90636-6 (eBook)
DOI 10.1007/978-3-322-90636-6

Meinen Eltern

Geleitwort

Die Flexibilität hat in der industriellen Produktion ein völlig neues Gewicht bekommen. Durch den Fortschritt der Fertigungstechnologie und die Entwicklung der EDV lassen sich flexible Fertigungssysteme realisieren, wie sie vor wenigen Jahren kaum vorstellbar waren. Damit ist die Flexibilisierung in der Industrie zu einer wichtigen Aufgabe geworden.

Deshalb ist es notwendig, das Problem der Flexibilität unter diesen neuen Aspekten betriebswirtschaftlich zu untersuchen. Die in dieser Schrift gewählte direkte Bezugnahme auf die industrielle Fertigung begründet eine große Aktualität der Ergebnisse. Zugleich zwingt sie dazu, praktisch umsetzbare Verfahren zu entwickeln. Mit dem Bestreben, auf einer eingehenden konzeptionellen und theoretischen Fundierung ein anwendbares Instrumentarium für eine flexibilitätsorientierte Investitionspolitik zu schaffen, hat sich der Verfasser ein hohes Ziel gesteckt.

Zwei Entwicklungslinien sind für ihn bestimmend. In der ersten begründet er eingehend, unter welchen Bedingungen die Flexibilität zu einer eigenen Zielsetzung im Entscheidungsprozeß wird. Hierzu setzt er sich intensiv mit der Entscheidungs- und Ungewißheitstheorie auseinander. Im Ergebnis wird gezeigt, daß die Flexibilität dann eine eigenständige Bedeutung gewinnt, wenn man die engen Prämissen der traditionellen Investitionsplanung aufgibt. Dies bedeutet, daß man die Alternativensuche sowie die Ungewißheit über die Zukunftslagen und Ergebnisse in die Betrachtung einbezieht.

Die zweite Entwicklungslinie zielt auf eine entsprechende Erweiterung der Investitionsplanung ab. Hierzu wird ein praktisch anwendbares Instrumentarium zur Berücksichtigung der Flexibilität in der Investitionsplanung entwickelt. Auf der Basis eines klar herausgearbeiteten Flexibilitätsbegriffs werden "Kapazitätsmatrizen" eingeführt, mit denen sich die Nachfrage und das Angebot an Flexibilität messen lassen. Sie bilden den Kern für ein systematisches Planungsverfahren, dessen Konzeption genau begründet und in jedem einzelnen Schritt operationalisiert wird.

Diese Schrift leistet einerseits einen wichtigen Beitrag zur Entscheidungs- und Investitionstheorie. Andererseits wird ein praktisch umsetzbares Instrumentarium entwickelt, das auf moderne Formen der Fertigung zugeschnitten ist. Ihr besonderer Reiz liegt darin, daß die Brücke zwischen ingenieurmäßiger Güterbetrachtung und wirtschaftswissenschaftlicher Zahlungsorientierung geschlagen wird. Damit schafft sie auch eine Verknüpfung zwischen einem in der Praxis verbreiteten Denken und der betriebswirtschaftlichen Sichtweise.

Prof. Dr. Hans-Ulrich Küpper

Vorwort

Die Aufgabe der Flexibilisierung industrieller Produktionssysteme gewinnt angesichts einer steigenden Nachfrage des Marktes nach Produktionsflexibilität sowie eines zunehmenden Angebots flexibler Fertigungstechnologien immer mehr an Bedeutung. Sie erfordert die explizite Einbeziehung des Flexibilitätsaspekts in die Investitionsplanung. Bezüglich seiner Berücksichtigung besteht in der betrieblichen Praxis wie in der betriebswirtschaftlichen Theorie ein Defizit. In der vorliegenden Schrift wird deshalb der Versuch unternommen, eine flexibilitätsorientierte Investitionsplanung zu entwickeln. Dabei sind im wesentlichen drei Problemkreise zu behandeln: Zunächst ist es für die Verwendung von Flexibilitätsgrößen in der Investitionsplanung unumgänglich, den komplexen Flexibilitätsbegriff zu analysieren und auf dieser Basis eine operationale Beschreibung produktionswirtschaftlicher Flexibilität vorzunehmen. Dem muß sich eine Rechtfertigung der Einbeziehung von Flexibilität als Ziel- und Planungsgröße in den Prozeß der Planung von Produktionsmittelinvestitionen anschließen. Hierzu sind die Probleme der Investitionsplanung aufzuzeigen und die Funktionen einer an der Flexibilität orientierten Investitionsplanung zur spezifischen Lösung dieser Probleme abzuleiten. Schließlich ist die Vorgehensweise der flexibilitätsorientierten Investitionsplanung bei der Auswahl und Bewertung von Investitionsalternativen konkret zu entwickeln.

Diese Schrift stellt die vom Fachbereich Rechts- und Wirtschaftswissenschaften der Technischen Hochschule Darmstadt genehmigte Dissertation mit dem Titel "Investitionsplanung zur Flexibilisierung industrieller Produktionssysteme" dar. Meinem akademischen Lehrer, Herrn Prof. Dr. Hans-Ulrich Küpper, möchte ich an dieser Stelle von Herzen danken. Seine stete wissenschaftliche und moralische Unterstützung hat in überaus hohem Maße zum Gelingen der Arbeit beigetragen. Ich danke ihm gleichzeitig für das schöne Stück gemeinsamen Lebensweges an der Technischen Hochschule Darmstadt und der Johann Wolfgang Goethe-Universität Frankfurt. Meinen Kollegen am Seminar für Controlling der Universität Frankfurt bin ich Dank für ihre Diskussionsbereitschaft und Hilfestellung bei technischen Problemen schuldig. Nicht zuletzt danke ich meiner Familie für das Verständnis, das sie meinem zeit- und nervenraubenden Promotionsvorhaben entgegengebracht hat.

Jürgen Wolf

Inhalt

1. Einführung in die Thematik der betrieblichen Flexibilität

1.1. Zur Relevanz des Flexibilitätsproblems

Der Versuch der Einbeziehung von Flexibilitätsaspekten in die betriebliche Planung gewinnt für den Produktionsbereich angesichts zweier **Entwicklungstendenzen** des letzten Jahrzehnts an Aktualität:
Auf der einen Seite ist ein zunehmendes **Angebot flexibler Produktionstechnologien** für den Einsatz in industriellen Produktionssystemen zu verzeichnen[1]. Dies bewirkt ein gesteigertes produktionstechnisches Potential der Anpassung an Veränderungen der Unternehmensumwelt.
Zum anderen beobachtet man allgemein eine zunehmende Dynamik und Geschwindigkeit des Umweltwandels[2], die mit steigender Umweltkomplexität und -diskontinuität einhergehen[3] und erhöhte **Nachfrage nach Produktionsflexibilität** bewirken[4]. Sie äußert sich insbesondere im Outputbereich der Unternehmung[5] in einer steigenden Vielfalt der Leistungsprogramme bei sich verkürzenden Produktlebenszyklen und wachsender Komplexität der Produktstruktur[6]. Auf der Planungsebene sind demgemäß eine abnehmende Vorhersagbarkeit der Zukunftsentwicklung und damit steigende **Ungewißheit der Planungsgrundlagen** zu konstatieren[7]. Sie stellt das zentrale Planungsproblem dar.

Betriebliche Flexibilität wird im allgemeinen als Grundvoraussetzung dafür angesehen, aus der Ungewißheit erwachsenden Risiken zu begegnen[8], die sich in der Nichtangepaßtheit der geplanten Ausstattung der Unternehmen an potentielle Zukunftsentwicklungen explizieren, und die dem Wandel immanenten Chancen zur Verbesserung der Zielerreichung zu nutzen.[9] "Ungewißheit und flexibles unterneh-

---

1 Vgl. zu einem Überblick Hedrich (Flexibilität), Wildemann (Wirtschaftlichkeitsrechnung) 3ff., Holz/Gaebler (Fertigungssysteme).

2 Zu den Determinanten des Umweltwandels vgl. Volberg (Flexibilität) 52ff.

3 Vgl. Ansoff (Surprise), Gebert (Umwelt) 25ff., Drucker (Age), Meffert (Flexibilität) 121ff., Kirsch/Esser/Gabele (Management) 247.

4 Vgl. Gebert (Umwelt) 80, Brockhoff (Wandel) 619ff.

5 Daneben hat die rasch sich verändernde Umwelt Auswirkungen auf Input- und Prozeßbereich, vgl. dazu Behrbohm (Flexibilität) 8ff. und 34, Busse/Schelo (Produktionsmanagement) 108f.

6 Vgl. Meffert (Flexibilität) 121f., Wildemann (Investitionsplanung) 4, Behrbohm (Flexibilität) 26ff., Schünemann/Lehnen (Berücksichtigung) 501. Diese Entwicklungen gelten insbesondere für den Werkzeugmaschinenbau, vgl. Meffert (Flexibilität) 135, sind aber auch allgemein in der Einzel- bis Großserienfertigung verschiedener Branchen zu beobachten.

7 Dieser Zusammenhang von Umweltdynamik/-komplexität und Unsicherheit ist empirisch belegt durch Duncan (Characteristics) 313 - 327.

8 Darauf weist auch die empirisch belegte Tatsache hin, daß Flexibilität als kritischer Erfolgsfaktor der Unternehmung anzusehen ist, vgl. Hoffmann (Erfolgsfaktoren) 835 und 837, ebenso Wildemann (Investitionsplanung) 4, Biehl (Investition) 52ff., Meffert (Flexibilität) 125ff., Hillmer (Planung) 13ff.

9 Vgl. Behrbohm (Flexibilität) 3 sowie Jacob (Bedeutung) 70: "Das Dilemma, heute Entscheidungen treffen zu müssen, die langfristig wirksam sind, und dies mehr oder weniger in Unkenntnis der Umweltentwicklungen und Datenkonstellationen tun zu müssen, von denen die Wirkung solcher Entscheidungen wesentlich abhängt, läßt den Wunsch wach werden, zumindest in gewissem Umfange anpassungsfähig oder flexibel zu sein ...".

merisches Verhalten sind untrennbar miteinander verbunden."[10] Hieraus resultiert die Planungsaufgabe der **Flexibilisierung von Unternehmungen.** Dabei sind solche Aktionen einzuplanen, die zusätzliches Flexibilitätsangebot in Abstimmung auf die jeweils festgestellte Flexibilitätsnachfrage bereitstellen[11]. Da beschaffungs- und absatzbedingte Flexibilitätsnachfrage unmittelbare Anforderungen an den Produktionsbereich[12] der industriellen Unternehmung stellt und mit den neuen Technologien potentielles Flexibiltätsangebot in ausreichendem Maße bereit steht, erscheint eine **Flexibilisierung der Produktion** notwendig und durchführbar[13]. Das Flexibilitätsangebot von Produktionsmitteln und -systemen wird damit zum zentralen produktionswirtschaftlichen Entscheidungstatbestand[14].

Eine veränderte Betrachtung der Produktionsflexibilität gegenüber "klassischen Flexibilitätsanalysen"[15] wird dadurch notwendig, daß sich Anpassungserfordernisse nicht allein auf rein **quantitative** Schwankungen der verfügbaren bzw. absetzbaren Gütermengen beschränken[16]. Vielmehr gewinnen infolge steigender Variantenvielfalt, Produktkomplexität und -veränderungsgeschwindigkeit sowie artmäßigen Änderungen des verfügbaren Einsatzgüterspektrums zusätzlich die Aspekte der **qualitativen und zeitlichen** Anpassungsfähigkeit[17] an Bedeutung. Sie sind daher in theoretische Flexibilitätsbetrachtungen zu integrieren.

Eine beabsichtigte Steigerung der maschinellen Produktionsflexibilität kann entweder durch eine verbesserte **Nutzung vorhandenen** oder durch die **Planung zusätzlichen Flexibilitätsangebots** mittels Produktionsmittelinvestitionen erfolgen.[18] Letzteres eröffnet generell breitere Flexibilisierungsmöglichkeiten und sei daher als Erkenntnisgegenstand dieser Arbeit gewählt. Die Planungsaufgabe ist dann mit Jacob wie folgt zu formulieren: "Im Hinblick einmal auf die Unsicherheit der Absatzdaten, zum anderen auf die Tatsache, daß das Unternehmen an eine Investitionsentschei-

---

10 Meffert (Problem) 798, ähnlich Mellwig (Anpassungsfähigkeit) 5, der feststellt, daß "die Anpassungsfähigkeit des Handelns nur im Falle unvollkommener Voraussicht von Bedeutung ist."

11 Zu den Begriffen Flexibilitätsnachfrage und -angebot vgl. näher Kapitel 1.3.2.

12 Im betrieblichen Funktionsbereich "Produktion" (vgl. dazu Kern (Produktionswirtschaft) 1647ff.) werden durch das Zusammenwirken von menschlicher Arbeit, maschinellen Anlagen und Einsatzgütern in einer Folge von Transformationsprozessen marktfähige Güter hergestellt (vgl. Reichwald/Sievi (Produktionswirtschaft) 285). Als Produktionsmittel seien all die Betriebsmittel bezeichnet, die unmittelbar in der Produktion eingesetzt werden und direkt die betriebliche Leistungserstellung vollziehen (vgl. Männel (Eignung) 1466). Zur Verwendung des Begriffs "Produktionsmittel" vgl. auch Horváth/Mayer (Flexibilität).

13 Daneben existieren vielfältige weitere Möglichkeiten der Unternehmensflexibilisierung. Vgl. dazu die Ansätze zur Differenzierung des Flexibilitätsbegriffs in Kapitel 1.3.2. sowie 1.4. und 4.1.1.4.

14 Vgl. Behrbohm (Flexibilität) 5. Daneben existieren weitere zentrale Tatbestände wie z.B. Produktivität, Automationsgrad usw. Diese bieten allein aber keine Gewähr, der Flexibilitätsnachfrage zu begegnen, vgl. Wiendahl/Mende (Produktionsflexibilität) 293. Der Flexibilitätsaspekt erfordert demnach explizite Berücksichtigung.

15 Vgl. Gutenberg (Produktion) 348 ff., Barth (Fertigungselastizität), Stigler (Production), Pack (Elastizität).

16 Vgl. Reichwald, R., Vorwort zu Behrbohm (Flexibilität) IIf.

17 Vgl. dazu Kap. 2.3.2.2.

18 Zur Unterscheidung von Planung zusätzlicher und Nutzung vorhandener Flexibilität vgl. Butz (Flexibilität) 115ff. und 137ff. sowie Schaefer (Flexibilität) 37ff.

dung längere Zeit gebunden ist, entsteht die Frage, ob das Investitionsprogramm nicht von vornherein so gestaltet werden kann, daß der daraus resultierende Produktionsapparat mit einer gewissen Flexibilität ausgestattet ist, die es dem Unternehmen erlaubt, sich unter relativ günstigen Bedingungen an unterschiedliche Absatzsituationen anzupassen."[19] Ansonsten müßte bei jeder Veränderung der prognostizierten Datenkonstellation das Produktionssystem neu errichtet werden.

Die Lösung des Flexibilitätsproblems, **Anpassungsspielräume durch Investitionen in Produktionsmittel im Planungszeitpunkt T_0 nach Art und Höhe zielgerecht festzulegen,** könnte durch die **explizite Einbeziehung des Flexibilitätsaspekts in die Investitionsplanung** erfolgen[20]. Bezüglich seiner Berücksichtigung besteht insbesondere im Hinblick auf die planerische Integration technischer Flexibilitätseigenschaften von Produktionsmitteln und -systemen sowie die Abstimmung von Investitionen auf die unsichere Nachfrage des Marktes in der betrieblichen Anwendung wie in der betriebswirtschaftlichen Theorie ein **Defizit**[21].

Die vorliegende Arbeit verfolgt das **Ziel**, der hohen praktischen Relevanz einer geplanten Flexibilisierung von Produktionssystemen und den damit verbundenen Planungsproblemen Rechnung zu tragen, indem dieses Defizit behoben und das genannte Flexibilitätsproblem im Prozeß der Investitionsplanung von Produktionsmitteln einer Lösung nähergebracht wird.

Die **Unterziele** lassen sich innerhalb der Darstellung der weiteren Vorgehensweise konkretisieren: Nach einem Überblick der Literatur zur Flexibilitätsthematik ist im weiteren Verlauf von **Kapitel 1** der Flexibilitätsbegriff zu analysieren und im Hinblick auf den Untersuchungsgegenstand der vorliegenden Arbeit mit konkreten Inhalten zu belegen. Um die geforderte Integration von Flexibilitätsaspekten in die Planung praktikabel gestalten zu können, ist die dabei resultierende Flexibilitätsbeschreibung in **Kapitel 2** derart zu konkretisieren, daß auf ihrer Basis ein operationales Flexibilitätsmaß definiert werden kann.
Im Anschluß daran werden in **Kapitel 3** die Investitionsplanung für Produktionsmittel allgemein charakterisiert und ihre zentralen Probleme, insbesondere das der Ungewißheit, aufgezeigt. Hierzu wird auf das entscheidungstheoretische Grundmodell zurückgegriffen. Um konkrete problemlösende Funktionen ausfindig zu machen, wel-

---

19 Jacob (Flexibilitätsüberlegungen) 3, ähnlich Barth (Fertigungselastizität) 197. Zu den Aufgaben der Investitionsplanung bei Sicherheit vgl. Jacob (Flexibilität) 300ff.

20 Zu dieser Forderung vgl. auch Maier (Flexibilität) 98, Horváth/Mayer (Flexibilität) 74, Schünemann/Lehnen (Berücksichtigung) 503ff. Zur Nennung der produktionstechnischen Flexibilität als zentrale Zielsetzung der Investitionsplanung für Produktionsmittel vgl. Reichwald/Mrosek (Produktionswirtschaft) 379.

21 So bemerkt Maier (Flexibilität) 2, daß Lösungsvorschläge zu Flexibilitätsproblemen "den Charakter mehr oder minder gut begründeter subjektiver Meinungen (annehmen, d.V.), die im Einzelfall zwar durchaus erfolgversprechend sein mögen, sich einer Überprüfung ihrer methodischen Grundlagen aber entziehen." Vgl. dazu insbes. Kapitel 1.2.

che die Planungsgröße Flexibilität in den einzelnen Phasen des Investitionsplanungsprozesses wahrnehmen kann, ist die traditionelle Behandlung der Planungsprobleme in der Literatur aufzuzeigen und kritisch den Anforderungen an eine realitätsnahe Investitionsplanung gegenüberzustellen. Dies führt zur Aufhebung einer Reihe problemvereinfachender Prämissen und zu dem Versuch, für die dahinter stehenden Probleme Lösungswege durch die Begründung und Entwicklung der Grundkonzeption einer an Flexibilitätsgrößen orientierten Investitionsplanung in **Kapitel 4** aufzuzeigen.

Nachdem Grundprinzip und Wirkungsweise einer flexibilitätsorientierten Investitionsplanung dargelegt sind, werden in **Kapitel 5** das Zielfeld sowie Zustands-, Alternativen- und Ergebnisraum von Investitionsentscheidungen zur Flexibilisierung der Produktion bestimmt. Dabei sind vor allem den Aspekten der längerfristigen Orientierung der Investitionsplanung, der daraus erwachsenden Unvollkommenheit der Planungsinformationen sowie der spezifischen Fähigkeit flexibler Produktionsmittel zur Veränderung ihres kapazitiven Angebots Rechnung zu tragen. Damit wird eine Ausweitung der traditionellen Kapazitätsplanung bei Sicherheit und unveränderlichem Kapazitätsangebot der Produktionsmittel auf eine Flexibilitätsplanung bei Unsicherheit und Veränderlichkeit des Kapazitätsangebots angestrebt. Ein zentrales Augenmerk liegt dabei auf der Generierung von Investitionsalternativen.

Insgesamt läßt die geschilderte Vorgehensweise eine dreiteilige Grobstruktur erkennen:

1. Klärung des komplexen Flexibilitätsbegriffs und Entwicklung einer operationalen Flexibilitätsbeschreibung;
2. Analyse der Notwendigkeit einer Einbeziehung von Flexibilität als Ziel- und Planungsgröße in die Investitionsplanung für Produktionsmittel, um real existierende Planungsprobleme auf spezifische Weise (besser) lösen zu können;
3. Entwicklung der Vorgehensweise einer auf Flexibilisierung zielenden und an Flexibilitätsgrößen ausgerichteten Investitionsplanung, die eine mögliche Lösung der angesprochenen Planungsprobleme bereitstellt.

1.2. Flexibilität als Forschungsgegenstand

Die **Entwicklung der Flexibilitätsdiskussion** in der Betriebswirtschaftslehre[1] läßt sich in drei Abschnitte untergliedern, die sich sowohl zeitlich als auch in Umfang und Gehalt der Flexibilitätsaussagen voneinander unterscheiden: Die fragmentarischen An-

1 Ein Überblick über die Entwicklungsrichtungen betriebswirtschaftlicher Flexibilitätsforschung findet sich bei Maier (Flexibilität) 78f. sowie in Kap. 1.2.

sätze, die systematischen disziplinorientierten Ansätze und die umfassenden Flexibilitätskonzeptionen.

Der erste Abschnitt ist gekennzeichnet durch "**fragmentarische Ansätze**"[2] einer theoretischen Erörterung der betrieblichen Flexibilität in den zwanziger und dreißiger Jahren dieses Jahrhunderts[3]. Sie begreifen zwar Flexibilität als vielschichtiges Phänomen, tragen dem aber durch **isolierte Behandlung** einzelner Flexibilitätstatbestände wenig Rechnung[4].

Dem folgen in einem zweiten Abschnitt **systematische Versuche** der Erklärung und Gestaltung von Anpassungsvorgängen, die sich weitgehend innerhalb der Grenzen einzelner Aussagensysteme zur Theorie der Unternehmung[5] orientieren[6]. Von besonderem Interesse im Hinblick auf die Planung von Produktionsflexibilität durch Investitionen bei Ungewißheit sind die Disziplinen Produktions- und Kostentheorie, Investitionstheorie und Entscheidungs-, insbesondere Ungewißheitstheorie[7].

Die **Produktions- und Kostentheorie** ermöglicht durch die Anwendung ihres formalen Instrumentariums die systematische Erfassung betrieblicher Anpassungvorgänge im Leistungserstellungsprozeß, die Ableitung mengenmäßiger Anpassungsformen, die Erklärung kostenmäßiger Konsequenzen verschiedener Anpassungsmöglichkeiten und - unter bestimmten Voraussetzungen - die Ermittlung der kostenoptimalen Anpassungsalternative[8]. Allerdings kann eine Fülle empirischer Flexibilitätstatbestände nicht abgebildet werden. So sind beispielsweise Aspekte der qualitativen Veränderlichkeit von Input- oder Outputgütern nur begrenzt zu erfassen[9].

In der **Investitionstheorie** hat eine eingehende Beschäftigung mit Flexibilitätssachverhalten stattgefunden, zumeist eng im Zusammenhang mit ungewißheitstheoretischen Überlegungen[10].

---

2 Zu dieser Bezeichnung vgl. Behrbohm (Flexibilität) 35. Maier (Flexibilität) 51 verwendet dafür in Anlehnung an Meffert den Terminus "Kasuistische Flexibilitätsaussagen".

3 Vgl. Schmidt (Anpassung) 88, Schmalenbach (Schwelle) 241ff., Kalveram (Elastizität) 705 - 711, Reich (Maintaining).

4 Vgl. Maier (Flexibilität) 53.

5 Vgl. die Untergliederung der betriebswirtschaftlichen Theorie in Aussagensysteme bei Busse von Colbe/Laßmann (Grundlagen) 8ff.

6 Vgl. deren übersichtliche Darstellungen bei Meffert (Problem) 779ff., Behrbohm (Flexibilität) 35 - 119 und 128, Maier (Flexibilität) 56 - 83.

7 Vgl. zu den nicht behandelten Gebieten Absatz- und Preistheorie Jacob (Preispolitik), Dichtl (Beurteilung), Dichtl (Flexibilität) 146ff. sowie zur Kapitaltheorie Laux (Planung), Jochum (Planung) 5 u. 30, Kuhn (Flexibilität).

8 Vgl. dazu Gutenberg (Produktion) 354ff., Stigler (Production) 305ff., Barth (Fertigungselastizität), Vormbaum (Wechselbeziehungen), Kloock (Modelle), Küpper (Interdependenzen) 76ff. sowie zu einer Auflistung der produktions- und kostentheoretischen Literatur, die Flexibilitätsaspekte behandelt, Hillmer (Planung) 3 FN 1.

9 So auch Behrbohm (Flexibilität) 108f. und 115, Altrogge (Flexibilität) 609f.

10 So entwickelt z.B. Massé ein Investitionskalkül, das die Höhe der Anpassungskosten verschieden flexibler Aggregate bei unterschiedlichen Datenkonstellationen zu berücksichtigen erlaubt (vgl. Massé (Investitionskriterien) 449ff.). Jacob legt umfangreiche Modelle der Linearen Programmierung vor, die eine bezüglich Gewinn- und Sicherheitsstreben optimale Kombination verschieden

Den investitionstheoretischen Ansätzen ist gemeinsam, daß Flexibilität direkt auf der Basis monetärer Ergebnisgrößen definiert wird[11]. Ein Zusammenhang zwischen technischen Flexibilitätseigenschaften von Produktionsmitteln/-systemen und der ökonomischen Zielerreichung wird nicht hergestellt[12].

Zudem beschränken sich investitionstheoretische Flexibilitätsüberlegungen generell auf die Planungsphase der Alternativenbewertung und -auswahl bei gegebenem Investitionsentscheidungsmodell[13]. Ansätze der expliziten Berücksichtigung von Flexibilitätsaspekten bei der Alternativengenerierung sind nicht zu finden.

Die betriebswirtschaftliche Disziplin, die sich am intensivsten mit der Flexibilitätsthematik auseinandergesetzt hat, ist die präskriptive **Entscheidungstheorie**[14], insbesondere die **Theorie der Ungewißheit bei Entscheidungen**[15]. Flexibilität wird hier vorwiegend als Eigenschaft von Planungsverfahren gesehen, Planrevisionen vornehmen zu können[16]. Eine Weiterentwicklung erfahren diese auf die Flexibilität der Planung abstellenden Ansätze[17] durch die "**Theorie der Sekundäranpassung**" von Koch und Mellwig[18]. Anpassungsfähigkeit wird hier (investitions-)objektbezogen definiert und als Ausschlußkriterium der Alternativenvorauswahl verwendet[19]. Die Flexibilitätsbetrachtung bleibt aber insofern global, als sie auf die gewinnbeeinflussenden Flexibilitätstatbestände wie z.B. die Produktionsflexibilität von Maschinen nicht näher eingeht[20].

---

flexibler Investitionsalternativen in einem Investitionsprogramm - allerdings unter engen Anwendungsvoraussetzungen - ermöglichen (vgl. Jacob (Flexibilität), ders. (Flexibilitätsüberlegungen), ders. (Bedeutung)). Die gleiche Problemstellung sucht Schmidt durch Anwendung der Portfolio-Selection-Theorie zu lösen (vgl. Schmidt (Entscheidungsmodell) 144ff.).

11 So z.B. bei Massé durch die Höhe der Anpassungskosten bzw. bei Jacob anhand des Gewinnerwartungswertes der Ergebnisverteilung. Vgl. Jacob (Flexibilitätsüberlegungen) 10, Jacob (Flexibilität) 314ff. und Massé (Investitionskriterien) 449ff.

12 Ausnahmen hiervon bilden die investitionstheoretischen Flexibilitätskalküle von Albach, dessen Kapitalwertmodell intensitätsmäßige Anpassung von Potentialfaktoren durch den Ansatz variabler Produktionskoeffizienten in der Kapitalwertfunktion berücksichtigt (vgl. Albach (Verbindung) 200ff.), von Schünemann/Lehnen, die Weiterverwendbarkeitsgrade für verschiedene Aggregattypen definieren und in die Kapitalwertfunktion integrieren (vgl. Schünemann/Lehnen (Berücksichtigung) 504) sowie von Knischewski, der einen Zusammenhang zwischen technischem Umstellungsvermögen und Umstellungsausgaben herzustellen und in die Investitionsrechnung zu integrieren versucht (vgl. Knischewski (Planung) 58ff. und 111ff.).

13 Vgl. dazu auch die Kapitel 3.2.2. und 4.1.1.2.

14 Vgl. zur Beschreibung von präskriptiver und deskriptiver Entscheidungstheorie Bamberg/Coenenberg (Entscheidungslehre) 2ff., Laux (Entscheidungstheorie) 11ff., Pfohl/Braun (Entscheidungstheorie) 141ff. und 353ff.

15 Vgl. Meffert (Problem) 783: "Wird der Schwerpunkt auf den Entscheidungsaspekt gelegt, so ist die Flexibilität im Zusammenhang mit dem Problem der Ungewißheit zu präzisieren".

16 Vgl. Meffert (Problem) 784, Mellwig (Flexibilität) 727f., Mahlmann (Anpassung) 95ff. und Kap. 4.1.1.4.

17 Hier seien insbesondere die Ansätze von Hart (Anticipations), Tintner (Theory), Marschak/Nelson (Flexibility), Jochum (Planung), Hax/Laux (Planung), Laux (Investitionsplanung) genannt. Zur Beschreibung und Kritik dieser Ansätze vgl. Mellwig (Anpassungsfähigkeit) 72ff., Behrbohm (Flexibilität) 52ff., Schneider (Planung), Schneider (Lösung), Inderfurth (Investitionsplanung).

18 Vgl. Koch (Diskussion), Koch (Sekundäranpassung), Koch (Theorie), Mellwig, (Anpassungsfähigkeit), Mellwig (Flexibilität), Mellwig (Gewinnsicherung).

19 Vgl. die Theorie des Mindestgewinns bei Mellwig (Anpassungsfähigkeit) 125ff.

20 Vgl. auch Kap. 4.1.1.2. sowie Mellwig (Flexibilität) 727.

In der Investitionstheorie wurden in den letzten Jahren **entscheidungstheoretische** Erkenntnisse über die Flexibilität auf das Problem mehrstufiger Investitionsentscheidungen mit zeitlich-vertikalen Interdependenzen[21] unter Ungewißheit zwar konsequent angewendet - hier sind insbesondere die Ansätze der sequentiellen stochastischen Investitionsplanung zu nennen[22]. Ihre Modellkonstruktionen weisen allerdings einen immens hohen Formalisierungs- und Abstraktionsgrad auf, so daß ihnen eher theoretische denn praktische Bedeutung zukommt.

Der dritte Abschnitt in der Entwicklung der betriebswirtschaftlichen Flexibilitätsdiskussion ist gekennzeichnet durch erste **Ansätze umfassender Flexibilitätskonzeptionen**. Sie versuchen, über Projektionsmodelle des Industriebetriebs "alle mit dem Flexibilitätsphänomen zusammenhängenden wesentlichen Tatbestände zu erfassen."[23] Als ein früher Ansatz in dieser Richtung kann der Versuch von Meffert bezeichnet werden, "Grundtypen der betriebswirtschaftlichen Flexibilität"[24] zu differenzieren, sowie Bewertungsmaßstäbe und darauf aufbauend Flexibilitätskalküle zu entwickeln.

Eine Fortführung dieser Gedanken unter Beschränkung auf betriebliche Leistungsprozesse stellen die Arbeiten von Maier und Behrbohm dar[25], die mittels Methoden der Typologie und Systemtheorie einen Beitrag zur Systematisierung und Erklärung betrieblicher Flexibilität leisten. Ihr Anspruch, eine "theoriegeleitete Lösung betrieblicher Flexibilitätsprobleme"[26] zu erreichen, wird mit ihren globalen Aussagen zur Flexibilitätsgestaltung[27] aber nicht erfüllt: Konkrete Vorschläge, z.B. zur Einrichtung von Produktionsflexibilität durch Investitionen, sind nur am Rande erwähnt und nicht näher ausgeführt.[28]

Insgesamt ist in der betriebswirtschaftlichen Forschung demnach ein **Defizit in der systematischen Planung und Nutzung betrieblicher Flexibilität** auf der Ebene des Leistungsvollzugs zu konstatieren[29].

---

21 Vgl. zur Trennung zeitlich-horizontaler und zeitlich-vertikaler Interdependenzen Jacob (Flexibilität) 322f. und Kapitel 2.3.2.2.

22 Vgl. Haumer (Investitionsplanung), Kaufman (Investitionsanalyse).

23 Meffert (Problem) 781.

24 Meffert (Problem) 787 ff.

25 Vgl. Maier (Flexibilität), Behrbohm (Flexibilität).

26 Maier (Flexibilität) 2OO.

27 Vgl. Maier (Flexibilität) 198 - 212, Behrbohm (Flexibilität) 235 - 252.

28 An dieser Stelle seien auch die Ansätze erwähnt, die sich mit der Planung und Bewertung flexibler Produktionstechnologien beschäftigen, vgl. Wildemann (Wirkungen), ders. (Investitionsentscheidungsprozeß), ders. (Investitionsplanung), ders. (Wirtschaftlichkeitsrechnung), ders. (Produktionstechnik), ders. (Methoden), Bußmann (Methodik), Horváth (Werkzeugmaschinen). Sie erheben die Flexibilität nicht explizit zum Planungsgegenstand, sondern berücksichtigen sie implizit in der Betrachtung flexibler Planungsobjekte.
Umfassende Konzepte zur qualitativen Berücksichtigung von Flexibilitätsaspekten in der strategischen Planung liefern Mössner und Hillmer, vgl. Mössner (Flexibilität), Hillmer (Planung).

29 Diese Feststellung treffen auch Maier (Flexibilität) 98ff., Hillmer (Planung) 2.

In der Disziplin der **Ingenieurwissenschaften** ist es dagegen mit der Entwicklung flexibler Produktionstechnologien und zugehöriger Planungskonzepte gelungen, bedeutende Erkenntnisfortschritte hinsichtlich der Installierung von Flexibilität im Produktionsbereich zu erzielen. Die Forschungsbemühungen konzentrieren sich allerdings auf die technisch-konstruktiven Merkmale flexibler Produktionssysteme. Demgemäß erfolgt auch die Planung ihres Einsatzes und insbesondere die Vorteilhaftigkeitsbewertung anhand technischer Kriterien.

Ökonomische Beurteilungen finden in aller Regel nur in vereinfachter Form am Rande statt, und basieren dann auf kurzfristigen Kosten-Nutzen-Betrachtungen[30]. Dem Gesichtspunkt der Ungewißheit der Produktionsnachfrage und den dadurch erforderlichen Flexibilitätsspielräumen wird kaum Rechnung getragen.

Sofern die Investitionsplanung als Mittel der Flexibilisierung von Produktionssystemen thematisiert wird, stellt man hier zudem eine Orientierung der Planung an nur einer einzigen Bestimmungsgröße der Flexibilität, der quantitativen Kapazität der ausführbaren Verrichtungen, fest[31]. Damit werden wesentliche Flexibilitätseigenschaften, die für flexible Produktionsanlagen charakteristisch sind - z.B. die variierbare Qualität der Verrichtungsausführung oder der rüstfreie Wechsel zwischen verschiedenen Verrichtungsarten - nicht in die Planung einbezogen.

1.3. Analyse des Flexibilitätsbegriffs

1.3.1. Charakterisierung und Abgrenzung zu verwandten Begriffen

Der Begriff der Flexibilität ist durch eine **Bedeutungsvielfalt** gekennzeichnet[1]. Sie ist hervorgerufen durch die Beschäftigung der verschiedensten Forschungsdisziplinen mit Flexibilitätsphänomenen.

Flexibilitätsdefinitionen mit Anspruch auf Allgemeingültigkeit stellen auf das Merkmal der **Existenz von Freiheitsgraden** der Entscheidung bzw. Handlung ab. Die konkrete Verwendung des Flexibilitätsbegriffs in der Forschung bedarf aber einer Operationalisierung dieses globalen Verständnisses.

Zudem existiert eine **Vielfalt ähnlicher Begriffe**, so daß daneben die Notwendigkeit einer inhaltlichen Abgrenzung besteht. Die am häufigsten in der Literatur verwende-

30 Vgl. Scharf (Strukturalternativen), Butz (Flexibilität), Pferdmenges (Organisation), Vettin (Verfahren), Schaefer (Flexibilität), Schleppegrell (System), Junghanns (Planung), Seliger (Planung), Herrmann (Grundlagen), sowie die umfangreiche Nennung ingenieurwissenschaftlicher Beiträge zur Planung der Flexibilität im Literaturverzeichnis von Wildemann (Wirtschaftlichkeitsrechnung).

31 Vgl. Butz (Flexibilität), Schaefer (Flexibilität) 30ff.

1 Vgl. Mahlmann (Anpassung) 23ff., Volberg (Flexibilität) 33ff. und die dort angeführten Beispiele.

ten Synonyme sind Elastizität[2], Anpassungsfähigkeit[3] und Reaktionsfähigkeit bzw. Reagibilität[4/5].

Der **Elastizitätsbegriff** entstammt der Physik und wird in der wirtschaftswissenschaftlichen Literatur uneinheitlich definiert[6]. Dem in dieser Arbeit zu entwickelnden Flexibilitätsverständnis kommen die Definitionen der Produktions- bzw. Fertigungselastizität von Gutenberg, Riebel und Barth nahe[7]. So beschreibt z.B. Barth Fertigungselastizität als Summe der Anpassungsmöglichkeiten maschineller Anlagen an Änderungen des Fertigungsverfahrens, der Fertigungsleistung und des Fertigungsprogramms[8]. Wird Elastizität in bezug auf Produktionsmittel nur i.S. von Kapazitätsanpassung an Beschäftigungsvariationen interpretiert[9], dann ist sie als ein Teilaspekt des umfassender zu konstruierenden Flexibilitätsbegriffs anzusehen.

In jüngerer Zeit hat Elastizität eine Einschränkung des Begriffsinhalts erfahren: Ausgelöst durch seine mathematische Beschreibung dient der Begriff heute v.a. zur Kennzeichnung formal-funktionaler Zusammenhänge[10]. Er ist damit nicht in der Lage, ausschließlich qualitativ formulierbare Flexibilitätssachverhalte zu erfassen[11].

Bei dem Versuch, Flexibilität zu definieren, wird häufig der Terminus der "**Anpassungsfähigkeit**" verwendet[12]. Zieht man das Verständnis des Anpassungsbegriffs in der Systemtheorie heran[13], so ist Anpassung zu interpretieren als **Reaktion** des Anpassungssubjekts auf Störungen[14]. Damit bezeichnet Anpassungsfähigkeit allerdings nur einen Teilaspekt eines umfassenderen Flexibilitätsverständnisses: In seiner allgemeinsten Form bedeutet Flexibilität Existenz von **Aktions**spielräumen[15]. Neben der

---

2 Vgl. Kalveram (Elastizität), Riebel (Elastizität), Beste (Elastizität), Gutenberg (Produktion) 81ff., Vormbaum (Wechselbeziehungen) 193ff., Swoboda (Anpassung) 61, Barth (Fertigungselastizität), Pack (Elastizität), Zachert (Elastizität).

3 Vgl. Mellwig (Anpassungsfähigkeit) 12, insbes. FN 1, Mahlmann (Anpassung) 26f., Schneider (Investition) 114.

4 Vgl. Schaefer (Flexibilität) 5f., Wittmann (Planung) 495ff.

5 Daneben tauchen in der Literatur noch weitere Synonyme auf wie z.B. Variabilität, Beweglichkeit, Anpassungselastizität etc., auf die jedoch hier nicht näher eingegangen werden soll. Vgl. auch die Hinweise auf diese Begriffsvielfalt bei Behrbohm (Flexibilität) 182 FN 1, Mahlmann (Anpassung) 22ff.

6 Vgl. die Diskussion bei Mahlmann (Anpassung) 28ff., Barth (Fertigungselastizität) 13ff., Volberg (Flexibilität) 31f.

7 Vgl. Gutenberg (Produktion) 80f., Riebel (Elastizität) 87, Barth (Fertigungselastizität) 18f.

8 Vgl. Barth (Fertigungselastizität) 19.

9 Vgl. z.B. Gutenberg (Produktion) 354ff.

10 Vgl. Pack (Elastizität) 1252, der Elastizität als relative Änderung einer abhängigen Variablen in Bezug auf die relative Änderung einer unabhängigen Variablen definiert.

11 Mahlmann (Anpassung) 31f. lehnt die Verwendung des Begriffs Elastizität wegen seiner Nichtoperabilität im ökonomischen Bereich sogar völlig ab.

12 So z.B. Altrogge (Flexibilität) 605: "Unter Flexibilität wird allgemein die Eigenschaft der Anpassungsfähigkeit an unterschiedliche Situationen verstanden". Vgl. auch Behrbohm (Flexibilität) 172, Volberg (Flexibilität) 37, Woithe/Gottschalk (Flexibilität) 706 sowie Jacob (Flexibilität) 322: "Flexibilität bedeutet die Anpassungsfähigkeit des Unternehmens an Datenentwicklungen...".

13 Vgl. zum Beispiel Baetge/Steenken (Grundlagen) 597ff., Flechtner (Grundbegriffe) 43f. und 351ff.

14 Vgl. Schaefer (Flexibilität) 7ff., der unter Flexibilität die Fähigkeit der Reaktion von Systemen auf Störungen versteht.

15 Vgl. Mahlmann (Anpassung) 26, Wicharz (Flexibilität) 154. Negativ formuliert kann Flexibilität auch als Lösbarkeit von Bindungen definiert werden, so z.B. Jacob (Bedeutung) 72.

Fähigkeit zu reaktiver Anpassung an veränderte Datenkonstellationen bietet vorhandene Flexibilität demnach die Möglichkeit zu antizipativer[16] bzw. präventiver[17] "Anpassung" an potentiell veränderliche Datenkonstellationen.
Ein zweiter Unterschied zur Anpassungsfähigkeit im systemtheoretischen Sinn besteht darin, daß durch Flexibilität nicht nur unternehmensinternen[18] oder -externen **Störungen** bzw. Gefahren begegnet werden kann, sondern auch sich bietende **Chancen**[19] mit der Folge einer verbesserten Zielerreichung wahrnehmbar sind.
Wird dem Begriff der Anpassung neben der rein reaktiven auch eine offensive Komponente beigelegt[20] und die Anpassung neben Gefahren auch auf Chancen bezogen, so können Flexibilität und Anpassungsfähigkeit gleichgesetzt werden.

In einer vorläufigen, allgemeinen **Definition** ist Flexibilität zusammenfassend zu kennzeichnen als Aktionsfähigkeit im Sinne eines Vorhandenseins von Freiheitsgraden der Entscheidung bzw. Ausführung in einer Ausgangssituation. Auslöser von Anpassungsaktionen können unternehmensextern oder -intern bedingte, potentielle oder aktuelle Störungen/Gefahren oder sich bietende Chancen sein. Aktionen finden dabei im Hinblick auf eine Optimierung der zugrundegelegten Ziele statt[21].

1.3.2. Ansätze und Kriterien einer Differenzierung des Flexibilitätsbegriffs

Die bisherigen Definitionsversuche und Abgrenzungen bezogen sich fast ausschließlich auf die unternehmensseitig angebotene Flexibilität. Nun ist für die Verwendung von Flexibilitätsgrößen im Planungsprozeß die Definition der Flexibilität als Summe aller Aktionsangebote ohne Bezugnahme auf deren tatsächliche Nachfrage nicht operational[22]. Um den Bezug von angebotener und nachgefragter Flexibilität herstellen zu können, wird eine Trennung in Flexibilitätsangebot und Flexibilitätsnachfrage erforderlich[23].
Unter "**Flexibilitätsangebot**" - in der Literatur häufig mit Flexibilität gleichgesetzt[24] - sei die Menge der von der Unternehmung bzw. ihren Subsystemen bereitstellbaren Aktionsmöglichkeiten nach Art und Umfang zu verstehen.

---

16 Vgl. Reichwald/Behrbohm (Flexibilität) 845.
17 Vgl. Volberg (Flexibilität) 37.
18 Auf die Relevanz interner Anpassungsbedarfe weisen erstmals Kosiol (Elastizität) 741 und Riebel (Elastizität) 87 hin.
19 Vgl. dazu Ansoff (Management-Strategie) 76f. und Ansoff (Surprise) 138ff. Der Aspekt der Flexibilität zur Wahrnehmung von Chancen findet sich auch bei Maier (Flexibilität) 107, Mössner (Planung) 61 und Wicharz (Flexibilität) 142.
20 So z.B. bei Szyperski (Interdependenzen) 56, Ansoff (Management-Strategie) 76ff.
21 Ähnliche Flexibilitätsverständnisse finden sich bei Behrbohm (Flexibilität) 192, Mahlmann (Anpassung) 26, Maier (Flexibilität) 107.
22 So auch Meffert (Problem) 792, Riebel (Elastizität) 94ff.
23 Zu einer Analyse von Flexibilitätsangebot und -bedarf vgl. Reichwald/Behrbohm (Flexibilität) 842ff.
24 Vgl. z.B. Meffert (Problem), Maier (Flexibilität).

"**Flexibilitätsnachfrage**" bezeichne entsprechend die Gesamtheit der potentiellen Aktionserfordernisse infolge interner oder externer Störungen bzw. Chancen, die als relevant im Hinblick auf die Zielerreichung gelten[25].

Der Teil des Flexibilitätsangebots, der auf die Flexibilitätsnachfrage trifft, sei als "**Flexibilitätsstand**" bezeichnet. Er entspricht dem für die Reaktion auf Anpassungserfordernisse effektiv nutzbaren Flexibilitätsangebot und ist graphisch durch die Schnittmenge von Flexibilitätsangebot und -nachfrage darzustellen (Vgl. Abb. 1).

Um eine Relativgröße für die Höhe des nachfragebezogenen Flexibilitätsangebots zu erhalten, wird der "**Grad der Flexibilitätsnachfragedeckung**" (kurz: "Flexibilitätsgrad") als Quotient von Flexibilitätsstand und -nachfrage definiert[26]. Mit ihm läßt sich der Begriff der **Flexibilisierung** erklären: Eine Aktion hat nur dann Flexibilisierungswirkung, wenn durch sie bislang ungedeckte Flexibilitätsnachfrage gedeckt und so der Grad der Flexibilitätsnachfragedeckung erhöht wird. Nicht jeder Aktion zur Erhöhung des Flexibilitätsangebots kann damit von vornherein eine Flexibilisierungswirkung zugesprochen werden.

Eine zentrale Bedeutung als Ansatzpunkt für Investitionsüberlegungen kommt der "**Flexibilitätslücke**" zu. Sie ist zu definieren als Teil der Flexibilitätsnachfrage, der nicht durch das Flexibilitätsangebot abgedeckt werden kann, d.h. die Differenz aus Flexibilitätsnachfrage und Flexibilitätsstand[27].

Im Fall der Investition wird die gesamte oder ein Teil der Flexibilitätslücke gedeckt. Ein eventuell verbleibender Rest wird als "Flexibilitätsrestlücke" bezeichnet.

Abbildung 1 verdeutlicht die vorgestellten Begriffe graphisch:[28]

---

25 Die Wahl des Begriffs "Flexibilitätsnachfrage" statt des in der jüngeren Literatur häufiger verwendeten Begriffs "Flexibilitätsbedarf" (vgl. z.B. Eversheim/Schaefer (Planung) 229, Maier (Flexibilität) 177, Behrbohm (Flexibilität) 195, Meffert (Flexibilität) 121) hat zwei Gründe: Erstens ist "Nachfrage" das in der wirtschaftswissenschaftlichen Literatur gebräuchliche Pendant zum Begriff "Angebot". Zweitens soll die Differenzierung in Flexibilitätsnachfrage und -bedarf eine Trennung subjektiv erfaßbarer und objektiv gegebener Aktionserfordernisse ermöglichen. Letztere seien in Anlehnung an die Differenzierung der Informationsebene in Informationsbedarf, -nachfrage, -angebot, -stand und -grad (vgl. Wittmann (Unternehmung) 23ff.) und die Beschreibung von Informationsbedarf als Gesamtheit der objektiv verfügbaren Informationen als "Flexibilitätsbedarf" bezeichnet. Flexibilitätsnachfrage ist dann der subjektiv wahrnehmbare Teil des Flexibilitätsbedarfs. Damit ist der in der Betriebswirtschaftslehre verbreiteten Trennung von Bedarf und Nachfrage entsprochen.

26 Vgl. analog den "Informationsgrad" bei Wittmann (Unternehmung) 24f.

27 Damit wird die Unschärfe der Definition von Flexibilitätslücke bzw. Flexibilitätsproblem in der Literatur als Differenz zwischen Flexibilitätsnachfrage und -angebot (vgl. Behrbohm (Flexibilität) 235ff., Maier (Flexibilität) 176) beseitigt: Es kann nur der Teil des Flexibilitätsangebots für die Differenzbildung in Frage kommen, der auf die Flexibilitätsnachfrage trifft. Für das darüber hinaus verfügbare Flexibilitätsangebot ist kein Bezug zum Problem der Flexibilitätsnachfragedeckung herzustellen. Vgl. auch Abb. 1.

28 Wird im folgenden der Begriff "Flexibilität" ohne weitere Spezifikation angeführt, ist darunter eine übergeordnete Bezeichnung für alle Arten von Flexibilitätsangebot als auch von Flexibilitätsnachfrage zu verstehen. Sobald das Bezugssystem bei der Verwendung des Flexibilitätsbegriffs genannt wird, z.B. in der Formulierung "Flexibilität des Produktionsbereichs", wird die Einordnung als Flexibilitätsangebot oder -nachfrage eindeutig, da jedes Bezugssystem entweder als Anbieter oder als Nachfrager von Aktionsfähigkeit klassifiziert werden kann. Damit besteht kein Widerspruch zum üblichen Gebrauch des Begriffs Flexibilität i.S. eines Angebots von Aktionsfähigkeit. Gleichzeitig bietet diese Definition den Vorteil, daß auch die Seite der Nachfrage nach Aktionsfähigkeit ent-

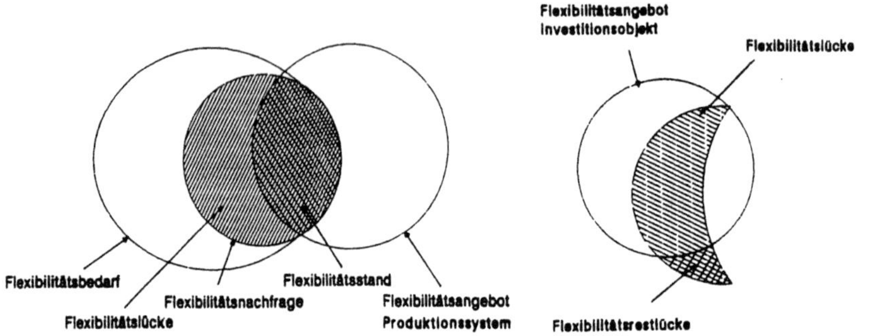

Abb. 1: Zusammenhang von Flexibilitätsangebot, -bedarf, -nachfrage, -stand, -lücke und -restlücke

Eine Ausrichtung der Investitionsplanung am Kriterium der Flexibilität verlangt ein operationales Flexibilitätsverständnis und damit - infolge der Vielfalt der unter diesem Begriff subsumierten Sachverhalte - eine ausschnitthafte Focussierung auf die für diese Arbeit relevanten Flexibilitätsaspekte. Demnach sind eine **Analyse** der Gesamtheit der Flexibilitätssachverhalte nach verschiedenen Differenzierungskriterien und eine zweckentsprechende **Synthese** zu dem in dieser Arbeit verwendeten Flexibilitätsverständnis durchzuführen.

Anhaltspunkte der Analyse können die vielfältigen **Differenzierungsansätze der Literatur** bieten. In Abbildung 2 sind die wichtigsten Vertreter, die sich mit einer umfassenden Differenzierung des Flexibilitätsphänomens auseinandergesetzt haben, und die von ihnen entwickelte Systematik aufgeführt[29].

---

halten ist. Man beachte, daß bis zur Vornahme einer genaueren Spezifizierung unter "Flexibilitätsangebot" sowohl dasjenige eines bestehenden Produktionssystems als auch das eines einzelnen Investitionsobjekts , unter "Flexibilitätsnachfrage" sowohl die des Marktes als auch die Flexibilitätslücke als spezifische Nachfrage nach Investitionsobjekten verstanden werden kann.

29 Vgl. Mahlmann (Anpassung) 21ff., Maier (Flexibilität) 128, Wicharz (Flexibilität) 142ff., Behrbohm (Flexibilität) 216. Zu Zwecken der Vergleichbarkeit wird nur diejenige Systematik von Behrbohm dargestellt, die sich auf die "Flexibilitätspotentialtypen" bezieht. Ähnliche Systematisierungen wurden dort auch für Flexibilitätsbedarfs- und -prozeßtypen entwickelt, vgl. S. 202 und S. 217ff. Zu einer der Differenzierung von Maier ähnlichen Einteilung gelangen Horváth/Mayer (Flexibilität) 70. Vgl. auch die weniger ausführlichen Differenzierungen bei Riebel (Elastizität) 6 und Volberg (Flexibilität) 37ff.

DIFFERENZIERUNGEN der Flexibilität von			
MAHLMANN	MAIER	WICHARZ	BEHRBOHM
nach			
produktiven Faktoren - Betriebsmittel-F. - personale F. - Werkstoff-F.	Aktionsbereichen - Produktion - Beschaffung - Absatz - Finanzierung	Zeitdimension - statische F. - dynamische F.	Ursprung der F. - eigenbedingt - fremdbedingt
betrieblichen Funktionsbereichen - Produktions-F. - Absatz-F. - Beschaffungs-F. ⋮	Entstehungskomponenten der F. - Aktionsziele - Aktionselemente - Aktionsstrukturen	Zielkomponenten - sachzielbezogen - formalzielbezogen	Wirkungsweise - Bestands-F. - Entwicklungs-F.
Art der Anpassungsfähigkeit - quantitativ - qualitativ	Prozeßebenen - Planungsprozeß - Realisationsprozeß	Änderungsrichtung - Kontraktions-F. - Expansions-F.	Zielwirkung - Funktionssicherungs-F. - Mindestzielerreichungs-F. - Zielverbesserungs-F.
Art der Reaktion auf Störungen - aktiv - passiv		Verfügbarkeit der Aktionsparameter - strategische F. - taktische F. - operative F.	Planbarkeit - Routine-F. - Improvisations-F.
Bezug auf Störungen - störungsbezogen - universell		"Kategorie" - qualitative F. - intensitätsmäßige F. - temporale F. - lokale F.	Objekt - operative F. - strategische F. - strukturelle F.
Zeitraum für die Anpassung - kurzfristige F. - langfristige F.		Systemobjekt - Input-F. - Output-F. - Element-F. - Beziehungs-F. - Ziel-F.	Einsatzzeitpunkt - reaktiv - antizipativ
			Wirkungszeitpunkt - sofort wirksame F. - verzögert wirksame F.
			Input/Outputbezug - inputbezogen - prozeßbezogen - outputbezogen
			Wirkungserfolg - partiell - total
			Wirkungsrichtung - defensiv - offensiv

Abb. 2: Ansätze der Differenzierung des Flexibilitätsbegriffs

Auffallend ist das hohe Maß an Übereinstimmung zwischen den einzelnen Systematisierungsansätzen sowohl in der Wahl der Kriterien, die teilweise nur unterschiedlich bezeichnet sind, als auch im kriterienbezogenen Differenzierungsergebnis.
Um im folgenden eine einheitliche Basis der Differenzierung des Flexibilitätsbegriffs zu erhalten, sind die unterschiedlichen Differenzierungsvorschläge auf die Zwecksetzung dieser Arbeit hin zusammenzufassen und derart zu verbessern, daß jede Kombi-

nation der Ausprägungen von Flexibilität je Differenzierungskriterium zu einem eigenen, überschneidungsfreien Sektor der betrieblichen Flexibilität führt (vgl. Abb. 3):

<table>
<tr><th>KRITERIEN</th><th colspan="4">AUSPRÄGUNGEN DER FLEXIBILITÄT</th></tr>
<tr><td>Elementarfaktoren</td><td>OBJEKTFLEXIBILITÄT</td><td colspan="2">ARBEITSMITTELFLEXIBILITÄT</td><td>SUBJEKTFLEXIBILITÄT</td></tr>
<tr><td>Betriebliche Verrichtungen</td><td>FLEXIBILITÄT DER GÜTERGEWINNUNG</td><td colspan="2">FLEXIBILITÄT DER GÜTERERSTELLUNG</td><td>FLEXIBILITÄT DER GÜTERVERWERTUNG</td></tr>
<tr><td>Fristigkeit der Anpassung</td><td>KURZFRISTIGE FLEXIBILITÄT</td><td colspan="2">MITTELFRISTIGE FLEXIBILITÄT</td><td>LANGFRISTIGE FLEXIBILITÄT</td></tr>
<tr><td>Gütersphäre der Flexibilitätsbeschreibung</td><td colspan="2">FINANZWIRTSCHAFTLICHE FLEXIBILITÄT</td><td colspan="2">LEISTUNGSWIRTSCHAFTLICHE FLEXIBILITÄT</td></tr>
<tr><td>Prozeßebene betrieblichen Handelns</td><td colspan="2">PLANUNGSFLEXIBILITÄT</td><td colspan="2">REALISATIONSFLEXIBILITÄT</td></tr>
<tr><td>Art des Zielbezugs</td><td colspan="2">SACHZIELBEZOGENE FLEXIBILITÄT</td><td colspan="2">FORMALZIELBEZOGENE FLEXIBILITÄT</td></tr>
<tr><td>Bezugsgröße des Input-Output-Modells</td><td>INPUTBEZOGENE FLEXIBILITÄT</td><td colspan="2">PROZEßBEZOGENE FLEXIBILITÄT</td><td>OUTPUTBEZOGENE FLEXIBILITÄT</td></tr>
<tr><td>Marktseite</td><td colspan="2">ANGEBOTSFLEXIBILITÄT</td><td colspan="2">NACHFRAGEFLEXIBILITÄT</td></tr>
<tr><td>Entscheidungsgegenstand</td><td colspan="2">ZIELFLEXIBILITÄT</td><td colspan="2">MITTELFLEXIBILITÄT</td></tr>
</table>

Abb. 3: Systematik der Flexibilitätsanalyse

Die resultierende **Systematik der Flexibilitätsanalyse** ist eine geeignete Ausgangsbasis für die Synthese des zu verwendenden Flexibilitätsbegriffs und für eine weitergehende Eingrenzung des Untersuchungsgegenstands auf bestimmte Flexibilitätsaspekte.

1.4. Eingrenzung des Untersuchungsgegenstands

Die Eingrenzung des Untersuchungsgegenstands wird anhand ausgewählter Differenzierungskriterien von Abbildung 3 vorgenommen.

Bezüglich des Kriteriums der **Marktseite** soll eine Eingrenzung auf die *Gestaltung des Flexibilitätsangebots* erfolgen. Diese resultiert aus der Aufgabenstellung der Planung von Investitionen in Produktionsmittel, die primär angebotsseitig wirksam sind[1]. Die Flexibilitätsnachfrage wird als gegeben angenommen, an ihr wird die Bereitstellung des Flexibilitätsangebots ausgerichtet. Diese Annahme ist durch die Intention, die Planung von Flexibilisierungsinvestitionen zeitpunktbezogen vorzunehmen, zu rechtfertigen. Erfolgt die Flexibilisierungsplanung in periodischen Abständen, so ist jeweils die veränderte Flexibilitätsnachfrage als Planungsbasis anzusetzen.

1 Auswirkungen auf die Flexibilitätsnachfrage existieren nur dann, wenn sich ein durch Investitionen neugeschaffenes Produktionsangebot eine zusätzliche Flexibilitätsnachfrage schafft.

Gleichzeitig ist zu postulieren, daß die Flexibilitätsnachfrage nicht vollständig durch das existierende Flexibilitätsangebot gedeckt werden kann. Erst dann ist eine Flexibilisierungsplanung sinnvoll.

Nach dem **Entscheidungsgegenstand** sind Zielsystem und Mittelsystem[2] als Träger betrieblichen Flexibilitätsangebots zu unterscheiden. Zielflexibilität liegt vor, wenn Ziele im Zeitablauf veränderlich sind und an Datenänderungen angepaßt werden können[3]. In dieser Arbeit geht es aber um die zeitpunktbezogene Planung der Flexibilität des Mittelsystems, so daß die unternehmerische *Zielvorstellung als konstant anzunehmen* ist[4]. Nur dann können Ziele einen bleibenden Maßstab für die Alternativenbewertung darstellen[5].

Durch kombinierte Anwendung der Kriterien "**Gütersphäre der Flexibilitätsbeschreibung**" und "**betriebliche Verrichtungen**" gelangt man zum hier relevanten Bereich der *leistungswirtschaftlichen*[6] *Flexibilität der Gütererstellung*, vereinfacht als Produktionsflexibilität zu bezeichnen. Damit wird der Aspekt finanzwirtschaftlicher Flexibilität, die sich z.B. in der Kapitalbindungsdauer von Finanzanlagen ausdrückt, ausgegrenzt[7].
Ebenso ist dadurch die Flexibilität der dem Produktionsbereich vor- und nachgelagerten Bereiche der Gütergewinnung und Güterverwertung aus der Betrachtung ausgeschlossen[8]. Es wird also bewußt eine Trennung der Produktionsflexibilität von diesen Bereichsflexibilitäten, die sowohl in substitutionalen als auch in limitationalen Beziehungen zu ihr stehen können, vollzogen. Dies führt zur Reduktion von Planungskomplexität, hat allerdings zweierlei zur Folge:
Zum einen kann für den Fall der Substituierbarkeit des Flexibilitätsangebots der Produktion durch dasjenige anderer Funktionsbereiche die Spannweite der Möglichkeiten einer konzertierten Flexibilisierung der Unternehmung nicht vollständig erfaßt

2 Zu dieser Differenzierung vgl. Heinen (Kostenlehre) 25, Heinen (Zielsystem) 18f., Koch (Handelns) 369ff. Meffert (Problem) 787 stellt den Bezug zur Flexibilität her: "Beide, gedanklich auf verschiedener Ebene liegenden Tatbestände entsprechen der grundlegenden Unterscheidung zwischen Ziel- bzw. Zielsetzungsentscheidungen und Mittel- bzw. Zielerreichungsentscheidungen. Sie sollen daher Zielsetzungs- und Zielerreichungsflexibilität genannt werden".

3 Vgl. Likert (Approach), zitiert nach Meffert (Problem) 788 FN 20: "Die Organisationsziele müssen ständig geändert werden...". Eine Flexibilität des unternehmerischen Zielsystems wird u.a. gefordert von Schmidt-Sudhoff (Unternehmerziele) 114ff.

4 Ein analoges Vorgehen findet sich bei Mellwig (Anpassungsfähigkeit) 14f. Er begründet die Nichtbeschäftigung mit der Flexibilität des Zielsystems damit, daß die Revision unternehmerischer Handlungsmaximen vorwiegend gefühlsmäßig bestimmt und daher einer rationalen ökonomischen Analyse nicht zugänglich ist.

5 Vgl. auch Meffert (Problem) 789.

6 Zur Trennung der leistungs- und finanzwirtschaftlichen Gütersphäre vgl. Kosiol (Aktionszentrum) 119ff.

7 Vgl. zur finanzwirtschaftlichen Flexibilität ausführlich Kuhn (Flexibilität), Standop (Elastizitätsproblem) sowie Jacob (Bedeutung) 71ff., der als Maß der finanzwirtschaftlichen Flexibilität von Investitionen deren Kapitalbindung einführt.

8 Zur Differenzierung der Flexibilität nach betrieblichen Funktionsbereichen vgl. Horváth/Mayer (Flexibilität) 69 und 72ff., Altrogge (Flexibilität) 605, Mössner (Planung) 214ff., Volberg (Flexibilität) 43ff., Meffert (Flexibilität) 122, Maier (Flexibilität) 128.

werden. Dies erscheint jedoch zulässig unter Zugrundelegung der Intention, den möglichen Beitrag aufzuzeigen, den eine isolierte Flexibilisierung der Produktion zur Erhöhung des Zielerreichungsgrades leisten kann.
Zum anderen bewirkt die Trennung eine Vernachlässigung möglicher Limitierungen der Produktionsflexibilisierung durch nicht darauf abgestimmte Aktionsflexibilität benachbarter Funktionsbereiche, speziell des Absatzes und der Beschaffung[9].
In der vorliegenden Arbeit sei vereinfacht unterstellt, daß eine Abstimmung der Aktionsmöglichkeiten v.a. dieser Bereiche auf die geplanten Flexibilisierungshandlungen im Produktionsbereich möglich ist.

Nach dem Differenzierungskriterium der **Prozeßebene betrieblichen Handelns** kann Produktionsflexibilität im Sinne von Flexibilität der Planungen des Produktionsbereichs (**Planungsflexibilität**) oder von Flexibilität der Transformationsprozesse im Produktionsbereich (**Realisationsflexibilität**) interpretiert werden[10].
Planungsflexibilität zeichnet sich in allgemeiner Formulierung dadurch aus, daß Anpassungserfordernisse rechtzeitig aufgedeckt und Anpassungen sach- und zeitgerecht durch Planänderungen vorgenommen werden können[11].
Die Planausführung vollzieht sich im Realisationssystem durch Transformationsprozesse produktiver Faktoren, seine Flexibilität ist durch Art, Umfang und Veränderlichkeit der potentiell möglichen Transformationsprozesse zu beschreiben.
Im folgenden wird diese *Realisationsflexibilität* im Vordergrund stehen, d.h. Flexibilität ist nicht als Anpassungsfähigkeit der Planung an einen veränderten Informationsstand anzusehen. Die Flexibilität der Planungen in den Realisationsbereichen wie z.B. die Produktion ist allerdings Voraussetzung für die Inanspruchnahme von Realisationsflexibilität. Von daher ist der Aspekt der Planungsflexibilität nicht von vornherein auszuklammern und soll an späterer Stelle nochmals in Abgrenzung zur Realisationsflexibilität diskutiert werden[12].

Innerhalb der Realisationsebene der Produktionsflexibilität ergibt sich durch eine **faktororientierte Aufteilung** die Differenzierung in Aktionssubjekt-, Aktionsobjekt- und Aktionsmittelflexibilität[13].
Als **Subjekte** sind alle im Produktionsbereich tätigen Personen und Personengruppen zu bezeichnen. Eine Komponente der produktionswirtschaftlichen Flexibilität ist

---

9 Zur Flexibilität im Absatzbereich vgl. Dichtl (Flexibilität), Lücke (Anpassung) 726ff. Zur Flexibilität im Beschaffungsbereich vgl. Grochla (Anpassung).

10 Schon Gutenberg's Systematik der produktiven Faktoren läßt die Zweiteilung in Planungs- und Realisationsebene erkennen, vgl. Gutenberg (Produktion) 2ff. Zur Trennung in Planungs- und Realisationsflexibilität vgl. Horváth/Mayer (Flexibilität) 70, Maier (Flexibilität) 63 und 128ff. Vgl. auch Kap. 4.1.1.4.

11 Vgl. Wild (Grundlagen) 162.

12 Vgl. Kap. 4.1.1.4.

13 Zu dieser Faktorunterteilung vgl. Kosiol (Unternehmung) 43f., Wild (Organisationslehre) 160ff., Küpper (Ablauforganisation) 2f.

demnach die "personale Flexibilität"[14], die sich in der Aktionsfähigkeit einer Person bei sich verändernden Arbeitsinhalten äußert. Durch die Entwicklung hochautomatisierter, flexibler Produktionstechnologien ist die Bedeutung der Subjektflexibilität auf der Realisationsebene infolge der Übernahme von Erkennungs-, Handhabungs-, Kontroll-, Steuerungs- und Regelungsfunktionen durch Maschinen stark gesunken[15]. Eine stärkere Bedeutung hat die menschliche Flexibilität dagegen auf der Ebene der Planungs- und Entscheidungsfunktionen.

Zu den **Objekten** sind grundsätzlich materielle Gegenstände (z.B. Rohstoffe, Zwischen- und Endprodukte) und immaterielle Gegenstände (z.B. Informationen) zu zählen. Im Vordergrund der **Objektflexibilität** steht die Fähigkeit des Gegenstands zum Ausgleich einer veränderten Marktnachfrage. Neben dieser Flexibilität in der Objektverwendbarkeit sind andere flexibilitätsbestimmende Aspekte wie Verfügbarkeit, Substituierbarkeit und Lagerfähigkeit von Einsatzstoffen bzw. die Zahl verschiedener Herstellungsmöglichkeiten von Zwischen- oder Endprodukten zu nennen[16].

Bei den **Aktionsmitteln** kann es sich um Produktionsmittel, aber auch um Werkzeuge, Vorrichtungen, Betriebsstoffe und EDV-Hard- und Software handeln[17]. Die *Flexibilität der Produktionsmittel* bildet die Basis produktionswirtschaftlicher Flexibilität in höher automatisierten, flexiblen Produktionskonzepten[18]. Sie wird daher im folgenden zum zentralen Betrachtungsgegenstand erhoben.

Die Bereiche der Objekt- und Subjektflexibilität sind aus der Analyse auszuklammern.

Wie im Verhältnis des Flexibilitätsangebots von Funktionsbereichen untereinander, können auch im Verhältnis von Mittelflexibilität zu Objekt- und Subjektflexibilität **limitationale und substitutionale Beziehungen** existieren. Der Fall, daß die Subjektflexibilität limitierend auf die Produktionsflexibilität wirkt, sei durch die Annahme

---

14 Vgl. dazu Maier (Flexibilität) 137ff., Volberg (Flexibilität), Bühner (FFS), Meffert (Entscheidung) 141ff. In der Literatur werden synonym "Flexibilität menschlicher Arbeit" (vgl. Volberg (Flexibilität) 67) und "personale Flexibilität" (vgl. Maier (Flexibilität) 137) verwendet. Die Subjektflexibilität wird in jüngerer Zeit verstärkt zum Gegenstand betriebswirtschaftlicher Untersuchungen gemacht, vgl. auch Bühner (FFS), Gaugler (Flexibilisierung), Grob (Flexibilität), Schusser (Bausteine).

15 Vgl. Staudt (Strukturkrise) 418f.

16 Zu diesen Aspekten der Objektflexibilität vgl. Riebel (Elastizität) 127f., der in diesem Zusammenhang von "Vielzweckerzeugnissen" spricht, sowie ausführlicher Maier (Flexibilität) 148ff., Wicharz (Flexibilität) 187ff.

17 Vgl. Küpper (Ablauforganisation) 2. Altrogge (Flexibilität) 605 vernachlässigt die Objektflexibilität als Aspekt der Produktionsflexibilität, indem er nur die Flexibilität des Personal- und Betriebsmittelbestandes nennt.

18 Vgl. Horváth/Mayer (Flexibilität) 70. So schreibt auch Maier (Flexibilität) 159: "Gerade die Flexibilität von Realisationsprozessen wird weitgehend durch den sachlich-technologischen Kern des Aktionsgefüges determiniert".

eines "vollkommenen Personalmarktes", d.h. hier die unbegrenzte Verfügbarkeit geeigneten Personals, auszuschließen. Ebenso sei Objektflexibilität in ausreichendem Maße vorhanden.

Aus der Eingrenzung des Untersuchungsgegenstands auf die Gestaltung des Flexibilitätsangebots durch Produktionsmittelinvestitionen ergibt sich die dem Flexibilitätsverständnis zugrunde zu legende **Fristigkeit**. Man kann generell zwischen kurzfristiger und mittel- bis längerfristiger Flexibilität unterscheiden[19]. Die Investitionsplanung ist als *mittel- bis längerfristige Planung* zu kennzeichnen[20]. Das durch Investitionsobjekte bereitgestellte Flexibilitätsangebot entfaltet demnach längerfristige Wirkungen und muß entsprechend definiert werden.

Längerfristiges Flexibilitätsangebot ist auf die prognostizierte Flexibilitätsnachfrage abzustimmen. Der Nachfrageprognose sind daher Daten der mittel- bis langfristigen Zukunftsentwicklung zugrunde zu legen, d.h. die längerfristige Flexibilitätsnachfrage ist planungsrelevant. Ihr gegenüber steht die *kurzfristige* Flexibilitätsnachfrage. Sie wird durch extern oder intern bedingte Veränderungen des Produktionsprozesses wie z.B. Maschinenausfall ausgelöst, ist längerfristig nicht vorhersehbar[21] und kann demnach nicht als Grundlage der Planung zusätzlichen Flexibilitätsangebots durch Produktionsmittelinvestitionen dienen[22]/[23]. Durch die Bereitstellung zusätzlichen Produktionspotentials mittels Investitionen, die längere Zeit beansprucht, kann sie nicht gedeckt werden. Vielmehr findet die Anpassung an kurzfristige Flexibilitätsnachfrage innerhalb eines gegebenen Produktionssystems durch die Nutzung bereits vorhandenen Flexibilitätsangebots statt[24]. Davon ist die längerfristige Planung der Flexibili-

19 Diese Unterscheidung ist so oder in ähnlicher Form in der Literatur häufig vorzufinden, vgl. Mahlmann (Anpassung) 22, Schaefer (Flexibilität) 12, Woithe/Gottschalk (Flexibilität) 706, Wicharz (Flexibilität) 156, Eppink (Flexibility) 10, Behrbohm (Flexibilität) 216, Jacob (Flexibilität) 322f. und 345f., Warnecke/Steinhilper/Roth (Planning) 75, Hanssmann (Einführung) 228ff., Wiendahl/Mende (Produktionsflexibilität) 293f.

20 Vgl. Kern (Investitionsrechnung) 8, Lüder (Investitionen) 846, Reichwald/Mrosek (Produktionswirtschaft) 378.

21 Vgl. Schneeweiß (Produktionswirtschaft) 104: "Eine Vorhersage konkreter kurzfristiger Störungen ist i.a. nicht möglich".

22 Vgl. Mellwig (Anpassungsfähigkeit) 18: "Eine Vorsorge für nicht vorhersehbare Datenentwicklungen ist einer theoretischen Analyse nicht zugänglich. Von daher können nur Empfehlungen, nicht aber Gestaltungsnormen für ein Planungsvorgehen erstellt werden".

23 Man beachte, daß kurzfristige Datenänderungen, die regelmäßig auftreten und von daher aufgrund von Datenmaterial vergangener Perioden prognostizierbar und für den längerfristigen Planungszeitraum wirksam sind, nicht als Auslöser kurzfristiger Flexibilitätsnachfrage gelten, da man diese Informationen in der längerfristigen Investitionsplanung berücksichtigen kann. Vgl. dazu Schaefer (Flexibilität) 81ff., Zelenovic (Flexibility) 326ff., Beek/Putten (Flexibility). Kurzfristige Flexibilitätsnachfrage besteht einzig aus den unvorhersehbaren bzw. den vorhersehbaren, aber in ihrer Wirkung nicht längerfristig andauernden Wechseln der Produktionsanforderungen.

24 Vgl. dazu Rieper (Planung), der sich mit dem Problem der kurzfristigen zeitlichen Produktionsanpassungsplanung auseinandersetzt, daneben Gaitanides (Flexibilität), der die Flexibilität von Ablaufstrukturen und -plänen analysiert, Tempelmeier (Kapazitätsplanung), Herrmann (Fertigungskonzepte) 616, Crostack (Anpassung) 34ff. sowie Conradi (Modelle) 52ff. und 147ff. Die Analyse der Nutzung vorhandener Anpassungsspielräume wird v.a. aus systemtheoretischer Sicht vorgenommen. Sie beschränkt sich auf das Anpassungsverhalten morphostatischer Systeme, vgl. Schiemenz (Regelungstheorie) 134ff., Baetge (Systemtheorie) 129ff., Lochstampfer (Betriebsorganisation) 28ff. sowie die Regelkreismodelle der kurzfristigen Flexibilität bei Evers-

tät durch Investitionen auf der Basis vorhersehbarer, wenn auch stochastischer Zukunftsentwicklung abzugrenzen.

Zusammenfassend betrachtet geht es im folgenden um die Gestaltung des leistungswirtschaftlichen Flexibilitätsangebots von Produktionsmitteln durch eine mittel- bis langfristige Investitionsplanung innerhalb des betrieblichen Realisationssystems der Produktion.

heim/Schaefer (Planung) 230f., Horváth/Mayer (Flexibilität) 70. In dieser Arbeit wird allerdings der Problemkreis der sog. morphogenetischen Systeme relevant, die in der Literatur nur rudimentär behandelt werden, vgl. dazu Krieg (Grundlagen) 93ff.

2. Entwicklung einer kapazitätsorientierten Darstellung von Flexibilität

Die Ermittlung von Flexibilitätsgrößen zur Verwendung im Investitionsplanungsprozeß erfordert eine **Operationalisierung** des Flexibilitätsverständnisses. Zuvor sollten aber die Bezugsobjekte der Flexibilitätsbeschreibung charakterisiert werden. Es sind dies die Investitionsobjekte "Produktionsmittel" und das Produktionssystem als Ganzes, in welches die Produktionsmittel integriert werden.

2.1. Charakterisierung der Investitionsobjekte im Bezugsrahmen des Produktionssystems

2.1.1. Analyse des Produktionsbereichs auf systemtheoretischer Basis

Für die theoretische Auseinandersetzung mit komplexen produktionswirtschaftlichen Flexibilitätsproblemen ist es zweckmäßig, eine vereinfachte **modellhafte Abbildung** industrieller Produktionssysteme zu konzipieren. Sie soll eine Beschreibung, Erklärung und Gestaltung des Flexibilisierungsvorgangs durch Produktionsmittel im Rahmen einer ganzheitlichen Betrachtung erlauben[1].
Das geeignete Instrumentarium, um Erkenntnisse über die Produktionsflexibilität selbst zu gewinnen und zu konkreten Problemlösungen zu gelangen[2], liefert die Allgemeine Systemtheorie[3]. Das System als zugrundeliegendes Erkenntnisobjekt wird als geordnete Gesamtheit von Elementen, zwischen denen Beziehungen bestehen oder herzustellen sind, definiert[4].

Durch funktionale Differenzierung des Gesamtsystems Unternehmung gelangt man zum **Produktionssystem.** Ausgangspunkt **einer Strukturanalyse** des Produktionssystems kann seine Partition nach produktionstechnischen Merkmalen sein[5]. Dadurch gelangt man zu seinen Elementen und ihren Beziehungen.
Grundlegende **Elemente** jedes Produktionssystems bzw. -subsystems sind Subjekte, Arbeitsmittel und Objekte[6]. Sie führen in ihrer Kombination Verrichtungen aus und

1 So auch Hahn (Fertigungswirtschaft) 272: "Hauptzweck der wissenschaftlichen Behandlung fertigungswirtschaftlicher Probleme ist es, Entscheidungsmodelle aufzustellen. Dies setzt eine beschreibende Kennzeichnung und eine typologische Durchdringung des Fertigungsbereiches (...) voraus".

2 Diese beiden Ziele der Modellbildung werden u.a. von Kosiol (Modellanalyse) 321 und von Schweitzer/Küpper (Kostentheorie) 16 und 18ff. genannt.

3 Vgl. dazu Bertalanffy (Systemlehre) sowie die Literaturangaben bei Grochla (Systemtheorie) 4 FN 12 - 16. Die Aufgaben der Systemforschung sind beschrieben in Kosiol/Szyperski/Chmielewicz (Standort).

4 Vgl. Bertalanffy (Systemlehre) 115, Meffert (Systemtheorie) 175ff., Ackoff (System) 661ff. Weitere Systemdefinitionen sind überblickhaft dargestellt bei Czayka (Systemwissenschaft) 20ff.

5 Vgl. Kloock (Modelle) 43, der die Merkmale Werkstätten, Arbeitsplätze oder Anlagenaggregate nennt.

6 Vgl. Küpper (Ablauforganisation) 3.

werden durch **Beziehungen** in einen Systemzusammenhang eingebettet, der als Systemstruktur[7] zu bezeichnen ist.
In die hier als Systemelemente zu charakterisierenden Stellen des Produktionssystems gehen originäre oder derivative, d.h. im Unternehmen hergestellte, Güter ein, den Output bilden Zwischen- oder Endprodukte. Die resultierende Input-Output-Beziehung kann quantitativ durch Transformationsfunktionen beschrieben werden. Eine weitergehende funktionale Analyse an Produktionsstellen führt zu **Verrichtungen**. Eine Produktionsstelle kann dabei eine oder mehrere Verrichtungen ausführen.

Die bisherigen Definitionen resultieren aus einer rein **funktionalen** Betrachtung des Systems als "Black Box"[8], die das Systemverhalten zum Erkenntnisgegenstand macht. Da durch Investitionen in Produktionsmittel aber die Systemstruktur beeinflußt wird, ist zusätzlich die Grundlegung einer **strukturalen** Produktionssystembetrachtung notwendig[9].
Die **Produktionsstruktur** wird dadurch hergestellt, daß den "Produktionsstellen" ein Netz von Beziehungen[10] unterlegt wird. Im Hinblick auf die angestrebte längerfristige Flexibilitätsbetrachtung sind die der Aufbaustruktur zuzurechnenden Verbindungswege zwischen den Elementen als Träger des stofflichen, energetischen und informatorischen Flusses[11] von besonderem Interesse. Jedes System unterliegt bestimmten Zielsetzungen, aus denen sich die Führungsgrößen des Systemverhaltens ableiten, und wird mit internen oder externen Störungen konfrontiert[12]. Demnach ergibt sich folgendes **Beschreibungsmodell** eines Produktionssystems, das der Flexibilitätsanalyse zugrundegelegt werden soll[13]:

7 Vgl. Ulrich (Unternehmung) 109. Dabei ist zu beachten, daß jedes einzelne Element wiederum als eigenständiges Teilsystem betrachtet werden kann, vgl. Ropohl (Fertigungssysteme) 117f.
8 Vgl. Ashby (Kybernetik) 15.
9 Vgl. Ropohl (Technik) 54ff., Wildemann (Investitionsentscheidungsprozeß) 26ff. Zur mathematischen Beschreibung der Produktionsstruktur vgl. Schweitzer/Küpper (Kostentheorie) 46ff., Küpper (Interdependenzen) 61f. und 74.
10 Zu verschiedenen Arten von Systembeziehungen vgl. Wegner (Sachmitteleinsatz) 59ff. und 95ff., Wild (Organisationslehre) 102ff.
11 Vgl. Spur (Optimierung) 34, Scharf (Entwicklung) 458, Baetge (Systemtheorie) 37, Ropohl (Fertigungssysteme) 126ff. Dem entspricht die Definition der Maschine "als ein künstliches, zweckorientiertes System, dessen Funktion es ist, Stoff-, Energie- und Informationsflüsse in einer vorgegebenen, aufgabenentsprechenden Art und Weise miteinander zu verknüpfen", vgl. Ropohl (Fertigungssysteme) 126.
12 Zu Störungen vgl. Greve (Störungen).
13 Vgl. auch Kloock (Modelle) 50: "Jedes Produktionssystem läßt sich graphisch durch die einzelnen Produktionsstellen und den Leistungsfluß der Input- und Output-Faktoren veranschaulichen". Ein differenzierteres als das vorgestellte Projektionsmodell der Produktion entwickelt Scharf (Strukturalternativen) 26f.

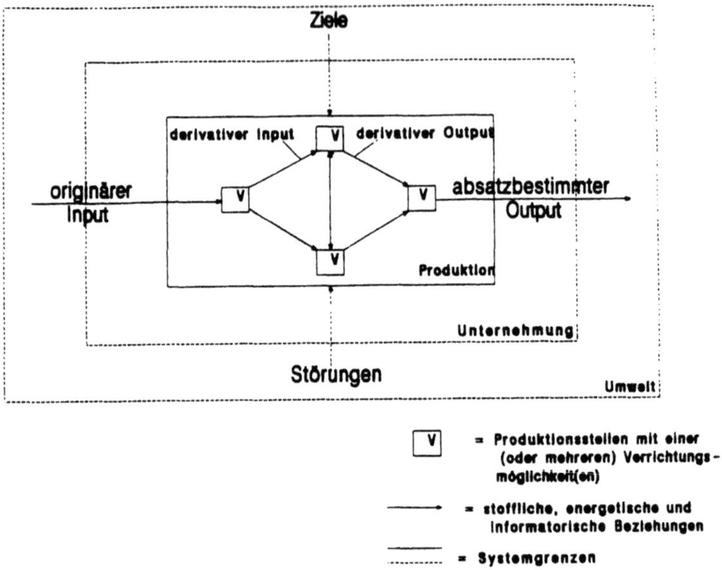

Abb. 4: Modell des Produktionssystems

Der Produktionsprozeß vollzieht sich innerhalb dieser Struktur durch Transformation von originärem bzw. derivativem[14] Input in weiterzuverarbeitenden bzw. absatzbestimmten Output. Dabei werden in einem stofflichen, energetischen und informatorischen Kombinationsprozeß einzelne oder mehrere Verrichtungen an den Objekten in den Produktionsstellen durchgeführt.

Die Flexibilitätssachverhalte in Produktionssystemen lassen sich ausgehend von dieser strukturalen Grundlage erklären: Im systemtheoretischen Sinn kann Flexibilität als Eigenschaft von Systemen, sich auf **veränderte Gegebenheiten** innerhalb oder außerhalb der Systemgrenzen einstellen zu können[15], verstanden werden. Diese veränderten Gegebenheiten sind anhand des entwickelten Modells als Veränderungen von originärem Input oder absatzbestimmtem Output, als Veränderung von Sachzielen oder als Auftreten interner bzw. externer Störgrößen zu identifizieren. Sie bewirken Flexibilitätsnachfrage.

Die systemtheoretisch fundierten Flexibilitätsanalysen[16] konzentrieren sich auf das **kurzfristige Änderungsvermögen** von Systemen bei unveränderlicher Gebildestruktur: Sie entwickeln steuerungs- und regelungstheoretische Ansätze, die auf die lau-

14 Zur Unterscheidung originär - derivativ vgl. Kloock (Analyse) 1954.
15 Vgl. Haberfellner (Unternehmung) 25.
16 Vgl. z.B. Baetge/Steenken (Grundlagen) 613ff.

fende Eliminierung vor allem kurzfristiger Störungen abstellen[17]/[18]. Das Flexibilitätsangebot ist hierbei strukturell begrenzt und bleibt nach Art und Höhe konstant. Damit leisten die systemtheoretischen Flexibilitätsanalysen keinen Beitrag zur Gestaltung einer Flexibilisierungsplanung, die von durch Investition veränderlichen Produktionssystemstrukturen ausgeht und die längerfristige Variation des Flexibilitätsangebots in den Mittelpunkt der Betrachtungen stellt.

2.1.2. Bestimmung der technischen Komponenten des Investitionsobjekts "Produktionsmittel"

Produktionsmittel sind als Produktionsfaktoren[19] Träger des Prozesses der Input-Output-**Transformation.** Sie können innerhalb dieses Systematisierungsmodells **inputbezogen** durch ihre Verarbeitungsmöglichkeiten, **prozeßbezogen** durch ihre Verrichtungsmöglichkeiten sowie **outputbezogen** durch ihr potentielles Spektrum der Leistungserstellung gekennzeichnet werden[20].
Betrachtet man das Produktionsmittel als eine Produktionsstelle des Produktionssystems, so bestehen seine Funktionen nicht nur in der elementaren Transformation des stofflichen, energetischen und informatorischen Inputs in Output, sondern darüberhinaus in der In- und Output**aufnahme**, **-speicherung** und **-abgabe.** Für den Fall der Integration von Produktionsmitteln in bestehende Produktionssysteme werden daher neben der reinen Transformationseinheit, die hier Handhabungseinrichtungen[21] einschließen soll, technische Komponenten notwendig, welche die Beziehungen zum Umsystem herstellen und die Erfüllung der zugedachten Transformationsfunktion erst ermöglichen. Dazu zählen die Schnittstellen zu **Transporteinrichtungen**[22] für Stoffe, zu **Verkettungseinrichtungen** des Energie- und Informationsflusses und zum **Menschen.**

---

17 Sie sind zwar zur Beschreibung und Erklärung von Flexibilitätsprozessen geeignet, nicht jedoch zur konkreten Gestaltung: Der Produktionsbereich kann nur durch ein System vermaschter Regelkreise beschrieben werden, wobei verschiedene Regelgrößen auftreten, vgl. Eversheim/Schaefer (Planung) 231. Es ist nicht möglich, all diese Regelgrößen auf eine übergeordnete Regelgröße zu reduzieren, ohne einen so großen Informationsverlust in Kauf zu nehmen, daß konkrete Gestaltungsvorschläge aus der Regelkreisbetrachtung nicht mehr ersichtlich werden. Vgl. dazu Hanssmann (Einführung) 163f. Zu Regelgrößen des Vollzugs von Transformationsprozessen vgl. Wildemann (Investitionsentscheidungsprozeß) 26f.

18 Zur Lösung längerfristiger Planungsprobleme, wie sie z.B. bei der Investitionsplanung vorliegen, ist die kybernetische Regelkreisbetrachtung nicht geeignet. Vgl. dazu Hanssmann (Einführung) 163: Bei Steuerung langfristiger Unternehmungsentscheidungen "ist die Annahme eines zeitlich invarianten Rückkoppelungsmechanismus völlig außer Frage. Ein ständig wechselnder Vorrat an (...) Investitionsprojekten sorgt für ein zeitlich stark variables Angebot an 'Korrekturmaßnahmen', das nichts mehr mit einem Regelungsmechanismus gemeinsam hat als eine vage Analogie".

19 Vgl. Stepan (Maschine).

20 Vgl. auch Kap. 2.2.

21 Handhabungsgeräte sind als Verkettungseinrichtungen innerhalb des Subsystems Produktionsmittel zu bezeichnen und umfassen im wesentlichen Magazinierungs-, Eingabe- und Ausgabe-, Lageveränderungs- und Spanngeräte. Beispiele dafür sind Werkstück- und Werkzeugwechseleinrichtungen, vgl. Spur (Verkettung) 2128f.

22 Vgl. dazu Rößner (Auswahl).

Die Definition des Produktionsmittels als Investitionsobjekt umfasse demnach neben der Transformationseinheit all diese Schnittstellen, welche die produktionstechnische Zweckerfüllung wie z.B. den Beitrag des Produktionsmittels zu einer spezifischen Kapazitätserhöhung gewährleisten. Die durch sie verursachten zusätzlichen Auszahlungen müssen in die ökonomische Beurteilung eingehen.

2.1.3. Zum Verhältnis von Objekt- und Systemflexibilität

Bei der strukturellen Betrachtung des Produktionssystems hinsichtlich seines Flexibilitätsangebots läßt sich die grundlegende Unterscheidung in das Flexibilitätsangebot jedes der Systembestandteile, d.h. der Elemente und Beziehungen, und des Gesamtsystems treffen[23]. Ersteres sei als Objekt-, letzteres als Systemflexibilitätsangebot bezeichnet.
Die Erstellung von Sachleistungen erfolgt im Systemverbund der Produktionsmittel. Entscheidend für die Flexibilisierungsplanung ist demnach das **Systemflexibilitätsangebot**, genauer: derjenige Teil, der zur Deckung von Flexibilitätsnachfrage geeignet ist. Flexibilität ist demnach primär als Produktionssystemeigenschaft und erst sekundär als Eigenschaft von Produktionsmitteln zu verstehen.

Das Flexibilitätsangebot **einzelner** Produktionsmittel wird erst dann planungsrelevant, wenn sich aus dem Vergleich von Flexibilitätsangebot des Produktionssystems und Flexibilitätsnachfrage Flexibilitätslücken ergeben, die durch zusätzliche Investitionen zu decken sind. Der Charakter einer Flexibilisierungsinvestition ergibt sich erst durch die mit der Integration bewirkte zusätzliche Flexibilitätsnachfragedeckung des Gesamtsystems[24]. Wenn im folgenden von "Erhöhung der Flexibilität" oder "höherer Flexibilität" gesprochen wird, so ist dies demnach auf die verbesserte Eignung des Systemganzen zur Deckung von Flexibilitätsnachfrage zu beziehen.

Eine Gleichsetzung von Flexibilisierungsinvestitionen mit Investitionen in flexible Produktionsmittel wäre verfehlt[25]. Die Flexibilisierungseignung eines Produktionsmittels bestimmt sich nicht aus seinem absoluten Flexibilitätsangebot, sondern aus der **Bezogenheit** seiner produktionstechnischen Möglichkeiten **auf Flexibilitätslücken.**
Ein starres Produktionsmittel[26], dessen produktives Angebot genau auf die Flexibilitätslücken trifft, kann demnach eine höhere Flexibilisierung bewirken als ein hochflexibles Produktionsmittel, dessen Flexibilitätsangebot nur eine kleine Schnittmenge

23 Vgl. zu dieser Differenzierung auch Maier (Flexibilität) 129ff.
24 So definiert Ropohl (Fertigungssysteme) 195 und 197f. Flexibilität rein als Systemeigenschaft. Zur Systemflexibilität vgl. auch Mössner (Planung) 186ff.
25 In dieser Offenheit der Investitionsobjektwahl liegt der Unterschied der vorliegenden Arbeit gegenüber Veröffentlichungen zur Investitionsplanung für flexible Fertigungskonzepte, vgl. z.B. Vettin (Verfahren), Herrmann (Grundlagen).
26 Zur Unterscheidung von flexiblen Universal- und starren Spezialmaschinen vgl. Gutenberg (Produktion) 81ff., Schmidt (Entscheidungsmodell) 85ff.

mit der Flexibilitätslücke aufweist. Allerdings ist die Wahrscheinlichkeit der Deckung von Flexibilitätslücken bei flexiblen Aggregaten höher als bei starren.

2.2. Erstellung der Kapazitätsmatrix als grundlegendes Instrumentarium der Charakterisierung von Produktionsnachfrage und -angebot

2.2.1. Spezifizierung des Kapazitätsbegriffs

Investitionsalternativen sind im Investitionsplanungsprozeß hinsichtlich ihrer **Zweckeignung**[1] in bezug auf die Investitionsziele zu erstellen und zu beurteilen. Dabei ist neben der ökonomischen Eignung die zu ihr in einer Mittel-Zweck-Relation[2] stehende technische Eignung[3] von grundlegender Bedeutung.

Technische Eignung von Produktionsmitteln oder -systemen liegt dann vor, wenn sie "aufgrund ihrer technischen Leistungsfähigkeit für den konkreten Zweck der betrieblichen Leistungserstellung qualifiziert sind"[4].
Diese funktionale Eignung weist demnach als notwendige Bedingung das **Leistungsvermögen** allgemein und als hinreichende Bedingung seine **Zweckbezogenheit** auf. Letztere ist von den *Verwendungsmöglichkeiten des vorhandenen Leistungsspektrums* abhängig[5].
Das Leistungsvermögen an sich kann durch die **Kapazität**[6], die Verwendungs- oder Variationsmöglichkeiten der Kapazität durch die **Flexibilität** ausgedrückt werden[7]. Dadurch werden die Eignungsgrößen Kapazität und Flexibilität zu wichtigen Ent-

1 Zum Begriff der Zweckeignung vgl. Kosiol (Aktionszentrum) 112. Gutenberg (Produktion) 73 bemerkt zur Eignung von Produktionsmitteln: "Mit dem Begriff der Betriebsmitteleignung ist das Verhältnis zwischen der von den Betriebsmitteln verlangten und der mit ihnen tatsächlich erzielbaren Leistung gemeint". Ähnlich Männel (Eignung) 1469.

2 Dieses Verhältnis resultiert aus der in Kap. 3.1.4. dargestellten Beziehung zwischen Sach- und Formalzielen.

3 Die Unterscheidung zwischen technischer und ökonomischer Eignung treffen Adam (Produktionspolitik) 35 und Ropohl (Fertigungssysteme) 66ff. Als dritte Eignungskomponente kann die soziale Eignung genannt werden, vgl. Wildemann (Investitionsentscheidungsprozeß) 100, die hier allerdings durch den Ausschluß personaler Aspekte (vgl. Kap. 1.4.) nicht relevant ist. Zu einer Differenzierung der Eignungskomponenten vgl. auch Ropohl (Fertigungssysteme) 63.

4 Heinen (Investitionsplanung) 2878, ähnlich Männel (Eignung) 1470.

5 Vgl. Wildemann (Investitionsentscheidungsprozeß) 100f. und 110ff., Gutenberg (Produktion) 77.

6 So auch Lücke (Probleme) 354ff. Ein Überblick über Kapazitätsbegriffe findet sich bei Kern (Messung) 23ff. sowie bei Layer (Kapazität) 873f., Wiegand (Darstellung) 10ff., Dienstdorf (Kapazitätsbegriff), Lücke (Kapazität).

7 So Zelenovic (Flexibility) 323: "The flexibility of a production system is a measure of its capacity to adapt to changing environmental conditions and process requirements". Vgl. auch Riebel (Elastizität) 46 und 119ff., der die betriebliche Elastizität in den alternativen Verwendungsmöglichkeiten der Kapazität begründet sieht, sowie Maier (Flexibilität) 143: "Bei der Nutzung der Aktionsmittel sind Anpassungsaktionen durch die genannten Kapazitäten Grenzen gesetzt".

scheidungskriterien einer technischen Investitionsplanung[8] und die **Kapazität selbst zur grundlegenden Bezugsgröße der Flexibilität.**

Der Kapazitätsbegriff ist hier relativ weit auszulegen: Zum einen ist er nicht nur rein quantitativ als Arbeit pro Zeiteinheit, sondern auch qualitativ, z.B. in der Vielfältigkeit der Leistungserstellung, zu sehen[9]. Zum anderen soll er nicht nur als Fähigkeit der Erstellung von Leistungen im Sinne von Outputgütern[10], sondern auch der Verarbeitung von Inputgütern und des Vollzugs von Verrichtungen im Transformationsprozeß verstanden werden. Gleichzeitig ist unter der Zwecksetzung der Verwendung von Kapazitätsdaten für die technische Investitionsplanung die Kapazität in ihrer **Maximal**ausprägung relevant[11].

Die Kapazität eines Betriebsmittelbestandes kann in eine quantitative und eine qualitative Komponente aufgespalten werden[12]. **Quantitative Kapazität** ist nur in bezug auf ein konkretes Objekt oder eine Verrichtung mit festliegenden Eigenschaften zu definieren[13] als Maximalwert der verarbeiteten oder erstellten Einheiten eines **definierten** Gutes oder Güterprogramms bzw. der ausgeführten Einheiten einer definierten Verrichtung. Die **qualitative Kapazität** produktiver Einheiten kennzeichnet dann deren Vermögen, ein bestimmtes Spektrum **verschiedenartiger** Inputgüter, Verrichtungen bzw. Outputgüter mit jeweils definierten Eigenschaften zu verarbeiten, durchzuführen bzw. herzustellen[14].

Um die Kapazität eines Produktionsmittels oder -systems in ihrer quantitativen und qualitativen Ausprägung als Grundlage der Flexibilisierungsplanung verwenden zu können, ist sie in eine operationale Darstellungsform zu bringen. Da Kapazität[15]

---

8 Vgl. auch Hoitsch (Produktionswirtschaft) 6: "Zur qualitativen und quantitativen Charakterisierung von Produktionssystemen eignet sich insbesondere die Angabe der Kapazitäts- und Flexibilitätseigenschaften". Die technische Investitionsplanung ist allein auf Kriterien der produktionstechnischen Zielerfüllung wie z.B. die Herstellbarkeit von Produkten ausgerichtet, und von der ökonomischen Seite der Investitionsbewertung zu trennen, vgl. Kap. 4.2.1. Zur technischen Investitionsplanung vgl. Wiendahl (Investitionsplanung), Vettin (Verfahren).

9 So auch Kern (Kapazität) 2084.

10 So z.B. bei Ruberg (Begriff), Henzel (Produktion) 144, Barth (Fertigungselastizität) 27ff. und Stork (Kapazitätsplanung) 60.

11 Zur Befürwortung der Maximalkapazität als Planungsgrundlage vgl. Kern (Messung) 121ff. und die ebd. S. 113 in FN 246 angegebene Literatur, ebenfalls Wildemann (Investitionsentscheidungsprozeß) 112.

12 Vgl. zur Beschreibung der qualitativen und quantitativen Kapazität Gutenberg (Produktion) 73 ff., Maier (Flexibilität) 143, Layer (Kapazität) 873, Weber (Fertigungsverfahren) 43, Ropohl (Fertigungssysteme) 66, Hoitsch (Produktionswirtschaft) 6, Wildemann (Investitionsentscheidungsprozeß) 112, Küpper (Interdependenzen) 46, Lücke (Kapazitätsharmonie).

13 Diese Bezogenheit der Definition quantitativer Kapazität drückt Männel (Eignung) 1471 wie folgt aus: Die quantitative Kapazität "ist für Universalanlagen nur in bezug auf ganz bestimmte Leistungsarten definierbar".

14 Der Begriff der qualitativen Kapazität wird m.E. in der Literatur allgemein zu eng, da nur outputbezogen, gefaßt - so z.B. von Gutenberg (Produktion) 77 als "Eigenart und Güte der Leistungen", ähnlich Layer (Kapazität) 873, Maier (Flexibilität) 143, Henzel (Produktion) 143 oder Zäpfel (Produktionswirtschaft) 10. Ein Hinweis auf die ebenfalls sinnvolle input- oder verfahrensbezogene Definitionsmöglichkeit findet sich bei Männel (Eignung) 1473.

15 Im folgenden wird - analog zum Begriff der Flexibilität - Kapazität als Oberbegriff sowohl von Kapazitätsangebot als auch von Kapazitätsnachfrage verstanden.

wahlweise input-, prozeß- oder outputbezogen[16] definierbar ist, muß dem eine Festlegung des **Bezugsgegenstandes der Kapazitätsdefinition** vorangehen:
Ziel der Untersuchung ist die verbesserte Abstimmung von Flexibilitätsnachfrage und -angebot durch Investitionen. Die Produktionsnachfrage[17] wird vom Markt bestimmt[18] und ist i.d.R. outputbezogen definiert. Das Produktionsangebot wird dagegen prozeßbezogen, z.B. durch die Angabe der ausführbaren Verrichtungen[19], gegeben sein. Eine outputbezogene Charakterisierung des Produktionsangebots ist nicht eindeutig möglich, da z.B. ein Produktionsmittel mit einer gegebenen Menge an Verrichtungsmöglichkeiten verschiedene Erzeugnisse erstellen kann[20]. Dies erschwert die Gegenüberstellung zur Produktionsnachfrage.

In der Literatur zur Investitionsplanung wird dieses Problem i.a. durch die Annahme der Kenntnis einer unmittelbaren Zuordnungsbeziehung zwischen absatzbestimmtem Erzeugnis und den zu seiner Produktion benötigten Faktoren (z.B. Maschinen) umgangen[21]. In der vorliegenden Arbeit soll von dieser restriktiven Prämisse abgesehen werden: Hier wird das technologische Prinzip von Maschinen und zu produzierenden Gütern betrachtet und die **verrichtungsbezogene Darstellungsweise** von Produktionsangebot und -nachfrage gewählt[22].
Durch die Festlegung auf diese detaillierte Planungsebene ist das Zuordnungsproblem zu lösen: Jedes Produktionsmittel ist durch eine definierte Menge an Verrichtungen eindeutig zu beschreiben. Auch die Produktionsnachfrage kann bei entsprechender Definition von Verrichtungen eindeutig verrichtungsbezogen charakterisiert

16 Vgl. entsprechend die input-, prozeß- oder outputbezogene Sichtweise von Flexibilitätsnachfrage bzw. -angebot bei Behrbohm (Flexibilität) 8ff und 212f.
17 Produktionsnachfrage(-angebot) steht als Oberbegriff für Kapazitäts- und Flexibilitätsnachfrage (-angebot).
18 Vgl. zur Begründung der Orientierung der Flexibilitätsnachfrage am marktseitig nachgefragten Produktionsprogramm Kap.1.1. sowie zur Begründung des Engpaßsektors "Absatz" und der Orientierung der Investitionsplanung an Flexibilitätslücken und damit indirekt am Produktionsprogramm Kap.4.2.1.
19 Verrichtungen ergeben sich durch die Zerlegung von Arbeitsgängen nach funktionalen Kriterien, vgl. Küpper (Ablauforganisation) 17f. Ein Arbeitsgang ist dabei ein raum-zeitlich abgeschlossener Teilprozeß, der an einem Arbeitsobjekt von einer Produktiveinheit Mensch-Produktionsmittel durchführbar ist, vgl. dazu Kosiol (Unternehmung) 196f.
20 Zu diesem Zuordnungsproblem vgl. Dolezalek/Ropohl (Ansätze) 636ff. und 715ff. sowie die leicht veränderten Darstellungen bei Ropohl (Fertigungssysteme) 71 und 146, Weber (Fertigungsverfahren) 24 und Wildemann (Investitionsentscheidungsprozeß) 110f.
21 Vgl. zu dieser Feststellung auch Rosenberg (Investitionsplanung) 17f. sowie als dokumentierende Beispiele Reichwald/Mrosek (Produktionswirtschaft) 379: "Als Bestimmungsgröße ...", Opitz (Systematisierung) 55ff., Wiendahl (Investitionsplanung) 60ff.
22 Zu verschieden hoch aggregierten Betrachtungseinheiten des Produktionsprozesses vgl. Küpper (Interdependenzen) 34ff.

werden[23]. Damit ist die **gemeinsame Planungsgrundlage** geschaffen, die eine differenzierte Abstimmung zwischen Produktionsnachfrage und -angebot ermöglicht[24].

Qualitative(s) Kapazitätsnachfrage (-angebot)[25] kann nun verrichtungsbezogen durch die Art und Qualität der auszuführenden Verrichtungen, quantitative Kapazitätsnachfrage (-angebot) durch die intensitäts- und arbeitsdauerabhängige[26] Anzahl der in einem Zeitraum auszuführenden Verrichtungen je einer Art gekennzeichnet werden[27].

2.2.2. Aufbau der Kapazitätsmatrixstruktur

Zur qualitativen Beschreibung von Verrichtungen können ihnen Ausprägungen verrichtungskennzeichnender Merkmale zugeordnet werden[28]. Bei der Auswahl relevanter Merkmale kann man sich an den Beschreibungskriterien orientieren, die sich in Werkstück- oder Maschinenklassifizierungssystemen[29] wiederfinden.

Als übergeordnete qualitative Merkmale von Verrichtungen sind der **Operationsbereich** und die **Operationsgüte** zu nennen[30]. Diese sind vielfältig unterteilbar: So kann der Operationsbereich durch geometrische, physikalische und chemische Merkmale beschrieben werden. Die Operationsgüte ist z.B. nach Maß-, Lage-, Formgenauigkeit und Oberflächengüte zu differenzieren[31]. Nicht in die Beschreibung der qualitativen

---

23 Dazu sind Verrichtungen so weit wie möglich so allgemein zu beschreiben, daß man sich im Falle alternativer Herstellungsmöglichkeiten von Produkten bei der Produktbeschreibung nicht von vornherein auf eine der alternativen Verrichtungen, z.B. Fräsen oder Hobeln, festlegen muß. Vgl. auch Junghanns (Planung) 41. Eine neutrale Beschreibung, die eine eindeutige Zuordnung zuließe, wäre z.B. "spanabhebendes Umformen in Längsrichtung". Vgl. zu derart definierten Verrichtungen Vettin (Verfahren) 47. Geht man von dieser Beschreibungsweise ab, so muß man bei der Beschreibung von Produkten mit alternativen Herstellungsmöglichkeiten eine davon, i.d.R. die aus Erfahrung "günstigste", auswählen. Dies ist ebenfalls eine denkbare Vorgehensweise. Sie kann aber z.B. dazu führen, daß Bearbeitungsalternativen von vornherein aus dem Planungsprozeß ausgeschlossen werden, weil z.B. für den Materialabtrag ein definiertes Verfahren (z.B. Fräsen) festgelegt wurde. Sind alle Fräsmaschinen nun ausgelastet, so würde bei zusätzlichem Fräsbedarf eine Kapazitätslücke ausgewiesen, obwohl beispielsweise Hobelmaschinen mit freien Kapazitäten die gleiche Funktion des Materialabtrags erfüllen könnten und damit effektiv keine Kapazitätslücke existierte.

24 Zur Wahl der Verrichtungsebene als Planungsgrundlage vgl. auch Knischewski (Planung) 96. Dafür spricht auch die Tatsache, daß bei der Zuordnung von Produkt zu Produktionsmittel stets - zumindest gedanklich - die Ebene der Verrichtungen zwischenzuschalten ist, um eine Zuordnung entsprechend dem geforderten bzw. angebotenen technologischen Prinzip überhaupt vornehmen zu können.

25 Zur Definition von Kapazitätsnachfrage bzw -angebot vgl. Eversheim/Schaefer (Planung) 233.

26 Vgl. Küpper (Interdependenzen) 46. Layer (Kapazität) 879f. und Männel (Eignung) 1471f. ziehen zusätzlich den Kapazitätsquerschnitt als Determinante der quantitativen Kapazität heran.

27 Ähnlich Küpper (Ablauforganisation) 86.

28 In der Literatur beschränkt man sich i.a. darauf, die Qualität als Beschreibungskriterium von Verrichtungen zu nennen, nimmt aber keine weitergehenden systematischen Differenzierungen vor. Vgl. z.B. Gutenberg (Produktion) 76f., Kern (Messung) 58.

29 Vgl. Galland (Entwicklung), Opitz (Klassifizierungssystem), Schleppegrell (System) 15ff. und 45ff., Siskow (Messung) 23ff. mit weiteren Literaturverweisen.

30 Diese beiden Merkmale qualitativer Kapazität werden in der Literatur fast durchgehend, teilweise unter anderen Bezeichnungen, genannt, vgl. z.B. Knischewski (Planung) 99, Kern (Industrielle Produktionswirtschaft) 22, Barth (Fertigungselastizität) 35ff., Weber (Fertigungsverfahren) 43ff.

31 Diese Merkmale bzgl. der Werkstückgenauigkeit nennt Spur (Optimierung) 48.

Kapazität einzubeziehen sind intensitätsbezogene Merkmale, die bereits durch die Angabe der quantitativen Kapazität berücksichtigt sind, so z.B. die Vorschubgeschwindigkeit. Diese Trennlinie wird in der Literatur häufig verwischt.

Die Ergänzung der verrichtungsbezogenen quantitativen Kapazitätsinformation durch zugehörige qualitative Informationen erhöht die Qualität der Investitionsplanung[32]. Die Verwendung eines solch umfassenden Kapazitätsbegriffs versetzt in die Lage, zusätzliche planungsrelevante Informationen einzubeziehen - im Gegensatz zu den i.d.R. allein auf den quantitativen Vergleich von Kapazitätsangebot und -nachfrage abstellenden Investitionsplanungsverfahren. Nur so kann beispielsweise eine Kapazitätslücke aufgedeckt werden, die besteht, wenn eine Maschine zwar die durch ein Produktprogramm nachgefragte Verrichtungsart in ausreichender Quantität bereitstellt, sie jedoch nicht in der Lage ist, die geforderte Oberflächengüte einzuhalten. Durch Einbeziehung qualitativer Verrichtungsmerkmale kann auch eine den Kapazitätslücken besser angepaßte Vorauswahl der Investitionsalternativen erfolgen.

Die möglichen Ausprägungen eines Verrichtungsmerkmals sind häufig stetig verteilt, so z.B. der geometrische Eingriffsbereich einer Drehbank. Zu Planungszwecken bietet sich eine **Diskretisierung** des gesamten Merkmalsbereichs in Ausprägungsintervalle an.

Werden sämtliche Verrichtungsarten eines Produktionsmittels/-systems als Zeilenvektorelemente und sämtliche Merkmalsintervalle als Spaltenvektorelemente aufgefaßt, ergibt sich die Beschreibung des Kapazitätsangebots als Matrix[33]. Sie sei als "**Kapazitätsangebotsmatrix**" bezeichnet. Analog dazu ist die Kapazitätsnachfrage durch eine "**Kapazitätsnachfragematrix**" zu beschreiben. Quantitative Kapazitätsangaben sind dann jeweils den Matrixfeldern der betreffenden Verrichtungs-Merkmalsintervall-Kombinationen zuzuordnen. Diese Kapazitätsmatrix soll im weiteren Verlauf der Arbeit als **grundlegendes Instrumentarium der Flexibilisierungsplanung** dienen.

Um die Vergleichbarkeit mehrerer Kapazitätsangebote bzw. -nachfragen mit verschiedenen Verrichtungen oder Merkmalen herzustellen, erscheint es zweckmäßig, eine **Normierung** der Matrixkopfzeile und -spalte vorzunehmen: Die Menge aller planungsrelevanten Verrichtungsarten bildet die *Matrixkopfzeile*, wobei jeder der N

32 Zur Notwendigkeit der Einbeziehung auch qualitativer Verrichtungsinformationen vgl. Knischewski (Planung) 96f.

33 Diese Definition der Kapazität enthält die Unterscheidung der Fertigungsaufgabe in die fertigungstechnischen Komponenten Operation, Qualifikation, Dimension und Leistung, vgl. Barth (Fertigungselastizität) 25ff. Die Komponente "Operation", zu umschreiben als technologische Art und Weise der Form- oder Substanzänderung, ist in der Matrixkopfzeile durch die Auflistung des Verrichtungsspektrums enthalten, die Komponenten Qualifikation und Dimension in der Matrixkopfspalte durch die Merkmale der qualitativen Kapazität (Operationsbereich und -güte), die wiederum vielfältig unterteilbar sind, sowie die Komponente Leistung innerhalb der Matrixfelder.

Verrichtungen V_n ein definierter Zeilenindex zugeordnet wird. Dem möglichen Einwand, die Kapazitätsmatrix werde durch die gleichzeitige Eintragung aller Verrichtungsarten zu stark aufgebläht, ist mit Gutenberg[34] entgegenzuhalten, daß produktionstechnische Verfahren nur aus einer relativ kleinen Grundgesamtheit von Verrichtungen bestehen.

Anhand der Menge aller planungsrelevanten Verrichtungsmerkmale wird die Matrixkopfspalte erstellt. Hierzu ist ein Merkmalsvektor $\vec{Q}$ zu definieren, der sämtliche Merkmale zusammenfaßt, die bei der Beschreibung von Verrichtungen auftreten. Die möglichen Ausprägungen von $\vec{Q}$ können als **Qualitätsklassen** bezeichnet werden und bilden die Matrixkopfspaltenelemente Q_1 bis Q_M. Ihre Zahl bestimmt sich durch die Anzahl der Kombinationsmöglichkeiten von Merkmalsintervallen je eines Merkmals über alle Merkmale hinweg[35]. Zur Reduzierung dieser Maximalzahl können real nicht-existente oder planungsirrelevante Kombinationen von vornherein ausgeschlossen werden. Es ergibt sich folgende Kapazitätsmatrix (vgl. Abb. 5):

Verrichtung / Qualitätsklasse	V_1	....	V_n	....	V_N
Q_1					
⋮					
Q_m					
⋮					
Q_M					

Abb. 5: Kapazitätsmatrix mit merkmalsübergreifenden Qualitätsklassen

Für den Fall zahlreicher und zwischen verschiedenen Verrichtungen unterschiedlicher Merkmale bzw. Merkmalsintervalle würde die Matrixkopfspalte stark aufgebläht. Es besteht der Ausweg, den Merkmalsvektor nur bezogen auf jede Verrichtung zu definieren[36]. Dann existieren so viele Merkmalsvektoren $\vec{Q_n}$ wie Verrichtungen,

34 Vgl. Gutenberg (Produktion) 87: "Dabei ist es überraschend festzustellen, auf wie wenige Arbeitsoperationen (unit operations) sich die unübersehbare Fülle technischer Verfahren zurückführen läßt". Anschaulich wird dies an der begrenzten Menge der in den Systemen vorbestimmter Zeiten aufgeführten Verrichtungen. Vgl. zu einem Überblick über diese Systeme Brink/Fabry (Planung).

35 Existieren z.B. drei Merkmale mit zwei, drei und vier Merkmalsintervallen, so ist die Zahl der Qualitätsklassen $M = 2 \times 3 \times 4 = 24$.

36 Dahinter steckt das Faktum, daß unterschiedliche Verrichtungen nicht immer durch die gleichen Merkmale beschrieben werden.

die nur dann identisch sind, wenn verschiedene Verrichtungen durch gleiche Merkmale zu beschreiben sind.

Etwas schwieriger gestaltet sich dabei die Unterteilung in Qualitätsklassen.
Man kann durch die Anzahl der Verrichtungsmerkmale und ihrer Intervalle die Gesamtzahl der Qualitätsklassen Q_{mn} so steuern, daß jede Verrichtung die gleiche Klassenanzahl M aufweist. Dann ist eine N x M - Kapazitätsmatrix wie in Abb. 5 zu formulieren, die als Matrixkopfzeile die Verrichtungsarten V_n und als Matrixkopfspalte die Qualitätsklassen Q_m enthält, wobei je Verrichtung jeder Qualitätsklasse eine bestimmte Kombination von Merkmalsintervallen entspricht[37].

Um die Daten der Kapazitätsmatrix interpretieren zu können, benötigt man für jede Verrichtung die Kenntnis der Zuordnung von Merkmalsintervallen zu jeder Qualitätsklasse. Die Gesamtheit solcher Zuordnungsbeziehungen kann in einem **Zuordnungstensor** abgebildet werden, der auf der y-Achse sämtliche planungsrelevanten Merkmale auflistet (vgl. Abb. 6):

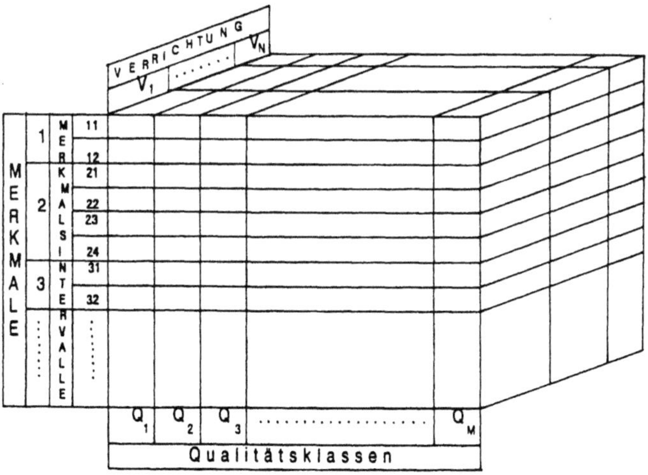

Abb. 6: Tensor der Zuordnung Merkmalsintervalle-Verrichtungen-Qualitätsklassen

37 Sollten Verrichtungen nicht die gleiche Klassenanzahl aufweisen, so ist die in der Matrix ausgewiesene Anzahl M der Qualitätsklassen an der Verrichtung mit den meisten Klassen zu orientieren. Bei Verrichtungen mit einer geringeren Anzahl an Qualitätsklassen bleiben dann die letzten Felder ihrer Spalte unbesetzt.

Der zusätzliche Beschreibungsaufwand ist nur dann zu rechtfertigen, wenn die qualitativen Merkmale einzelner Verrichtungen so unterschiedlich sind, daß mit dieser Vorgehensweise eine erhebliche Reduktion der Matrixdimension zu erreichen ist.

2.2.3. Belegung der Matrixfelder mit Kapazitätsdaten

Die entwickelte Kapazitätsmatrix ermöglicht eine Beschreibung qualitativen(-r) Kapazitätsangebots(-nachfrage) bereits dann, wenn **Dualzahlen** zur Eintragung in die Matrixfelder verwendet werden. Hierbei wird ersichtlich, welche Verrichtungen welcher Qualitätsklasse ausführbar sind bzw. nachgefragt werden. Ihnen wird die Dualzahl 1 zugeordnet.

Durch die Eintragung **quantitativer Kapazitätsangaben** k_{mn} in die Matrixfelder bleibt diese qualitative Information erhalten.
Die Art einer solchen Eintragung unterliegt zwei Wahlmöglichkeiten:
Die **erste** betrifft die Wahl zwischen der Angabe der Anzahl auszuführender Verrichtungseinheiten einer bestimmten Qualitätsklasse in der Nutzungszeit[38] (*Verrichtungsmengeneinheiten* $k^{(m)}$) und der Angabe von Nutzungszeitanteilen, die für eine Verrichtung definierter Qualitätsklasse verfügbar sind bzw. nachgefragt werden (*Verrichtungszeiteinheiten* $k^{(z)}$). Bei Verwendung von Verrichtungsmengeneinheiten erübrigt sich - im Gegensatz zur Verwendung von Zeiteinheiten - die Aufnahme des Merkmals "**Intensität**" in den Merkmalsvektor jeder Verrichtung. Es wird die Anzahl an Verrichtungsmengeneinheiten pro Nutzungszeit angegeben, die bei der zur Erfüllung der spezifischen Qualitätsanforderungen maximalen Intensität ausführbar sind.

Am Beispiel zweier Bohrwerke mit verschiedenen Maximaldrehzahlen ist dies zu verdeutlichen: Da der Vorschub des Bohrwerks mit geringerer Drehzahl kleiner zu wählen ist, um bei gleicher Oberflächengüte die gleiche Bohrtiefe zu erreichen, weist es eine geringere Anzahl an Verrichtungsmengeneinheiten bei gleicher Nutzungszeit auf. Bei Wahl von Zeiteinheiten würde ohne zusätzliche Intensitätsangaben fälschlicherweise die gleiche quantitative Kapazität der Bohrwerke in einer Kapazitätsmatrix ausgewiesen. Die folgerichtige Hinzunahme von Intensitätsintervallen blähte aber die Kapazitätsmatrix mit dem Faktor der Intervallzahl auf.
Ein noch größeres Problem würde die Darstellung über Zeiteinheiten bei der Klassifikation der Kapazitätsnachfrage aufwerfen. Man müßte eine Vorentscheidung über den Intensitätsbereich treffen, um die benötigten Zeiteinheiten einer nachgefragten Verrichtung definierter Qualitätsklasse bestimmen und einem Matrixfeld zuordnen zu können. Um nicht bereits durch die Wahl eines falschen Intensitätsbereichs den Ausweis von Unterkapazitäten nach durchgeführtem Vergleich von Kapazitätsangebot und Kapazitätsnachfrage zu provozieren, müßte diese Wahl in Abstimmung auf das vorhandene Kapazitätsangebot erfolgen. Für eine exakte Abstimmung wäre aber bereits die Kenntnis der konkreten Zuordnung von Maschinen zu einzelnen Produktionsaufgaben notwendig. Dies ist in diesem Planungsstadium nicht der Fall. Bei der Beschreibung durch Verrichtungsmengeneinheiten taucht dieses Problem nicht auf: Pro-

38 Die Nutzungszeit kann entweder die Zeitdauer der Maschinennutzung in einer Planungsperiode oder kleinere Zeiteinheiten betreffen. Die Periodenkapazität der Maschine ergibt sich bei letzterem durch Multiplikation der Mengenangaben in der Matrix mit der Zahl der Zeiteinheiten pro Periode. Zum Begriff "Nutzungszeit" vgl. Wildemann (Investitionsentscheidungsprozeß) 124ff. und die dort in FN 219 und 220 angegebene Literatur.

duktbezogene Nachfrage kann dann eindeutig den entsprechenden Matrixfeldern zugeordnet werden, ohne eine Vorentscheidung über Intensitäten treffen zu müssen. Wichtig ist nur die absolute Verrichtungsanzahl.

Daher sollen *Verrichtungsmengeneinheiten* zur Darstellung quantitativer Kapazitätsangaben *bevorzugt* gewählt werden[39]. Hierbei ist der pro Matrixfeld verfügbare Nutzungszeitanteil[40] unter Verwendung von Intensitätsinformationen in Verrichtungsmengeneinheiten umzurechnen. Stehen Intensitätsangaben nicht zur Verfügung, z.B. bei nach Qualitäten undifferenzierter Verrichtungsbeschreibung, ist zwangsläufig auf Verrichtungszeiteinheiten überzugehen[41].

Die **zweite** Wahlmöglichkeit beim Eintrag quantitativer Kapazitätsdaten k_{mn} in die Matrix beläßt folgende Alternativen:
Erstens kann man die Maximalzahl der angebotenen Verrichtungen pro Zeiteinheit je Matrixfeld angeben, wenn die **gesamte** Nutzungszeit der Maschine oder des Produktionssystems jeweils für die Ausführung der zugehörigen Verrichtung definierter Qualität verwendet wird. Dann erhält man **genau eine** Kapazitätsangebotsmatrix $\bar{K}$, deren Felder jeweils das Maximum der quantitativen Leistungsfähigkeit jeder Verrichtung bestimmter Qualität angeben. Hier werden also Verrichtungen bzw. Verrichtungsqualitäten, auch wenn sie alternativ ausführbar sind, **unabhängig** voneinander betrachtet. Nachfrageseitig entspräche dem eine Vorgehensweise, welche die Produktionsnachfrage alternativ möglicher Zukunftsentwicklungen in nur **eine** Kapazitätsnachfragematrix zu integrieren versucht, indem je Matrixfeld jeweils der Maximalwert der nachgefragten Verrichtungen definierter Qualität über alle Zukunftslagen[42] hinweg eingetragen wird. Derartige Kapazitätsmatrizen $\bar{K}$ seien als Matrizen vom **Typ I** bezeichnet.

Zweitens kann die Angabe quantitativer Kapazitätsdaten derartig erfolgen, daß die verfügbare Kapazität der produktiven Einheit nicht auf jedes Feld einzeln, sondern auf die **Gesamtheit** der Matrixfelder verteilt wird. Dann gibt die Zahl der Verrichtungseinheiten je Matrixfeld das Maximum der quantitativen Leistungsfähigkeit dieser Verrichtung definierter Qualität an, wenn nur **ein Teil** der Nutzungszeit für sie verwendet wurde und der Rest auf alternative Verrichtungen bzw. Qualitätsklassen der gleichen Verrichtung entfällt. Hierbei werden substitutive Abhängigkeiten alternativer Verrichtungsmöglichkeiten berücksichtigt.
Eine **Kapazitätsangebotsmatrix** K beschreibt in diesem Fall genau eine der realen Möglichkeiten, auf welche Art Verrichtungen in der Nutzungszeit (d.h. in der Periode

39 Dagegen präferiert Layer (Kapazitätsausnutzung) 110 die Verwendung von Zeitanteilen als Planungsgrundlage.
40 Dieser Nutzungszeitanteil entspricht der Nutzungszeit der Maschine, wenn die betreffende Verrichtung definierter Qualität während der gesamten Nutzungszeit ausführbar ist.
41 Vgl. dazu näher Kap. 5.2.2.2.
42 Zum Begriff der Zukunftslage vgl. Kap. 3.1.3.

oder Teilperiode) **gleichzeitig** bereitgestellt werden können. Da es (un-)endlich viele solcher Möglichkeiten gibt, existiert hier eine (un-)endlich große Menge von Kapazitätsangebotsmatrizen.
Eine **Kapazitätsnachfragematrix** gibt in Entsprechung dazu genau eine Zukunftslage wieder. Derartige Matrizen seien als Kapazitätsmatrizen K vom **Typ II** bezeichnet.

Dem Nachteil des weitaus größeren Datenvolumens steht bei der Matrix vom Typ II der Vorteil gegenüber, daß **alternative Kapazitätsangebote bzw. -nachfragen erkennbar** bleiben. So wird z.B. anhand der Betrachtung mehrerer Kapazitätsangebotsmatrizen eines Produktionssystems ersichtlich, welche Substitutionsmöglichkeiten der Verrichtungen und Verrichtungsqualitäten untereinander existieren.
Diese Information geht bei Typ I durch die Angabe von Maximalkapazitäten je Matrixfeld **verloren.**

Eine Entscheidung für die eine oder andere Vorgehensweise ist unter Abwägung der jeweiligen Informationskosten und -nutzen[43] zu treffen. Dies ist nur bei Kenntnis der konkreten Planungssituation möglich. Es ist auch denkbar, daß bei Vorliegen verschiedener Planungsaufgaben, z.B. infolge unterschiedlicher Planungsfristen mit verschieden hohem Datenaufkommen, beide Typen **parallel** zur Anwendung kommen können[44].

Durch die Entwicklung der Kapazitätsmatrix gelingt es, die vieldimensionalen Kapazitätstatbestände systematisch zu erfassen und für die Investitionsplanung zu operationalisieren[45]. Insbesondere die Einbeziehung qualitativer Eigenschaften von Verrichtungen in ein Planungsinstrumentarium ist als eine Erweiterung der Planungsgrundlagen zu bezeichnen. Sie trägt der hohen Veränderungsrate der qualitativen Anforderungen des Marktes infolge sich verkürzender Produktlebenszyklen Rechnung.
Gleichzeitig ist mit der Kapazitätsmatrix die Grundlage für die Operationalisierung der Flexibilitätsbeschreibung geschaffen.

2.3. Konzeption einer Flexibilitätsbeschreibung auf der Basis von Kapazitätsmatrizen

Der Flexibilitätsbegriff der Literatur mit seiner Vielfalt der darunter subsumierten Sachverhalte ist im folgenden in einer Flexibilitätsbeschreibung zu **konkretisieren.**

---

43 Vgl. dazu Mag (Information) 136ff.
44 Vgl. Kap. 5.2.2.2.
45 Die Kapazitätsmatrix ist als Instrument der Kapazitätsplanung nicht auf die verrichtungsbezogene Darstellung beschränkt. Sie kann in der gleichen Art auch in- oder outputbezogen entwickelt werden. In einer outputbezogenen Darstellung könnte die Matrixkopfzeile nach Produkten, die Matrixkopfspalte nach Produktmerkmalen wie z.B. Volumen, Toleranzgenauigkeit etc. gegliedert sein.

Sie soll die operationale Verwendbarkeit der zentralen Planungsgrößen Flexibilitätsangebot und -nachfrage gewährleisten bzw. Ausgangspunkt für die weitergehende Operationalisierung sein[1]. Eine erste Konkretisierung erfolgte bereits durch die Beschränkung auf leistungswirtschaftliche, mittel- bis langfristige Flexibilitätsaspekte sowie auf die Verrichtungsebene als Planungsbasis.

2.3.1. Vorstellung der Konzeption

Die Investitionsplanung zur Flexibilisierung industrieller Produktionssysteme geht von dem im Planungszeitraum vorhandenen Flexibilitätsangebot und von der konstatierten Flexibilitätsnachfrage aus.

Die Existenz von Flexibilitätsnachfrage bzw -angebot resultiert aus der Veränderlichkeit von Systemausprägungen des Nachfrage- bzw. Angebotssystems. Auf Nachfrageseite äußert sie sich in Veränderungsmöglichkeiten innerhalb der Struktur nachgefragter Produktmengen[2] und/oder der Produktartenstruktur durch Elimination bestehender bzw. Auflegung neuer Produkte. Nach der Transformation der outputbezogenen in die verrichtungsbezogene Darstellungsform kann **Flexibilitätsnachfrage** demnach durch die *Veränderungsmöglichkeiten der Gesamtheit nachgefragter Verrichtungen* nach Verrichtungsmenge und/oder -art gekennzeichnet werden.
Analog dazu ist **Flexibilitätsangebot** durch die *Veränderungsmöglichkeiten der Gesamtheit angebotener Verrichtungen nach Menge und/oder Art* zu charakterisieren. Sie sind verursacht durch mengenmäßige Variationsmöglichkeiten der Periodenkapazitätsaufteilung auf Verrichtungen und/oder durch Bereitstellung neuer bzw. Elimination bestehender Verrichtungen.

Eine nach Verrichtungsarten und -mengen festgelegte Systemausprägung kann formal durch die Kapazitätsmatrix vom Typ II beschrieben werden. Die Matrix vom Typ I ist nicht dazu geeignet, reale Systemausprägungen und deren Veränderlichkeit abzubilden[3]. Sie kann daher nicht Grundlage der Beschreibung einer solchermaßen verstandenen Flexibilität sein. Flexibilitätstatbestände sind in ihr nur insofern wiedergegeben, als sie das **Spektrum** der vom System angebotenen bzw. nachgefragten Verrichtungsarten bzw. -qualitäten aufzeigt.

Die *Veränderlichkeit von Systemausprägungen* kann durch die Gesamtheit der möglichen Kapazitätsmatrizen vom Typ II dargestellt werden. Das Flexibilitätsangebot $F^{(A_i)}$ bzw. die Flexibilitätsnachfrage $F^{(N_i)}$ einer Periode i, i = 1...I ist dann jeweils

1 Vgl. zu dieser Forderung Kap. 1.4. sowie zur weiteren Operationalisierung Kap. 5.1.2.
2 Dies ist beispielsweise der Fall bei negativer Korrelation der Absatzmengen zweier Produkte, wodurch eine Mengenerhöhung von Produkt 1 eine Mengenreduktion von Produkt 2 nach sich zieht. Auf einer solchen Korrelationsbeziehung baut Jacob (Flexibilitätsüberlegungen) 18f. ein LP-Modell auf, das quantitative Flexibilität zu berücksichtigen erlaubt.
3 Vgl. Kap. 2.2.3.

als **Menge von Kapazitätsangebotsmatrizen** $K_s^{(A_i)}$ bzw. **Kapazitätsnachfragematrizen** $K_t^{(N_i)}$ anzugeben[4]:

$$F^{(A_i)} = \{ K_1^{(A_i)} \ldots K_s^{(A_i)} \ldots K_S^{(A_i)} \} \qquad (1a)$$

$$F^{(N_i)} = \{ K_1^{(N_i)} \ldots K_t^{(N_i)} \ldots K_T^{(N_i)} \} \qquad (1b)$$

Die **Mächtigkeit** *F* der Menge F wird durch die Kardinalzahl berechnet und kann als hochaggregiertes Maß der Flexibilitätshöhe gelten:

$$\mathcal{F}^{(A)/(N)} = \text{card } F^{(A)/(N)} \qquad (2)$$

Flexibilitätsangebot bzw. -nachfrage des gesamten Planungszeitraums sind durch die **Vereinigungsmengen** $F^{(A)}$ und $F^{(N)}$ der periodenbezogenen Flexibilitätsangebots- bzw. -nachfragemengen auszudrücken:

$$F^{(A)} = F^{(A_1)} \cup F^{(A_2)} \cup \ldots \cup F^{(A_i)} \cup \ldots \cup F^{(A_I)} \qquad (3a)$$

$$F^{(N)} = F^{(N_1)} \cup F^{(N_2)} \cup \ldots \cup F^{(N_i)} \cup \ldots \cup F^{(N_I)} \qquad (3b)$$

Dies sei als "**kapazitätsorientierte Flexibilitätsdefinition**" bezeichnet.

2.3.2. Analyse der entwickelten Flexibilitätsbeschreibung und Vergleich zu Flexibilitätsdarstellungen der Literatur

Bevor die Operationalität der entwickelten Flexibilitätsbeschreibung für die Zwecke der Investitionsplanung betrachtet wird[5], ist zu analysieren, ob und inwieweit sie überhaupt in der Lage ist, planungsrelevante Tatbestände der Flexibilität zu erfassen bzw. irrelevante Tatbestände auszuschließen. Dabei bietet sich ein *dreistufiger Vergleich zu Flexibilitätsdarstellungen der Literatur* an: Er bewegt sich zunächst auf der Ebene undifferenzierter Beschreibungen von Produktionsflexibilität, betrachtet da-

4 Vgl. zu ähnlichen, verbalen Flexibilitätsbeschreibungen Maier (Flexibilität) 143f.: "Allgemein kennzeichnet die technische Flexibilität deshalb alternative Verwendungsmöglichkeiten eines Aktionsmittels innerhalb dessen kapazitiver Grenzen oder dessen 'betriebstechnischen Spielraum'". Ähnlich Wildemann (Investitionsentscheidungsprozeß) 112: "Der Leistungsaspekt wird mit dem Begriff der Kapazität und der Aspekt der Verwendungsmöglichkeit mit dem Begriff der Elastizität umschrieben". Vgl. auch Eversheim/Schaefer (Planung) 234: "Für die ausgewählte Regelgröße (Kapazität) ist damit die Flexibilität als die in einem Planungszeitraum »Δ T« veränderbare Kapazitätsmenge »Δ Kap« zu definieren". Ihre allgemeine Entsprechung findet die Definition der Flexibilität in der Beschreibung der Varietät als Maßstab des Änderungsvermögens eines Systems, vgl. dazu Ashby (Kybernetik) 298 ff.

5 Vgl. Kap. 2.3.3.

nach differenziertere Unterteilungen in Flexibilitätskomponenten und befaßt sich schließlich mit Ansätzen der mathematisierten Darstellung von Flexibilität.

2.3.2.1. Vergleich zu undifferenzierten Charakterisierungen von Produktionsflexibilität

Produktionsflexibilität wird in der Literatur als technisches Änderungsvermögen des Produktionssystemzustands bei wechselnden Bedingungen charakterisiert[6]. Seine Ursache liege in den Substitutionsmöglichkeiten[7] zwischen Einsatzfaktoren, Verrichtungen oder Produkten begründet[8]. Das Änderungsvermögen finde Ausdruck im Spektrum verschiedenartiger Fertigungsaufgaben[9], die wahlweise durchzuführen sind, in der maximalen Anzahl der alternativ bearbeitbaren Werkstücke[10] bzw. herstellbaren Produkte oder im "potentiellen Fertigungsprogramm"[11] als Inbegriff sämtlicher alternativer Erzeugnisprogramme.

Der Vergleich dieser allgemeinen Charakterisierungen von Produktionsflexibilität mit der kapazitätsorientierten Flexibilitätsdefinition läßt eine **nahezu vollständige Übereinstimmung** bei der Beschreibung des Flexibilitätsangebots erkennen.
Dissonanzen bestehen lediglich, als Produktionsflexibilität in der Literatur durch die maximale Zahl der verschiedenartigen ausführbaren Verrichtungen beschrieben wird[12]. Eine derartige Definition vernachlässigt zwei wesentliche Aspekte, die in der o.g. Grundkonzeption berücksichtigt werden: Zum einen ist nicht nur die **Anzahl** verschiedenartiger Verrichtungen, sondern auch das **Ausmaß ihrer Unterschiedlichkeit** für die Charakterisierung des Änderungsvermögens von Relevanz. Dies findet in der

---

6 So definiert Maier (Flexibilität) 107 allgemein für betriebliche Leistungsprozesse Flexibilität als das "der Gesamtheit betrieblicher Leistungsprozesse eigene Änderungsvermögen (...), welches das System befähigt, unter wechselnden Bedingungen sowie bei inneren und äußeren Störungen ein vorgegebenes Ziel zu verwirklichen oder neue Ziele zu bestimmen". Ähnlich Gutenberg (Produktion) 81 oder Barth (Fertigungselastizität) 19. Vgl. auch die allgemeinen Ausführungen zur Flexibilität bei Meffert (Entscheidung) 256, Altrogge (Flexibilität) 607f., Mössner (Planung) 38, Behrbohm (Flexibilität) 183.

7 Vgl. Behrbohm (Flexibilität) 183: "Flexibilität resultiert infolgedessen aus einem Nutzungspotential, das durch relative Funktionsautonomie in alternativen Konstellationen gekennzeichnet ist". Ähnlich beschreibt Ropohl (Fertigungssysteme) 198 Flexibilität als eine Systemeigenschaft, die eine Veränderung der ausgewählten Funktionswerte zur Anpassung an bestimmte Fertigungsaufgaben ermöglicht.

8 So bemerkt Altrogge (Flexibilität) 608: "Anpassungsmaßnahmen bei gleichbleibender Größe des Produktionsapparates sind nur möglich, wenn ausreichende Substitutionsflexibilität vorhanden ist". Unter Substitutionsflexibilität versteht er dabei das "Vermögen des Produktionsapparates, erforderliche Faktoren durch andere zu ersetzen und Produkte durch andere zu substituieren", vgl. ebd. In dieser Auflistung fehlen unbegründet die verrichtungsbezogenen Substitutionsmöglichkeiten.

9 Vgl. Ropohl (Fertigungssysteme) 198.

10 Vgl. Maier ((Arbeitsplänen) 32ff.

11 Meffert (Entscheidung) 256.

12 Vgl. z.B. Altrogge (Flexibilität) 613: "Mehrfunktionsaggregate (...) sind dadurch gekennzeichnet, daß sie mehrere Produkte ganz oder teilweise zu erstellen vermögen. Die Bandbreite der Möglichkeiten stellt ein erstes Maß der Flexibilität dar". Ähnlich Butz (Flexibilität) 20.

kapazitätsorientierten Flexibilitätsdefinition durch die Möglichkeit der Einordnung von Verrichtungen nach Qualitätsbereichen Berücksichtigung.
Zum anderen sind die genannten Flexibilitätsdefinitionen - auch wenn sie mit zusätzlichen Angaben zur Qualität der Verrichtungsausführung versehen würden - für eine konkrete Planung des zu investierenden Flexibilitätsangebots nur bedingt brauchbar. Ausschlaggebend sind nämlich **nicht allein Maximalangaben** der Zahl verschiedenartiger Verrichtungen und der ausführbaren Verrichtungseinheiten. Eine genauere Planung über Flexibilitätsgrößen ergibt sich vielmehr, wenn die Definition des Flexibilitätsangebots zusätzlich der Tatsache Rechnung trägt, daß die Kapazität des Produktionssystems begrenzt ist. Dann muß eine Aufteilung der Gesamtkapazität auf einige aus der Gesamtheit aller Verrichtungen erfolgen, weil i.d.R. nicht sämtliche Verrichtungen gleichzeitig in ihrer Maximalausprägung ausführbar sind.
Von planerischer Relevanz sind also aus der Systembetrachtung heraus die **Variationsmöglichkeiten** der Verrichtungs**programme**, die unter der Restriktion begrenzter Kapazität erstellbar sind, weniger die gesamte Bandbreite durchführbarer Verrichtungen an sich[13].

Die kapazitätsorientierte Flexibilitätsbeschreibung bietet diese Möglichkeit, die Variabilität der Verrichtungsprogramme zur Beschreibungsgrundlage zu machen. Dadurch können Daten der Planungssituation, z.B. eine Zukunftslage oder die Kapazitätsbereitstellung eines Produktionsmittels in der Periode, in ihrer **tatsächlichen** Ausprägung in Form der Kapazitätsmatrizen wiedergegeben werden. Somit kann die Abstimmung von Produktionsnachfrage und -angebot über die Beschreibung von Flexibilitätsnachfrage und -angebot erfolgen, ohne daß das verwendete Beschreibungsmodell nur eine geringe Isomorphie zur realen Planungssituation aufwiese[14].

2.3.2.2. Vergleich zu ingenieurwissenschaftlichen und betriebswirtschaftlichen Ansätzen der Differenzierung von Produktionsflexibilität

Zweckmäßig für die Untersuchung, wie differenziert und vollständig die für den Planungszweck **relevanten Komponenten**[15] von Produktionsflexibilität durch die kapazi-

13 Vgl. Reichwald/Mrosek (Produktionswirtschaft) 380, die als Maß für die (qualitative) Anpassungsfähigkeit die Anzahl möglicher Programmalternativen bezeichnen, ebenso die bereits genannte Definition von Meffert (Entscheidung) 256 als Gesamtheit der möglichen Leistungsprogramme.

14 Eine geringe Isomorphie würde z.B. bei der Beschreibung von Flexibilitätsangebot und -nachfrage durch die Kapazitätsmatrix vom Typ I vorliegen. Dann könnte der Vergleich von Flexibilitätsangebot und -nachfrage lediglich Aufschluß über Verrichtungslücken geben, die auch bei unendlich verfügbarer Nutzungszeit des Produktionssystems auf jeden Fall bestehen. Verrichtungslücken z.B. infolge der Unmöglichkeit, alle Verrichtungen bei beschränkter Systemkapazität gleichzeitig durchzuführen, blieben unentdeckt.

15 Der Eingrenzung dieser Formulierung auf "relevante" Komponenten liegt das Bewußtsein der Vielfalt der unter dem Begriff "Produktionsflexibilität" subsumierten Sachverhalte zugrunde. Da der Versuch, diese vollständig in eine umfassende Flexibilitätsdefinition zu integrieren, aufgrund ihrer Unterschiedlichkeit von vornherein zum Scheitern verurteilt ist (vgl. Riebel (Elastizität) 89,

tätsorientierte Flexibilitätsdefinition erfaßt werden, erscheint ein Vergleich mit "gängigen" Unterteilungen des Flexibilitätsbegriffs in der Literatur[16].

Von *ingenieurwissenschaftlicher Seite* dominiert die in Abbildung 7 wiedergegebene Aufteilung in **Komponenten fertigungstechnischer Flexibilität:**

Flexibilitäts-gruppen	Flexibilitäts-komponenten	Erläuterung
Technologische Flexibilität	Vielseitigkeit	Durchführbarkeit mehrerer Fertigungsaufgaben mit der gleichen Produktionsmittelausstattung
	Umrüstbarkeit	Fähigkeit der Anpassung des Produktionsapparates an zukünftige, technologisch verschiedene Fertigungsaufgaben
Strukturelle Flexibilität	Durchlauffreizügigkeit	Wahlmöglichkeit zwischen Bearbeitungspfaden zur Erfüllung einer Fertigungsaufgabe
	Fertigungsredundanz	Existenz von mehr als den zur momentanen Funktionserfüllung notwendigen Produktionsmitteln
Kapazitive Flexibilität	Erweiterungsfähigkeit	Quantitative Leistungsreserve eines Produktionssystems
	Kompensationsfähigkeit	Fähigkeit zum Ausgleich quantitativer Verschiebungen im Produktionsprogramm
	Speicherfähigkeit	Fähigkeit zum quantitativen Ausgleich innerhalb einer Bearbeitungslinie, z.B. durch Zwischenlagerung

Abb. 7: Komponenten fertigungstechnischer Flexibilität

Die kapazitätsorientierte Flexibilitätsdefinition enthält vollständig die Komponenten der **technologischen und der kapazitiven Flexibilität** innerhalb der Integration quantitativer und qualitativer Verrichtungsangaben in der Kapazitätsmatrix[17]. Sie berücksichtigt dagegen mit Recht **nicht** die Komponenten der **Durchlauffreizügigkeit** und der **Fertigungsredundanz:** Diese sind unter den Aspekt der Prozeßflexibilität zur kurzfristigen Reaktion auf Anpassungsnotwendigkeiten wie z.B. Maschinenausfall einzuordnen. Sie können daher als irrelevant für die längerfristige Investitionsplanung bezeichnet werden.

In der *betriebswirtschaftlichen* Flexibilitätsdiskussion finden sich überwiegend Ansätze zur Differenzierung der Flexibilität in die Komponenten der quantitativen,

Horváth/Mayer (Flexibilität) 74), wird der Planende gezwungen, sich auf die Integration solcher Flexibilitätskomponenten zu konzentrieren, die den subjektiv höchsten Beitrag zur zielentsprechenden Gestaltung des Flexibilisierungsprozesses liefern.

16 Als gängig seien solche Unterteilungen zu verstehen, die auf einer begründeten Systematisierung beruhen und vermehrt bei der Beschreibung von Flexibilitätsphänomenen in der Literatur Verwendung finden. Demgegenüber stehen wenig systematische Differenzierungsansätze, auf die im folgenden nicht eingegangen werden soll, wie z.B. der Ansatz von Gerwin (Flexibility)..., der in mix-, product-, modification-, rerouting-, volume- und material-flexibility unterteilt.

17 Die Speicherfähigkeit kann innerhalb der Definition der Verrichtung "Speichern" in der Kapazitätsmatrix Ausdruck finden.

qualitativen, zeitlichen, räumlichen und kostenmäßigen Flexibilität. Sie werden in verschiedenen Konstellationen zur Gesamtflexibilität zusammengefaßt (vgl. Abb. 8):[18]

	RIEBEL	WILDEMANN	MAIER	BARTH	NIESS	GUTENBERG	WICHARZ	JACOB
quantitative Flexibilität	X	X	X	X	X	(X)	X	X
qualitative Flexibilität	X	X	X	X	X	(X)	X	X
zeitliche Flexibilität	X	X			X		X	
lokale/räumliche Flexibilität	X						X	
kostenmässige Flexibilität					X			

Abb. 8: Ansätze zur Differenzierung der Flexibilität in der betriebswirtschaftlichen Literatur[19]

Überträgt man die i.d.R. auf die Leistungsseite bezogenen Definitionen von quantitativer und qualitativer Flexibilität auf Verrichtungen, dann wird in der Literatur unter **quantitativer Flexibilität** die mengenmäßige Veränderungsmöglichkeit einer nach Art und Qualität bestimmten Verrichtung[20] und unter **qualitativer Flexibilität** das Variationsspektrum von nach Art und Qualität unterschiedlichen Verrichtungen[21] verstanden.

Die Komponente der **zeitlichen Flexibilität**[22] bezeichnet den Zeitbedarf für Anpassungsvorgänge zwischen der Erkenntnis der Anpassungsnotwendigkeit und der erfolg-

---

18 Vgl. Riebel (Elastizität) 105ff., Wildemann (Investitionsentscheidungsprozeß) 113f., Maier (Flexibilität) 143ff., Barth (Fertigungselastizität) 20ff., Nieß (Fertigungssysteme) 596, Gutenberg (Produktion) 354ff. und 394ff., Jacob (Flexibilität) 405, Wicharz (Flexibilität) 156ff.

19 Gutenberg nennt die Formen der intensitätsmäßigen, zeitlichen, quantitativen und selektiven Anpassung, die hier unter die quantitative Flexibilität einzuordnen sind, und daneben qualitative Änderungen der Produktionsbedingungen, die unter dem Oberbegriff der qualitativen Flexibilität eingestuft werden können. Vgl. Gutenberg (Produktion) 354ff. und 394ff.

20 Vgl. Riebel (Elastizität) 106ff., der allerdings den Begriff der quantitativen Elastizität verwendet, sowie Nieß (Fertigungssysteme) 596, Maier (Flexibilität) 143f., Hoitsch (Produktionswirtschaft) 8, Grochla (Automation) 56.

21 Vgl. dazu die Definitionen der qualitativen Flexibilität bei Nieß (Fertigungssysteme) 596, Riebel (Elastizität) 119, Hoitsch (Produktionswirtschaft) 8, Wildemann (Investitionsentscheidungsprozeß) 114, Grochla (Automation) 55. Swoboda (Anpassung) 44f. charakterisiert die quantitative Anpassung als einen Aspekt der qualitativen Anpassung.

22 Die zeitliche Flexibilität ist nicht zu verwechseln mit der zeitlichen Anpassung im Sinne von Gutenberg (Produktion) 371ff. Sie ist der quantitativen Flexibilität zuzurechnen und bildet daher keine eigenständige Teilkomponente.

ten Ausführung der Anpassungshandlung[23] zur Wiederherstellung der Betriebsbereitschaft[24].
Unter lokaler bzw. **räumlicher Flexibilität** ist die Fähigkeit zur Veränderung von räumlichen Zuordnungen der Elemente und Beziehungen des Produktionssystems zu verstehen, z.B. die räumliche Umstellfähigkeit der Anlagen[25].
Die Höhe der **kostenmäßigen Flexibilität** bemißt sich schließlich aus den durch Anpassungsvorgänge entstehenden Kosten, z.B. bei Beschäftigungsänderungen[26].

Der Kostenaspekt der Flexibilität ist bereits dem Bereich einer formalzielbezogenen Analyse zuzuordnen, daher für den Abgleich zwischen der kapazitätsorientierten Flexibilitätsbeschreibung und den in der Literatur genannten Flexibilitätskomponenten nicht relevant[27]. Ebenso ist die räumliche Flexibilität als eine Komponente von untergeordneter Planungsrelevanz zu bezeichnen[28], die zur Reduktion von Planungskomplexität vernachlässigt werden soll[29].

---

23 Vgl. Swoboda (Anpassung) 56.

24 Vgl. Wildemann (Investitionsentscheidungsprozeß) 114: "Die zeitliche Elastizität läßt sich durch den Zeitraum bestimmen, den ein Fertigungssystem beim Wechsel einer Fertigungsaufgabe benötigt, um wieder betriebsbereit zu sein". Ähnlich Riebel (Elastizität) 129. Vgl. auch Horváth/Mayer (Flexibilität) 75, Schaefer (Flexibilität) 10f. und Eversheim/Schaefer (Planung) 231ff. zur Einbeziehung des Zeitfaktors in ein Flexibilitätsmaß, daneben Meffert (Problem) 793 zur Bedeutung der Zeitdimension für Flexibilitätsaussagen. Zu Zeitaspekten der Flexibilität vgl. ausführlich Maier (Flexibilität) 185ff. sowie Behrbohm (Flexibilität) 253ff. und Wicharz (Flexibilität) 143ff.

25 Vgl. Wicharz (Flexibilität) 161ff., Riebel (Elastizität) 133ff., anders Meffert (Problem) 793.

26 Die kostenmäßige Flexibilität ist Gegenstand kostentheoretischer Untersuchungen von Beschäftigungsschwankungen, vgl. die Auflistung der zugehörigen Literatur in Kap. 1.2. Zur Nennung der kostenmäßigen Flexibilität als Flexibilitätsbestimmungsgröße vgl. z.B. Nieß (Fertigungssysteme) 596, sowie Altrogge (Flexibilität) 607.

27 Zum Ausschluß der Kostenkomponente aus der Flexibilitätsdefinition vgl. auch Hanssmann (Einführung) 230: "...wenn sich die Definition der Flexibilität auf ein 'kostenfreies' Effektivitätsmaß gründet, die Kosten also einer separaten Betrachtung vorbehalten sind. Denn nur dann können wir in sinnvoller Weise zusätzliche Kosten und zusätzliche Fähigkeit eines Systems, sich der idealen (kostenfreien) Leistung zu nähern, gegenüberstellen".
Kostenverläufe als Funktion der Beschäftigung können aus mehreren Gründen kein Auswahlkriterium der flexibilitätsorientierten Investitionsplanung sein: Die Beschäftigung bezieht sich jeweils nur auf ein Gut bzw. eine Verrichtung. Mehrzweckaggregate sind durch mehrere dieser Kostenverläufe zu kennzeichnen. Deren Zusammenfassung zu einem Gesamtkostenverlauf bedarf einer Gewichtung und damit der Kenntnis des konkreten Produktionsprogramms. Dieses wird aber in der geschilderten Sukzessivplanung (vgl. Kap. 4.2.1.) erst im Anschluß an die Investitionsplanung erstellt. Demnach sind Flexibilitätskosten frühestens bei der Auswahl zwischen funktional ähnlichen oder gleichen, bereits existierenden Maschinen in der Phase der Ermittlung des (optimalen) Produktionsprogramms relevant. Die Ermittelbarkeit eines zieladäquaten Produktionsprogramms soll aber nicht Gegenstand dieser Ausführungen sein, sondern wird vielmehr vorausgesetzt (vgl. dazu auch Kap. 4.1.2.). Zudem sind in mehrperiodigen Planungen nicht Kosten, sondern mehrperiodige monetäre Größen wie Kapitalwert etc. entscheidungsrelevant.

28 Vgl. auch Meffert (Problem) 793, der die Bedeutung der lokalen Flexibilität als Flexibilitätskomponente gering einschätzt: "Mehr der Vollständigkeit als der Bedeutung wegen ist die Ortsdimension zur Präzisierung des Flexibilitätsphänomens anzuführen". Insbesondere in flexiblen Fertigungskonzepten verliert diese Komponente an Bedeutung, weil hier räumliche Flexibilität der Aggregate durch weitgehende Möglichkeiten eines variablen Werkstückdurchlaufs substituiert werden kann. Sie wäre nur dann relevant, wenn sich durch die Veränderung der räumlichen Zuordnungen eine Änderung in Höhe und/oder Art (= Verteilung der Gesamtkapazität) des Systemkapazitätsangebots ergeben würde. Dies kann aber im Hinblick auf die Investitionsplanung für ein bestehendes Produktionssystem nicht behauptet werden.

29 Dafür spricht auch, daß die Veränderung der räumlichen Flexibilität ein Planungsproblem kurzfristiger Natur ist und die Kapazitätsmatrizen als Datengrundlage der längerfristigen Investitionsplanung nicht beeinflußt. Dies ist durch die Art der Erfassung von Verrichtungsmöglichkeiten in den Kapazitätsmatrizen bedingt, die zur Folge hat, daß die ausgewiesene Gesamtkapazität von

Dagegen sind die quantitative, qualitative und zeitliche Flexibilität hinsichtlich einer an der Produktionsflexibilität ausgerichteten Investitionsplanung wesentliche Komponenten[30]. Die vorne entwickelte Flexibilitätsdefinition ist in der Lage, sie zu berücksichtigen:

Quantitative und qualitative Flexibilität sind durch den Aufbau der Flexibilitätsbeschreibung auf Kapazitätsmatrizen, die quantitative wie qualitative Kapazitätsangaben integrieren, in ihr enthalten[31]:

Die **qualitative** Flexibilität drückt sich in der *Anzahl von Kapazitätsmatrizen* aus, deren Belegung mit Kapazitätsangaben **artmäßig** verschieden ist. Die Zahlenhöhe spielt dabei keine Rolle, relevant ist nur die Ausführbarkeit von Verrichtungen definierter Qualität. Zur Verdeutlichung: Ordnet man in der Menge sämtlicher flexibilitätsbeschreibender Kapazitätsmatrizen jeder von Null verschiedenen Kapazitätsangabe die Dualzahl 1, dem Rest die Dualzahl 0 zu, ist das Maß für die qualitative Flexibilität die Anzahl der voneinander verschiedenen Kapazitätsmatrizen[32].

Die **quantitative** Flexibilität ist dann durch die *Anzahl der zahlenmäßig unterschiedlichen, mit Kapazitätsdaten belegten Matrizen* innerhalb **einer** der Ausprägungen qualitativer Flexibilität, d.h. innerhalb eines nach Art und Qualität festgelegten Verrichtungsprogramms, zu charakterisieren[33/34].

Die für das Anpassungsverhalten von Systemen wichtige Komponente der **zeitlichen** Flexibilität ist der Einteilung quantitative - qualitative Flexibilität nebenzuordnen: Letztere bezeichnen das Spektrum technologischer Anpassungsmöglichkeiten, wäh-

---

den Zuordnungsbeziehungen unabhängig ist. Zur Begründung der Vernachlässigung der Kapazitätswirkungen wechselnder Zuordnungsbeziehungen vgl. Kap. 5.2.1.1.

30 Dies wird auch an der gemeinsamen Nennung dieser drei Komponenten im überwiegenden Teil der Literatur deutlich.

31 Vgl. dazu die ausführliche Herleitung getrennter Darstellungen von quantitativer und qualitativer Flexibilität im Anhang A 2.

32 So ist z.B. die qualitative Flexibilität für ein Produktionsmittel, das alternativ zwei Verrichtungen in zwei Qualitätsklassen ausführen kann:

$$F_{qual} = \left\{ \begin{bmatrix} 1 & 0 \\ 0 & 0 \end{bmatrix} \begin{bmatrix} 0 & 1 \\ 0 & 0 \end{bmatrix} \begin{bmatrix} 0 & 0 \\ 1 & 0 \end{bmatrix} \begin{bmatrix} 0 & 0 \\ 0 & 1 \end{bmatrix} \begin{bmatrix} 1 & 1 \\ 0 & 0 \end{bmatrix} \begin{bmatrix} 1 & 0 \\ 1 & 0 \end{bmatrix} \cdots\cdots \begin{bmatrix} 1 & 1 \\ 1 & 1 \end{bmatrix} \right\}$$

33 In Anlehnung an das Beispiel der vorstehenden Fußnote ist die quantitative Flexibilität für die duale Matrix K_5 in der Menge F_{qual} z.B.

$$F_{quant} = \left\{ \begin{bmatrix} 20 & 0 \\ 0 & 0 \end{bmatrix} \begin{bmatrix} 10 & 20 \\ 0 & 0 \end{bmatrix} \begin{bmatrix} 8 & 24 \\ 0 & 0 \end{bmatrix} \begin{bmatrix} 6 & 28 \\ 0 & 0 \end{bmatrix} \begin{bmatrix} 3 & 34 \\ 0 & 0 \end{bmatrix} \cdots\cdots \begin{bmatrix} 0 & 40 \\ 0 & 0 \end{bmatrix} \right\}$$

34 Die grundsätzliche Übereinstimmung dieser Definitionen mit der Literatur wird im Vergleich zur Definition bei Maier (Flexibilität) 143 besonders deutlich: "Die qualitative Komponente der technischen Flexibilität geht aus der Eignung eines Aktionsmittels zur Abgabe von nach Eigenart und Güte unterschiedlichen Leistungen hervor (qualitative Kapazität). Entsprechend ist die quantitative Komponente auf die mengenmäßige Leistungsfähigkeit bezüglich einer nach Art und Güte bestimmten Leistung pro Zeiteinheit zurückzuführen, also auf die quantitative Kapazität des Aktionsmittels".

rend der Zeitbedarf für Anpassungsvorgänge eine **Bewertung** dieser Möglichkeiten darstellt[35].
Die zeitliche Flexibilität einer Maschine schlägt sich in der Quantität der pro Nutzungszeiteinheit auszuführenden Verrichtungseinheiten nieder. So reduzieren z.B. Umrüstzeiten zwischen verschiedenen Verrichtungen ihre quantitative Periodenkapazität[36].

Die kapazitätsorientierte Flexibilitätsdefinition ist in der Lage, diesen Zusammenhang zu erfassen: Durch die Erstellung der Kapazitätsmatrix in bezug auf eine Periode und die gleichzeitige Darstellung des gesamten Verrichtungsspektrums in Kapazitätsmatrizen können die geplanten Zeitbedarfe[37] und Häufigkeiten von Umrüstungen, Umstellungen etc. **über die Quantitätsangaben** Eingang in die Flexibilitätsdefinition finden. Die in der Periode verfügbare Bearbeitungszeit wird um diese Leerzeiten vermindert, entsprechend die ausführbaren Verrichtungseinheiten. Damit ist die zeitliche Flexibilität **indirekt** erfaßt, zusätzliche Informationen über Anpassungszeiten und damit zur zeitlichen Flexibilität sind nicht erforderlich[38].

In einer **Zwischenbilanz** ist festzuhalten, daß es durch das Instrument der Kapazitätsmatrix und die darauf aufbauenden Flexibilitätsbeschreibungen möglich ist, die Ebene der undifferenzierten, rein verbalen Flexibilitätsdarstellungen zu verlassen, die für die Investitionsplanung wesentlichen Flexibilitätskomponenten formal zu integrieren und dadurch die Variabilität von Produktionsnachfrage- und -angebotssystem umfassend zu beschreiben.

2.3.2.3. Vergleich zu ausgewählten mathematischen Darstellungen von Produktionsflexibilität

Der Vergleich zu mathematisierten Darstellungen der Produktionsflexibilität läßt erkennen, daß diese in geringerem Maße flexibilitätsrelevante Sachverhalte integrieren. Hieran wird erneut die Schwierigkeit der formalen Abbildung von Flexibilitätstatbe-

35 Vgl. auch Behrbohm (Flexibilität) 253: "Zur qualitativen Beurteilung von Flexibilitätsphänomenen lassen sich daher zeitliche Bewertungskriterien heranziehen". Eine ähnliche Bewertungsfunktion nehmen die Anpassungskosten ein.

36 Die zeitliche Flexibilität verliert bei der Betrachtung flexibler Fertigungskonzepte an Bedeutung, weil hier die Anpassungszeiten durch numerisch gesteuerte Umprogrammierung minimal werden und im Vergleich zu den Bearbeitungszeiten kaum mehr ins Gewicht fallen. Vgl. dazu auch Weck (Werkzeugmaschinen) 353, Wildemann (Investitionsentscheidungsprozeß) 31f.

37 Exakte Plandaten über Anpassungszeiten liegen erst bei genauer Kenntnis des kurzfristigen Produktionsprogramms vor. Notwendig sind deshalb Schätzungen der Anpassungszeiten, z.B. anhand der durchschnittlich geplanten Losgrößen je Produktart, von denen auf die Häufigkeit des Aufgabenwechsels zu schließen ist, sowie der durchschnittlich benötigten Zeiten je Aufgabenwechsel.

38 Diese Berücksichtigung durchschnittlicher Anpassungszeiten erhöht die Informationsqualität der in die Kapazitätsmatrix eingehenden Kapazitätsdaten. Eine Nichtberücksichtigung stellte eine Vereinfachung des Kapazitätsdatenerfassungsproblems dar, weil dann bei der Aufteilung der Gesamtkapazität auf Verrichtungen direkt von der Periodenkapazität ausgegangen werden kann. Die so ermittelten Werte ausführbarer Verrichtungseinheiten wären durchweg zu hoch, die darauf aufbauende Planung weniger genau.

ständen deutlich[39]: Die Ansätze beziehen fast durchweg nur **eine** oder **wenige** Flexibilitätskomponenten ein. So existieren mehrere mathematisierte Darstellungen für einzelne Komponenten der ingenieurwissenschaftlichen Differenzierung fertigungstechnischer Flexibilität, z.B. für die Umrüstflexibilität[40], die Durchlauffreizügigkeit[41] oder die Fertigungsredundanz[42].

Darüber hinaus tauchen Ansätze zur formalen Erfassung der Flexibilität auf, die sich allein auf deren **quantitative** Komponente beziehen.

So wird outputorientierte Produktionsflexibilität z.B. durch die Differenz zwischen minimal und maximal möglichen Ausbringungsmengen je Zeiteinheit charakterisiert[43].

Eine allgemeinere Darstellung beschreibt Flexibilität durch den Differenzenquotienten aus veränderbarer Kapazität (Δ Kap) eines Produktionsmittels/-systems und der Veränderung des Planungszeitraums (Δ T)[44]. Dabei beinhaltet die Kapazitätsveränderung allein den quantitativen Aspekt der Betriebsstundenvariierbarkeit für bestimmte Fertigungsverfahren bzw. -verfahrensgruppen oder Unternehmensbereiche. **Qualitative** Kapazitätsaspekte werden **nicht** einbezogen.

Dadurch, daß die genannten Ansätze nur Teilaspekte der Flexibilität behandeln, besitzt der im Anwendungsfall jeweils ermittelte Flexibilitätsgrad i.d.R. nur geringe Aussagekraft für Planungszwecke.

Es erscheint daher zweckmäßiger, zunächst ungeachtet der Datenvielfalt entsprechend der o.g. Vorgehensweise ein Grundmodell der Flexibilitätsbeschreibung zu formulieren, das **möglichst viele** der planungsrelevanten Flexibilitätskomponenten beinhaltet. Erst auf der Basis dieser umfassenderen Flexibilitätsbeschreibung ist die notwendige Reduktion der Datenkomplexität vorzunehmen.

---

39 So bemerkt z.B. Barth (Fertigungselastizität) 205: "Bei der Definition der Fertigungselastizität technischer Betriebsmittel als ihre verfahrungstechnische Anpassungsfähigkeit an wechselnde Fertigungsaufgaben in qualitativer und quantitativer Form wird hinlänglich zum Ausdruck gebracht, daß durch diese Flexibilität zunächst ein aggregatspezifisches qualitatives Merkmal gekennzeichnet werden soll. Diese qualitative Eigenschaft einer maschinellen Anlage entzieht sich aber, wie die meisten qualitativen Klassifikationen, einer numerischen Kennzeichnung". Ähnlich Riebel (Elastizität) 89, Horváth/Mayer (Flexibilität) 75.

40 Vgl. Scharf (Strukturalternativen) 114.

41 Vgl. Schmigalla (Methoden) 16ff., der aus der Zahl untereinander in Beziehung stehender Maschinen einer Produktionseinheit eine Kooperationszahl definiert.

42 Vgl. Maier (Arbeitsplänen) 34ff. mit der Definition von "Ersetzbarkeitsgraden", ähnlich Kamp (Beitrag) 14ff., der einen sog. "Ersetzungsgrad" definiert, sowie Scharf (Strukturalternativen) 38 mit der mathematischen Beschreibung von "Fertigungsredundanz" und "Belegungsredundanz".

43 Vgl. Altrogge (Flexibilität) 608.

44 Vgl. Schaefer (Flexibilität) 16 und 30ff. und Eversheim/Schaefer (Planung) 234. Zu einer ähnlichen Definition unter Zugrundelegung der quantitativen Produktionsmittelkapazität, die stunden- oder produktbezogen zu kennzeichnen ist, vgl. Butz (Flexibilität) 94ff.

2.3.3. Operationalität der Flexibilitätsbeschreibung und Wege der Datenreduktion

2.3.3.1. Zum Problem der Datenvielfalt der Flexibilitätsbeschreibung und Ansatzpunkte seiner Lösung

Die **Operationalität**[45] der kapazitätsorientierten Flexibilitätsbeschreibung als Planungsbasis der Investitionsalternativenerstellung ist abhängig von der zu verarbeitenden **Datenmenge**. Mit steigender Datenvielfalt wird die Vorstellung, sämtliche Ausgangsdaten in Kapazitätsmatrizen zu transformieren und eine Vielzahl von Matrizen im Planungsprozeß weiterzutragen, infolge der begrenzten Informationsgewinnungs- und -verarbeitungskapazität der Planungsträger zunehmend unrealistischer.

Daher ist für reale Planungsprobleme eine **Reduktion der Datenmenge** anzustreben. Sie kann durch *Datenaggregation und/oder -selektion* erfolgen[46]. Unter Aggregation ist eine Zusammenfassung von Elementen mit ähnlichen Eigenschaften nach bestimmten Vorschriften zu Ganzheiten[47], unter Selektion eine Auswahl von Daten aus der Datengesamtheit nach definierten Auswahlkriterien[48] zu verstehen.
Ansatzpunkte der **Datenreduktion** ergeben sich auf verschiedenen Stufen des Informationsverarbeitungsprozesses:

a) bei der Verarbeitung der in die Planung aufzunehmenden "Ursprungsdaten"
b) bei der Transformation der Ursprungsdaten in das Planungsinstrumentarium der Kapazitätsmatrix und
c) bei der Weiterverarbeitung der in Kapazitätsmatrizen instrumentalisierten Daten.

zu a) Die Menge der **Ursprungsdaten** wird durch die *Fristigkeit* der Betrachtung sowie durch *Art* und *Umfang* der zu beschreibenden Systeme des Produktionsangebots und der Produktionsnachfrage bestimmt.
Der **Umfang eines Systems** hängt von der Zahl seiner Systembestandteile ab. So ist z.B. jedem Systembestandteil "Produktionsmittel" mindestens eine eigene Kapazitätsmatrix zuzuordnen.
Hinsichtlich der **Art des Systems** sind insbesondere seine kapazitiven Variationsmöglichkeiten bestimmend für den Datenumfang: Für jede dieser Variationsmöglichkei-

---

45 Zum Begriff der Operationalität vgl. Wild (Grundlagen) 55 und 131 sowie Kap. 5.1.1.

46 Vgl. zur Nennung dieser Datenreduktionsmöglichkeiten Wittemann (Daten) 44ff., sowie Michael (Datenverdichtung) 14f. Zu einer allgemeinen Übersicht über Methoden der Vereinfachung von Beschreibungsmodellen vgl. Schwab (Grundlagen) 18ff., Laux (Entscheidungstheorie) 315ff.

47 Zur Datenaggregation vgl. Bitz (Strukturierung) 311-434, Manz (Aggregation), Wittemann (Daten), Wenig (Aggregationsprobleme), Heinrich (Beitrag), Michael (Datenverdichtung), Green (Aggregation), Liesegang (Aggregation), Axsäter (Data).

48 Zur Datenselektion vgl. Wittemann (Daten) 44ff. und die dort angegebene Literatur.

ten ist bei Verwendung der Kapazitätsmatrizen vom Typ II eine eigene Kapazitätsmatrix aufzustellen.

Somit ergeben sich bei der Verarbeitung der Ursprungsdaten folgende Ansatzpunkte der Beeinflussung des Datenvolumens:

- **Erstens** wird durch die *zeitliche Ausweitung bzw. Verkürzung der Planungsfrist* die Datenmenge erhöht bzw. gesenkt.

- **Zweitens** ist der Umfang der zu beschreibenden Systeme zu reduzieren.

Der Systemumfang kann erstens dadurch eingeschränkt werden, daß man das *Gesamtsystem sachlich in Teilsysteme aufspaltet*. Dies ist beispielsweise der Fall bei der Partitionierung in sog. "**Kapazitätseinheiten**"[49]. Darunter sind Teile des gesamten Produktionssystems zu verstehen, denen ein fest abgrenzbarer Teil der Produktionsnachfrage eineindeutig zugeordnet werden kann. Investitionsüberlegungen können sich dann jeweils auf diese Kapazitätseinheiten beschränken.

Zweitens besteht die Möglichkeit der *Aggregation* bzw. *Selektion von Systembestandteilen*, wodurch deren Zahl gesenkt wird[50].
Auf Nachfrageseite sind hier die Selektion repräsentativer Produkte[51], die Auswahl der wichtigsten Produkte durch ABC-Analysen[52] und die Aggregation ähnlicher Produkte zu Produktfamilien, -feldern oder -linien[53] mit Hilfe der Clusteranalyse[54] zu nennen. Auf Angebotsseite entsprechen dem die Selektion repräsentativer Produktionsmittel, die Vernachlässigung von Produktionsmitteln mit geringer kapazitiver Leistungsfähigkeit und die Aggregation funktionsgleicher oder -verwandter Produktionsmittel zu Produktionsmittelgruppen[55].

Schließlich ist eine Reduktion des Systemumfangs auch dadurch zu erreichen, daß man eine *Selektion der Systemvariationsmöglichkeiten* vornimmt. Sie bietet sich in

---

49 Vgl. dazu Schneider (Investition) 217f., Knischewski (Planung) 26ff.

50 Zu den Anforderungen an Datenaggregationen vgl. Wittemann (Daten) 65ff. Zur Vorgehensweise der Produktionsdatenaggregation und -selektion vgl. ebd., S. 133.

51 Vgl. Wittemann (Daten) 50ff., Claußnitzer (Modell) 187ff., Löffler (Beitrag), Löffler (Methoden) 15, Wiendahl (Investitionsplanung) 60ff.

52 Vgl. Wittemann (Daten) 44ff.

53 Vgl. Opitz/Herrmann/Eversheim (Untersuchungen) 38ff., Geitner (Teilefamilienbildung), Vettin (Verfahren) 35, Wittemann (Daten) 133ff. und 186ff., Manz (Aggregation) 130ff., Heinrich (Beitrag) 74ff., Claußnitzer (Modell) 183ff.

54 Zum Einsatz der Clusteranalyse bei der Aggregation von Produktionsdaten vgl. Wittemann (Daten) 156ff. und Vettin (Verfahren) 37f.

55 Vgl. dazu Wittemann (Daten) 141ff., Eversheim/Schaefer (Planung) 244, Heinrich (Beitrag) 70ff., Scheer (Produktionsplanung) 55, Schmidt (Entscheidungsmodell) 39ff., Manz (Aggregation) 142ff. Dort finden sich umfangreiche Darstellungen zur Technik der Datenaggregation und -selektion auf Produkt- und Produktionsmittelebene, deswegen sei hier auf nähere Ausführungen verzichtet.

dieser Phase für die Nachfrageseite an[56], indem durch Vernachlässigung oder Zusammenfassung von Umweltzuständen die Zahl der möglichen Zukunftsentwicklungen auf eine kleinere Zahl **repräsentativer** Entwicklungen reduziert wird[57].

zu b) Der Grad der Datenreduktion innerhalb der **Transformation** der modifizierten Ursprungsdaten in die Form der **Kapazitätsmatrizen** kann auf zweierlei Weise beeinflußt werden: Durch die Dimension der Matrix[58] sowie die Art der Matrixeintragungen. Die **Dimension der Matrixkopfzeile** ist durch die *Selektion von Verrichtungen* bzw. die *Aggregation ähnlicher Verrichtungen zu Verrichtungsgruppen*[59] zu verändern. Endstufe kann hierbei die Aggregation zu Verfahrensgruppen wie z.B. spanende - spanlose Verfahren sein[60]. Ebenso ist die **Dimension der Matrixkopfspalte** durch die *Selektion von Merkmalen oder Qualitätsklassen* bzw. deren *Aggregation zu Merkmals- oder Qualitätsklassengruppen* zu gestalten. Im höchstmöglichen Grad der Reduktion wird die Kapazitätsmatrix zu einem Kapazitätsvektor der Verrichtungsarten ohne zusätzliche Angabe der Verrichtungsmerkmale.

Die **Art der Matrixeintragung** als zweite Beeinflussungsmöglichkeit des Datenumfangs kann nach verschiedenen Detaillierungsstufen unterschieden werden.
Die *Eintragung von Dualzahlen* verursacht ein geringeres Datenaufkommen als quantitative Kapazitätsangaben. Dadurch wird aber allein die (Un-)Möglichkeit der Ausführbarkeit bzw. Nachfrage einer Verrichtung ausgedrückt, d.h. nur die qualitative Flexibilität nach obiger Definition angegeben.
Die *Eintragung quantitativer Kapazitätsdaten* in eine Matrix vom *Typ I* erlaubt eine detailliertere Beschreibung der Kapazität auszuführender Verrichtungen als bei Verwendung von Dualzahlen. Sie läßt aber den Flexibilitätssachverhalt der Substitutionsmöglichkeiten zwischen Verrichtungen oder Verrichtungsqualitäten unberücksichtigt[61/62].

---

56 Die angebotsseitigen Variationsmöglichkeiten werden erst nach Transformation der Ursprungsdaten in die verrichtungsbezogene Darstellungsform der Kapazitätsmatrizen deutlich, so daß der Datenreduktionsmechanismus der Selektion repräsentativer Variationsmöglichkeiten des Kapazitätsangebots der Stufe c) des Informationsverarbeitungsprozesses zugerechnet wird.

57 Vgl. dazu Laux (Entscheidungstheorie) 324f., Gaitanides (Planungsmethodologie) 305ff.

58 Eine M x N-Matrix hat die Dimension des mathematischen Produkts (M x N), vgl. dazu Botsch (Matrix) 13.

59 Vgl. dazu Weber (Fertigungsverfahren) 6ff., Wiendahl (Investitionsplanung) 25f.

60 Eine weitergehende Reduktion der Zeilendimension auf den Wert 1 würde jegliche differenzierte Information über die notwendige Ausrichtung der Investitionstätigkeit verhindern und ist daher unzweckmäßig.

61 Vgl. Kap. 2.2.2.3.

62 Es kann gezeigt werden, daß die Matrix vom Typ I eine spezielle Form der Aggregation und Selektion von Kapazitätsmatrizen vom Typ II darstellt, die in einer Menge der Flexibilität F enthalten sind: Die Datenreduktion erfolgt dabei derart, daß nur diejenigen Kapazitätsmatrizen vom Typ II betrachtet werden, die in mindestens einem der Matrixfelder die Maximalausprägung der auszuführenden Verrichtungseinheiten aufweisen. Diese Maximalwerte werden dann in eine Aggregationsmatrix übernommen, die restlichen Matrixwerte vernachlässigt. So bildet sich sukzessive die Kapazitätsmatrix vom Typ I. Die Menge F enthält in diesem Fall nur ein Element. Damit ist der ursprünglichen Flexibilitätsbeschreibung formal nicht widersprochen. Der Unterschied der Flexibilitätsbeschreibungen durch mehrere Kapazitätsmatrizen vom Typ II bzw. durch nur eine Matrix vom Typ I besteht ausschließlich in der Qualität der Erfassung von Flexibilitäts-

Die detaillierteste Form der Matrixeintragung - *Verwendung der Kapazitätsmatrix vom Typ II* - verursacht durch die Vielzahl von Matrizen zur Beschreibung von Produktionsnachfrage und -angebot das höchste Datenaufkommen.
Durch die Wahl der Matrixart sind demnach der weiterzuverarbeitende Datenumfang und der verbleibende Informationsgehalt entscheidend zu beeinflussen.

zu c) In den Planungsphasen der **Weiterverarbeitung** der in Kapazitätsmatrizen instrumentalisierten Daten können ebenfalls die Techniken der Selektion und Aggregation Anwendung finden. So kann z.B. durch *Aggregation* aller Kapazitätsnachfragematrizen eine einzige Flexibilitätsnachfragematrix erstellt werden, die je Matrixfeld Angaben über Erwartungswert und Varianz der nachgefragten Kapazitätseinheiten enthält. Ebenso kann jede einzelne Matrix auf eine Kennzahl reduziert werden[63]. Auf diese Weise erhält man operationale Maßstäbe für Kapazitäts- bzw. Flexibilitätsangebot und -nachfrage, die im Prozeß der Alternativenbewertung benötigt werden.

Durch die *Selektion repräsentativer Kapazitätsmatrizen*[64] oder die *Zusammenfassung zu aggregierten Matrizen* wird die Problematik der unüberschaubaren Matrizenvielfalt beim Vergleich von Flexibilitätsnachfrage und -angebotsmenge[65] vermindert. Gleichzeitig gehen damit aber **Informationen über Substitutionsmöglichkeiten im produktiven Angebot** - eine der wesentlichen Ausprägungen von Systemflexibilität - **verloren**[66].

Zusammenfassend ist zu vermerken, daß in allen Planungsphasen die Möglichkeit feiner Abstufungen des Datenumfangs existiert. Die jeweilige Entscheidung über den Grad der Datenreduktion und die anzuwendende Technik ist abhängig von den je Planungsphase verfügbaren Ausgangsdaten und vom Verhältnis von Informationskosten zum Informationsnutzen[67]. Mit der Nennung der Datenreduktionstechniken ist die Voraussetzung für die Ausgestaltung der hierarchischen Planung mit unterschiedlichem Detailliertheitsgrad auf den einzelnen Ebenen gegeben[68].

---

tatbeständen: Bei letzteren werden reale Substitutionsmöglichkeiten des Kapazitätsangebots zwischen verschiedenen Matrixfeldern nicht ersichtlich. Dies ändert allerdings nichts an der grundsätzlichen Eignung der ursprünglichen Flexibilitätsbeschreibung als Ausgangspunkt der planungszweckbezogenen Operationalisierung der Flexibilität.

63 Zur Bildung solcher Kennzahlen vgl. Kap. 5.1.2.

64 Vgl. zu dieser Möglichkeit bzgl. der Nachfrageseite auch Laux (Entscheidungstheorie) 319 und 324f., der u.a. die Repräsentation mehrerer Umweltzustände durch einen 'mittleren' Zustand nennt.

65 Vgl. zu diesen Problemen auch Kap. 4.2.2.2.

66 Vgl. dazu näher Kap. 2.3.3.2.

67 Vgl. Kap. 2.3.3.2.

68 Vgl. Kap. 5.2.2.2. und 5.2.2.3.

2.3.3.2. Zum Zusammenhang von Datenreduktion und Abbildungsgenauigkeit der Flexibilitätsbeschreibung

Die Erfassung von Flexibilitätsangebot bzw. -nachfrage durch Mengen von Kapazitätsangebots- bzw. -nachfragematrizen ergibt ein Beschreibungsmodell, das Ausgangspunkt der Ermittlung technisch geeigneter Investitionsalternativen zur Deckung von Flexibilitätslücken ist. Die Beschreibungsgüte solcher Modelle bemißt sich durch die Genauigkeit der Abbildung der realen Planungssituation[69], d.h. hier von Flexibilitätsangebot, -nachfrage und -lücken. Dem Vorteil höherer Abbildungsgenauigkeit steht der damit verbundene Datenaufwand gegenüber.
Das **Ausmaß der vorzunehmenden Datenreduktion** im Modell hat sich demnach an den gegenläufigen Wirkungen der **steigenden Operationalität** der Flexibilitätsbeschreibung und der **sinkenden Abbildungsgenauigkeit** flexibilitätsrelevanter Sachverhalte zu orientieren. Dieser Verlust an Abbildungsgenauigkeit kann anhand der genannten Datenreduktionstechniken in den einzelnen Planungsphasen aufgezeigt werden:

Die *Selektion bzw. Aggregation von Kapazitätsmatrizen* innerhalb der flexibilitätsbezeichnenden Mengen $F^{(A)}$ bzw. $F^{(N)}$ führt dazu, daß die Anzahl der Kapazitätsmatrixausprägungen reduziert wird. Dann kann der Fall auftreten, daß genau die Matrix eines definierten Kapazitätsangebots, die einer gegebenen Kapazitätsnachfrage innerhalb $F^{(N)}$ exakt entspräche bzw. sie "am besten" annähern würde, nicht mehr in $F^{(A)}$ enthalten ist. Durch die zwangsläufige Verwendung schlechter annähernder Kapazitätsangebotsmatrizen wird beim Vergleich mit der Kapazitätsnachfragematrix eine Kapazitätslücke festgestellt, die de facto nicht oder nicht in dieser Höhe existiert. Dies führt zur fälschlichen Auslösung oder Ausrichtung von Investitionsvorhaben.
Mit **zunehmendem Reduktionsgrad** wird demnach der **Flexibilitätssachverhalt der variierenden Ausprägung** von Kapazitätsangebot und -nachfrage **immer weniger berücksichtigt**[70].

Eine *Verringerung der Matrixdimension* bewirkt, daß der **Flexibilitätssachverhalt der Ausführbarkeit mehrerer Verrichtungen** bzw. Verrichtungsqualitäten nur noch **eingeschränkt** wiedergegeben wird. Flexibilitätslücken werden zwar richtig festgestellt, sind aber hinsichtlich ihrer Art weniger konkret zu spezifizieren. Damit wird auch die Spezifizierung der an diesen Flexibilitätslücken auszurichtenden Investitionsvorhaben

---

69 Vgl. dazu Kosiol (Modellanalyse) 319f.

70 Im Grenzfall, in dem die Mächtigkeit der Flexibilitätsmengen je gleich eins ist, bleiben als flexibilitätsbezogene Informationen nur die quantitativen Variationsmöglichkeiten je Matrixfeld durch die Angabe einer durchschnittlichen oder maximalen Zahl auszuführender Verrichtungen bestehen. Die gleiche Endwirkung hat die Verwendung der Matrix vom Typ I. Vgl. auch die entsprechende Kritik an der Matrix vom Typ I in Kap. 2.3.1.

ungenauer. So beläßt in einer Matrix verringerter Dimension z.B. die Ermittlung einer Flexibilitätslücke bezüglich einer Verrichtungs**gruppe** das Problem, mit welchen konkreten Verrichtungs**arten** dieser Gruppe das geplante Investitionsobjekt auszustatten ist.

Durch die *Verwendung von Dualzahlen* statt quantitativer Angaben über Verrichtungseinheiten geht der Flexibilitätstatbestand der **quantitativen Variationsmöglichkeit** von Kapazität verloren. In diesem Fall ist nur die Art, nicht aber das Ausmaß von Flexibilitätslücken rekonstruierbar. Damit kann nicht mehr auf die **Dringlichkeit** von Investitionen zur Flexibilitätslückendeckung geschlossen werden.

All diese Wirkungen des Verlusts von Informationen über Flexibilitätseigenschaften von Produktionsnachfrage und -angebot treten auch bei Datenreduktionen während der Informationsverarbeitungsstufe a) "Aufnahme von Ursprungsdaten" auf.

Insgesamt bleibt festzustellen, daß durch jede Art der Datenreduktion die Genauigkeit der Abbildung realer Flexibilitätslücken sinkt, und sich damit die Informationsgrundlage der Investitionsplanung verschlechtert[71].

Die Festlegung eines **geeigneten Grades der Datenreduktion** führt letztlich zum Problem der Bestimmung des **Informationsoptimums**[72], das im Punkt der Gleichheit von Grenzkosten und -nutzen einer zusätzlichen Informationseinheit erreicht ist[73]. Infolge der Schwierigkeit der Bestimmung von Informationsnutzen gilt dieses Problem aber als **nicht exakt lösbar**[74]. Daher kann bei der konkreten Ausführung der auf Flexibilitätslücken ausgerichteten Investitionsplanung auch keine **generell** vorteilhafte Anwendung definierter Datenreduktionstechniken vorgeschlagen werden. Es bleibt die Aufgabe, eine Vorgehensweise zu entwickeln, die in Anbetracht der verfügbaren Ursprungsinformationen und der jeweiligen Planungszwecke zumindest eine als vorteilhaft erachtete **Grob**struktur (z.B. die Unterteilung Rahmen- Feinplanung) vorschlägt[75].

---

71 Dies entspricht dem allgemeiner formulierten Ergebnis von Bitz (Strukturierung) 332: "Mit jeder Vergröberung eines Modellansatzes steigt natürlich die Gefahr, daß die aus der Modellanalyse ermittelte Optimalalternative (...) nicht mit dem Handlungsprogramm übereinstimmt, das aufgrund eines komplexeren weniger abstrahierenden Ansatzes als optimal abgeleitet worden wäre. (...) Realiter bringt jede Erhöhung der Abbildungsgenauigkeit und -schärfe einen Zuwachs an Planungs- und Informationskosten mit sich". Vgl. auch ebd. S. 384f. sowie Dyckhoff (Alternativenbewertung) 849.

72 Vgl. dazu ausführlich Mag (Information) 136ff. und die dort angegebene Literatur sowie Teichmann (Komplexion), Zentes (Optimalkomplexion), Bitz (Strukturierung) 367ff., 399ff. und 428ff., Schneider (Investition) 34ff. und 140ff., Schindel (Eignung).

73 Vgl. Mag (Information) 138f., Schneider (Investition) 34f.

74 Vgl. Mellwig (Anpassungsfähigkeit) 68: "Eine Optimierung des Informationsstandes entzieht sich daher einer exakten Analyse", sowie dessen Ausführungen zu diesem Problem ebd. S. 55-71. Ähnlich Schneider (Investition) 37: "Es gibt deshalb kein Optimum der Informationsauswertung". Vgl. auch die bei Mahlmann (Anpassung) 161 FN 1 angegebene Literatur.

75 Vgl. Kap. 5.2.2.

3. Charakterisierung und Problematik der Planung von Produktionsmittelinvestitionen

3.1. Allgemeine Charakterisierung der Investitionsplanung für Produktionsmittel

3.1.1. Begriffliche Grundlagen der Investitionsplanung

Angesichts der dem Begriff "Investition" zugrundegelegten uneinheitlichen Inhalte[1] erscheint eine am Untersuchungsgegenstand und an den verfolgten Zielen ausgerichtete Präzisierung notwendig.
Allgemein ist mit Kern unter **Investition** "eine für längere Frist beabsichtigte Bindung finanzieller Mittel in materiellen oder immateriellen Objekten mit der Absicht, diese Objekte in Verfolgung einer individuellen Zielsetzung zu nutzen"[2], zu verstehen.
Eine **Einschränkung** dieses weiten Investitionsbegriffs für die Zwecke dieser Arbeit soll nach den Klassifizierungskriterien[3] Investitionsgegenstand, Beschreibung der Investitionskonsequenzen und Investitionsanlaß erfolgen.

Als *Investitionsgegenstände* sind hier ausschließlich güterwirtschaftliche Primärinvestitionen zu betrachten. Das sind **materielle Realinvestitionen** in Abgrenzung zu immateriellen Realinvestitionen und zu Finanzinvestitionen, die vorwiegend im Produktionsbereich erfolgen und primär der **Leistungserstellung** dienen.

Die *Konsequenzen* von Investitionshandlungen können leistungs- oder finanzwirtschaftlich beschrieben werden[4]. Für den Untersuchungsgegenstand der Flexibilitätsbereitstellung durch Realinvestitionen sind beide Aspekte von Relevanz: Die vorwiegend an technischen Größen sich orientierende **Suche nach Investitionsalternativen** zur Bereitstellung von Flexibilität als eine spezielle Komponente von Leistungsbereitschaft betrifft die **leistungswirtschaftliche** Ebene. Die sich anschließende **Bewertung und Auswahl** wird sich primär an den monetären Investitionskonsequenzen ausrichten und demnach am **finanzwirtschaftlichen** Investitionsbegriff orientieren.

Entsprechend der Heinen'schen Differenzierung nach dem *Investitionsanlaß*[5] sind Flexibilisierungsinvestitionen der Kategorie "**Ergänzungsinvestitionen**" zuzuordnen. Durch diese Abgrenzung v.a. zu den Errichtungsinvestitionen wird eine Einschränkung des Untersuchungsgegenstandes auf Investitionen innerhalb eines bereits produzierenden Unternehmens mit definierter Markteinbindung vorgenommen.

1 Vgl. dazu Ballmann (Beitrag), Heinen (Begriff), Schwarz (Investition), Pack (Investition).
2 Kern (Investitionsrechnung) 8.
3 Vgl. zu einigen dieser Klassifizierungskriterien und zu den folgenden Ausführungen Kern (Investitionsrechnung) 11ff. und Arbeitskreis Hax (Finanzierungsentscheidungen) 741ff.
4 Vgl. Schneider (Investition) 148ff.
5 Vgl. Heinen (Begriff) 98.

"**Investitionsplanung**" läßt sich kennzeichnen als zukunftsbezogener Denk- und Informationsprozeß zur systematischen Vorbereitung von Investitionsentscheidungen[6]. Ergebnis der Investitionsplanung ist der Investitionsplan. Gegenstand von Investitionsentscheidungen sind bei Einzelentscheidungen **Investitionsobjekte**[7] i.S. von Sachgütern, bei Programmentscheidungen **Investitionsprogramme** als eine definierte Menge von Investitionsobjekten[8].
Im folgenden sollen eine Kombination von Investitionsobjekten, die in **einer** Planungsperiode zur Investition vorgesehen sind, als **Investitionsalternative**, ein mehrperiodiges und damit aus mehreren Investitionsalternativen bestehendes Investitionsprogramm als **Investitionsprogrammalternative** bezeichnet werden.

3.1.2. Ebenen, Inhalte und Prozeß der Investitionsplanung

Die Investitionsplanung ist i.d.R. in ein strukturiertes und integriertes Unternehmensplanungssystem eingebettet. Gerade in größeren Unternehmungen ist eine **dreistufige Untergliederung** in die Ebenen der strategischen, taktischen und operativen Planung anzutreffen[9]. Daher soll im folgenden von der Existenz dieser drei Planungsebenen ausgegangen werden[10].
Aufgaben der **Investitionsplanung** zur Veränderung der Ausstattung mit Produktionsmitteln sind **mittel- bis langfristiger Art** und werden üblicherweise der strategischen und taktischen Ebene zugeordnet[11]. Wichtig ist hier allerdings weniger die Zuweisung zu Planungsebenen als vielmehr die Feststellung, daß die Investitionsplanung je nach Einbindung in verschiedene Ebenen auf **Informationen unterschiedlichen Präzisionsgrades und Umfangs** aufzubauen hat. Dies macht ein je Planungsebene spezifisches Informationsverarbeitungsvorgehen erforderlich.

Die **Inhalte** der Investitionsplanung für Produktionsmittel bestehen im *Erkennen von Investitionsmöglichkeiten bzw. -notwendigkeiten*, ausgehend von einer *Problemanalyse*

---

6 Vgl. ähnlich auch Lüder (Investitionsplanung) 1. Die Investitionsentscheidung i.S. eines abschließenden Wahlaktes wird als der Planung nachgelagert angesehen. Planung ist also hier i.S. von Entscheidungsvorbereitung zu verstehen, vgl. dazu Wild (Grundlagen) 41, Pfohl (Planung) 28ff., Hahn (Kontrollrechnung) 29f.

7 Vgl. Schneider (Investition) 217, Kruschwitz (Investitionsrechnung) 3f.

8 Zur grundlegenden Trennung von Investitionsentscheidungen in Einzel- und Programmentscheidungen vgl. exemplarisch Kruschwitz (Investitionsrechnung) 6, Kern (Investitionsrechnung) 31ff., Blohm/Lüder (Investition) 49ff. und 257ff.

9 Vgl. die näheren Ausführungen zu den einzelnen Planungsebenen bei Wild (Grundlagen) 166, Koch (Unternehmensplanung) 32ff. sowie Bircher (Konzepte) 62f. Vor allem mittlere und kleinere Unternehmungen praktizieren allerdings oft eine Zweiteilung in eine längerfristige und eine kürzerfristige Planung, vgl. Koch (Unternehmensplanung) 38f.

10 Diese Annahme ist für die Ausgestaltung der hierarchischen Investitionsplanung in Kap. 5.2.2. von Relevanz.

11 Vgl. Wild (Grundlagen) 169, Hahn (Fertigungswirtschaft) 272f., Kruschwitz (Investitionsrechnung) 4f., Hoitsch (Produktionswirtschaft) 38 und 42ff. Die Entwicklung langfristiger Konzeptionen, die das Ziel der Erhaltung bzw. Schaffung von Erfolgspotentialen haben, wie z.B. die Konzeption der Flexibilisierung der Produktion, wird i.a. der Ebene strategischer Investitionsplanung zugeordnet, vgl. Arbeitskreis "Langfristige Unternehmensplanung" (Planung) 4ff.

interner oder externer künftiger Gegebenheiten, und in der *Ermittlung und Auswahl von Investitionsalternativen*[12].

Jede Investitionsplanung vollzieht sich innerhalb eines **prozeßhaften Ablaufs**, der durch Vor- und Rückkopplungsbeziehungen gekennzeichnet ist[13]. In Anlehnung an die Literatur[14] wird der zu entwickelnde Planungsprozeß für Flexibilisierungsinvestitionen in die **Phasen** der *Festlegung von Investitionsentscheidungszielen*, der *Problemerkennung und -aufbereitung*, der *Suche nach Investitionsalternativen* und der *Bewertung* unterteilt.

3.1.3. Entscheidungsmodell der Investitionsplanung

Die Planung von Produktionsmittelinvestitionen begründet ein Entscheidungsproblem insofern, als sie eine zielorientierte Wahl zwischen Alternativen erfordert. Zur Analyse der kausalen Zusammenhänge im Investitionsentscheidungsproblem und zu seiner Lösung wird hier der formalisierte Rahmen des **Grundmodells der Entscheidungstheorie**[15] verwendet.
Die Aktivitäten der Investitionsplanung können dann als informationsverarbeitende Aktivitäten zur Erstellung des Investitionsentscheidungsmodells[16] gedeutet werden.
Von der Forderung nach strenger Isomorphie zwischen Modell und abzubildender Entscheidungssituation[17] ist dabei so weit abzugehen, wie es eine Lösung unter vertretbarem Planungsaufwand erfordert[18].

Die Elemente der Formalstruktur[19] des Grundmodells sind die Gesamtheit aller Handlungsmöglichkeiten ("*Alternativenraum*"[20]), die Menge der Zukunftslagen[21] inklusive Wahrscheinlichkeitsverteilungen ("*Zustandsraum*"), die *Ergebnisfunktion*, die

---

12 Diese Aufgaben sind im wesentlichen in allen Phasenschemata der Investitionsplanung enthalten. Vgl. zu einem Überblick Kappler/Rehkugler (Kapitalwirtschaft) 783ff., Zentes (Optimalkomplexion) 13ff. Explizite Nennung finden sie u.a. bei Jacob (Investitionsplanung) 1979f.

13 Vgl. Wild (Grundlagen) 33.

14 Vgl. die Phasenschemata von Wild (Grundlagen) 33ff., Heinen (Zielsystem) 21, Griem (Prozeß) 53ff., Witte (Organisation) 631, Kosiol (Organisation) 31ff., Wildemann (Investitionsentscheidungsprozeß) 60ff., Mag (Planungsstufen) 806, Pfohl (Planung) 61ff.

15 Vgl. u.a. Schneeweiß (Grundmodell), Bitz (Strukturierung) 65ff., Bamberg/Coenenberg (Entscheidungslehre) 12ff., Dinkelbach (Entscheidungsmodelle) 5ff., Mag (Information) 10ff. Die Vorteilhaftigkeit der Verwendung dieses Grundmodells auch für Ungewißheitssituationen, wie sie für Investitionsplanungsprobleme charakteristisch sind, betont insbesondere Schneeweiß (Risiko) 7.

16 Zu Investitionsentscheidungsmodellen vgl. Born (Entscheidungsmodelle), Jacob (LP-Modelle), Seelbach (Planungsmodelle).

17 Zu dieser Forderung vgl. Griem (Prozeß) 125, Sabel (Grundlagen) 175.

18 So auch Bitz (Strukturierung) 53, Bamberg/Coenenberg (Entscheidungslehre) 13, Hax/Laux (Planung) 328f.

19 Zur Formalstruktur vgl. Schneeweiß (Risiko) 13, Pfohl/Braun (Entscheidungstheorie) 26ff., Bamberg/Coenenberg (Entscheidungslehre) 14ff., Küpper (Mitbestimmung) 78ff., Mag (Information) 10ff., Bitz (Entscheidungstheorie) 10ff.

20 Zu den Prinzipien der Bildung des Alternativenraums (=Aktionen- oder Entscheidungsraum) vgl. Pfohl/Braun (Entscheidungstheorie) 26ff.

21 Alternativ werden häufig die Begriffe "Umweltzustand" oder "Datenkonstellation" verwendet, vgl. z.B. Jacob (Flexibilität) 301 und Pfohl/Braun (Entscheidungstheorie) 29.

jeder Zukunftslagen-Alternativen-Kombination entsprechend der Zielfunktion einen Zielerreichungsgrad zuordnet[22], die Ergebnismenge ("*Ergebnisraum*") und die *Präferenzrelation*[23]. Letztere wird durch Entscheidungsregeln festgelegt[24] und stellt eine Rangordnung zwischen den Zielgrößen her. Daraus ergibt sich die **Präferenzordnung des Alternativenraums**[25]. Alternativen-, Zustands- und Ergebnisraum bilden das **Entscheidungsfeld** der Investitionsentscheidung[26], Ergebnisfunktion und Präferenzrelationen das **Zielfeld**[27].

Eine nähere Spezifikation im Hinblick auf die vorzunehmende Analyse von Flexibilitätsangebot und -nachfrage erfordern die Begriffe "Zukunftslage" und "Alternative". Unter **Zukunftslage** ist eine der möglichen Konstellationen der in der Planungssituation relevanten Zukunfts- bzw. Umweltparameter[28] (z.B. Konjunktur, Konkurrenz) zu verstehen. Jede Zukunftslage repräsentiert also "eine Wertkombination aller relevanten Umweltdaten"[29]. Sie sind derart zu definieren, daß sie voneinander unabhängig sind, die Ergebnisse des Handelns unterschiedlich bestimmen und von den Aktionsmöglichkeiten des Entscheidungsträgers nicht beeinflußt werden[30].
Handlungsalternativen sind analog dazu mögliche Konstellationen der relevanten Aktionsparameter. Sie sind getrennt zu betrachten und nicht voneinander abhängig.

Die bereits angedeutete **Verbindung** zwischen Aktivitäten innerhalb der Prozeßphasen der Investitionsplanung und den Elementen der Formalstruktur des Entscheidungsmodells ist dann wie folgt zu konkretisieren: Der Phase der Zielfestlegung wird die *Bestimmung des Zielfeldes*, der Problemdefinition im wesentlichen die *Ermittlung des Zustandsraums*, der Alternativensuche die *Ermittlung des Alternativenraums* und der Bewertung die *Ergebnisbestimmung und -transformation in Nutzengrößen* zugeordnet.

3.1.4. Ziele der Investitionsplanung

Mit Albach kann die Zielsetzung jeder Investitionstätigkeit in der "Überwindung bestehender Disproportionen zwischen den Anforderungen an das Unternehmen und

22 Vgl. Bamberg/Coenenberg (Entscheidungslehre) 21ff., Kupsch (Risiko) 71, Pfohl/Braun (Entscheidungstheorie) 37.
23 Vgl. Schneeweiß (Risiko) 18ff., Sieben/Schildbach (Entscheidungstheorie) 24ff., Pfohl/Braun (Entscheidungstheorie) 46ff.
24 Vgl. Schneeweiß (Risiko) 17ff. Zur Problematik der Abgrenzung von Zielfunktion und Entscheidungsregel vgl. Pfohl (Problematik) 310ff.
25 Vgl. Schneeweiß (Risiko) 19.
26 Vgl. dazu Engels (Bewertungslehre) 94, Laux (Entscheidungstheorie) 22ff.
27 Vgl. Pfohl/Braun (Entscheidungstheorie) 25f. sowie Bamberg/Coenenberg (Entscheidungslehre) 25ff.
28 Zur Beschreibung von Zukunftslagen anhand ihrer Parameter vgl. Schneider (Investition) 76ff.
29 Bamberg/Coenenberg (Entscheidungslehre) 16. Ähnlich Jacob (Flexibilität) 301 sowie Mellwig (Anpassungsfähigkeit) 136.
30 Zu diesen Forderungen vgl. Pfohl/Braun (Entscheidungstheorie) 30, Mag (Information) 11, Mahlmann (Anpassung) 65f., Bamberg/Coenenberg (Entscheidungslehre) 16.

seinen Möglichkeiten"[31] gesehen werden. In unserem Fall liegt diese Disproportion in der **Flexibilitätslücke.**
Die Entwicklung, Bewertung und Auswahl diesbezüglicher Maßnahmen muß sich an den zugrundegelegten Investitionsentscheidungszielen orientieren, um schon in der Entscheidungsvorbereitung einen Beitrag zur Zielerreichung zu gewährleisten.
Demnach haben Ziele im Investitionsplanungsprozeß **zwei wesentliche Aufgaben**: Sie dienen erstens als *Auswahlkriterien der Wahrnehmung von Investitionsproblemen* und sind dabei richtungweisend für die originäre Suche nach Lösungsmöglichkeiten. Dies kann als **Auswahlfunktion** von Zielen bezeichnet werden. Zweitens haben Ziele eine **Bewertungsfunktion** bei der *Ordnung von Lösungsalternativen* nach ihrer Vorziehenswürdigkeit, indem sie Zielerreichungskriterien vorgeben[32].

Als Zielgrößen von Investitionsentscheidungen werden primär Formalziele[33] in Form finanzieller Erfolgsziele genannt[34], weil diese regelmäßig dem **Wohlstandsstreben** gerecht werden, dem zentralen Motiv unternehmerischen Handelns[35]. Dem Wohlstandsstreben sind **Einkommens- und Vermögensstreben** unterzuordnen. Beide implizieren die Forderung nach Erfolg, der sich durch das **Gewinnziel** beschreiben läßt. Ihm ist bei Ungewißheit das **Sicherheitsstreben** beizuordnen[36]. Dieses stellt eine Minimalforderung an die ökonomische Zielerreichung dar, deren Höhe zum Beispiel durch das generelle Sicherungsziel der Unternehmung vorgegeben wird[37].

Uneinigkeit besteht in der Literatur über das Ordnungsverhältnis zwischen diesen beiden - auch für Investitionsentscheidungen - grundlegenden Zielen[38]. Tatsächlich wird sich die Zielgewichtung aus der jeweiligen Ungewißheitssituation der Unter-

---

31 Albach (Lineare Programmierung) 527. Zu den Bestimmungsgründen für Investitionen vgl. ausführlich Siegwart/Kunz (Brevier) 13.

32 Vgl. Heinen (Zielsystem) 19, ähnlich ter Horst (Investitionsplanung) 24. Zu den Funktionen von Zielen vgl. auch Kupsch (Unternehmungsziele) 3ff.

33 Vgl. Kosiol (Standort) 130f. sowie ders. (Aktionszentrum) 223, Schmidt-Sudhoff (Unternehmerziele) 93f., Bidlingmaier (Unternehmerziele) 42ff. zur Unterscheidung in Sachziel, das sich auf Art, Menge und Zeitpunkt der am Markt absetzbaren Produkte bezieht, und in Formalziel, das die Wirtschaftlichkeit der Sachzielerfüllung kennzeichnet. Eine Beschreibung ihres Zusammenhangs findet sich bei Kern (Investitionsrechnung) 53: "Formalziele sind weitgehend auf die (abstrakte) Wirtschaftlichkeit ökonomischen Handelns ausgerichtet. Sie geben an, unter welchem übergeordneten Aspekt Sachziele erfüllt werden sollen". Demgegenüber beschreiben Sachziele nach Kern den in der Zukunft zu erreichenden materiellen Zustand. "Sie bringen damit auch die generellen Wege zum Ausdruck, auf denen die Formalziele erreicht werden sollen", vgl. ebd.

34 Vgl. Kern (Investitionsrechnung) 49, Schneider (Investition) 53, Bidlingmaier (Unternehmerziele) 42f., Heinen (Zielsystem) 90, Moxter (Präferenzstruktur) 11ff.

35 So Schneider (Investition) 53, Kern (Investitionsrechnung) 49.

36 Vgl. Schneider (Investition) 116: "Entscheidungen unter Ungewißheit entstehen unter einer mehrfachen Zielvorschrift: mindestens einem Sachziel (im folgenden Einkommensstreben oder Vermögensstreben) und der persönlichen Risikoneigung (Sicherheitsstreben)". So auch Mellwig (Anpassungsfähigkeit) 122, Jacob (Flexibilität) 314 sowie Albach (Investition) 68.

37 Vgl. die Diskussion der Festlegung des Sicherungsziels bei Bruse (Unternehmensrisiko) 965ff.

38 Eine Gleichordnung befürworten u.a. Albach (Wirtschaftlichkeitsrechnung) 139, Farny (Gewinn) 76ff. Heinen (Führungslehre) 22 zeigt sogar die Möglichkeit auf, daß das Sicherungsziel der Unternehmung in Krisenzeiten zum selbständigen Handlungsziel werden kann. Vertreter der Unterordnung des Sicherungsziels sind Koch (Grundlagen) 152 und Mellwig (Anpassungsfähigkeit) 125f., die eine oberste Zielsetzung der Einkommenserzielung postulieren und argumentieren, daß jede weitere Zielsetzung nur Nebenziel sein kann.

nehmung zu ergeben haben. Hier erübrigt sich zunächst eine Festlegung der Beziehung zwischen Gewinn- und Sicherheitsstreben. Wichtig ist die Feststellung, daß **beide** als zentrale Ziele der Investitionsentscheidung gelten sollen - dies infolge der Tatsache, daß Flexibilisierungsinvestitionen wesentlich durch die Ungewißheit begründet werden[39].

Als Maßstab der Formalzielerreichung wird der **Kapitalwert**[40] gewählt. Er gilt neben dem Endwert als geeignete Zielgröße zur Beurteilung mehrperiodiger Planungsprobleme[41]. Der zweifelsfreien Anwendung des Kapitalwertkriteriums liegt die Prämisse des vollkommenen Kapitalmarktes[42] zugrunde[43], der unter dem Gesichtspunkt einer ersten Vereinfachung der komplexen Planungsproblematik für die folgenden Ausführungen unterstellt werden soll.

Den Formalzielen sind **Sachziele**[44] hierarchisch unterzuordnen, da sie generell als Mittel zum Zweck der Formalzielerreichung verstanden werden[45]. So erlangen Sachziele Bedeutung im Bereich der Alternativenerstellung, die der Bewertung durch Formalzielgrößen vorausgeht. Neben dieser Auswahlfunktion können Sachziele des Produktionsbereichs die Bewertungsfunktion von Formalzielen übernehmen und damit zu **eigenständigen** Zielen des gesamten Investitionsplanungsprozesses werden - dies beispielsweise dann, wenn Formalzielerreichungsgrade infolge der Unbestimmtheit von Informationen, rechentechnischer Probleme oder zu hohen Informationsverarbeitungskosten nicht ermittelbar sind. Insbesondere bei sehr langfristigen Planungen kann die ökonomische Zielerreichung infolge der hohen Unbestimmtheit von Informationen i.d.R. nur sehr ungenau oder überhaupt nicht bestimmt werden[46]. Für

---

39 Vgl. auch Meffert (Flexibilität) 122f., der als Motive höherer Flexibilität Sicherungs- und Gewinnziel parallel nennt, sowie die empirischen Untersuchungen bei Heinen (Zielsystem) 39 und Czeranowsky/Strutz (Ergebnisse) 122, in denen Gewinn- und Sicherungsziel die höchste Priorität erreichen.

40 Zur Definition des Kapitalwerts vgl. Kern (Investitionsrechnung) 62, Blohm/Lüder (Investition) 58ff., Kruschwitz (Investitionsrechnung) 64ff., Schneider (Investition) 177ff. Zu den Zahlungskomponenten von Kapitalwerten vgl. Busse von Colbe/Laßmann (Investitionstheorie) 12f., Blohm/Lüder (Investition) 56 und 142ff.: Einzahlungen resultieren im wesentlichen aus Umsatz- und Liquidationserlösen, Auszahlungen aus Anschaffungs- oder Herstellungsausgaben und Betriebsausgaben für Verbrauchsfaktoren, Personal, Werkzeuge und Instandhaltung.

41 Vgl. Kern (Investitionsrechnung) 61f., Georgi (Steuern) 3 und ebd., FN 21, Swoboda (Investition) 21ff. Zur Kritik an der Eignung des Kapitalwerts als Ersatzzielgröße des Gewinnziels vgl. Blumentrath (Endwertmaximierung) 270ff., Bitz (Zielkonzepte), Schweim (Untenehmensplanung) 69ff., Schmidt (Grundzüge) 135f., Hosterbach (Bemerkungen).

42 Zur Definition des vollkommenen Kapitalmarkts vgl. Hahn (Finanzwirtschaft) 109.

43 Vgl. Blohm/Lüder (Investition) 74f. Fischer (Investitionsplanung) 408 weist darauf hin, daß die Kapitalwertmethode auch bei unvollkommenem Kapitalmarkt ein "begründbares heuristisches Verfahren" ist und gute Ergebnisse liefert, wenn der Kalkulationszinsfuß so gewählt ist, daß er die Knappheit des Kapitals in jeder Periode widerspiegelt.

44 Sachziele werden häufig auch als Produktziele bezeichnet, vgl. Schmidt (Zielsetzung) 116ff., der das Produktziel neben das Erfolgs- und das Liquiditätsziel stellt und in Produktarten- und -mengenziel unterteilt.

45 So bemerkt Wildemann (Investitionsentscheidungsprozeß) 98: "Investitionsentscheidungen über Realinvestitionen setzen die Sachzielerfüllung bei den Handlungsalternativen voraus und orientieren sich an den Gewinn- oder Formalzielkomponenten". Ähnlich Schmidt (Unternehmungsinvestitionen) 52, Bidlingmaier (Unternehmerziele) 43.

46 Vgl. dazu Kap. 3.2.2.3.

diesen Fall **ersetzen** Sachziele die Formalziele bei der ökonomischen Vorteilhaftigkeitsbewertung von Investitionsalternativen[47].

Die Zielsetzung "**Steigerung der Produktionsflexibilität**" kann ein solch eigenständiges Sachziel darstellen[48], durch das die Formalziele "Gewinnerzielung" und "Unternehmenssicherung" (besser) erreicht werden sollen[49]. Bei Unterlegung einer Mittel-Zweck-Relation ist als **Zweck** dieses Sachziels das Produktziel zu sehen, eine Verbesserung der Anpassung des herstellbaren Produktionsprogramms an das nachgefragte zu erreichen. **Mittel** ist dann das Faktorgestaltungsziel einer Produktionsmittelausstattung mit entsprechenden Variationsmöglichkeiten ihres Produktionsangebots.

3.2. Zentrale Probleme der Planung von Produktionsmittelinvestitionen

Voraussetzung für das Auffinden **optimaler** Investitionsentscheidungen ist die Erstellung eines Investitionsentscheidungsmodells mit höchster Abbildungsgenauigkeit der realen Planungssituation. Mit zunehmender Einschränkung der Abbildungsgenauigkeit wächst das Risiko von Investitionsfehlentscheidungen. Die **Ursachen** fehlerhafter Abbildungen können im *Zustands-*, *Alternativen-* oder *Ergebnisraum* des Entscheidungsmodells liegen.

Allein die Verwirklichung der regulativen Leitidee des allumfassenden **Totalmodells** der Unternehmung mit höchster informatorischer Bestimmtheit bis zum Ende der Totalperiode[1] führte zu einem optimalen Unternehmungsprogramm, welches das optimale Programm der Flexibilisierungsinvestitionen beinhaltet. Allerdings ist das Totalmodell sowohl aus praktischen als auch aus theoretischen Überlegungen heraus als ein nicht-operationalisierbares **Ideal** zu bezeichnen[2]. Die grundlegende Schwierigkeit liegt in seiner Komplexität. Sie ist ausgelöst durch den Anspruch der Abbildung sämtlicher *Planungsinterdependenzen* und der Integration sämtlicher entscheidungsrelevanter Informationen, die durch *Unvollkommenheit* gekennzeichnet sind[3]. Diese können als die **zentralen Investitionsplanungsprobleme** identifiziert werden.

---

47 Empirische Untersuchungen belegen diese Bedeutung von Sachzielen im produktionswirtschaftlichen Bereich, vgl. Hauschildt (Entscheidungsziele) 163ff. Ein Beispiel für die Verwendung von Sachzielen bei informatorischer Unbestimmtheit liefern Szyperski/Tilemann (Ziele) 2309: Bei der Ausstattungsplanung "dominieren formale strategische Entwicklungsziele, die infolge der schlechten Meßbarkeit langfristiger ökonomischer Zielgehalte häufig durch materiale Ersatzziele ausgedrückt werden". Vgl. auch Kap. 5.1.2. Dieser Tendenz der Ergänzung formalzielbezogener Ergebnisgrößen entspricht die v.a. in der jüngeren Investitionsliteratur propagierte Einbeziehung von Imponderabilien ins Investitionskalkül. Vgl. dazu Kemper (Imponderabilien), Wandersleb (Einflußfaktoren) 80ff., Kruschwitz (Investitionsrechnung) 22ff.

48 Flexibilität ist als eigenständiges Ziel erwähnt bei Riebel (Elastizität) 90, Mahlmann (Anpassung) 22 und 36, Heinen (Führung) 22, Mössner (Planung) 201ff.

49 Vgl. Mössner (Planung) 194, Heinen (Zielsystem) 81f.

1 Zu Totalmodell und Totalperiode vgl. Schneider (Investition) 109ff. und 171ff.

2 Sehr pointiert charakterisiert dies Schneider (Investition) 611: "Eine solche totale Simultanplanung ist nicht nur aus der Sicht der Praxis ein Hirngespinst", ähnlich Bretzke (Problembezug) 133, Schmidt (Unternehmungsinvestitionen) 189f., Busse von Colbe/Laßmann (Investitionstheorie) 15, Mellwig (Anpassungsfähigkeit) 16, Koch (Unternehmensplanung) 25ff.

3 Zur Unvollkommenheit von Informationen vgl. Kap. 3.2.2.

Die Formulierung operationaler Entscheidungsmodelle zur Auffindung geeigneter Investitionsalternativen bedingt eine **Auswahl** der verfügbaren Informationen, so daß bestimmte Planungsinterdependenzen und/oder unvollkommene Information nicht berücksichtigt werden.
Die *Reduktion von Planungsinterdependenzen und unvollkommener Information* sind simultan zu verfolgende Strategien zur Senkung der Entscheidungsmodellkomplexität. Sie stehen in einem substitutionalen Verhältnis zueinander.

In der Literatur wird häufig vom Problem der Aufstellung des Investitionsentscheidungsmodells und damit von den zugrundeliegenden Teilproblemen der Planungsinterdependenzen und der unvollkommenen Information abstrahiert, indem die **Prämisse des vollständig formulierten Investitionsentscheidungsfelds**[4] gesetzt wird[5]. Dann verbleibt allein das Problem der Bewertung gegebener Investitionsalternativen anhand bekannter Ergebnisverteilungen. Dafür stehen aber geeignete Instrumente in ausreichendem Maße zur Verfügung.
Bei **Aufgabe dieser Prämisse** werden zusätzliche Probleme in der vorgelagerten Planungsphase der Entscheidungsfeldermittlung offensichtlich, die bisher zu geringe Beachtung in der betriebswirtschaftlichen Literatur gefunden haben. Eine Arbeit zur Investitionsplanung, die sich nicht auf das reine Investitionskalkül beschränken will, muß sich mit der **Erstellung von Zustands-, Alternativen- und Ergebnisraum** und daher mit den grundlegenden Problemen der Planungsinterdependenzen und unvollkommenen Information beschäftigen.
Ihre Darstellung ist Voraussetzung, um in einem späteren Kapitel der Planungsgröße Flexibilität sowie einer an der Flexibilität orientierten Planung zentrale problemlösende Funktionen zuweisen zu können, die sie bei der Zerschneidung von Interdependenzen und bei der Vervollständigung des infolge unvollkommener Information unvollständig gegebenen Entscheidungsfeldes wahrnehmen können, und die eine **eigenständige Planung von Flexibilität** erst rechtfertigen[6].

---

4 Dies wird auch als vollständige Formulierung des Entscheidungsproblems (Schmidt (Grundzüge) 123) oder als vollständiges Entscheidungsmodell (Laux (Entscheidungstheorie) 315) bezeichnet. Als vollständig gilt ein Entscheidungsfeld dann, wenn nach subjektivem Ermessen alle für die Problemlösung relevanten Informationen bekannt sind (Zustand der "gegebenen Information", vgl. Schneider (Investition) 63) und Entscheidungen so getroffen werden können, daß keine Minderwirkung der Entscheidungsqualität durch lückenhafte Information eintritt. Monetäre Ergebnisgrößen sind dabei für alle relevanten Alternativen richtig ermittelbar und im Ergebnisfeld vorhanden. Vgl. dazu Wittmann (Unternehmung) 24, Griem (Prozeß) 49f., Laux (Entscheidungstheorie) 315. Zu den Prämissen des vollständig gegebenen Entscheidungsmodells vgl. auch Mag (Information) 14ff., Bamberg/Coenenberg (Entscheidungslehre) 14ff., Pfohl/Braun (Entscheidungstheorie) 26ff.

5 So beschränkt sich die Investitionstheorie i.d.R. auf die Behandlung der Investitionsrechnung, ausgehend von gegebenen Handlungsalternativen bei Kenntnis ihrer monetären Wirkungen in den Zukunftslagen. Die vorgelagerten Phasen der Investitionsplanung werden dagegen nur selten ausgeführt. Vgl. z.B. Albach (Investition) 49: "Bei den Modellen der traditionellen Investitionstheorie handelt es sich um reine Rentabilitätskalküle".

6 Vgl. Kap. 4.1.1.2. und 4.2.

3.2.1. Problematik der Planungsinterdependenzen

Die Planung von Art und Realisationszeitpunkt einer Flexibilisierungsinvestition steht zum Planungszeitpunkt infolge der **sachlichen und zeitlichen Verflechtung** von Planungsteilsystemen der Unternehmung in einem komplexen Netz vorwiegend interdependenter Beziehungen[7]. Jede Entscheidung über Realinvestitionen verändert i.a. das Entscheidungsfeld hinsichtlich gleichzeitig oder künftig vorzunehmender Investitionen und der Planungen anderer betrieblicher Teilbereiche.

Die Gesamtheit der investitionsplanungsbezogenen Interdependenzen kann in Interdependenzen **zwischen** Investitionsbereich und anderen Planungsbereichen und Interdependenzen **innerhalb** des Investitionsbereichs unterschieden werden[8]. Die Anwendung des Differenzierungskriteriums der zeitlichen Verknüpftheit interdependenter Planungen bzw. Entscheidungen führt daneben zur Trennung **zeitlich-horizontaler** und **zeitlich-vertikaler Interdependenzen**[9]. Insbesondere letztere gewinnen im Zusammenhang mit einer längerfristig orientierten Flexibilisierung der Produktion an Bedeutung[10]. Sie begründen die Notwendigkeit der Planung von **mehrperiodigen** Investitionsprogrammen[11].

Eine exakte Abbildung der realen Planungssituation und streng rationale Entscheidungen erforderten die Integration sämtlicher Interdependenzen in ein umfassendes **Totalmodell** der Unternehmung[12]. Die Unmöglichkeit seiner Erstellung bedingt aber in praktischen Ansätzen die Vernachlässigung von Interdependenzen durch heuristische Zerschneidung von Beziehungen[13]. Eine solche Zerschneidung kann durch *Faktorisation*[14] in Partialmodelle und deren *sukzessive Anordnung* erfolgen[15]. Diese Pro-

---

7 Zur allgemeinen Beschreibung von Planungsinterdependenzen vgl. Küpper (Interdependenzen), Kern (Investitionsrechnung) 68ff., Cordes (Problem) 15ff., Jacob (Linearprogrammierung) 24ff., Schmidt (Unternehmungsinvestitionen) 64ff., Bitz (Strukturierung) 93ff., Schneider (Investition) 219ff.

8 Diese Unterscheidung nehmen u.a. Kern (Investitionsrechnung) 69ff. und Jacob (Entwicklungen) 502ff. vor.

9 Vgl. Jacob (Flexibilität) 301f.: "Die Beziehungen zwischen Aktionen des gleichen Programms seien zeitlich-horizontale Interdependenzen genannt. In ähnlicher Weise können Aktionen zeitverschiedener Programme (...) miteinander verknüpft sein(...). Verknüpfungen dieser Art seien als zeitlich-vertikale Interdependenzen bezeichnet". Zur Übernahme dieser Differenzierung vgl. Schmidt (Unternehmungsinvestitionen) 69f., Bitz (Entscheidungstheorie) 324.

10 Vgl. Dichtl (Flexibilitätsprinzip) 175: "Langfristige Investitionsentscheidungen erstrecken sich in der Regel auf eine größere Zahl von interdependenten Einzelmaßnahmen, die im Laufe der Jahre getroffen werden".

11 Vgl. Jacob (Flexibilität) 302: "Mit dem Aktionsprogramm 1 sind die Aktionsprogramme für die übrigen Entscheidungszeitpunkte des vorgesehenen Planungszeitraumes simultan zu bestimmen. Nur dann, wenn zeitlich-vertikale Interdependenzen fehlen, kann das Aktionsprogramm 1 unabhängig von den folgenden Aktionsprogrammen festgelegt (...) werden". Ähnlich Mellwig (Anpassungsfähigkeit) 17.

12 Vgl. Schneider (Investition) 109ff., Cordes (Problem) 54.

13 Vgl. Bitz (Strukturierung) 102, Küpper (Ansatzpunkte) 797, Bretzke (Problembezug) 132f., Cordes (Problem) 75ff.

14 Zum Faktorisationsprinzip vgl. Streim (Lösungsverfahren) 148.

15 So stellt Heinen (Bedeutung) 13 fest: "Logisch kann nur eine simultane, eine umfassende Gesamtplanung zu optimalen Ergebnissen führen. Eine solche gleichzeitige Festlegung aller Plangrößen bedingt eine weitgehende Zentralisation der Teilentscheidungen. Faktisch müssen aber

blemdekomposition ist sachlich-horizontal, sachlich-vertikal oder zeitlich vorzunehmen[16].

Sie führt, ausgehend vom Totalmodell, über Simultanplanungsmodelle[17] zu Modellen der Sukzessivplanung[18].

Die sukzessive[19] Partialbetrachtung bewirkt insofern eine **Zerschneidung von Interdependenzen**, als die Lösung eines Partialmodells Prämissen für nachfolgende Partialmodelle setzt[20]. Dadurch wird über die Senkung der Variablen-, Funktionen- und Parameterzahl der Informationserfassungs- und -verarbeitungsaufwand reduziert. Daneben sind Sukzessivplanungen infolge der Tatsache, daß hier keine a priori-Formalisierung wie bei Simultanplanungsansätzen vorliegt, je nach Gestaltung offen auch für Informationen **geringeren Präzisionsgrades**[21]. Sie eignen sich daher besser für die längerfristige Investitionsplanung, die zwangsläufig auf unvollkommener Information aufbaut. Gleichzeitig kann die Sukzessivplanung stärker **anwendungsfallbezogen** als eine formalisierte Simultanplanung entwickelt werden[22].

Der zu wählende **Grad** der Entsimultaneisierung durch die Anwendung von Heuristiken ist eine Funktion der Planungskomplexität. Er ist exakt nur unter Abwägung von Informationskosten und -nutzen situationsspezifisch festzulegen. Je nach zu erwartender Problemkomplexität kann allerdings eine **Grundsatzentscheidung** für Simultan- oder Sukzessivplanungen getroffen werden. Bei Planungsproblemen der Praxis, die durch eine große Zahl von Interdependenzen und durch unvollkommene Information gekennzeichnet sind, ermöglicht allein die Heuristik der sukzessiven Partialplanung deren Lösbarkeit und die unter ökonomischen Gesichtspunkten gesamtoptimale Lösung[23].

---

diese Entscheidungen - bei auch nur einigermaßen komplexen Gebilden - weitgehend dezentralisiert und sukzessive getroffen werden". Zum heuristischen Prinzip der Sukzessivität vgl. Imboden/Leibundgut/Siegenthaler (Klassifikation) 314ff.

16 Vgl. König (Optimierungsmodelle) 36ff., implizit auch Gäfgen (Theorie) 217.

17 Simultanmodelle der betrieblichen Investitionsplanung (vgl. Emmert (Planung) 227, Kruschwitz (Investitionsrechnung) 138, Perridon/Steiner (Finanzwirtschaft) 116ff.) verfolgen die Intention, Interdependenzen zwischen und innerhalb betrieblicher Teilplanungen weitestgehend durch modellhafte Abbildung zu berücksichtigen und damit den Abstraktionsgrad geringer als bei Sukzessivplanung zu halten. Die Lösung der bisher entwickelten Modelle erfolgt durch Methoden der mathematischen, insbesondere der linearen deterministischen Programmierung. Ungewißheit von Erwartungen findet explizit in Modellen der stochastischen und der dynamischen Programmierung Berücksichtigung.

18 Vgl. die Gegenüberstellung dieser grundsätzlichen Planungsvorgehensweisen bei Schweim (Unternehmensplanung) 18ff., Cordes (Problem) 145ff. sowie ihre Nennung bei Franke/Laux (Kalkulationszinsfüße) 156.

19 Zu den Grundlagen sukzessiver Planung vgl. Cordes (Problem) 102ff., Koch (Planung) 37.

20 Vgl. Küpper (Ansatzpunkte) 797f., Bitz (Strukturierung) 105f., Gäfgen (Theorie) 214ff.

21 Die Formalisierung von Simultanmodellen erfordert demgegenüber gleichmäßig detaillierte Informationen bis zum Planungshorizont, vgl. z.B. das LP-Modell von Jacob (Flexibilität) 416ff.

22 So sind Heuristiken wie die Sukzessivplanung im Gegensatz zu formalisierten Algorithmen z.B. auch auf nicht-quantifizierbare Problemstellungen anwendbar, vgl. Fischer (Investitionsplanung) 180. Die Sukzessivplanung ist wegen der erwähnten Probleme der Simultanplanung in der Praxis weitaus häufiger vorzufinden, vgl. Bierich (Praxis) 852ff.

23 Vgl. Fischer (Investitionsplanung) 176f.

Die an Flexibilitätsgrößen orientierte Investitionsplanung stellt den Versuch eines **heuristischen Gesamtkonzepts der sukzessiven Partialplanung von Flexibilisierungsinvestitionen** dar[24]. Es soll zur Lösung des Problems der Planungskomplexität infolge Interdependenzen beitragen.

3.2.2. Problematik der unvollkommenen Information im Investitionsentscheidungsmodell

Flexibilitätsüberlegungen werden in der Literatur i.a. auf die Ungewißheitsproblematik zurückgeführt[25]. Ungewißheit setzt unvollkommene Information voraus[26]. Um der **Planungsgröße "Flexibilität" Funktionen** im Investitionsplanungsprozeß **zuweisen** zu können, sind daher die *Problematik unvollkommener Information* und Ansatzpunkte zu ihrer Lösung zu behandeln.

Die Voraussetzung dafür, daß einer Investitionsalternative ein bestimmter Kapitalwert zugeordnet werden kann und nur dieser für möglich gehalten wird, ist vollkommene Information[27] bezüglich aller zielrelevanten Bestimmungsgrößen des Kapitalwerts[28]. Darunter werden i.a. die Komponenten der Sicherheit, Bestimmtheit und Vollständigkeit[29] derjenigen Informationen verstanden, die für die Lösung des Entscheidungsproblems von Relevanz sind.

Vollständigkeit liegt vor, wenn alle zur Entscheidungsfindung erforderlichen Informationen nach Art und Menge vorhanden sind. **Bestimmtheit** bezeichnet die vorhandene Präzision des Informationssachgehalts - höchste Bestimmtheit weisen quantitative Begriffe bzw. kardinale Maßgrößen auf. Die Komponente der **Sicherheit** betrifft den "Wahrheitsgehalt des entscheidungsrelevanten Wissens"[30].

Der Zustand vollkommener Information - auch als Sicherheit bezeichnet[31] - stellt für die Analyse von Planungsproblemen einen theoretischen Grenzfall dar. Die der Planung zugrundezulegende Zukunftsentwicklung unterliegt stets der Ungewißheit[32] und

24 Vgl. zu ihrer konzeptionellen Entwicklung Kap. 4.2.
25 Vgl. z.B. Jacob (Flexibilität), Schneider (Planung), ders. (Lösung), ders. (Anpassungsfähigkeit), Hillmer (Planung) 19.
26 Zur unvollkommenen Information vgl. Wittmann (Unternehmung), Griem (Prozeß).
27 Zum Begriff der vollkommenen Information vgl. Mag (Information) 121ff., Schmidt (Unternehmungsinvestitionen) 56ff., Griem (Prozeß) 44ff., Schneider (Investition) 61ff.
28 Vgl. Perridon/Steiner (Finanzwirtschaft) 87.
29 Vgl. Kosiol (Aktionszentrum) 209f. Zu einer ausführlichen Beschreibung auch Schmidt (Unternehmungsinvestitionen) 56ff., Griem (Prozeß) 49ff., Mag (Information) 17ff. und 121ff.
30 Schmidt (Unternehmungsinvestitionen) 59.
31 Vgl. z.B. Lüder (Investitionsplanung) 8, Schmidt (Grundzüge) 17, Bamberg/Coenenberg (Entscheidungslehre) 39.
32 In dieser Arbeit wird "Ungewißheit" als Oberbegriff für die Informationszustände der Sicherheit, des Risikos und der Unsicherheit im engeren Sinn verwendet, so auch Frischmuth (Daten) 118, Schneider (Investition) 70f. Andere Autoren wählen Unsicherheit als Oberbegriff und unterteilen in Sicherheit, Risiko und Ungewißheit, vgl. Perridon/Steiner (Finanzwirtschaft) 87, Schmidt (Grundzüge) 121, Bitz (Entscheidungstheorie) 14, Bamberg/Coenenberg (Entscheidungslehre)

ist daher nur durch unvollkommene Information zu beschreiben[33]. Insbesondere wenn Datenprognosen für **lange** Zeiträume gebildet werden, wie es bei Entscheidungen über langfristig zu nutzende Produktionsmittel generell der Fall ist, erlangt das Planungsproblem der Unvollständigkeit, Unsicherheit und Unbestimmtheit von Informationen besondere Relevanz[34]: Das Ausmaß der Unvollkommenheit wird i.a. umso größer, je weiter die zu prognostizierenden Ereignisse in der Zukunft liegen[35].

Unvollkommene Information hat zur Folge, daß für das nach Zerschneidung von Planungsinterdependenzen verbleibende Investitionsproblem kein vollständiges Entscheidungsmodell als exaktes Abbild der Realität erstellt werden kann. Sie kann in ihren Erscheinungsformen an den **Komponenten des Entscheidungsfelds** festgemacht werden[36]. Dabei ist der Tatsache Rechnung zu tragen, daß unvollkommene Information nicht nur hinsichtlich des *Zustandsraums* auftritt, auf den sich die ungewißheitstheoretischen Abhandlungen innerhalb der Entscheidungstheorie häufig beschränken. Vielmehr zeitigt sie auch Wirkungen auf die Formulierung von *Alternativen- und Ergebnisraum*[37].

3.2.2.1. Auswirkungen unvollkommener Information auf die Formulierung des Zustandsraums

Voraussetzung für die Bestimmung der Flexibilitätsnachfrage als wesentlichem Bestandteil einer an der Flexibilität orientierten Investitionsplanung ist die Kenntnis des Zustandsraums. Für dessen Ermittlung ist es notwendig, sich Klarheit über die Art des Vorliegens unvollkommener Information in Zukunftsbeschreibungen und ihrer Behandlung bei der Erstellung des Investitionsentscheidungsmodells zu verschaffen.

Ungewißheit im Zustandsraum infolge unvollkommener Information wird im entscheidungstheoretischen Instrumentarium durch eine **Menge möglicher Zukunftslagen** dargestellt. Jede Zukunftslage enthält Daten über die Ausprägung der sie beschreibenden Zukunftsparameter. Bei mehrperiodiger Planung ist jeder Zukunftslage eine *Periodeneinteilung* zu unterlegen.

36ff. Bei Anlehnung an diese Terminologie käme es aber zu einer begrifflichen Kollision mit "Unsicherheit" als eine der drei Komponenten unvollkommener Information. Vgl. auch Kap. 3.2.2.1.

33 So z.B. Schneider (Investition) 63, Gutenberg (Situation) 126, Kern (Investitionsrechnung) 85, Mellwig (Anpassungsfähigkeit) 2.

34 So auch Wittmann (Unternehmung) 34, Albach (Wirtschaftlichkeitsrechnung) 3f., Koch (Diskussion) 53.

35 Vgl. Kern (Investitionsrechnung) 86, Jacob (Investitionsplanung) 1983, Wittmann (Unternehmung) 83, Küpper (Interdependenzen) 270.

36 Neben der Auswirkung auf das Entscheidungsfeld hat unvollkommene Information gleichfalls Auswirkungen auf das Zielfeld, vgl. z.B. Schneider (Investition) 62, der mangelndes Bewußtsein über die eigenen Präferenzen als "erste Erscheinungsform unvollkommener Information" bezeichnet. Allerdings ist ein fixiertes Zielfeld Voraussetzung für die Ermittlung objektiv nachprüfbarer Ergebnisse, deswegen für eine rationale ökonomische Analyse zu unterstellen. Vgl. dazu auch Mellwig (Anpassungsfähigkeit) 14f.

37 Dies bemerkt auch Pfohl (Entscheidungsfindung) 57f.

Wendet man die Komponenten unvollkommener Information auf die Gesamtheit der potentiellen Zukunftslagen an, können **Unsicherheit** als Nichtkenntnis der tatsächlich eintretenden Zukunftslage, **Unbestimmtheit** als inexakte Darstellung der Daten einer Zukunftslage und **Unvollständigkeit** als Fehlen objektiv möglicher Zukunftslagen aufgefaßt werden.

Die Existenz von Unvollständigkeit ist dadurch zu erklären, daß der Planende den Informationsverarbeitungsprozeß aus Kosten- und Zeitgründen i.a. subjektiv beschränkt. So kommt es nicht zu einer vollständigen Benennung aller Zukunftslagen. Unvollständigkeit wäre im Kalkül über das einzurichtende Flexibilitätsangebot nur dadurch zu berücksichtigen, daß der Planende unter dem subjektiven Bewußtsein einer unzureichenden Informationsverarbeitung zusätzlich "**ungezielte** Flexibilität"[38] durch Investitionsobjekte bereitstellt. Dies käme allerdings einem Willkürakt gleich[39]. Eine als rational verstandene Planung der Flexibilität muß sich auf - wenn auch nur unbestimmt - vorhersehbare Zukunftslagen beschränken, weil in der mikroökonomischen Analyse eine theoretische Deduktion von Handlungsweisen vernünftig nur auf Basis von Information erfolgen kann[40]. Planungsrelevant ist daher immer nur der Aspekt der auf bekannte Zukunftslagen "**gezielten** Flexibilität".

Die in der Planung zu berücksichtigenden Komponenten der Ungewißheit im Zustandsraum sind demnach allein Unsicherheit und Unbestimmtheit[41].

Wichtig für die Definition von Zukunftslagen und damit für die Ermittelbarkeit eindeutiger monetärer Ergebnisgrößen von Flexibilisierungsalternativen ist die Möglichkeit, unbestimmte Zukunftslagen zu **partitionieren** [42]. Im Grenzfall ergeben sich unendlich viele[43], bestimmte Zukunftslagen[44].

38 Zum Begriffspaar gezielte - ungezielte Flexibilität vgl. Mössner (Planung) 167ff. und 208ff.

39 So auch Knischewski (Planung) 33: "Jeder Versuch, die Betriebsmittelplanung auf unvorhersehbaren Ereignissen aufzubauen, muß scheitern".

40 Vgl. Mellwig (Anpassungsfähigkeit) 18f. und ders. (Flexibilität) 740, wonach die Planung der Flexibilität auf die im Planungszeitpunkt vorhersehbaren Entwicklungen einzuschränken ist. Ebenso Hax/Laux (Planung) 319ff., Jacob (Flexibilitätsüberlegungen) 1ff., Inderfurth (Investitionsplanung) 26f. Anders Meffert (Problem) 784 und Mössner (Planung) 167ff. und 208ff., die Flexibilität (auch) als Reaktion auf unvorhersehbare Entwicklungen betrachten.

41 Dem entspricht die Unterscheidung in Mehrwertigkeit der Erwartungen und Inexaktheit der Problembeschreibung, vgl. Koch (Diskussion) 55: "Diese beiden Merkmale: die Mehrdeutigkeit der Zukunftsvorstellung und das Unvermögen, die verschiedenen Datenkonstellationen exakt zu bestimmen, kennzeichnen den Tatbestand der Ungewißheit". Ähnlich Schneider (Investition) 62, Mellwig (Anpassungsfähigkeit) 18, Zentes (Optimalkomplexion) 35ff.

42 Zur Partitionierung des Zustandsraums vgl. Haumer (Investitionsplanung) 186ff, Bamberg/Coenenberg (Entscheidungslehre) 16ff.

43 Dies ist stets der Fall bei stetiger Verteilung eines zukunftsbestimmenden Parameters, vgl. Bitz (Strukturierung) 374.

44 In diesem Fall wird "die ursprünglich bzgl. der tatsächlich eintretenden Konsequenzen vorhandene Unsicherheit in eine erhöhte Unsicherheit bzgl. des wahren Umweltzustandes verlagert" vgl. Bamberg/Coenenberg (Entscheidungslehre) 23. Zum Antagonismus zwischen Informationssicherheit und -bestimmtheit vgl. auch Schmidt (Unternehmungsinvestitionen) 62ff., Wild (Grundlagen) 124ff. Popper (Logik) 85f.

Dieses Streben nach Bestimmtheit erklärt sich dadurch, daß allein bei **vollständiger Bestimmtheit** einer Zukunftslage ein eindeutiger Ergebniswert als Basis der Investitionsentscheidung zu ermitteln ist.

Höchste Objektivität der Entscheidung ergibt sich allerdings erst bei Vorliegen **monetärer** Größen, die den Zielbeitrag der Alternativen zum Gewinnziel sichtbar machen. Die Bestimmtheit einer Zukunftslage nach der obigen Definition reicht allerdings noch nicht aus, um die Ermittelbarkeit eindeutiger monetärer Ergebnisse zu behaupten. Zusätzlich sind die Zukunftsparameter **inhaltlich** derart festzulegen, daß die ihnen zugeordneten bestimmten Daten ausreichend für eine monetäre Quantifizierung sind. So genügen z.B. bei unterstellter Absatzorientierung der Investitionsplanung Angaben über die Zukunftsparameter "Produktartenspektrum" und "Produktmengen in ihrer zeitlichen Verteilung"[45] nicht den Anforderungen an die Ermittelbarkeit monetärer Ergebnisgrößen. Zusätzlich sind Zukunftsparameter wie Produkt- und Faktorpreise einzubeziehen. Die Betitelung einer Zukunftslage als "vollständig bestimmt" läßt daher ohne zusätzliche Angabe der einbezogenen Zukunftsparameter keine Aussage über den tatsächlichen Informationsstand zu.

Auf diese für die entscheidungstheoretische Analyse zentrale *Problematik der Abgrenzung von Bestimmtheit und Unbestimmtheit* der Zukunftsentwicklung wird u.W. in der Literatur weder hingewiesen, noch findet sich ein operationales Abgrenzungskriterium. Für unsere Zwecke soll der Zustand der vollständigen Bestimmtheit einer Zukunftslage genau **so viele** Zukunftsparameter umfassen, daß die vorhandenen Informationen über die Ausprägung der Parameter ausreichen, um sämtliche Gewinnwirkungen einer Investitionsalternative durch einen **einzigen Kapitalwert** zu beschreiben. Dies bedingt Bestimmtheit jeder einzelnen der für die Kapitalwertermittlung benötigten Informationskomponenten.

Davon abzugrenzen sei der Zustand der "**partiellen Bestimmtheit**"[46] von Zukunftslagen. Hier sei der Informationsstand nicht ausreichend, um alle zielbezogenen Wirkungen durch einen eindeutigen Kapitalwert je Zukunftslage darzustellen. Unbestimmtheit kann in diesem Fall bezüglich jeder der genannten Kapitalwertkomponenten und jeweils in verschiedenem Ausmaß vorliegen. Die *unendliche Vielfalt dieser Ausprägungsmöglichkeiten unbestimmter Information im Zustandsraum* ist durch die Vorstellung einer kontinuierlichen Abstufung des Bestimmtheitsgrades der gesamten

45 Vgl. zu diesen produktkennzeichnenden Informationen Hahn (Fertigungswirtschaft) 274, ähnlich Layer (Kapazitätsausnutzung) 20.

46 In der Literatur taucht der ähnliche Begriff der "partiellen Information" auf, vgl. Kofler/Menges (Entscheidungen) 85ff. m.w.N. Partielle Information beschränkt sich dabei allerdings auf die Kenntnis der Eintrittswahrscheinlichkeiten informatorisch ansonsten bestimmter Zukunftslagen, vgl. z.B. ebd. S. 96ff.

Informationsmenge zu veranschaulichen[47]. Der Informationszustand der partiellen Bestimmtheit ist demnach vielgestaltig.

Ungewißheit der Zukunftsentwicklung läßt sich also insgesamt durch ein **variables Spektrum** von Zukunftslagen beschreiben: Unter Beachtung der Möglichkeit, eine unbestimmte Information durch Partitionierung in eine Menge bestimmter Informationen zu überführen, ergeben sich als die zwei Grenzfälle dieses Spektrums "*eine Zukunftslage* bei hoher Unbestimmtheit der Informationskomponenten" und "*(un)endlich viele Zukunftslagen* vollständiger Bestimmtheit".

Zur Anhebung des Bestimmtheitsgrades - etwa im obigen Beispiel vom Niveau der exakten Bestimmtheit allein von Periodenmengen je Produktart bis hin zum Niveau der zusätzlichen Bestimmtheit von Produktpreisen je Periode - sind Informationsgewinnungsaktivitäten notwendig. Diese bewirken im Entscheidungsmodell eine (weitergehende) Partitionierung in Zukunftslagen, sofern die eingeholten Preisinformationen unbestimmt waren.
Zunehmende Partitionierung des Zustandsraums erbringt zusätzlichen Informationsnutzen in Form von Ergebnissen mit ansteigender Aussagekraft, bis hin zu monetären Ergebnisgrößen. Demgegenüber stehen steigende Kosten der Informationsgewinnung und der Weiterverarbeitung der erhöhten Zahl an Zukunftslagen, die jeweils durch eine definierte Menge an unbestimmten Informationen zu charakterisieren sind[48].

Die für die Investitionsentscheidungsfindung so bequeme und häufig formulierte **Prämisse der vollständigen Bestimmtheit von Zukunftslagen** bis zum Planungshorizont[49] könnte nur dann als realitätsnah gelten, wenn der Planungshorizont so stark verkürzt würde, daß der Anteil unbestimmter Informationen gegen Null geht und eindeutige Kapitalwerte zu ermitteln wären. Diesem Vorgehen steht allerdings entgegen, daß die Nutzungsdauer investierter Produktionsmittel i.a. größer als der Zeitraum der Ermittelbarkeit monetärer Ergebnisgrößen ist. Investitionen entfalten i.d.R. langfristige Wirkungen, so daß bei einem derart verkürzten Planungshorizont nur **ein Teil** der entscheidungsrelevanten Wirkungen erfaßt werden könnte[50].

47 Vgl. auch Bidlingmaier (Unternehmerziele) 176: "Innerhalb der unvollkommenen Information lassen sich wiederum graduelle Differenzierungen aufweisen". Ein ähnlicher Gedanke der Unterteilung von Erscheinungsformen der Ungewißheit findet sich bei Schneider (Meßbarkeitsstufen) und ders. (Investition) 72ff. bzgl. des Bestimmtheitsgrades von Wahrscheinlichkeitsangaben.

48 Vgl. dazu Schneider (Investition) 77: "Es ist wichtig zu erkennen, daß der Begriff 'Zukunftslage' eine durch die Begrenztheit menschlicher Fähigkeiten erzwungene inexakte Problembeschreibung herbeiführt". Voraussetzung dafür ist allerdings, daß das Informationsoptimum nicht im Zustand vollständiger Bestimmtheit liegt. Dies ist bei langfristigen Investitionsplanungsproblemen i.a. nicht der Fall.

49 Vgl. Schneider (Investition) 65f. und 75ff., Mellwig (Anpassungsfähigkeit) 69f. Schneider (Investition) 75 bezeichnet dies treffend als "vollständige Gewißheit über die Ungewißheit".

50 Dies stellt auch Schneider (Wirtschaftlichkeitsrechnung) 139 heraus: "Der Unterschied zwischen zwei Investitionen (...) ist nämlich durch Angabe der Unterschiede der zu den Investitionen gehörenden Zahlungsreihen noch nicht hinreichend charakterisiert. (...) Ebenso wichtig für die Beurteilung des Unterschiedes zwischen zwei oder mehreren Investitionen sind die für die Investitionen charakteristischen Faktoren, die keinen quantitativen Charakter besitzen und deshalb mone-

Daher ist von einer verkürzten Planung unter vollständiger Bestimmtheit der Zukunftslagen abzugehen und eine **längerfristige Betrachtung partiell bestimmter Zukunftslagen** vorzusehen[51]. Erst dadurch wird es möglich, Produktionssysteme hinsichtlich **langfristiger** Flexibilitätsnachfrage zu planen[52] sowie die Vorteilhaftigkeit von Flexibilisierungsinvestitionen auch für einen längeren Zeitraum zu beurteilen. Dazu sind in Ermangelung von Kapitalwerten nicht-monetäre Ergebnisgrößen zu bilden. Hier ergibt sich der Ansatzpunkt für das Aufstellen von **Flexibilitätskennzahlen** und ihre Verwendung als Auswahl- und Bewertungskriterien im Planungsprozeß[53].

Die längerfristige Betrachtung erfordert die *Integration unbestimmter Informationen* - z.B. strategische Planungsdaten der Produktfeldnachfrage - in den Prozeß der Alternativenerstellung und -beurteilung. Man begibt sich also in einen Bereich der Modellformulierung, der einer exakten Analyse schwieriger zugänglich ist, allerdings reale Entscheidungssituationen besser annähert und dadurch in die Lage versetzt, die Qualität der Lösungsfindung zu erhöhen.

Die **Entscheidungstheorie** bietet in nur unzureichendem Maße einen Lösungsbeitrag bei nicht vollständig bestimmten Entscheidungsproblemen[54]: Dort wird eine Informationsgewinnung in der Suchphase des Entscheidungsproblems angenommen, die zum Zustand *vollständiger Bestimmtheit* einer *endlichen* Anzahl *vollzähliger* Zukunftslagen, daneben zu einem *vollständig formulierten* Alternativenraum und damit zu einer Ergebnismatrix mit *eindeutigen* monetären Größen führt[55]. Mehrwertigkeit der Zukunftsvorstellung ist mit diesem "speziellen Ungewißheitsbegriff"[56] vereinbar, Inexaktheit der Problembeschreibung dagegen nicht[57]. Dadurch wird partielle Bestimmtheit ausgeklammert. Es besteht also eine "Diskrepanz zwischen den theoretischen Annahmen und den praktischen Gegebenheiten"[58], auf die in der Literatur zur Ungewißheitstheorie bis auf wenige Ausnahmen nicht hingewiesen wird.

---

tär nicht ausgedrückt werden können". Zu besagtem Dilemma zwischen Praktikabilität und Aussagekraft von Entscheidungsmodellen vgl. auch Hax (Investitionstheorie) 93.

51 Vgl. zu dieser Forderung auch Schünemann/Lehnen (Berücksichtigung) 503f.

52 Dem entspricht die Forderung, den künftigen Flexibilitätsbedarf strategisch abzuleiten, vgl. Holz/Gaebler (Fertigungssysteme) 44.

53 Zur konkreten Ausführung dieses Ansatzpunktes vgl. die Kapitel 4.2.2.2., 4.2.2.3. sowie 5.2.1.

54 So bemerkt Klein (Entscheidungsmodelle) 66: "Die klassische Entscheidungstheorie befriedigt aber weder normativ noch deskriptiv bei der Lösung unvollständig formulierter Probleme".

55 Vgl. Mellwig (Anpassungsfähigkeit) 18f., Hax/Laux (Planung) 477ff. Die Prämissen der klassischen Entscheidungstheorie sind übersichtlich dargestellt bei Mag (Information) 14ff. und Schneeweiß (Risiko) 7ff.

56 Vgl. Mellwig (Anpassungsfähigkeit) 68f., Koch (Grundlagen) 139.

57 Unbestimmtheit wird lediglich im Hinblick auf die (Un-)Kenntnis von Wahrscheinlichkeiten zugelassen. Eine bemerkenswerte Ausnahme bildet die Theorie der "fuzzy sets", die von Unschärferelationen bei der Formulierung von Zielfunktion und Nebenbedingungen ausgeht, allerdings die Unbestimmtheit von Zukunftslagen auch nicht erfaßt. Vgl. dazu Bellmann/Zadeh (Decision), Kupsch (Risiko) 121ff., Zimmermann (Problembeschreibungen) 785ff.

58 Mellwig (Anpassungsfähigkeit) 69f. Auch Mellwig verzichtet allerdings in der Theorie der Sekundäranpassung nicht auf diesen speziellen Ungewißheitsbegriff.

Gleichzeitig wird an den Prämissen der Entscheidungstheorie deutlich, daß ihr Hauptinteresse in der Analyse des Entscheidungsaktes besteht. **Entscheidungsvorbereitende Informationsaktivitäten** wie die Erstellung von Zustands- und Alternativenraum werden nicht zum Betrachtungsgegenstand gemacht.

Sobald die Prämisse des gegebenen, vollständig bestimmten Zustandsraums aber aufgegeben wird, werden *Aussagen zu Ermittlung und Aussehen partiell bestimmter Zukunftslagen* notwendig. Erst auf dieser Grundlage kann eine konkrete Lösung der Planungsprobleme infolge unvollkommener Information im Zustandsraum erfolgen. Dazu müssen Art und Ausmaß der Unbestimmtheit spezifiziert werden: Die Formulierung von Zukunftslagen und der sich dabei ergebende Anteil an unbestimmten Informationen hängen davon ab, welcher **Art** die bis zur Erreichung des Informationsoptimums aufgenommenen Informationen sind, m.a.W. welche der für die Ermittlung monetärer Ergebnisgrößen benötigten Informationskomponenten beschrieben bzw. ausgelassen werden, und welchen **Grad an Bestimmtheit** die vorhandenen Informationen aufweisen (z.B. die Schwankungsbreite von Mengenangaben). Die Entscheidung darüber wird individuell und situationsspezifisch gefällt. Es lassen sich somit keine generellen Aussagen treffen, in welcher Form Unbestimmtheit nach Abschluß der Informationsgewinnung zur Erstellung des Zustandsraums vorliegt. Zukunftslagen, die unbestimmte Information enthalten, können demnach auf unterschiedlichste Art formuliert werden.

Die unüberschaubare Vielfalt der Darstellungsmöglichkeiten von Zukunftslagen macht es unmöglich, sie in einem Entscheidungsmodell abzubilden. Eine theoretische Durchdringung der Probleme infolge partieller Bestimmtheit erfordert vielmehr eine **Komplexitätsreduktion** durch *Eingrenzung auf eine (oder mehrere) ausgewählte Informationszustandskonstellation*(en). Die zu entwickelnde Problemlösung gilt dann unter der Bedingung des Vorliegens dieser Konstellation(en).
Sicherlich wird hierdurch die Anwendungsfallbezogenheit des zu entwickelnden planerischen Vorgehens beschränkt. Die Einschränkung kann aber klein gehalten werden, indem man einen **repräsentativen Informationszustand** mit hoher praktischer Relevanz selektiert und der Planung zugrundelegt. Die mit einem solchen Beschreibungsmodell sich ergebende Entfernung von der realen Informationssituation ist auf jeden Fall geringer als bei Festhalten an der unrealistischen Prämisse vollständiger Bestimmtheit der Zukunftslagen.

Für die Ausgangsinformationen der Investitionsplanung im Zustandsraum wird ein Informationszustand partieller Bestimmtheit je Zukunftslage wie folgt unterstellt:

1. Objektive oder zumindest subjektive **Eintrittswahrscheinlichkeiten** von Zukunftslagen seien durch informatorische Aktivitäten ermittelbar und als **bekannt** vorausgesetzt[59]. Es existieren demnach eindeutige Funktionen γ_t der Zuordnung von Wahrscheinlichkeitsziffern w_t zu Kapazitätsnachfragematrizen $K_t^{(N)}$:
$\gamma_t: w_t \rightarrow K_t^{(N)}$.[60]

2. Bis zu einem definierten Prognosezeitpunkt innerhalb des Planungshorizonts werde durch informatorische Aktivitäten eine derartige Bestimmtheit der Planungsinformationen erreicht, daß bei festliegender Anzahl von Zukunftslagen eine Beschreibung der Investitionswirkungen durch einen **Kapitalwert** je Zukunftslage möglich ist.

Für diese Annahme spricht *erstens*, daß jeder unter dem Motiv der Gewinnerzielung Planende versuchen wird, Vorteilhaftigkeitswirkungen von Investitionsalternativen in monetären Ergebnisgrößen[61] zu erfassen.
Ein *zweites* Argument ist der allgemeine Zusammenhang, daß mit sich verkürzender Planungsfrist ein steigender Anteil des Programms der Unternehmung als fix anzunehmen ist, d.h. der Anteil an unbestimmten Informationen sinkt.
Aus theoretischer Sicht existiert ein Prognosezeitpunkt, in dem ein solcher Grad an Unbestimmtheit vorliegt, daß die Kosten der Beschaffung und Verarbeitung der fehlenden Informationen geringer sind als der Informationsnutzen der damit errechenbaren monetären Ergebnisgrößen.
Der Zustand des Informationsoptimums ist dann durch eine *definierte Anzahl an Zukunftslagen* zu kennzeichnen, die *bis zu einem gewissen Prognosezeitpunkt Bestimmtheit* der zur Kapitalwertermittlung benötigten Informationen aufweisen. Im *restlichen Prognosezeitraum* bis zum Planungshorizont enthalten sie demgegenüber *unbestimmte Informationen*, die keine weitere Ermittlung verläßlicher ökonomischer Ergebnisgrößen zulassen[62].
Jede über den Zeitpunkt der exakten Bestimmbarkeit von Kapitalwerten je Zukunftslage hinausgehende Informationsaktivität mit dem Ziel, die Informationsgrundlagen zur Ermittlung weiterreichender ökonomischer Ergebniswirkungen der

59 Dieses Postulat wird überwiegend als realitätsnah bezeichnet, vgl. Perridon/Steiner (Finanzwirtschaft) 88f., Wenzel (Informationsbewertung) 35. Vgl. auch die Diskussion um das Prinzip des unzureichenden Grundes bei Heinen (Zielsystem) 177f., Schneider (Investition) 81ff. und 144, Sinn (Ungewißheit) 32ff. Zur Ermittlung von Wahrscheinlichkeitsverteilungen vgl. Krelle (Unsicherheit) 638ff., Menges (Grundmodelle) 179ff., Wenzel (Informationsbewertung) 36ff. sowie zur Messung subjektiver Wahrscheinlichkeiten Pfohl (Messung).

60 Vgl. ähnlich Ashby (Kybernetik) 300.

61 Zur Charakterisierung monetärer Ziele und zur Abgrenzung gegenüber bonitären Zielen, die sich an Güter- oder Mengengrößen orientieren, vgl. Heinen (Zielsystem) 114.

62 Die gleiche Feststellung trifft auch Koch (Entscheidungskriterien) 9f.: "Wie ist bei langfristigen Entscheidungen der Tatsache Rechnung zu tragen, daß es nicht möglich ist, für die ganze Dauer der Gewinnwirkung einer Handlungsweise periodenspezifische (...) Ein- und Auszahlungen zu prognostizieren?". Vgl. auch seine Kurzcharakteristik der Ansätze von Jacob, Hax und Adam zur Berücksichtigung von nur sehr vagen, langfristigen Gewinnwirkungen im Optimierungskalkül und die m.E. treffende Kritik (ebd., S. 10f.).

Investitionsalternativen zu komplettieren, bedeutete ein Überschreiten des Informationsoptimums.

3. Aussagen zur informatorischen Bestimmtheit **nach** diesem Zeitpunkt bedürfen des Vorgriffs auf die Lösung des Interdependenzenproblems, die eine Orientierung der Investitionsplanung an der Produktionsplanung vorsieht. Für die nach besagtem Zeitpunkt verfügbare Informationsmenge bis zum Planungshorizont[63] gelte folgende Annahme: Sie setze sich derart aus mehr oder minder bestimmten Informationen über Produktarten und -periodenmengen zusammen[64], daß eine Beurteilung der Investitionswirkung zumindest nach dem Kriterium der **Sachleistungserstellung** möglich wird.
Durch diese Annahme ist zu erreichen, daß trotz Informationsunbestimmtheit und resultierender Nicht-Ermittelbarkeit von Kapitalwerten die vorhandenen Informationen dennoch einer Zielerreichungsanalyse bei Wechsel von Formal- auf Sachziele zugänglich gemacht werden können[65]. Mit der Ermittlung der längerfristigen **Sachzielerfüllung** sind also Vorteilhaftigkeitswirkungen von Investitionsalternativen zu berücksichtigen, die über die monetäre Erfaßbarkeit hinausgehen.
Die Bestimmtheit der vorliegenden sachzielbezogenen Informationen wird mit dieser Annahme noch nicht endgültig fixiert, da eine Bewertung der Leistungserstellung auf verschieden hoch aggregierten Informationsebenen mit verschiedenen Bestimmtheitsanforderungen der Bewertungsmaßstäbe stattfinden kann[66].

Ein *erstes* Indiz für die Realitätsnähe der Annahme einer derartigen Struktur der Unbestimmtheit von Planungsinformationen ist die empirisch bestätigte **Hypothese**, daß bei zunehmender Komplexität des Planungsproblems **technische** Zieleigenschaften, hier die Erfüllung sachleistungsbezogener Ziele, gegenüber Wirtschaftlichkeitserwägungen in den Vordergrund treten[67]. Sie impliziert, daß der Planende sich auf die Betrachtung der produktionstechnischen Leistungserfüllung zurückzieht, um dem vergleichsweise hohen Aufwand zusätzlicher Informationsgewinnung und -verarbeitung für die ökonomische Beurteilung zu entgehen. Informationsaktivitäten bei Investitionsplanungen verlagern sich dann hin zur Komplettierung der Informationen über Produktarten und -mengen.

---

63 Die Annahme eines gegebenen Planungshorizonts liegt in dem bisher ungelösten Problem des Informationsoptimums begründet, vgl. Schneider (Investition) 43. Zum optimalen Planungshorizont vgl. Teichmann (Planungshorizont).

64 Die Auswahl dieser beiden Zukunftsparameter resultiert aus einem vereinfachten Bild der künftigen Welt, das die Tatsache antizipiert, daß Informationsgewinnung nicht kostenlos ist und für die Informationsverarbeitung Kapazitätsgrenzen bestehen. Vgl. dazu Schneider (Investition) 77: "Der Planende wird vor allem jene Zukunftsmerkmale betrachten, von denen er glaubt, daß sie entscheidenden Einfluß auf das Erreichen seiner Ziele nehmen".

65 Als Nebeneffekt ergibt sich aus dieser Annahme, daß die durch Unbestimmtheit gekennzeichnete Informationsmenge zu Zwecken einer sachzielorientierten Erstellung von Investitionsalternativen verwendet werden kann. Vgl. Kap. 4.2.2.2. und 5.2.1.

66 Vgl. dazu Kap. 4.2.2.1. und 5.2.2.

67 Vgl. Hauschildt (Entscheidungsziele) 163ff.

Zweitens lassen Überlegungen zur Reihenfolge der Informationsermittlung in der Investitionsplanung eine "**genetische Reihung**" von Informationskomponenten plausibel erscheinen: Informationen zu nachgefragten Produktarten stehen am Anfang jeder Investitionsüberlegung. Sie sind durch Produktmengeninformationen zu ergänzen, um die (technische) Planung von Investitionsalternativen durchführen zu können. Erst in der Phase der Bewertung dieser Alternativen werden geldwerte Größen wie Rohstoff- und Betriebskosten, Absatzpreise etc. benötigt. Sie bauen auf Produktarten- und -mengeninformationen auf[68].

Bei beschränkter Informationsverarbeitungskapazität kann demnach davon ausgegangen werden, daß technische Produktarten- und -mengeninformationen als Voraussetzung der Alternativenerstellung und der Ermittlung von Ein- und Auszahlungen im wesentlichen vorhanden sind, bevor der verbleibende Spielraum bis hin zum Informationsoptimum mit der Gewinnung und Verarbeitung von Wertgrößen ausgeschöpft wird.

Drittens werden längerfristige Planungen i.a. vom Denken in sachzielbezogenen Größen wie z.B. strategische Produktbereiche, Produktlebenszyklen, Marktanteile etc. bestimmt. Zudem ist die Erstellung von Investitionsalternativen zumeist Aufgabe der Techniker, die produktbezogene Angaben bei ihren Überlegungen in den Vordergrund stellen.

Insofern ist die o.g. Spezifikation des Zustands partieller Bestimmtheit eine gute Annäherung der bei realen Investitionsplanungsproblemen vorfindbaren Informationssituation.

Insgesamt verbleiben nach der Festlegung der informatorischen Basis von Zukunftslagen zwei verwandte Probleme der unvollkommenen Information im Zustandsraum: Erstens das Problem der Abstimmung der Investitionsplanung auf Informationen unterschiedlichen Bestimmtheitsgrades innerhalb einer Zukunftslage, z.B. auf detaillierte Informationen mittelfristiger Produktionsnachfrage und gleichzeitig auf globale strategische Informationen zu Produktfeldern. Über die Menge aller Zukunftslagen hinweg ergeben sich also unterschiedlich bestimmte Beschreibungen von Flexibilitätsnachfrage und damit von Flexibilitätslücken.
Zweitens die Ausgestaltung eines operationalen Investitionsplanungsinstrumentariums, das diese unterschiedlich bestimmten Flexibilitätsnachfragen und -lücken zu erfassen erlaubt.[69]

---

68 So auch Berthel (Unternehmungssteuerung) 18, der argumentiert, daß "eine Wertplanung (hier: Erfolgs-, Finanzplanung) nur möglich und auch nur sinnvoll ist auf der Grundlage und nach vorheriger Mengenplanung, die ihrerseits auf die Leistungsziele gerichtet ist".
69 Vgl. zu ihrer Lösung innerhalb einer flexibilitätsorientierten Investitionsplanung Kap. 4.2.2.1.

3.2.2.2. Auswirkungen der Mehrwertigkeit von Zukunftserwartungen auf die Erstellung des Alternativenraums

Bei realen Investitionsentscheidungsproblemen kann infolge Unvollkommenheit der Information auch der **Alternativenraum** nicht von vornherein als gegeben und vollständig formuliert angenommen werden. Die in der Literatur überwiegend vorzufindende **Prämisse des gegebenen Alternativenraums**[70] läßt die gesamte Phase der Alternativenerstellung außer acht[71].
Bei *einwertiger* Zukunftsentwicklung erscheint diese Annahme noch wenig restriktiv, da es hier relativ einfach ist, Investitionsnotwendigkeiten und geeignete Investitionsalternativen zu entdecken. Bei *Mehrwertigkeit* der Zukunft ist sie dagegen **unrealistisch.** Hier ist es kaum möglich, sämtliche Anforderungen an Investitionsobjekte gedanklich zu erfassen und davon ausgehend ohne formale Prüfung zu behaupten, eine definierte Menge von Investitionsalternativen sei zur Erfüllung dieser Anforderungen geeignet und ein Vorauswahlprozeß zur Erstellung des Alternativenraums erübrige sich[72]. Wer diese Prämisse dennoch setzt, abstrahiert bewußt von den Problemen der Unvollständigkeit des Alternativenraums und der resultierenden Alternativensuche bei mehrwertigen Erwartungen. Insbesondere die Probleme, die aus der Notwendigkeit der Abstimmung von Investitionsalternativen auf eine Mehrzahl von Zukunftslagen aufgeworfen werden, wie z.B. die Suche nach Heuristiken zur Vorauswahl anpassungsfähiger Alternativen, werden dabei vernachlässigt[73].

Um diese Lücke zu füllen, soll im folgenden die Prämisse des gegebenen, vollständig formulierten Alternativenraums aufgegeben und der **Alternativenerstellungsprozeß bei mehrwertigen Erwartungen** untersucht werden. Dies stellt neben der Zulassung unbestimmter Informationen in den Zukunftslagen die **zweite** Erweiterung der Problemstellung traditioneller Investitionsplanungsansätze dar.

70 So z.B. bei Albach (Investitionsentscheidungen) 28 und in sämtlichen Ansätzen zur Investitionsplanung auf der Basis der linearen Programmierung, z.B. bei Jacob (Linearprogrammierung) 77.

71 Zustimmend Mag (Information) 14f., Fischer (Investitionsplanung) 21, Heinen (Zielsystem) 176, Koch (Grundlagen) 155f. sowie Schneider (Investition) 52: "Die vorgelagerte Frage: Welche Handlungsmöglichkeiten werden gesehen oder erwogen?, diese Frage steht am Rande der bisherigen ökonomischen Theorie; denn die Theorie geht regelmäßig von vorgegebenen Absatzchancen, Investitionsvorhaben, Finanzierungsquellen u.ä. aus".

72 Durch die Mehrwertigkeit der Zukunft wächst das Spektrum der fertigungstechnischen Anforderungen an die Investitionsalternativen, wodurch sich die Zahl der unterschiedlichen, in Frage kommenden Investitionsprogramme erhöht.

73 Dem entspricht die Beobachtung, daß eine nähere Spezifikation produktionstechnischer Anpassungsspielräume, wie sie für die Erstellung flexibilitätssteigernder Investitionsalternativen notwendig ist und in Kap. 2.3.1. versucht wurde, in der Investitionsliteratur fehlt. Flexibilität wird dort allein anhand der Verteilung monetärer Ergebnisgrößen definiert. Vgl. dazu auch Kap. 4.1.1.2.

Die zentralen Probleme liegen dann

- erstens in der Notwendigkeit, im zu verwendenden Planungsinstrumentarium die **Vergleichbarkeit** des Produktionsangebots der Investitionsobjekte mit der Produktionsnachfrage einer Zukunftslage herzustellen[74], um Investitionsbedarfe ermitteln zu können.
- zweitens in der Entwicklung eines **prozessualen Ablaufs** der Investitionsalternativenerstellung und
- drittens in der **Abstimmung** flexibler Investitionsalternativen auf mehrere oder sämtliche Zukunftslagen[75].

Das zuletzt genannte Abstimmungsproblem ist durch die Zielsetzung der Flexibilisierungsplanung bedingt, durch geeignete Investitionsalternativen die Anpassungsfähigkeit an denkmögliche Zukunftslagen zu steigern. Hierzu sind die Produktionsanforderungen der einzelnen Zukunftslagen zu einer Gesamtschau zu aggregieren.

Erschwert wird dieser Abstimmungsprozeß durch die im folgenden beabsichtigte *dritte Erweiterung traditioneller Investitionsproblemstellungen*: Produktionsmittel sollen nicht länger durch eine einzige **Kapazitäts**kennzahl (z.B. Periodenkapazität 2000 Stunden) charakterisiert werden, die nach unserer Terminologie zu nur einer Kapazitätsangebotsmatrix führen würde. Vielmehr sind quantitative bzw. qualitative **Flexibilitäts**eigenschaften, also die Variationsmöglichkeiten der Kapazitätsangebotsmatrix, in das zu entwickelnde Planungsinstrumentarium einzubeziehen.

Diese Abstimmungsproblematik sei am Vergleich des Kapazitätsangebots einer produktiven Einheit mit der zugehörigen Kapazitätsnachfrage der Zukunftsentwicklung aufgezeigt[76]. Dabei soll das Instrumentarium der Kapazitätsmatrix Verwendung finden:

Der Kapazitätsvergleich gestaltet sich unproblematisch, wenn nur **eine** Kapazitätsnachfrage- bzw. -angebotsmatrix existiert. Auf Nachfrageseite ist dies nur im Zustand vollkommener Information über die Zukunftsentwicklung der Fall. Angebotsseitig liegt eine einzige Kapazitätsmatrix dann vor, wenn innerhalb des Produktionssystems keine Variationsmöglichkeiten des Kapazitätsangebots existieren. Unter der Annahme, daß der Vergleich jeder Kapazitätsnachfrage- mit einer Kapazitätsangebotsmatrix zu je einer sog. Kapazitätslückenmatrix $K^{(L)}$ führt[77], ist die Menge der Kapazitätslückenmatrizen ebenfalls einwertig.

---

74 Produktionsangebot ist i.d.R. verrichtungsbezogen, Produktionsnachfrage dagegen outputbezogen definiert, vgl. Kap. 2.2.1.

75 Vgl. zu ihrer Lösung innerhalb einer flexibilitätsorientierten Investitionsplanung Kap. 4.2.2.2.

76 Vgl. zur Ausführung dieses Vergleichs Kap. 4.2.1.

77 Zur Vorgehensweise der Kapazitätslückenermittlung vgl. Kap. 5.2.1.

Erweitert man den Vergleich von Ein- auf **Mehrwertigkeit** der Zukunftsentwicklung, ist die Kapazitätsangebotsmatrix $K^{(A)}$ einer Menge $F^{(N)}$ von Kapazitätsnachfragematrizen $K^{(N)}$ gegenüberzustellen. Daraus ergibt sich eine Menge $F^{(L)}$ von Kapazitätslückenmatrizen. Hier entsteht das Problem, die Investitionsalternativen auf die **Gesamtheit** dieser isoliert nebeneinander stehenden Lückenmatrizen auszurichten.

Konstanz des Kapazitätsangebots besteht aber auch nur im Grenzfall der Verfügbarkeit einer oder mehrerer voneinander unabhängiger Spezialmaschinen, die je eine Verrichtung definierter Qualitätsklasse und nur diese ausführen können. Produktionssysteme besitzen in der Regel aber eine Vielzahl von Substitutionsmöglichkeiten zwischen Verrichtungen und Verrichtungsqualitäten. Sie sind daher in ihrem Produktionsangebot durch eine flexibilitätsbezeichnende Menge $F^{(A)}$ **mehrerer** Kapazitätsangebotsmatrizen zu charakterisieren. Will man diese zur Steigerung der Planungsgenauigkeit in den Kapazitätsvergleich einbeziehen, tritt zusätzlich das *Problem mehrfacher Zuordnungsmöglichkeiten* der Kapazitätsangebotsmatrizen zur Kapazitätsnachfragematrix je einer Zukunftslage auf. Von seiner Lösung hängt es ab, ob und inwieweit die Flexibilität des Kapazitätsangebots in der Planung berücksichtigt werden kann. Insbesondere bei Vorliegen hoher Produktionsflexibilität, z.B. in flexiblen Fertigungseinrichtungen, würden durch die planerische Antizipation dieser Flexibilitätseigenschaften die Entscheidungsgrundlagen der Alternativenauswahl erheblich verbessert. Beim Vergleich von Produktionsangebot und -nachfrage könnte man nämlich - im Gegensatz zur Reduktion des Flexibilitätsangebots auf nur eine Kapazitätsangebotsmatrix - jeweils die **tatsächliche** Anpassungsfähigkeit der Produktionseinheit an Produktionserfordernisse verschiedener Zukunftslagen zugrundelegen. Dadurch wäre der fälschliche Ausweis fehlenden Kapazitätsangebots zu verhindern[78].

3.2.2.3. Auswirkungen der Unbestimmtheit von Zukunftslagen auf den Ergebnisraum

Bei Vorliegen unbestimmter Informationen zur Zukunftsentwicklung können Investitionswirkungen nicht vollständig durch Formalzielgrößen ausgedrückt werden[79]. Vielmehr sind Vorteilhaftigkeitswirkungen von Investitionsalternativen in partiell bestimmten Zukunftslagen entsprechend der oben festgelegten Struktur der Unbestimmtheit von Planungsinformationen nur kürzerfristig durch monetäre, längerfristig durch bonitäre Ergebnisgrößen zu beschreiben. Letztere sind in ihren Informationsanforderungen weniger restriktiv und daher gut geeignet, die Bewertungsfunktion von Formalzielen bei partieller Bestimmtheit zu übernehmen. Erst diese Einbeziehung

78 Vgl. dazu bereits Kap. 2.3.3.2.
79 Vgl. Kap. 3.2.2.1.

sachzielbezogener Ergebnisse führt dazu, daß Investitionsalternativen auch auf ihre Eignung zur Deckung längerfristiger Flexibilitätslücken hin beurteilt werden können.

Dadurch ergeben sich **erstens** die Probleme der *Definition eines geeigneten Sachziels* und der *Festlegung eines operationalen Zielmaßstabs* zur Beschreibung **bonitärer** Investitionswirkungen.
Der durch diesen Zielmaßstab zu ermittelnde Grad der Sachzielerfüllung muß zum Ausdruck bringen können, inwieweit die Produktionsnachfrage der Zukunftslagen nach erfolgter Investition zusätzlich gedeckt werden kann.
Zweitens besteht die Schwierigkeit der *gleichzeitigen Verarbeitung monetärer und nichtmonetärer Ergebnisgrößen* bei der Entscheidungsfindung. Da die zugrundeliegenden Formalziel- und Sachzielvorstellungen zumindest teilweise konfliktär sein können[80], sind eine Arten- und eine Zeitpräferenzrelation[81] festzulegen, durch welche die verschiedenen Ergebnisgrößen in eine definierte Präferenzordnung gebracht werden. Parallel dazu müssen die Höhenpräferenzrelation zur Bestimmung des angestrebten Zielausmaßes (Satisfizierung - Extremierung) und infolge Mehrwertigkeit der Zukunft eine Risikopräferenzrelation aufgestellt werden.[82]

---

80 Dies drückt sich z.B. darin aus, daß unterschiedliche Handlungsalternativen im Hinblick auf jeweils eine andere Zielvorstellung optimal sein können, vgl. Bamberg/Coenenberg (Entscheidungslehre) 45.

81 Zum Begriff der Präferenzrelation und zu den verschiedenen Relationentypen vgl. Bamberg/Coenenberg (Entscheidungslehre) 26f., Pfohl/Braun (Entscheidungstheorie) 43ff., Laux (Entscheidungstheorie) 74ff.

82 Vgl. zur Lösung dieser Probleme innerhalb einer flexibilitätsorientierten Investitionsplanung Kap. 4.2.2.3.

Eine Zusammenfassung der geschilderten Planungsprobleme gibt Abbildung 9:

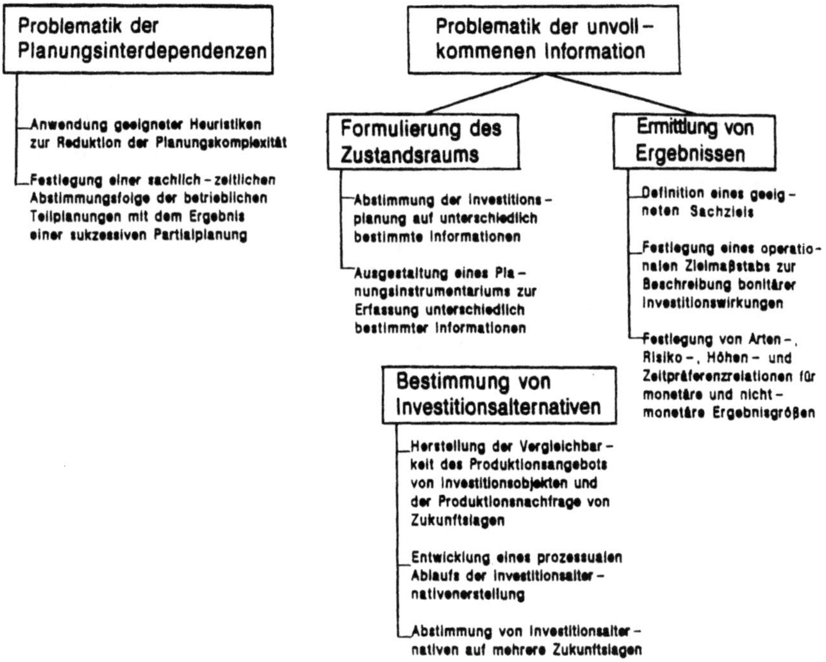

Abb. 9: Zentrale Probleme der Planung von Produktionsmittelinvestitionen

4. Begründung und Grundkonzeption einer flexibilitätsorientierten Investitionsplanung zur vereinfachten Lösung der Planungsprobleme

Bei der Entwicklung des Investitionsplanungsverfahrens sind die aus der Unvollkommenheit der Information und aus den Planungsinterdependenzen resultierenden Probleme zu antizipieren und durch Anwendung geeigneter Problemlösungstechniken zu beheben. Da hierbei der Planungsgröße Flexibilität zentrale Funktionen zugeordnet werden, erhält das sich ergebende Verfahren die Bezeichnung "**flexibilitätsorientierte Investitionsplanung**".

Mit der flexibilitätsorientierten Investitionsplanung soll ein Planungsverfahren bereitgestellt werden, das die Erhöhung der produktionstechnischen Flexibilität durch Produktionsmittelinvestitionen als Mittel der verbesserten Erreichung von Unternehmenszielen beschreibt. Seine **Anwendungsmerkmale** sind *Mehrwertigkeit und Unbestimmtheit der Zukunftsentwicklung, nicht vorgegebener Alternativenraum* und *Flexibilität der Produktionskapazität.* Die flexibilitätsorientierte Investitionsplanung als heuristisches Planungskonzept intendiert eine Reduktion der durch diese Anwendungsbedingungen ausgelösten Planungskomplexität.

Die Einbeziehung von Flexibilitätsaspekten in die Planung ist bereits zu Beginn der 70er Jahre intensiv diskutiert worden[1]. Dabei lautete die zentrale Frage, ob Planung der Flexibilität als **eigenständiges Planungsproblem**[2] oder lediglich als **vernünftiges Verhalten** innerhalb der Entscheidungsfindung unter Ungewißheit[3] zu sehen sei.

Bevor in Kapitel 4.2. die Konzeption der flexibilitätsorientierten Investitionsplanung entwickelt wird, soll in Kapitel 4.1. zunächst eine Beantwortung dieser Frage versucht werden, um die Berechtigung der beabsichtigten Ausführungen zur Planung von Flexibilität zu prüfen. Dabei erfolgt die Argumentation über die Beziehung zwischen Flexibilität, Entscheidungsrisiko und betrieblicher Zielerreichung.

1 Vgl. bzgl. des Aspekts "Planung der Flexibilität" Schneider (Anpassungsfähigkeit), ders. (Ungewißheit), ders. (Investition) 111ff., Mellwig (Anpassungsfähigkeit), ders. (Flexibilität), Mahlmann (Anpassung). Zur "Flexibilität der Planung" vgl. Schneider (Planung), ders. (Lösung), Hax/Laux (Planung), Laux (Investitionsplanung), ders. (Planung), Jochum (Planung).

2 Hauptvertreter dieser Meinung sind Koch und Mellwig, vgl. Koch (Grundlagen) 155ff. ,Mellwig (Flexibilität) 730f.

3 Hauptvertreter dieser Meinung ist Dieter Schneider, vgl. Schneider (Anpassungsfähigkeit) 747.

4.1. Risikobezogene Analyse der Planung von Flexibilität zur Begründung einer flexibilitätsorientierten Investitionsplanung

4.1.1. Flexibilität als Gegenstand betrieblicher Risikopolitik

Die Bedeutung der betrieblichen Flexibilität im allgemeinen und der Produktionsflexibilität im besonderen wird generell in ihrem Beitrag zur Minderung des Risikos wirtschaftlicher Betätigung gesehen[4]. Ausgehend von dieser These verspricht die Integration von Flexibilitätsaspekten in die Planung von Produktionsmittelinvestitionen eine **Senkung des Investitionsrisikos** - damit wäre eine spezielle flexibilitätsorientierte Investitionsplanung zu rechtfertigen.
Eine Analyse der Risikowirkungen von Flexibilität bedarf vorab der Fixierung des verwendeten Risikoverständnisses.

4.1.1.1. Risikoverständnis der Flexibilisierungsplanung

Der entscheidungsorientierte Risikobegriff begreift Risiko als Gefahr von Fehlentscheidungen[5]. Diese Definition ist operationalisierbar, indem das entscheidungsorientierte mit dem zielorientierten[6] Risikoverständnis verbunden wird[7]. Fehlentscheidungen sind dann Entscheidungen mit Verlustwirkung[8], wobei sich Verlust im Nichterreichen der angestrebten Zielerfüllung äußert[9].

Die Höhe des Risikos von Fehlentscheidungen wird von zwei Komponenten determiniert: Der Wahrscheinlichkeit des Verlusteintritts (Intensität) und dem Ausmaß des drohenden Verlusts (Quantität)[10].

Die Komponente der **Verlustwahrscheinlichkeit** weist *zum einen* auf die Revidierbarkeit der zum Verlust führenden Entscheidung hin: Die Möglichkeit, eine Entscheidung derart rückgängig zu machen, daß die Verlustwirkungen vollständig eliminiert werden, hebt jedes Entscheidungsrisiko auf[11].

4 Vgl. Jacob (Bedeutung) 94, ders. (Realinvestitionen) 33, ders. (Linearprogrammierung) 111f., Schneider (Investition) 114f., Mellwig (Anpassungsfähigkeit) 117 und 135, ders. (Flexibilität) 731, Wildemann (Wirtschaftlichkeitsrechnung) 45, Barth (Fertigungselastizität) 206f., Mössner (Planung) 57, Meffert (Problem) 784, Schaefer (Flexibilität) 109f.

5 Vgl. dazu Philipp (Risiko) 13, Engelhardt (Risikobereitschaft) 80f., Kupsch (Gegenstand) 154.

6 Vertreter der zielorientierten Risikodefinition sind Wittmann (Unternehmung) 34ff., Jacob (Preispolitik) 246, Haas (Unsicherheit) 13, Schneider (Anpassungsfähigkeit) 747.

7 Daneben existiert in der Literatur der informationsorientierte Risikobegriff, vgl. Engelhardt (Risikobereitschaft) 76ff., Wittmann (Unternehmung) 35, Schuppisser (Gestaltung) 62ff., Kupsch (Risiko) 26ff. Zur Prägung des informationsorientierten Risikobegriffs vgl. Knight (Risk) 19.

8 Vgl. Kupsch (Risiko) 26, Bussmann (Risiko) 12, Timm (Investitionsrisiko) 34.

9 Vgl. Wittmann (Unternehmung) 36, der Risiko als Gefahr des Unterschreitens von Planwerten bezeichnet.

10 Vgl. Kupsch (Risiko) 30f., Jacob (Bedeutung) 94.

11 Vgl. Jacob (Linearprogrammierung) 111 und den Verweis bei Küpper (Interdependenzen) 271.

Zum anderen wird dadurch die Existenz mehrwertiger Zukunftserwartungen angesprochen[12]. In diesen sind einzelne Zukunftslagen durch bestimmte Eintrittswahrscheinlichkeiten charakterisiert. Diese bezeichnen im Fall unerwünschter Ergebnisse gleichzeitig die Verlustwahrscheinlichkeit.
Das **Verlustausmaß** der Entscheidung für eine Investitionsalternative bestimmt sich aus der Menge der Zielgrößenabweichungen von einem vorgegebenen Zielwert oder vom Ergebniswert der Optimalalternative in sämtlichen Zukunftslagen.

Notwendige Bedingung für das Vorliegen von Entscheidungsrisiko ist stets nicht-sicheres Wissen über die optimale Entscheidung, also **unvollkommene Information** gleich welcher Ausprägung[13]. Die Analyse des Entscheidungsrisikos infolge unvollkommener Information kann - ebenso wie eine darauf aufbauende Ableitung von Risikopolitiken - an den Komponenten des Entscheidungsfelds ansetzen. Dann ist als **Risikoursache** die Unvollkommenheit der Informationen im *Zustands-, Alternativen- und Ergebnisraum* auszumachen[14].
Dementsprechend kann eine Senkung des Risikos von Fehlentscheidungen durch Maßnahmen der informatorischen Vervollkommnung dieser Entscheidungsfeldkomponenten erreicht werden[15].

Dieses Risikoverständnis reicht **weiter** als die üblicherweise in der entscheidungstheoretischen Literatur vorzufindende Definition von Risiko bei unvollkommener Information[16]: Risikoüberlegungen finden dort allein anhand bekannter Ergebnisverteilungen definierter Handlungsalternativen bei mehrwertigen, bestimmten Zukunftserwartungen statt. Unvollkommenheit der Information ist bei diesem Risikoverständnis also auf den Fall der Mehrwertigkeit von Zukunftslagen reduziert. "Die Gefahr, aufgrund der Mehrwertigkeit der Zukunftsvorstellung negativ einzustufende Ergebnisse zu erzielen, wird in der Literatur mehrheitlich als Risiko bezeichnet"[17]. Dies wird durch die Prämissen der vollständigen Bestimmtheit von Zukunftslagen, der vollständig bekannten Alternativenmenge und der Ermittelbarkeit eindeutiger monetärer Ergebniswerte erreicht.

---

12 Vgl. Jacob (Flexibilität) 322: "Nur dann, wenn Unsicherheit und unzureichende Anpassungsfähigkeit zusammentreffen, entsteht Risiko". So auch Perridon/Steiner (Finanzwirtschaft) 89f. Vgl. auch Haas (Unsicherheit) 13.

13 Dies betonen auch Kupsch (Risiko) 28, Wittmann (Unternehmung) 36, Neubürger (Risikobeurteilung) 40ff., Schmidt (Unterstützung) 96. Als hinreichende Bedingung kann dann gelten, daß die aus der Unvollkommenheit der Information erwachsende Fehlentscheidung nicht vollständig reversibel ist. Dies ist der Regelfall, da jede Entscheidung zumindest Kosten der Entscheidungsvorbereitung und -durchsetzung verursacht. Im Fall vollkommener Information würde Risiko i.S. des Unterschreitens einer definierten Zielgröße nur bei einer irrationalen Zielplanung auftreten, die die angestrebte Zielerreichung höher als die maximal erreichbare setzt, oder bei einer irrationalen Entscheidung für eine andere als die als beste erkannte Alternative. Dies ist allerdings für eine theoretische Betrachtung auszuschließen.

14 Ein solch erweitertes Verständnis von Risiko vertritt auch Timm (Investitionsrisiko) 41ff.

15 Vgl. Kap. 4.2.2.

16 Vgl. zu einer Übersicht gebräuchlicher Risikodefinitionen Schneeweiß (Risiko) 52ff.

17 Mellwig (Gewinnsicherung) 792.

Risikoursachen, die bei unvollkommener Information in der **Erstellung** des Zustands-, Alternativen- und Ergebnisraums selbst begründet liegen, werden vernachlässigt[18]. Sie sind aber von hoher praktischer Relevanz:
So bringen die unvollständige oder fehlerhafte Erfassung entscheidungsrelevanter Informationen in den Zukunftslagen die *Gefahr der nicht realitätsgetreuen Zukunftsbeschreibung*, die unvollständige Erfassung des Alternativenraums die *Gefahr des Fehlens der optimalen Alternative* und die fehlerhafte oder unvollständige Ergebnisermittlung die *Gefahr der Auswahl einer nur scheinbar optimalen Alternative* mit sich.

Eine **Quantifizierung** des daraus erwachsenden Entscheidungsrisikos ist nicht möglich. Dies erforderte die Kenntnis der Optimalalternative bei vollkommener Information - nur dann kann der Abstand ihres Zielbeitrages zu demjenigen der anhand des Entscheidungsmodells ausgewählten Alternative gemessen werden. Das Wissen um die Existenz solcher Risikoursachen ermöglicht aber deren Berücksichtigung durch geeignete Formen einer Risikopolitik, welche die **informatorische Vervollständigung des Entscheidungsfelds** anstrebt. Sie sollte der risikoorientierten Auswahl einer Alternative bei gegebenem Entscheidungsfeld anhand ihrer monetären Ergebnisgrößenverteilung über die Zukunftslagen vorangestellt werden[19].

Diese Auswahl der besten Alternative **bei gegebenem Entscheidungsfeld** orientiert sich an der "Risikopräferenzvorstellung" des Entscheidenden. Seine zentrale Fragestellung lautet: Inwieweit sind im Vergleich zwischen Alternativen schlechtere Ergebnisse einer Alternative in einzelnen Zukunftslagen in Kauf zu nehmen, um bessere Ergebnisse in anderen Zukunftslagen zu erzielen? Die Auflösung kann über eine **Zielfunktion** erfolgen, in der gleichzeitig Gewinn- und Sicherheitsstreben Berücksichtigung finden. Bei Wahl der Alternative mit dem höchsten Zielfunktionswert existiert kein Risiko der Fehlentscheidung für dieses isolierte Problem der Entscheidung zwischen gegebenen Alternativen[20].
Von diesem Risiko der Investitionsentscheidung an sich ist allerdings das Risiko zu unterscheiden, das für die ausgewählte Alternative hinsichtlich ihrer Ergebniswirkungen verbleiben kann: das *Risiko der Erzielung unbefriedigender Ergebnisse in einzelnen Zukunftslagen*. Dieses Ergebnisrisiko einzelner Investitionsalternativen soll im folgenden als "**Investitionsrisiko**" bezeichnet werden[21].

---

18 Zu einer ähnlichen Kritik vgl. Kupsch (Risiko) 57f.
19 Vgl. Kap. 4.1.1.3. und die Anwendung dieser Art von Risikopolitik in der flexibilitätsorientierten Investitionsplanung in Kap. 4.2.2.
20 Vom Risiko der fehlerhaften oder unvollständigen Erstellung des Entscheidungsmodells infolge unvollkommener Information sei hierbei abgesehen.
21 Dies entspricht der gebräuchlichen Verwendung von Investitionsrisiko, vgl. Timm (Investitionsrisiko) 37ff., Bruse (Unternehmensrisiko) 971.

Es gilt, einen **Maßstab** für das Investitionsrisiko zu finden, um den Risikoaspekt einer Investitionsalternative vereinfacht in ihre Bewertung einfließen lassen zu können. Als dafür geeignet werden i.a. *Streuungsmaße* wie die Standardabweichung bzw. die Varianz[22] angesehen[23].
Daneben wird ein Maß für die **Erfolgsträchtigkeit** der Investitionsalternative benötigt. Hier bietet sich der Erwartungswert ihrer Ergebnisverteilung an[24]. Demnach werden im folgenden der *Erwartungswert des Kapitalwerts* als Maßstab der Gewinnzielerreichung und die *Varianz des Kapitalwerts* über alle Zukunftslagen als monetärer Maßstab des Investitionsrisikos gewählt.[25]
Die Zielsetzung einer Minderung des Investitionsrisikos ist als **Sicherheitsstreben** zu interpretieren: Die bewirkte Senkung der Varianz der Kapitalwerte ist gleichbedeutend mit einer durchschnittlichen Erhöhung der Kapitalwerte in Zukunftslagen, die "unbefriedigende" Ergebnisse ausweisen. Dadurch erhöht sich die Wahrscheinlichkeit, ein aus dem Sicherheitsstreben resultierendes **Mindestniveau der Zielerreichung** in allen oder zumindest einigen Zukunftslagen zu überschreiten bzw. unbefriedigende Ergebnisse dem Mindestniveau näherzubringen[26].

Das **Gewinnstreben** kann nicht in einen solch eindeutigen Zusammenhang zum Investitionsrisiko gestellt werden: Ein gesteigerter Erwartungswert des Kapitalwerts kann mit einer Senkung, aber auch mit einer Erhöhung des Investitionsrisikos einhergehen. Bei Entscheidungen, die allein auf der Basis von Gewinnerwartungswerten getroffen werden, läuft man daher Gefahr, das Sicherheitsziel nicht zu beachten. Sie bedürfen der **Ergänzung um Risikomaße**.

---

22 Zur Definition von Standardabweichung und Varianz vgl. Fisz (Statistik) 93ff., Bortz (Statistik) 51ff.

23 So z.B. Schneider (Investition) 131, Swoboda (Investition) 137, Schneeweiß (Risiko) 52, Hielscher (Grundlagen) 195, Bitz (Entscheidungstheorie) 153ff., Schmidt (Grundzüge) 141, Jacob (Flexibilität) 311.
Die Varianz als Risikomaßstab kann im Gegensatz zu solchen Maßen, die Risiko allein am Erreichen des Mindestniveaus festmachen, auch berücksichtigen, daß über das Risiko der Nichterreichung dieser Sicherheitsbedingung hinaus unterschiedlich riskante Entscheidungen existieren können. Dies stellt einen der wesentlichen Einwände von Schneider (Anpassungsfähigkeit) 749ff. gegen die Entscheidungsregel der Theorie der Sekundäranpassung (vgl. z.B. Mellwig (Anpassungsfähigkeit) 738) dar. Weitere mögliche Risikomaße sind z.B. die Semivarianz und der durchschnittliche Verlust, vgl. Schneeweiß (Risiko) 52ff., Markowitz (Selection) 188ff.

24 Vgl. Schneeweiß (Risiko) 48ff., Hielscher (Grundlagen) 195.

25 Gleichzeitig ist auch ein nicht-monetärer Risikomaßstab denkbar, der z.B. an der Varianz des Grades der Sachzielerfüllung in den Zukunftslagen festmacht. Er kann benötigt werden, um längerfristige Risikowirkungen, die über den Zeitpunkt der monetären Quantifizierbarkeit von Investitionswirkungen hinausgehen, bei der Alternativenauswahl zu berücksichtigen.

26 Das Mindestniveau der Zielerreichung kann sich an kurzfristigen Indikatoren der Unternehmenssicherung wie z.B. die Grenze der Zahlungsfähigkeit oder der Verschuldung orientieren (vgl. dazu Bruse (Unternehmensrisiko) 965ff.), aber auch an längerfristigen Zielsetzungen wie z.B. die "gesunde Weiterentwicklung des Unternehmens", vgl. dazu Jacob (Flexibilität) 309ff. Zur Festlegung von Mindestniveaus vgl. Mahlmann (Anpassung) 38ff., Mellwig (Anpassungsfähigkeit) 125ff.

4.1.1.2. Diskussion der Rationalität eigenständiger Flexibilitätsüberlegungen im Investitionsplanungsprozeß

Eigenständige Flexibilitätsüberlegungen innerhalb der Investitionsplanung sind nur dann zu rechtfertigen, wenn Planung der Flexibilität als ein **selbständiges** Planungsproblem zu identifizieren ist, das nicht bereits durch allgemein anerkannte Ansätze zur Planung unter Ungewißheit als gelöst unterstellt werden kann. Die Diskussion ist anhand zweier **konträrer Standpunkte** zu führen:

1. Man benötigt keine eigenständigen Flexibilitätsüberlegungen, um das zielentsprechende Ausmaß der Anpassungsfähigkeit von Investitionsalternativen festzulegen;
2. Eine eigenständige Beschäftigung mit der Flexibilität ist durch die damit gegebene Möglichkeit zusätzlicher Risikominderung zu rechtfertigen.

Hauptvertreter des ersten Standpunktes ist **D. Schneider**: "Die Weite des künftigen Entscheidungsspielraums (die Flexibilität), die ein Unternehmer verwirklicht, richtet sich nach den Handlungsmöglichkeiten, den Umweltbedingungen und der Entscheidungsregel unter Ungewißheit (und damit der Risikoneigung des Unternehmers). Bei gegebenen Handlungsmöglichkeiten und Umweltbedingungen bestimmt allein die Entscheidungsregel unter Ungewißheit, ob ein weiter oder enger künftiger Entscheidungsspielraum verwirklicht wird. Man benötigt keine eigenständigen 'Flexibilitätsüberlegungen', um das zielentsprechende Ausmaß der Anpassungsfähigkeit festzulegen"[27].

Demnach wird auch keine neuartige Entscheidungsregel notwendig, die etwa die Flexibilität explizit als zusätzliches Entscheidungskriterium einbezöge, weil die Wirkungen der Flexibilität von Handlungsalternativen **vollständig** durch die monetären Zielgrößenbeiträge erfaßt werden. Diese aber sind durch Nutzenfunktionen und bekannte Entscheidungsregeln, z.B. die Maximierung des Risikonutzens[28], weiter zu verarbeiten[29].

Somit reduziert sich nach Schneider das Problem der Planung von Flexibilität auf die Planungsphase der *Auswahl zwischen gegebenen Handlungsalternativen anhand bekannter Ergebnisverteilungen*, und dabei speziell auf die Festlegung der Risikopräfe-

---

27 Schneider (Planung) 846., ähnlich ders. (Lösung) 459, ders. (Anpassungsfähigkeit) 756f. Diese Auffassung vertreten auch Mahlmann (Anpassung) 48f. sowie Jacob (Flexibilität) 413: "Eine eigenständige Planung der Flexibilität ist sinnlos. Der Umstand, daß bestimmte Aktionen das Unternehmen anpassungsfähiger werden lassen als andere, findet über die Wirkungsparameter Eingang in das Kalkül und beeinflußt auf diese Weise das Ergebnis".

28 Zu Begriff und Erläuterung des Risikonutzens vgl. Schneider (Investition) 129ff., Bitz (Entscheidungstheorie) 154f. und 162ff., Laux (Entscheidungstheorie) 172ff.

29 Vgl. Schneider (Investition) 108: "Ist die Risikopräferenzvorstellung bekannt, dann liegt auch die Entscheidung eindeutig fest".

renzfunktion[30]. Begrenzt wird durch sie das Risiko der Entscheidung für eine andere als **die** Alternative, die der tatsächlichen Risikoneigung des Entscheidenden am besten entspricht. Diese Alternative weist die zieloptimale Anpassungsfähigkeit auf.

Mit dieser Argumentation wird die Möglichkeit ausgeschlossen, daß weitergehende Flexibilitätsüberlegungen planungsrelevant sein könnten. Zurückzuführen ist das darauf, daß keine zusätzliche Risikobegrenzung notwendig erscheint: Durch die Prämissen des gegebenen Alternativenraums, der Bestimmtheit von Zukunftslagen und eindeutiger monetärer Ergebnisgrößen wird erreicht, daß zusätzliche Risiken infolge unvollkommener Information **als nicht existent angesehen** werden.
Unter den genannten Prämissen ist demnach Schneider's Argumentation vorbehaltlos zuzustimmen[31]. Die auf die Bestimmung der Risikopräferenzfunktion[32] und der Entscheidungsregel eingegrenzte Planungsaufgabe ermöglicht auch sein eingeschränktes Flexibilitätsverständnis, und entledigt der Notwendigkeit, eigenständige **Flexibilitätsmaße** zu entwickeln[33]: Die Flexibilität einer Handlungsalternative drückt sich nach Schneider im **Grad ihrer Zielentsprechung** hinsichtlich einer das Risiko berücksichtigenden Zielsetzung aus[34]. Sie wird also retrograd von der Ergebnisverteilung her definiert. Damit wird implizit (anderen) Flexibilitätsmaßen jede mögliche Funktion innerhalb des Entscheidungsprozesses abgesprochen, da durch sie keine zusätzlichen entscheidungsrelevanten Informationen bereitgestellt würden.[35]

30 In Schneiders Beiträgen zur Flexibilität wird ein zweifaches Flexibilitätsverständnis deutlich: Zum einen wird Flexibilität in Bezug auf gegebene Zielgrößenverteilungen für gegebene Alternativen und Zukunftslagen spezifiziert durch die Höhe der Unterschiede der Zielgrößenbeiträge von Alternativen über alle Zukunftslagen, vgl. Schneider (Anpassungsfähigkeit) 748. Die Bestimmung optimaler Flexibilität ist hier implizit im Planungskalkül enthalten.
Zum anderen wird Flexibilität allgemeiner verstanden als Weite des Entscheidungsspielraums, die durch zusätzliche Informationsbeschaffung im Planungsprozeß vergrößert werden kann, indem z.B. Entscheidungsalternativen gefunden werden, die einen größeren Aktionsspielraum für die künftige betriebliche Planung eröffnen, vgl. Schneider (Planung) 846.
Nur unter Berücksichtigung von Planungskosten unter Zugrundelegung des letztgenannten Flexibilitätsverständnisses konstatiert Schneider ein eigenständiges Optimierungsproblem der Planung von Flexibilität (vgl. ebd.).

31 Dies gesteht auch Mellwig (Flexibilität) 730 als einer der Vertreter einer Ungewißheitskonzeption, die die Notwendigkeit eigenständiger Flexibilitätsüberlegungen betont, ein. Vgl. dazu auch Mössner (Planung) 309f.

32 Zur Risikopräferenzfunktion und zu ihrer Abgrenzung zur Risikonutzenfunktion vgl. Schneider (Investition) 131ff. und Laux (Entscheidungstheorie) 27ff. Vgl. auch Kap. 5.1.3.

33 Vgl. Schneider (Planung) 843. In keiner der Veröffentlichungen Schneiders zur Thematik "Planung der Flexibilität" werden daher Flexibilitätsmaße entwickelt. Vgl. entsprechend Jacob (Flexibilität) 326: "Zur Bestimmung des zieladäquaten Aktionsprogramms bedarf es der Kenntnis dieser optimalen Flexibilitätsgrade nicht. Sie ergeben sich als Folge des Geplanten und charakterisieren lediglich eine Eigenschaft des Unternehmens, die es nach Verwirklichung der jeweiligen Aktionsprogramme aufweisen wird".

34 Vgl. dazu Schneider (Planung) 843.

35 Im Gegensatz zu dieser Position steht eine Vielzahl von Versuchen der Literatur, formalzielbezogene Flexibilitätsmaße zu entwickeln, vgl. z.B. Mellwig (Flexibilität) 731, Behrbohm (Flexibilität) 183, Albach (Verbindung) 201, Jacob (Flexibilität) 323f., ders. (Bedeutung) 78ff., Massé (Investitionskriterien) 450ff., Stigler (Production) 312ff., Tries (Frage) 24f., Wicharz (Flexibilität) 213ff., Schünemann/Lehnen (Berücksichtigung) 504f., Hanssmann (Einführung) 229ff., Schaefer (Flexibilität) 34ff., Meffert (Problem) 793ff., Mössner (Planung) 327ff. Sofern solche Maße zusätzliche planungsrelevante Information bereitstellen sollen, müssen sie dazu geeignet sein, die Vorteilhaftigkeit von Investitionsalternativen hinsichtlich der Zielsetzungen Gewinn- und Sicherheitsstreben in komprimierter Form auszudrücken. Diese Funktionsübernahme und damit die Erstellung sol-

Die Aussagen von Schneider zur Notwendigkeit einer eigenständigen Planung von Flexibilität und von Flexibilitätsmaßen sind allerdings zu revidieren, wenn ihre **Prämissen aufgegeben** werden.
Eigenständige Flexibilitätsüberlegungen erhalten eine Rechtfertigung, wenn sie einen *Beitrag zur Senkung oder Begrenzung der sich zusätzlich eröffnenden Entscheidungsrisiken* leisten können. Diese Feststellung der Abhängigkeit eigenständiger Flexibilitätsüberlegungen vom Setzen risikoausschließender Prämissen stellt den zentralen Ausgangspunkt dar, die Literaturdiskussion um die Rationalität einer Planung von Flexibilität aufzulösen.

An Flexibilitätsgrößen orientierte Risikopolitiken sind dabei hinsichtlich **sämtlicher** Phasen der Erstellung des Entscheidungsmodells möglich. Ihr Anwendungsbereich ergibt sich aus der Lokalisierung solcher Planungstätigkeiten, die Entscheidungsrisiken verursachen (z.B. die Ergebnisermittlung bei unvollkommener Information).

Einen ersten Schritt in diese Richtung geht die **Theorie der Sekundäranpassung.** Sie stellt mit der *Auswahlregel der hinreichenden Alternativenflexibilität*, durch die zulässige aus einer gegebenen Menge möglicher Handlungsalternativen selektiert werden[36], ein an die Flexibilität anknüpfendes Instrument der Risikobegrenzung bereit. Damit erbringt sie einen Beitrag zu einer Risikopolitik, welche die dem Auswahlakt **vorgelagerten** Planungsphasen - hier die Gestaltung des Alternativenraums - als *Träger potentiellen Entscheidungsrisikos* sieht.
Allerdings beschränkt sich dieser Beitrag auf die Bereitstellung einer Regel zur Vorauswahl aus einer gegebenen Alternativenmenge. Das Problem der konkreten Erarbeitung von Alternativen bleibt offen[37]. Damit wird der Anspruch der Theorie der

cher Flexibilitätsmaße ist allerdings nur berechtigt, wenn keine als rational anerkannte Nutzen- bzw. Präferenzfunktion zur Verfügung steht, die auf die Ergebnisverteilung angewandt werden kann und mit gleichem oder geringerem Aufwand zu ermitteln ist. Dann können Flexibilitätsmaße als Ersatzgrößen der Alternativenbewertung und -auswahl fungieren, und die zugehörige Ermittlungsvorschrift als Präferenzfunktion interpretiert werden. Allerdings bedarf z.B. die Anwendung der unter gewissen Bedingungen als rational eingestuften μ-σ-Regel (vgl. Bitz (Entscheidungstheorie) 98ff.) nur eines relativ geringen informatorischen Aufwands. Die Kosten im Vergleich zu Flexibilitätsmaßen werden demnach allenfalls geringfügig höher ausfallen. Demgegenüber steht die bessere Abbildung der tatsächlichen Risikoeinstellung bei Verwendung rationaler Risikonutzen- bzw -präferenzfunktionen. Damit ist die Entwicklung von Flexibilitätsmaßen auf der Basis monetärer Ergebnisgrößen und deren Verwendung im Planungsprozeß im Einklang mit Schneider als überflüssig anzusehen.

36 Dies ist als Aufhebung der Prämisse des vorab gegebenen Alternativenraums mit ausnahmslos zulässigen Alternativen zu deuten. Vgl. dazu Mellwig (Flexibilität) 730: "Will man den wünschenswerten Flexibilitätsgrad lediglich durch Erweiterung der Entscheidungsmatrix ermitteln, so steht man doch offensichtlich vor der Frage: Welche Handlungsalternativen sind in die Matrix aufzunehmen?" Dieses Problem kann nach Mellwig nur durch Vorabbeschäftigung mit der Flexibilität an sich gelöst werden. In seiner Kritik an dieser Konzeption beachtet Schneider m.E. diese risikomindernde Wirkung der Vorauswahl von Alternativen zu wenig, vgl. Schneider (Anpassungsfähigkeit) 748f. und 756f.

37 Darauf verweist auch Schneider (Anpassungsfähigkeit) 748f. M.E. beinhaltet auch der Hinweis von Mellwig (Flexibilität) 739, Maßnahmen so lange zu modifizieren, bis das Akzeptanzbündel mit einem akzeptablen Handlungsrisiko versehen ist, keinen konkreten Gestaltungsvorschlag über die für die Alternativenfindung relevante Art der Modifikation.

Sekundäranpassung, innerhalb einer Planung von Flexibilität konkrete Angaben über die Beschaffenheit von Handlungsalternativen zu liefern[38], nur bedingt erfüllt.

Im folgenden sollen Ansatzpunkte der Risikobegrenzung im Entscheidungsmodell systematisiert werden. Dadurch ergibt sich die Grundlage für die Analyse, welcher Art der risikopolitische Beitrag der flexibilitätsorientierten Planung prinzipiell sein kann[39].

4.1.1.3. Hierarchisches Konzept einer entscheidungsorientierten Risikopolitik

Aus der Vielfalt der betriebswirtschaftlichen Klassifikationsansätze zur Risikohandhabung kristallisiert sich grundsätzlich eine Zweiteilung in **ursachen**- und **wirkungs**bezogene Risikopolitiken heraus[40]. Erstere stellen - wenn man sich an einem erweiterten Risikoverständnis und an den dazu genannten Risikoursachen orientiert[41] - auf die Verminderung unvollkommener Information im Entscheidungsfeld ab. Sie bewirken damit eine *Verringerung der Verlustwahrscheinlichkeit.* Letztere haben eine *Senkung des Verlustausmaßes* zur Folge, indem sie das Entscheidungsrisiko bei gegebenem Entscheidungsfeld begrenzen[42].

Ursachen- und wirkungsbezogene Risikopolitiken finden sich in allen Phasen des Planungs- und Entscheidungsprozesses. Die Zugrundelegung des entscheidungstheoretischen Instrumentariums führt zu einem **hierarchischen Konzept betrieblicher Risikopolitik.** Man kann **vier Ebenen** risikopolitischer Disposition bzgl. des Entscheidungsmodells unterscheiden:

Die **erste Hierarchieebene** betrifft den Grad der Dispositionsfreiheit über die Metaentscheidung, ein *Entscheidungsmodell zu erstellen.* Die Einstufung als Risikopolitik ergibt sich dabei aus einer *ursachenbezogenen* Risikowirkung: Die Freiheit, ein neues Entscheidungsmodell aufzustellen, ermöglicht die Antizipation ungewißheitsreduzierender Informationen. Sie ist damit Ausdruck der Reversibilität früherer Planungen bzgl. des gleichen Entscheidungsgegenstands. Reduktion der Ungewißheit und höhere Reversibilität von Entscheidungen sind aber Mittel der Risikominderung[43]. Als Beispiel für ein Risikohandhabungsinstrument der ersten Hierarchieebene kann eine Planung aufgeführt werden, die Variabilität bzgl. der Planerstellungszeit-

---

38 Vgl. z.B. Mellwig (Flexibilität) 730 und 739.

39 Vgl. auch Kapitel 4.2.2., wo die Risikowirkung der flexibilitätsorientierten Investitionsplanung unter Verwendung der allgemein gültigen Ausführungen in 4.1.1.3. exakt spezifiziert wird.

40 Vgl. Wossidlo (Reservierung) 46, Philipp (Risiko) 69ff.

41 Vgl. Kap. 4.1.1.1.

42 Vgl. dazu Kupsch (Risiko) 39f. sowie Zäpfel/Brunner (Planung) 77ff.

43 Vgl. Jacob (Linearprogrammierung) 111, der neben Ungewißheit auch Entscheidungsirreversibilität als Risikoursache nennt, sowie Kap. 4.1.1.1.

punkte aufweist und bei der somit jederzeit Entscheidungsmodelle bei verbessertem Informationsstand erstellt werden können[44].

Die **zweite Hierarchieebene** betrifft die Disposition über die *Art des zu verwendenden Entscheidungsmodells*[45]. Verschiedene Modellarten sind in unterschiedlichem Maße in der Lage, Informationen zu integrieren. *Ursachenbezogene* Risikominderung kann durch die Festlegung auf einen Modelltypus erfolgen, der eine weitreichende Einbeziehung entscheidungsrelevanter Informationen erlaubt. Als Beispiel dafür sind offene Entscheidungsmodelle anzuführen, die gegenüber geschlossenen Modellen zusätzliche Informationen über das Zustandekommen individueller Entscheidungsprämissen berücksichtigen[46].

Der **dritten Hierarchieebene** ist die Risikopolitik durch *Gestaltung von Entscheidungs- und Zielfeld* als Elementen des Entscheidungsmodells zuzuordnen. Zustands-, Alternativen- und Ergebnisraum sind dabei jeweils als Einheit zu betrachten.
Risikominderung bzgl. des **Entscheidungsfelds** ist hier durch eine Steigerung derjenigen informatorischen Aktivitäten zu erreichen, die zu einer Komplettierung der Mengen relevanter Zukunftslagen, Entscheidungsalternativen und Ergebnisse führen. Dies kann beispielsweise durch eine Ausweitung des Planungshorizonts bis hin zur Aufnahme strategischer Informationen geschehen, wodurch zusätzliche Zukunftslagen offensichtlich werden.
Risikopolitik bei der Gestaltung des **Zielfeldes** kann an *Umfang und Art* der berücksichtigten Ziele und an der *Wahl von Präferenzfunktion und Entscheidungsregel* ansetzen. So ist die Wahrscheinlichkeit einer Fehlentscheidung gering, wenn solche Präferenzfunktionen oder Entscheidungsregeln gewählt werden, welche die Zielvorstellung des Entscheidenden möglichst exakt wiedergeben. Beispiele für Maßnahmen einer wirkungsbezogenen Risikominderung im Zielfeld sind die Einführung eines Mindestniveaus der Zielerreichung für alle Zukunftslagen oder die Wahl einer auf Risikoaversion abstellenden Präferenzfunktion[47].

Risikopolitiken der **vierten Hierarchieebene** setzen schließlich an den einzelnen *Elementen von Zustands-, Alternativen- und Ergebnisraum* an.

44 Vgl. dazu auch Meffert (Problem) 798: "Ungewißheit und flexibles unternehmerisches Verhalten sind untrennbar miteinander verbunden. Je flexibler das Entscheidungsfeld der Unternehmung gestaltet ist, um so geringer wird cet. paribus das Risiko betriebswirtschaftlicher Betätigung". Vgl. in diesem Zusammenhang auch die Definition von "Handlungsflexibilität" bei Meffert (Flexibilität) 125f.

45 Zu den verschiedenen Modellarten vgl. Dinkelbach (Entscheidungsmodelle) 29ff., Bamberg/Coenenberg (Entscheidungslehre) 36ff., Bretzke (Problembezug) 10ff.

46 Vgl. zur Unterscheidung offener und geschlossener Entscheidungsmodelle Heinen (Problembezogenheit). Weitere, nach dem zu berücksichtigenden Informationsstand unterscheidbare Entscheidungsmodelle sind allgemeine gegenüber konkreten und explikative gegenüber normativen Entscheidungsmodellen. Vgl. dazu Bretzke (Problembezug) 10ff.

47 Zur Risikoberücksichtigung von Präferenzfunktionen vgl. Bitz (Entscheidungstheorie) 98ff., Schneeweiß (Risiko) 64ff.

Ursachenbezogene Risikominderung ist durch eine *Erhöhung der informatorischen Bestimmtheit* einzelner Zukunftslagen- und Alternativenbeschreibungen zu leisten. Sie schlägt sich direkt in einer Steigerung des Informationswerts der zugehörigen Ergebnisse nieder. Die Ergebnissicherheit ist darüberhinaus abhängig vom Grad der Exaktheit der *Ergebnisermittlungsmethode*. Risikominderung kann in dieser Hinsicht durch die Bevorzugung "exakter" gegenüber "inexakten" Lösungsmethoden erreicht werden. Zudem kann ursachenbezogene Risikopolitik bzgl. einzelner Ergebnisfelder an der *Vollständigkeit der aufgeführten Ergebnisse* angreifen. Eine Vernachlässigung entscheidungsrelevanter Ergebnisgrößen impliziert eine Erhöhung des Fehlentscheidungsrisikos.

Von besonderem Interesse für die vorliegende Untersuchung ist die Möglichkeit, **wirkungsbezogene** Risikopolitik im Rahmen der *Erstellung einzelner Entscheidungsalternativen* zu betreiben. Dabei macht man sich zunutze, daß die Variation bestimmter Beschreibungsmerkmale, z.B. die Flexibilität alternativer Produktionsmittelinvestitionen, Wirkungen auf die Ergebnishöhe in einzelnen Zukunftslagen zeitigen und damit die Höhe des Risikomaßes "Ergebnisvarianz" verändern kann.[48]

Die **gesamte Risikowirkung einzelner Entscheidungsalternativen** bestimmt sich dann aus der Vereinigung dieser wirkungsbezogenen Risikoänderung mit der ursachenbezogenen Risikoänderung (Beeinflussung der Höhe der Verlustwahrscheinlichkeit). Letztere liegt im Beitrag der Alternativen eines bestimmten Typus zur Reversibilität der über sie zu treffenden Entscheidung.
Als Beispiel dafür sei das Typenpaar **Finanz- und Realinvestition** genannt. Eine Finanzinvestition weist neben ihrem Beitrag zur wirkungsbezogenen Risikominderung - die Rendite von Finanzanlagen ist relativ insensitiv gegenüber vielfältigen Umwelteinflüssen - im Vergleich zu Realinvestitionen i.a. eine größere Reversibilität auf. Ihr Beitrag zur Entscheidungsflexibilität der ersten Hierarchieebene und damit ihre ursachenbezogene Risikowirkung sind demnach höher[49].

---

48 Vgl. dazu die konkreten Ausführungen in Kap. 4.1.2.

49 Dadurch erklärt sich auch der Vorschlag von Meffert, bei hoher Ungewißheit finanzwirtschaftliche Flexibilität der Flexibilität auf Realisationsebene vorzuziehen, vgl. Meffert (Flexibilität) 133f. Der naheliegende Schluß auf eine solche Präferenzordnung bei allen Investitionsentscheidungen unter Ungewißheit, die stets Finanzinvestitionen den Realinvestitionen vorzieht, ist unrichtig: Finanzielle Flexibilität weist i.a. eine geringere Anpassungsgeschwindigkeit bei ungewißheitsreduzierendem Informationszugang auf, wodurch die Gewinnerwartung gemindert wird. So ist der Zeitbedarf der Umwandlung einer Finanz- in eine Realinvestition zur Bereitstellung von Produktionsangebot größer als die ablauforganisatorische Programmierung auf die entsprechende Nachfrage innerhalb eines schon bestehenden Realsystems.
Ausschlaggebend für die Entscheidung Finanz- oder Realinvestition ist der Grad der Ungewißheit: Sind die Planungsinformationen derart bestimmt, daß die Produktionsnachfrage in nicht allzu großen art- und mengenmäßigen Bandbreiten angegeben werden kann, bietet sich die Einrichtung von Realisationsflexibilität an. Ein sinkender Bestimmtheitsgrad läßt Finanzinvestitionen vorteilhaft werden.

Von Bedeutung für die Planung flexibilitätssteigernder Investitionsalternativen ist die Möglichkeit der **Substitution** wirkungsbezogener Risikopolitik innerhalb der Alternativenerstellung durch ursachenbezogene Politik innerhalb der Zukunftslagendarstellung, ein Sonderfall der vielfältigen Substitutionsmöglichkeiten verschiedener Risikopolitiken auf unterschiedlichen oder gleichen Hierarchieebenen. So ist beispielsweise bei höherer Bestimmtheit der Zukunftslagen infolge zusätzlicher Informationsbeschaffung (= ursachenbezogene Risikopolitik) eine geringere Flexibilität von Investitionsalternativen (= wirkungsbezogene Risikopolitik) notwendig und umgekehrt.

Mit Hilfe des hierarchischen Konzepts betrieblicher Risikopolitik können die Planung von Flexibilität sowie die Maßnahmen flexibilitätsorientierter Investitionsplanung in das risikopolitische Instrumentarium eingeordnet und in ihrer Risikowirkung beurteilt werden[50]. Darüberhinaus erlaubt es eine Eingrenzung der "konkurrierenden" Risikopolitiken Planung der Flexibilität und Flexibilität der Planung.

4.1.1.4. Zur Abgrenzung von "Planung der Flexibilität" und "Flexibilität der Planung" als spezielle Formen betrieblicher Risikopolitik

Als speziell auf den Flexibilitätsaspekt[51] abstellende Risikopolitiken werden in der Literatur die **Planung der Flexibilität** und die **Flexibilität der Planung** genannt und durch ein dualistisches Verhältnis charakterisiert[52]. Um die Inhalte der Planung von Flexibilität in der vorliegenden Arbeit besser verständlich zu machen, bietet sich die Abgrenzung zur Flexibilität der Planung an.

"**Flexibilität der Planung**" bezeichnet allgemein Dispositionsspielräume[53], die im Planungsverfahren selbst begründet liegen[54]. Diese *Änderungsfähigkeit der Planung* ist Gegenstand derjenigen flexibilitätsorientierten Ansätze der Planung unter Ungewißheit, die sich mit der Planung von Folgeaktionen bei gegebener Ausgangsaktion beschäftigen.

---

50 Vgl. Kap. 4.2.2.

51 Flexibilität wird in diesem Kapitel in seiner allgemeineren Bedeutung als Weite des Entscheidungsspielraums (vgl. Kap. 1.3.1.) verwendet. Dies geschieht zu Zwecken der Anlehnung an das Flexibilitätsverständnis der Literatur zum Themenkomplex Flexibilität der Planung - Planung der Flexibilität, vgl. Schneider (Planung), ders. (Lösung), ders. (Anpassungsfähigkeit), Mellwig (Flexibilität), ders. (Gewinnsicherung), Hax/Laux (Planung), Mahlmann (Anpassung) 57ff., Laux (Investitionsplanung).
Die Verwendung der Weite des Entscheidungsspielraums als Maß der Flexibilität geht zurück auf Marschak/Nelson (Flexibility) 45f.

52 Vgl. Mössner (Planung) 115, Mellwig (Anpassungsfähigkeit) 21, Mahlmann (Anpassung) 57ff. und 95ff., Maier (Flexibilität) 77 und 172ff.

53 Vgl. Engels (Bewertungslehre) 102 mit dem Begriff der "Dispositionsflexibilität".

54 Diese Interpretation wird sehr deutlich bei der Definition der Anpassungsfähigkeit bei Mahlmann (Anpassung) 95.

Hierunter ist z.B. das Verfahren der "flexiblen Planung"[55] einzuordnen, dessen Flexibilität in der Anpassungsfähigkeit an verschiedene Datenentwicklungen durch die Planung "bedingter Eventualentscheidungen" liegt.
Daran wird besonders deutlich, daß das Flexibilitätsverständnis einer als flexibel bezeichneten Planung sich auf die **Handhabung des Spielraums künftiger Aktionen** bezieht, den eine gegebene Ausgangsaktion offenläßt. Die **Weite** dieses Aktionsspielraums wird nicht zur Disposition gestellt[56]. Damit führt Flexibilität der Planung nicht notwendigerweise zur Wahl einer flexiblen Ausgangsaktion[57].

Die Entscheidung über die **Weite des Aktionsspielraums** und damit über die Beschaffenheit der Planungsobjekte selbst ist der **Planung der Flexibilität**[58] zuzuordnen[59]. Damit ist ein Kriterium der Trennung zwischen Verfahren gefunden, welche die Planung der Flexibilität bzw. die Flexibilität der Planung betreffen.

Man könnte diese Unterscheidung ausgehend vom Beispiel der flexiblen Planung auch folgendermaßen umformulieren: Die **flexible Planung** ordnet im Planungszeitpunkt T_0 den prognostizierten Zukunftsentwicklungen jeweils voneinander unabhängige Handlungsfolgen zu, die dann je nach eintretender Entwicklung realisiert werden. Die Anpassung an ungewisse Zukunftslagen geschieht hier - wie auch bei der rollenden Planung oder beim Aufschieben von Entscheidungen - durch Einbeziehung der Möglichkeit, Entscheidungsmodelle im Zeitablauf unter Antizipation des Informationszugangs zu vervollständigen bzw. umzudefinieren. Im hierarchischen Konzept kann diese Veränderbarkeit des "primären Handlungsprogramms"[60] in der flexiblen Planung als *ursachenbezogene Risikopolitik der ersten Hierarchieebene* bezeichnet werden.

Verfahren der **Planung von Flexibilität** versuchen dagegen, für einige oder alle Zukunftsentwicklungen gleichzeitig passende Handlungsalternativen/-folgen in T_0 nach

---

55 Vgl. dazu Hax/Laux (Planung), Jochum (Planung), Wild (Grundlagen) 77f., Schneider (Planung).
56 Darauf verweisen auch Mellwig (Flexibilität) 726 ("Will man die Ungewißheit der Zukunft explizit in die Untersuchung einbeziehen, so sollte man nicht nur den Aktionsspielraum berücksichtigen, den eine gegebene Ausgangsaktion offenläßt, sondern zudem darauf abstellen, daß der zukünftige Aktionsspielraum je nach Art der Ausgangsaktion unterschiedlich sein wird") sowie Hax/Laux (Planung) 322f., die aus der Erkenntnis der Notwendigkeit einer solchen Trennung begrifflich in Flexibilität als Eigenschaft eines Planungsverfahrens und Elastizität als Eigenschaft einer Ausgangsaktion hinsichtlich des verbleibenden Entscheidungsspielraums differenzieren.
57 Vgl. Hax (Investitionstheorie) 166.
58 Planung der Flexibilität ist hier zweckmäßigerweise auf die Flexibilität der Planungsobjekte zu beschränken. Planung der Planungsflexibilität betrifft eine Metaebene der Planung, z.B. die Auswahl von einem unter mehreren Investitionsplanungsverfahren anhand der ihnen eigenen Planungsflexibilität. Diese ist dem hier geschilderten Problemkreis übergeordnet und daher nicht von Relevanz.
59 In diesem Sinn kann auch Schneider (Lösung) 459 interpretiert werden: "Planung der Anpassungsfähigkeit heißt besser: (...) Plane, welchen Entscheidungsspielraum die gegenwärtigen Handlungsmöglichkeiten für die Zukunft belassen".
60 Vgl. Mahlmann (Anpassung) 95.

der Weite des durch sie verbleibenden künftigen Aktionsspielraums zu erstellen[61]. Die Anpassung an die Ungewißheit erfolgt somit *innerhalb der Gestaltung einer flexiblen Ausgangsaktion*. Dies entspricht **wirkungsbezogener Risikopolitik der vierten Hierarchieebene.**

In der Literatur fallen die zumeist unscharfe Abgrenzung und oberflächliche Darstellung des Zusammenhangs von Planung der Flexibilität und Flexibilität der Planung auf[62].

Eine **erste Ursache der Abgrenzungsproblematik** kann darin gesehen werden, daß die Einrichtung eines Flexibilitätsangebots in T_0 die Entscheidungsgrundlagen mehrerer interdependenter Planungsbereiche und damit die Flexibilität ihrer Planungen verändert. Die Evaluierung dieser Auswirkungen wird durch die Komplexität der Planungsinterdependenzen erschwert.

Die **zweite Ursache** ist in der Existenz verschiedener Arten von Flexibilitätsangebot, das durch eine Planung der Flexibilität in der Ausgangsaktion bereitgestellt werden kann, und der damit verbundenen unterschiedlichen Auswirkungen auf die Entscheidungsspielräume der nachgelagerten Teilplanungen zu sehen. Dies verhindert eine allgemeingültige Formulierung der Auswirkungen von Planung der Flexibilität auf die Flexibilität der betrieblichen Planung.

Am **Beispiel der Planung von Flexibilität durch Investitionen** sei letzteres aufgezeigt. Zur Veranschaulichung der Darstellungen soll vorweg eine Zweiteilung der Investitionswirkungen auf die betrieblichen Teilplanungen vorgenommen werden: Man unterscheide Auswirkungen bzgl. der Planung des Realisationssystems mit Veränderung der Systemstruktur (Investitionsplanung) und Auswirkungen bzgl. der Planungen innerhalb des bestehenden Realisationssystems (Beschaffungs-, Produktions-, Absatzplanung)[63].

Der Aktionsspielraum der **Planung des Realisationssystems** wird im Falle begrenzter Kapitalverfügbarkeit von der Reversibilität der Investitionsentscheidung in T_0 bestimmt. So beläßt die Planung finanzwirtschaftlicher Flexibilität in Form von Finanzinvestitionen mit kurzer Bindungsdauer einen relativ großen Entscheidungsspielraum für künftige Investitionsvorhaben, also eine hohe Flexibilität künftiger Investitionsplanung.

Realinvestitionen zur Bereitstellung leistungswirtschaftlicher Flexibilität weisen demgegenüber eine geringe Reversibilität und damit eine eingeschränkte Flexibilität der Planung weiterer Investitionsvorhaben auf.

---

61 In diese Richtung geht das Flexibilitätsverständnis von Gupta/Rosenhead (Robustness) B-19, die Flexibilität beschreiben als Eigenschaft eines (Investitions-)Plans, auch sich ändernden Umständen im Laufe seiner Durchführungsphase gerecht zu werden.

62 Vgl. z.B. Mahlmann (Anpassung) 192, Mössner (Planung) 115ff.

63 Dies entspricht der Trennung von Planungs- und Realisationssystem bei Maier (Flexibilität) 114.

Umgekehrt sind die Wirkungen der verschiedenen Typen von Investitionen in T_0 auf die Entscheidungsspielräume der Planungen **innerhalb des Realisationssystems:** Produktionsmittelinvestitionen erhöhen die Aktionsweite der nachgelagerten Leistungsvollzugsplanung durch Bereitstellung zusätzlichen Produktionsangebots, das als Aktionsvariable z.B. in die Produktionsplanung eingeht. Art und Umfang der Erhöhung können als die zusätzlich bereitgestellte leistungswirtschaftliche Flexibilität interpretiert werden. Dagegen zeitigen Finanzinvestitionen keine Wirkung auf die Planungsspielräume innerhalb des Realisationssystems, weil durch sie die Ausstattung des bestehenden Realisationssystems nicht verändert wird.
Flexibilität in ihrer Definition als Weite des Aktionsspielraums künftiger Planung und Entscheidung ist somit ein **vieldimensionales Maß.** Eindeutige Wirkzusammenhänge zwischen Planung der Flexibilität und Flexibilität der Planung sind nur unter Benennung des Flexibilitätstypus und der Art des betrachteten Entscheidungsspielraums aufzuzeigen[64].

Zwischen der Planung flexibilitätssteigernder Investitionsalternativen und der Flexibilität des Investitionsplanungsverfahrens besteht ein **substitutionales** Verhältnis hinsichtlich der Risikoreduktion bei Ungewißheit: Je höher die Flexibilität der Planungsgegenstände, desto geringer die Notwendigkeit der Plananpassung bei sich verändernder Zukunftsentwicklung, und umgekehrt.
Das Problem der **Festlegung zielentsprechender Grade** der Investitionsobjekt- bzw. -planungsflexibilität ist exakt nur in einem simultanen Kalkül zu lösen[65]. Wesentliche Einflußgröße dieses Kalküls ist der Bestimmtheitsgrad der Planungsinformationen:
Der Zustand **vollkommener Information** ermöglicht eine deterministische Planung der Handlungen bis zum Planungshorizont, und erübrigt jegliche Flexibilität der Investitionsplanung. Im Zustand **steigender Ungewißheit** über die Zukunft wird dagegen zunehmend die Flexibilität der Investitionsplanung wichtiger: Die Weite der von den

64 Dies erkennt in ähnlicher Form auch Mahlmann: "Aus der Vielzahl und der Unterschiedlichkeit der Handlungsspielräume ergibt sich, daß die Flexibilität von Handlungsalternativen insgesamt oft nur schwer zu messen und noch schwieriger mit der Flexibilität anderer Handlungsalternativen zu vergleichen ist. Ein Vergleich der Flexibilität von Handlungsalternativen ist i.d.R. nur bezüglich spezieller Flexibilitätsmaße, d.h. bezüglich gleichartiger Handlungsspielräume, möglich". Die gesamte Aktionsweite, welche die Planung einer Investitionsaktion eröffnet, und damit die Vorteilhaftigkeit einer Investitionsentscheidung bestimmen sich aus der Veränderung des Entscheidungsspielraums sowohl der Investitionsplanung als auch der Leistungsvollzugsplanung - mit anderen Worten: der Veränderung der Möglichkeit, künftig Risikopolitik der ersten bzw. vierten Hierarchieebene zu betreiben. Unterstellt man einen vollkommenen Kapitalmarkt, so entfällt aber die restriktive Wirkung einer Realinvestition auf künftige Investitionsplanungen: Es existieren unbegrenzte Finanzierungsmöglichkeiten. Die Vorteilhaftigkeitsbetrachtung kann sich dann vereinfachend auf die Wirkungen einer Realinvestition auf den Aktionsspielraum der Beschaffungs-, Produktions- und Absatzplanung und damit auf ihre Ergebnisverteilung, die diesen Aktionsspielraum widerspiegelt, beschränken.

65 Eine exakte Aufteilung des Umfangs der Risikominderung bei jeweils definiertem Informationsstand auf die beiden Risikopolitiken ist allerdings nicht möglich: Es besteht das ungelöste Problem der Bewertung des Zielbeitrages von Planungsflexibilität. Dadurch unterliegt diese Aufteilung weitgehend subjektivem Ermessen. Allenfalls Aussagen über eine ungefähre Gewichtung sind anhand der Betrachtung von Einflußgrößen auf die Aufteilung möglich. Vgl. zu diesen Einflußgrößen Mahlmann (Anpassung) 206f.

flexiblen Investitionsobjekten geforderten Anpassungsmöglichkeiten steigt im Grenzfall mit dem Grad der Ungewißheit, d.h. der Anzahl möglicher Zukunftslagen bis ins Unendliche. Notwendigerweise muß eine Begrenzung der Zukunftslagen erfolgen, an die eine Anpassung mit Hilfe flexibler Investitionsobjekte stattzufinden hat. Dies kann durch die Verkürzung des Planungshorizonts geschehen. Damit erhöht sich die Frequenz von Neuplanungen zur Verarbeitung des ungewißheitsmindernden Informationszugangs, und es ergibt sich eine höhere Flexibilität der Investitionsplanung. Die Planung der leistungswirtschaftlichen Flexibilität von Investitionsalternativen *bei unvollkommener Voraussicht* ist demnach nur im Rahmen einer flexibel strukturierten Investitionsplanung möglich[66].

In den bisherigen Ausführungen wurden die Risikowirkungen von Produktionsflexibilität relativ allgemein anhand der Weite von Aktionsspielräumen beschrieben. Veränderungen des Aktionsspielraums im Realisationssystem haben aber spezifische Auswirkungen auf die betriebliche Zielerreichung. Zur Konkretisierung von Flexibilisierungswirkungen bietet sich daher eine Analyse des Zusammenhangs Produktionsflexibilität - Risikowirkungen - betriebliche Zielerreichung an.

4.1.2. Analyse des Zusammenhangs von Produktionssystemflexibilität und betrieblicher Zielerreichung

Die Investitionsplanung zur Flexibilisierung der Produktion verfolgt das Sachziel der Deckung von Flexibilitätslücken, die zwischen dem Produktionsangebot des gesamten Produktionssystems und der Produktionsnachfrage auftreten. Sie kann nur dann ökonomisch sinnvoll sein, wenn durch ein höheres Flexibilitätsangebot ein positiver Beitrag zur (besseren) Erreichung von mindestens einem der Formalziele Gewinn- oder Sicherheitsstreben geleistet wird[67]. Geeignete Zielmaßstäbe sind Erwartungswert und Varianz der Kapitalwertverteilung über die Zukunftslagen. Zur **ökonomischen Begründung der Planung von Flexibilität** ist daher getrennt die Auswirkung zusätzlichen Flexibilitätsangebots auf jede dieser beiden Zielgrößen zu analysieren.[68]

In der Literatur wird der Flexibilität i.a. eine risikomindernde Wirkung in Form des Ergebnisausgleichs über die Zukunftslagen und damit ein **Beitrag zum Sicherheitsziel** zugesprochen. So bemerkt D.Schneider: "Anpassungsfähigkeit bezeichnet also die Eigenschaft, bei schlechten Zukunftslagen höhere Zielbeiträge zu erwirtschaften als

66 Ähnlich Mössner (Planung) 116.

67 Vgl. Behrbohm (Flexibilität) 256: "Bereits beim Aufbau von Flexibilitätspotentialen ist darauf zu achten, daß das Streben nach Flexibilität nicht Selbstzweck sein kann, sondern ökonomischen Restriktionen unterworfen ist". Ähnlich Horváth/Mayer (Flexibilität) 75.

68 Zur Begründung der ökonomischen Vorteilhaftigkeit einer Planung von Flexibilität wird hier der Einfachheit halber von der Existenz nicht-monetärer Ergebnisgrößen zur Beschreibung der Investitionswirkung in Zukunftslagen abstrahiert.

eine andere, nicht von vornherein unterlegene Handlungsmöglichkeit, deren Vorzug wiederum der höhere Zielbeitrag bei guter Zukunftslage ist"[69].
Unter einer "guten" Zukunftslage im Sinne von Schneider ist eine Zukunftsentwicklung zu verstehen, bei welcher der Kapitalwert für ein Produktionssystem mit geringem Flexibilitätsangebot gegenüber dem flexibleren System höher ausfällt. Demgegenüber ergibt sich in "schlechten" Zukunftslagen ein geringerer Kapitalwert des weniger flexiblen Systems.

Dahinter verbirgt sich **erstens** die realistische und im folgenden aufzunehmende Feststellung, daß ein Produktionssystem mit definiertem Flexibilitätsangebot in einem *unterschiedlichen Grad* an verschiedene Zukunftslagen angepaßt ist. Dies erklärt die differierenden Kapitalwerte je Zukunftslage. Die Erhöhung des nachfragebezogenen Flexibilitätsangebots bewirkt dann eine mehr oder weniger große zusätzliche Deckung der Kapazitätsnachfrage in den Zukunftslagen.

Zweitens trifft Schneider implizit Annahmen über die Zahlungsreihen verschieden flexibler Handlungsalternativen. Durch Herausarbeiten und Prüfung dieser Annahmen auf ihre Plausibilität kann im folgenden die Behauptung der risikomindernden Wirkung einer zusätzlichen Flexibilitätsnachfragedeckung analysiert werden. Daraus soll ersichtlich werden, welche Zahlungswirkungen der Flexibilität ursächlich für die Senkung der Varianz der Kapitalwerte sind[70]:
Die Analyse erfolgt dabei auf der Basis von Flexibilitätsnachfrage bzw. Flexibilitätslücken. Höhere Flexibilität ist dann gleichzusetzen mit **zusätzlicher Flexibilitätsnachfrage- oder -lückendeckung**. Dies ist dadurch zu begründen, daß allein der Zusammenhang zwischen der Höhe der zusätzlichen Flexibilitätsnachfrage- bzw. Flexibilitätslückendeckung und der Varianzänderung für die Flexibilisierungsplanung relevant ist[71]. Ein höheres Flexibilitätsangebot allein würde ohne Bezugnahme auf reale

69 Schneider (Anpassungsfähigkeit) 747. Vgl. auch ebd., S. 748: "Das Streben nach Flexibilität kann folglich nur darauf gerichtet sein, (...) Unterschiede in ihren Zielgrößenbeiträgen bei den alternativen Zukunftslagen zu verringern", sowie Jacob (Realinvestitionen) 33f.: "Mit einem flexiblen Produktionsapparat wird in einer speziellen Datensituation im allgemeinen ein weniger gutes Ergebnis erzielt werden können als mit einer ausschließlich auf diese spezielle Datensituation zugeschnittenen Ausrüstung".

70 Die Schneider'sche Unterteilung in gute und schlechte Zukunftslagen soll dabei nicht übernommen werden. Sie ist als vereinfachte Beschreibung der Zahlungswirkung "Ergebnisausgleich über die Zukunftslagen" zu interpretieren: Der Fall, daß in keiner der Zukunftslagen der Auszahlungszuwachs bei höherer Flexibilitätslückendeckung durch den Einzahlungszuwachs überkompensiert wird, so daß keine schlechten Zukunftslagen existieren (und umgekehrt, daß in keiner Zukunftslage der Einzahlungszuwachs durch den Auszahlungszuwachs überkompensiert wird, so daß keine guten Zukunftslagen existieren), ist dort ausgeschlossen.
Die Unterteilung ist allerdings gar nicht notwendig, um die risikomindernde Wirkung zusätzlicher Flexibilität zu beschreiben. Es genügt die Feststellung, daß die zusätzliche Deckung der Flexibilitätslücke in unterschiedlichen Zukunftslagen je nach vorheriger Abgestimmtheit auf die Kapazitätsnachfrage verschieden hohe Kapazitätslückendeckungseffekte aufweisen wird.

71 Dies bietet auch den Vorteil, daß auf das diffizile Verhältnis von Flexibilität und Produktivität nicht eingegangen werden muß: Produktivitätsunterschiede zwischen verschiedenen Investitionsobjekten oder Produktionssystemen schlagen sich in deren Kapazitätsangebotsmatrizen und damit nach Vergleich zur Flexibilitätsnachfrage letztlich in der Flexibilitätslückendeckung nieder. Sie sind hier nicht explizit einzuberechnen. Überlegungen zum Verhältnis Flexibilität - Produktivität

Flexibilitätsnachfrage/-lücken noch nichts über die **effektive** Flexibilisierungswirkung aussagen - deren Zusammenhang zur betrieblichen Zielerreichung soll aber gerade untersucht werden.
Gegenübergestellt werden zwei Alternativen, wobei zu Vergleichszwecken die sog. "**flexible**" Alternative einen höheren Grad der Flexibilitätslückendeckung als die "**starre**" aufweise und gleichzeitig die Eignung der starren Alternative zur Flexibilitätslückendeckung als Teilmenge vollständig enthalte.

Die Behauptung der Existenz guter und schlechter Zukunftslagen impliziert die beiden Annahmen, daß durch höhere Flexibilitätslückendeckung sowohl die *Einzahlungen* bei einzelnen Zukunftslagen steigen als auch die *Auszahlungen* zunehmen. Schlechte Zukunftslagen im Sinne von Schneider liegen bei Überkompensation der höheren Auszahlungen einer flexibleren Investitionsalternative durch die höheren Einzahlungen vor, gute Zukunftslagen im umgekehrten Fall.
Beide Annahmen erscheinen bei näherer Betrachtung plausibel:
Die **Erhöhung der Einzahlungen** ist im wesentlichen auf die *Steigerung der Umsatzerlöse*[72] zurückzuführen: Bei höherer Eignung eines Investitionsobjekts zur Flexibilitätslückendeckung kann ein größerer Teil der Kapazitätslücke einzelner Zukunftslagen gedeckt werden[73]. Das zusätzliche Produktionsangebot des flexiblen Produktionsmittels "trifft" auf mehr bzw. besser auf Zukunftslagen[74]. Dadurch sind seine Umsatzerlöse bzw. seine Deckungsbeiträge in denjenigen Zukunftslagen höher, für welche die starre Alternative eine geringere Anpassungsfähigkeit aufweist. Die zusätzlichen Einzahlungen des flexiblen Produktionsmittels je Zukunftslage im Vergleich zum starren werden dabei *umso höher sein, desto mehr an zusätzlicher Kapazitätslückendeckung* es gegenüber der starren Lösung aufweist. Es werden Zukunftslagen existieren, die infolge eines geringen Unterschieds zusätzlicher Lückendeckung nur eine mäßige Steigerung des Barwerts der Einzahlungsreihe für die flexiblere Lösung aufweisen. Ebenso wird es bei großem Unterschied der Kapazitätslückendeckung zwischen flexibler und starrer Alternative Zukunftslagen mit vergleichsweise hoher Steigerung durch zusätzliche Produktion nachgefragter Güter geben.

---

spielen allenfalls bei der Vorauswahl von Investitionsmöglichkeiten zur Deckung gegebener Flexibilitätslücken eine Rolle, vgl. Kap. 5.2.1.5. Vgl. auch die These vom Antagonismus zwischen Flexibilität und Produktivität bei Schmalenbach (Schwelle) 245, Grochla (Automation) 53, Gutenberg (Produktion) 83, und zu ihrer Diskussion Warnecke (Automatisierung) 267f., Kern (Produktionswirtschaft) 185, Wildemann (Produktionstechnik) 165, Behrbohm (Flexibilität) 164ff.

72 Liquidationserlöse als zweite Erlöskomponente des Kapitalwerts seien vernachlässigt, weil keine generellen Aussagen über die Verschiedenheit der Höhe von Liqidationserlösen von Aggregaten mit unterschiedlicher Eignung zur Flexibilitätslückendeckung zu machen sind. Der Grund liegt darin, daß für den Erwerber eines Produktionsmittels der Eignungswert ein völlig anderer sein kann, wenn er das Produktionsmittel zur Deckung andersartiger Flexibilitätslücken vorsieht.

73 Die gleiche Argumentation gilt für die Eignung eines Produktionssystems zur Deckung von Flexibilitätsnachfrage.

74 In diesem Sinn stellt auch Wildemann (Investitionsplanung) 47 fest: "Flexibilität stellt ein Potential dar, das bei einer Veränderung des geplanten Zustandes genutzt werden kann".

Mit steigender Eignung einer Investitionsalternative zur Flexibilitätslückendeckung führt die verbesserte Anpassung an alle denkbaren Zukunftsentwicklungen also dazu, daß die Unterschiede zwischen ihren Einzahlungen in den verschiedenen Zukunftslagen immer kleiner werden, d.h. die Barwerte der Einzahlungsreihe je Zukunftslage sich angleichen.

Die **zweite** Annahme - **Erhöhung der Auszahlungen** bei flexibleren Investitionsalternativen - ist vor allem mit *gesteigerten Anschaffungsausgaben*[75] zu begründen: Jede zusätzliche Bereitstellung von Produktionsangebot zur verbesserten Deckung von Flexibilitätslücken erfordert Produktionsmittel mit größerer qualitativer und/oder quantitativer Kapazität und Variationsmöglichkeiten des Kapazitätsangebots. Sie sind i.a. teurer. Es erscheint also plausibel, einen direkten Zusammenhang zwischen der Höhe der Anschaffungsauszahlungen und dem bereitgestellten Flexibilitätsangebot zu unterstellen[76]. Somit ergibt sich ein gesteigerter Barwert der Auszahlungen, wobei die Steigerung in allen Zukunftslagen gleich hoch ist.

Bei gemeinsamer Betrachtung der Ein- und Auszahlungsseite läßt sich die **Hypothese der risikomindernden Wirkung von Flexibilität** untermauern: Der Ausgleich der Barwerte der Einzahlungsreihe einer flexibleren Alternative bewirkt eine *Senkung der Varianz* ihrer Kapitalwerte über die gesamte Verteilung. Die Auszahlungsseite hat auf die Varianz des Kapitalwerts dagegen keinen Einfluß: Die Hinzunahme der in allen Zukunftslagen gleichen Anschaffungsauszahlungen bewirkt nur eine *Verschiebung* aller Kapitalwerte um den gleichen absoluten Betrag. Die Streuung wird dadurch nicht verändert.

Durch die Zahlungswirkungen auf der Einzahlungsseite trägt demnach eine Investitionsalternative mit höherer Flexibilitätslückendeckung zur Senkung des Investitionsrisikos bei. Der Zusammenhang ist dabei **eindeutig**[77]. Damit ist ein positiver Beitrag der Flexibilität zur besseren Erreichung des Sicherheitsziels begründet und die Berechtigung der Flexibilisierungsplanung festgestellt[78].

---

75 Für Betriebsausgaben wie z.B. Instandhaltungskosten, die nicht direkt den Produkten zurechenbar und im Deckungsbeitrag demnach nicht einbezogen sind, lassen sich keine generellen Unterschiede zwischen den Alternativen ausmachen. Sie sind daher zu vernachlässigen.
Vgl. zur Analyse der Kostenwirkungen höheren Flexibilitätsangebots insbes. Platt (Kostenanalyse), Wildemann (Wirtschaftlichkeitsrechnung) 133f., Horváth/Kleiner/Mayer (Werkzeugmaschinen) 72f.

76 Vgl. auch den Hinweis auf diesen Zusammenhang bei Knischewski (Planung) 43.

77 Vgl. auch Jacob (Bedeutung) 94: "Die mit einer Aktion verbundenen Risiken lassen sich durch die beiden Komponenten Verlusthöhe und Verlustwahrscheinlichkeit kennzeichnen. Durch Einbau von Flexibilität wird die erstgenannte Komponente des Risikos, die Höhe des mit der angegebenen Wahrscheinlichkeit höchstens zu erwartenden Verlustes verringert".

78 Die Frage nach der Erfüllung des Gewinnziels ist zunächst irrelevant. Sie kann eine eigenständige Behandlung erfahren. Eine gleichzeitige Betrachtung wäre nur dann erforderlich, wenn der positive Beitrag der Flexibilität zum Sicherheitsziel stets einen negativen Beitrag zum Gewinnziel bewirkte, so daß eine positive Wirkung auf die Gesamtzielerreichung nicht unbedingt zu behaupten wäre. Ein solcher Zusammenhang kann aber logisch nicht begründet werden.

Folgendes **Beispiel** verdeutliche diese Wirkung der Flexibilität:
Gegeben sei die mengenmäßige Nachfrage einer Periode nach drei Produkten P_1 bis P_3 für vier gleichwahrscheinliche Zukunftslagen Z_1 bis Z_4, die durch das bestehende Produktionsangebot nicht befriedigt werden kann:

Zukunftslage / Produkt	Z_1	Z_2	Z_3	Z_4
P_1	50	30	20	10
P_2	0	40	20	20
P_3	0	0	10	40

Zur Auswahl stehen drei Investitionsalternativen I_1, I_2 und I_3 mit von I_1 bis I_3 steigendem Flexibilitätsangebot. Sie können aufgrund ihrer technischen Eignung die Produkte 1 bis 3 in folgenden Periodenmengen produzieren (dabei stellen die Mengenangaben je Feld Maximalwerte bei Zuteilung der vollen Periodenkapazität der Maschine auf die Fertigung eines Produkts dar):[79]

Investitionsalternative / Produkt	I_1	I_2	I_3
P_1	50	50	50
P_2	0	30	30
P_3	0	0	20

Alle drei Maschinen stehen nur eine Periode zur Verfügung, der Liquidationserlös ist jeweils Null, Erlöse werden am Periodenende realisiert.
Der Einzahlungsüberschuß ohne Anschaffungsauszahlungen je Produkteinheit sowie die Anschaffungsauszahlungen der Investitionsalternativen betragen dann:

	P_1	P_2	P_3
Einzahlungsüberschuß	30	40	70
	I_1	I_2	I_3
Anschaffungsauszahlungen	800	1000	1200

79 Man gehe hier von bekannten Zuordnungen Produkte-Maschinen aus, um den komplizierteren Weg über die Planungsebene der Verrichtungen zu vermeiden.

Es ergibt sich folgendes gewinnoptimale Produktionsprogramm je Investitionsalternative:

	Z_1	Z_2	Z_3	Z_4
I_1	50 P_1	30 P_1	20 P_1	10 P_1
I_2	50 P_1	30 P_1 + 12 P_2	20 P_1 + 18 P_2	10 P_1 + 20 P_2
I_3	50 P_1	30 P_1 + 12 P_2	20 P_1 + 3 P_2 +10 P_3	10 P_1 + 16 P_3

Dies führt zur nachstehenden Kapitalwertverteilung (Interner Zinssatz 10 %):

Kapitalwerte	Z_1	Z_2	Z_3	Z_4	Erwartungswert	Varianz (in 1000)
I_1	536,4	18,8	-254,6	-527,8	-56,6	154,50
I_2	336,4	254,6	200,0	0,0	197,7	15,39
I_3	136 4	54,6	90,9	90,9	93,2	0,84

Daran wird deutlich, daß mit von I_1 bis I_3 steigendem Flexibilitätsangebot die Varianz der Kapitalwerte sinkt.

Neben der Risikominderung wird der Flexibilität in der Literatur ein **Beitrag zum Gewinnziel** zugeschrieben, indem die Existenz einer gewinnzieloptimalen Flexibilität behauptet wird. So bemerkt Jacob: "Da Flexibilität etwas 'kostet', ergibt sich die Aufgabe, den in der jeweiligen Situation optimalen Flexibilitätsgrad zu ermitteln und durch eine darauf abgestimmte Investitionspolitik zu verwirklichen"[80].
Übertragen auf den vorliegenden Fall entspräche dies der optimalen Flexibilitätsnachfragedeckung durch das Flexibilitätsangebot des Produktionssystems bzw. - sofern der Grad optimaler Flexibilitätsnachfragedeckung über dem der aktuellen liegt - der optimalen Flexibilitätslückendeckung durch das Flexibilitätsangebot der Investitionsobjekte[81].
Die Hypothese der Existenz einer gewinnzieloptimalen Flexibilität läßt sich anhand von **Grenzbetrachtungen** erklären:
Der zahlungsmäßige Vorteil der Anpassungsfähigkeit an eine weitere Zukunftslage drückt sich in ihren zusätzlichen Erlösen aus, die im Vergleich zur geringer flexiblen

80 Jacob (Flexibilitätsüberlegungen) 1. Vgl. auch ebd., S. 3 sowie die ähnlichen Aussagen zum Flexibilitätsoptimum bei Behrbohm (Flexibilität) 256 und 258. Vgl. auch die Aussagen zum Verhältnis Flexibilitätsvorteile - Kostennachteile im Vergleich flexibler und starrer Aggregate bei Gutenberg (Produktion) 83, Hillmer (Planung) 58ff. und Kern (Produktionswirtschaft) 129.

81 In den folgenden Ausführungen dieses Kapitels sei der Einfachheit halber die Flexibilitätslückendeckung als die Deckung einer speziellen, nämlich der im Planungszeitpunkt unbefriedigten Flexibilitätsnachfrage interpretiert und nicht jedesmal eigens zusätzlich zum Begriff "Flexibilitätsnachfragedeckung" genannt.

Ausstattung zu erwirtschaften sind. Da aber jeweils nur eine Zukunftslage eintritt, sind diese Opportunitätserlöse nur **alternativ** zu erzielen, während die zusätzlichen Anschaffungsauszahlungen für Investitionen zur Herstellung der Anpassungsfähigkeit an alle berücksichtigten Zukunftslagen zu **addieren** sind. Im Grenzfall der Berücksichtigung von Zukunftslagen mit verschwindend kleiner Wahrscheinlichkeit steigen die investitionsbedingten Auszahlungen in der Summe bis ins Unendliche an. Ihnen stehen Umsatzerlöse je Zukunftslage in begrenzter Höhe gegenüber. Demnach wird im Grenzbereich sehr hoher Flexibilitätsnachfragedeckung der Kapitalerwartungswert kontinuierlich sinken, bis hin zum Grenzfall unendlicher Anpassungsfähigkeit, wo er einen unendlichen negativen Wert annimmt. Es kann also ökonomisch nicht zweckmäßig sein, unbegrenzt Anpassungsfähigkeit zu installieren[82].

Demgegenüber steht der Fall einer Flexibilitätsnachfragedeckung von Null, d.h. es kann kein Teil der Produktionsnachfrage produziert werden. Bei gegebener Ausstattung ergibt sich hier ein negativer Kapitalerwartungswert, weil laufenden Auszahlungen (z.B. für Instandhaltung infolge Zeitverschleiß) keine Einzahlungen gegenüberstehen. Das Optimum der Anpassungsfähigkeit liegt zwischen diesen beiden Extrempunkten (Abb. 10):[83]

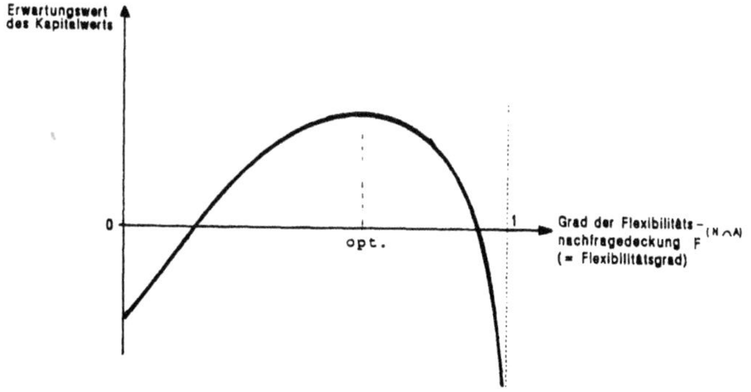

Abb. 10: Zusammenhang zwischen Flexibilitätsgrad und Erwartungswert des Kapitalwerts

Die Einrichtung zusätzlichen Flexibilitätsangebots könnte nun über die festgestellte risikomindernde Wirkung hinaus **dann** gerechtfertigt werden, wenn man ausgehend

82 Vgl. auch Hillmer (Planung) 60: "... Hypothese, daß mit steigendem Ressourceneinsatz (Einrichtung von Flexibilitätspotentialen, der Verf.) ein immer geringer werdender Nutzen erzielbar ist".

83 Unterstellt sei realistischerweise eine Unternehmung, die ihr Gewinnoptimum nicht im Punkt der Nullproduktion aufweist.

von einem gegebenen Flexibilitätsangebot den Grad **gewinn**optimaler Flexibilitätsnachfragedeckung ermitteln und die zu dessen Annäherung benötigten Investitionsobjekte bestimmen könnte[84].
Dazu reichen aber qualitative Angaben über den Zusammenhang von Ein- bzw. Auszahlungen und der Höhe des nachfragebezogenen Flexibilitätsangebots nicht aus. Die beiden **Funktionen der Erwartungswerte** von Ein- bzw. Auszahlungen über die Flexibilitätsnachfragedeckung sind vielmehr **exakt** zu bestimmen. Dann könnte durch Differentiation nach der unabhängigen Variablen und anschließende Gleichsetzung der Deckungsgrad ermittelt werden, bei dem die Grenzauszahlung einer zusätzlichen Flexibilitätsangebotseinheit gleich der Grenzeinzahlung ist. In diesem Fall erhielte man einen definierten Verlauf des Kapitalerwartungswerts über der Flexibilitätsnachfragedeckung als notwendige Bedingung für die Ableitung einer gewinnoptimalen Investitionsstrategie.

Da die Ermittlung einer solchen Funktion unter bestimmten, engen Voraussetzungen möglich erscheint[85], sind die Implikationen dieser Annahme für das Vorteilhaftigkeitskalkül auf der Basis von Flexibilitätsgrößen zu diskutieren:
Erstens wäre durch die Möglichkeit der Annäherung des gewinnoptimalen Flexibilitätsgrades durch Investitionen sicherlich der Beitrag der Planung von Flexibilität *zur (besseren) Gewinnzielerreichung* gewährleistet.
Darüber hinaus wäre **zweitens** durch gezielte Veränderung der Flexibilitätsnachfragedeckung unter bestimmten Bedingungen die *Gesamtzielerreichung*, die neben dem Gewinnziel das Sicherheitsziel einbezieht, zu verbessern.
Zur Veranschaulichung dieser zweiten These diene folgende Skizzierung der Auswirkung einer steigenden Flexibilitätsnachfragedeckung bei mehrwertiger Zukunft (vgl. Abb. 11):[86]

84 Diese Intention steht hinter der Forderung der Literatur, Flexibilitätskalküle zu entwickeln. "Ein Flexibilitätskalkül beinhaltet ein System von Sätzen, mit deren Hilfe sich logisch bzw. konkret-rechnerisch Aussagen über die optimale Flexibilität des Gesamtsystems bzw. einzelner Subsysteme ableiten lassen", vgl. Meffert (Problem) 799.
85 Vgl. dazu die Ausführungen an späterer Stelle dieses Kapitels.
86 Zur Vereinfachung der Darstellung sei Normalverteilung bei unendlicher Zahl von Zukunftslagen unterstellt. Eine andere Verteilungsform und endliche Zahl von Zukunftslagen änderten nichts am Grundprinzip der Darstellung.

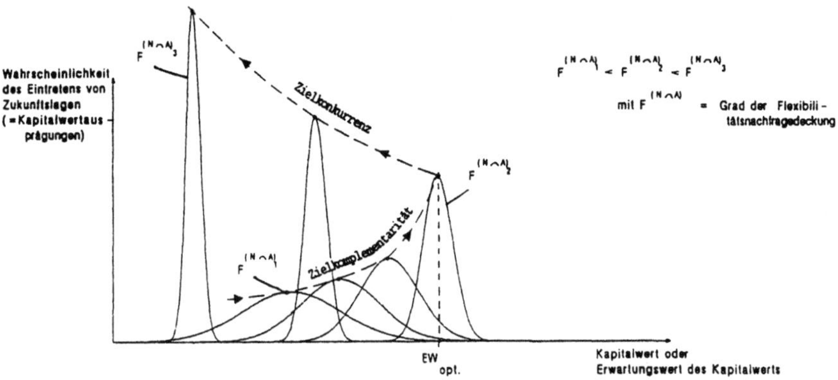

Abb. 11: Auswirkungen steigender Flexibilitätsnachfragedeckung auf Gestalt und Lage der stochastischen Kapitalwertverteilung

- Ausgehend von einem **unteroptimalen** Grad der Flexibilitätsnachfragedeckung $F^{(N \cap A)}_1$ hat die Bereitstellung zusätzlichen Flexibilitätsangebots bis zum gewinnoptimalen Grad $F^{(N \cap A)}_2$ eine positive Wirkung auf das Gesamtziel, da neben der höheren Gewinnerzielung wegen sinkender Varianz gleichzeitig das Investitionsrisiko gesenkt wird.
Bis zur Gewinnzielgröße EW_{opt} liegt demnach bei steigender Flexibilitätsnachfragedeckung Zielkomplementarität vor[87].

- **Über EWopt hinaus** ist bei einer weiteren Flexibilitätsangebotserhöhung keine so eindeutige Aussage zur Gesamtzielwirkung zu treffen, weil hier eine *Zielkonkurrenz zwischen negativer Gewinnwirkung und positivem Beitrag zum Sicherheitsziel* auftritt[88].
Um gezielte Veränderungen des Flexibilitätsangebots mit positiver Wirkung auf die Gesamtzielerreichung vornehmen zu können, sind **zusätzliche Informationen** notwendig: die Kenntnis des exakten Zusammenhangs von Varianz und Flexibilitätsnachfragedeckung und der Präferenzrelation zwischen Gewinn- und Sicherheitsziel.

87 Zu den Zielbeziehungen Komplementarität - Konkurrenz vgl. Wild (Grundlagen) 61ff.
88 Dieses konkurrierende Verhältnis stellt auch Jacob (Flexibilität) 315 fest, ohne allerdings die gleichzeitige Möglichkeit der Zielkomplementarität zu erwähnen: "... wird der Entscheidungsträger darüber hinaus bereit sein, eine Minderung des Gewinnerwartungswertes in Kauf zu nehmen, wenn dadurch der Minimalgewinn über die untere Gewinngrenze hinaus nach oben verschoben werden kann, vorausgesetzt allerdings, daß die Minderung des Gewinnerwartungswertes und die Erhöhung des Minimalgewinnes in einem angemessenen Verhältnis zueinander stehen".

Bei Verfügbarkeit dieser Informationen kann die gesamtzieloptimale Flexibilitätsnachfragedeckung dann auf graphischem Wege ermittelt werden (vgl. Abb. 12):

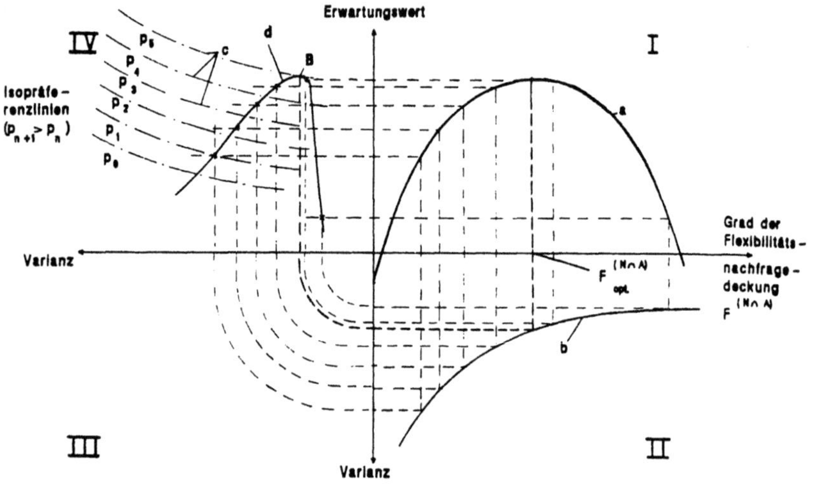

Abb. 12: Gewinn- und sicherheitszieloptimaler Flexibilitätsgrad

In einem ersten Schritt werden die bekannten Verläufe von Erwartungswert (Kurve a) und Varianz (Kurve b) des Kapitalwerts über dem Grad der Flexibilitätsnachfragedeckung sowie die Isopräferenzlinien von Erwartungswert und Varianz (Kurven c) aufgetragen. Dann projiziert man die bei definierten Graden der Flexibilitätsnachfragedeckung $F^{(N \wedge A)}$ sich ergebenden Kombinationen aus Erwartungswert und Varianz in Quadrant IV, und aggregiert sie dort zu einer einzigen Erwartungswert-Varianz-Kurve (Kurve d). Die gesamtoptimale Kombination von Erwartungswert und Varianz ergibt sich im Berührpunkt B der Kurve d mit der höchsten Isopräferenzlinie. Durch Rückprojektion dieses Punktes auf die Kurven a oder b läßt sich der Grad optimaler Flexibilitätsnachfragedeckung $F^{(N \wedge A)}_{opt}$ ermitteln.

Die Möglichkeit der Vornahme eines solchen Flexibilitätskalküls hängt von der Definition der Flexibilität ab. Es ist durchführbar, wenn nur **so wenige** flexibilitätsrelevante Sachverhalte darunter subsumiert werden, daß ein eindeutiger Zusammenhang von Flexibilität und Kapitalwert herzustellen ist. Dies ist z.B. bei Reduktion des Flexibilitätsverständnisses auf die Variabilität der Ausbringungsmenge einer Produktart oder eines festen Produktbündels der Fall[89].

Bei Festhalten an der **pluralistischen** Flexibilitätsbeschreibung dieser Arbeit, bei welcher das Flexibilitätsmaß "Grad der Flexibilitätsnachfragedeckung" vielfältige quantitative und qualitative Variationsmöglichkeiten zwischen verschiedenen und innerhalb gleichartiger Verrichtungen aggregiert, können die Funktionsverläufe von Kapitalerwartungswert und Varianz über der Flexibilitätsnachfragedeckung dagegen nicht mehr eindeutig bestimmt werden[90]: Die Isolierung der ökonomischen Wirkungen **einzelner** Variationsmöglichkeiten ist nicht durchführbar, weil die interessierende ökonomische Gesamtwirkung im interdependenten Verbund aller Variationsmöglichkeiten entsteht.

Die Erstellung eines Zusammenhangs zwischen der jeweiligen Flexibilitätsnachfragedeckung als Verbund **vielfältiger** Variationsmöglichkeiten mit unterschiedlichen ökonomischen Teilwirkungen und ihrer ökonomischen Gesamtwirkung ist aber auf analytischem Wege nicht möglich.

Der **Grund** dafür liegt darin, daß die Planungsgröße "Grad der Flexibilitätsnachfragedeckung" eine **aggregierte Größe** darstellt. So kann z.B. der Fall auftreten, daß bei **gleichem** Flexibilitätsgrad zweier Ausstattungsalternativen die Art der Deckung von Flexibilitätsnachfrage, d.h. das realisierte Produktionsprogramm, **unterschiedlich** ist. Dann ergeben sich aber verschiedene Kapitalwerte. Umgekehrt bedeutet ein identischer Kapitalwert z.B. zweier Investitionsalternativen nicht zwangsläufig gleichen Flexibilitätsgrad, da die Alternativen die gleiche Zahlungswirkung mit unterschiedlichem Flexibilitätsangebot erreichen können.

Aufgrund dieser nichteindeutigen Zusammenhänge läßt sich demnach die Beeinflussung des Gewinnziels durch Flexibilisierung nicht durch einen mathematisch-funktionalen Zusammenhang angeben[91]. Es sind in der Planungssituation lediglich **Hypothesen** über die Lage des aktuellen Flexibilitätsgrades zum gewinnoptimalen Grad anzu-

---

89 In diese Richtungen gehen die kostentheoretischen Analysen von Flexibilitätswirkungen in Flexibilitäts-Kosten-Diagrammen. Vgl. zu einem Überblick Altrogge (Flexibilität) 610ff. und die dort angegebene Literatur.

90 Vgl. die allgemeineren, ähnlichen Feststellungen bei Altrogge (Flexibilität) 609f.: "Die Anpassungsfähigkeit an bestimmte Änderungen oder Schwankungen im Bereich der Faktorbeschaffung und im Absatzbereich kann partiell recht gut durch Grenzen beschrieben und durch Kosten gemessen werden. (...) Derartige Maße genügen nicht mehr, wenn die Flexibilität auf alle möglichen zukünftigen Entwicklungen im Bereich der Einsatzfaktoren und im Bereich des Absatzes bezogen ist". Vgl. ebenso auch Hillmer (Planung) 205f. und Wittmann (Betriebswirtschaftslehre) 242.

91 Vgl. auch Mahlmann (Anpassung) 123: "Ein quantitativer Zusammenhang zwischen Anpassungsmaßnahmen der Planung und erzielbaren Anpassungserfolgen dürfte damit im allg. nicht herzuleiten sein".
In der ungewißheitstheoretischen Flexibilitätsdiskussion vereinfacht man das Problem des Zusammenhangs zwischen Flexibilität und Zielerreichung, indem man Flexibilität direkt durch (als gegeben unterstellte) monetäre Ergebnisgrößen(-verteilungen) definiert. Vgl. dazu insbesondere die Ansätze von Hart (Risk), Hart (Anticipations), Tintner (Contribution), Marschak/Nelson (Flexibility), Koch (Diskussion) 67ff., ders. (Grundlagen) 155ff., Mellwig (Anpassungsfähigkeit) 136ff, ders. (Flexibilität) 724ff.

stellen, auf deren Basis als vorteilhaft erachtete Flexibilitätsangebotserhöhungen festgelegt werden.

Die **Triebfeder** einer Politik der Deckung von Flexibilitätslücken durch Investitionen kann daher allein die als sicher anzusehende *Minderung des Investitionsrisikos* sein. Genau darin unterscheidet sie sich von einer nicht auf die Flexibilität zielenden Investitionspolitik. Ein zusätzlich möglicher Beitrag zur Gewinn- und/oder Gesamtzielverbesserung ist **exakt** nicht bereits auf der Basis von Flexibilitätsüberlegungen erkennbar, sondern erst durch die sich anschließende Alternativenbewertung.

4.2. Problemorientierte Entwicklung der Grundkonzeption einer flexibilitätsorientierten Investitionsplanung

Im Anschluß an die Begründung der Planung von Flexibilität und einer an Flexibilitätsgrößen ausgerichteten Investitionsplanung ist die Grundkonzeption der flexibilitätsorientierten Investitionsplanung zu entwickeln. Ihre Problemlösungsvorschläge sollen sich an den Planungsproblemen in der in Kapitel 3.2. genannten Reihenfolge orientieren. Zentrales Anliegen ist dabei die **Kenntlichmachung problemlösender Funktionen** der Planungsgröße "Flexibilität" sowie die **Rechtfertigung der Lösungsvorschläge**, indem ihre risikobegrenzenden Wirkungen aufgezeigt werden. Die konkrete Ausgestaltung der Grundkonzeption erfolgt in Kapitel 5.

4.2.1. Lösung des Problems der Planungsinterdependenzen

Voraussetzung für die Entwicklung der flexibilitätsorientierten Investitionsplanung ist die Kenntnis von **Art und Struktur der** nach Isolierung des Investitionsplanungsproblems verbleibenden **planungsrelevanten Informationen**. Informationsart und -struktur sind aber davon abhängig, wie die Gesamtheit unternehmerischer Entscheidungsprobleme auf das o.g. Investitionsentscheidungsproblem reduziert wird. Vorgehensweise und Ausmaß der Dekomposition sind daher zunächst genau zu fixieren.
Zur Wahrung der Realitätsnähe sollte sich diese Fixierung an empirisch beobachtbaren Informationssachverhalten der Unternehmung orientieren.

Interdependenzen zwischen betrieblichen Planungsbereichen sind hier zweckmäßig durch eine **sachlich-horizontale Dekomposition** der Unternehmensplanung in Partialplanungen entsprechend der organisatorischen Gliederung in Unternehmensbereiche zu zerschneiden[1]. Um diese Partialplanungen zu koordinieren, erscheint es vorteilhaft, ihnen eine **sukzessive Abstimmungsfolge** zu unterlegen. Sie kann sich ent-

1 Vgl. Kap. 3.2.1. Zur Begründung einer Planungsdekomposition in die Bereiche Absatz-, Beschaffungs-, Produktions-, Investitions- oder Personalplanung vgl. Fischer (Investitionsplanung) 227f.

sprechend dem "Ausgleichsgesetz der Planung"[2] am jeweiligen **Minimumsektor** der verbleibenden Teilplanungen orientieren.

Es ist empirisch beobachtbar, daß das Streben nach langfristiger, leistungswirtschaftlicher Flexibilität im wesentlichen aus einem *marktseitigen Bedarf nach einer Variation des Leistungsprogramms* resultiert[3]. Von daher erscheint es unter der Zielsetzung der vorliegenden Arbeit berechtigt, den **Absatz zum Engpaßsektor** zu erklären[4].
Die **Investitionsplanung** kann dann als **sekundäre Planungsaufgabe** angesehen werden, deren Bestimmungsdaten mittelbar durch die Planung der Absatzmöglichkeiten gesetzt werden[5]. Unmittelbare Planungsrelevanz besitzt aber nur **der** Teil der Absatzmöglichkeiten, der angesichts der geplanten Verfügbarkeit von Einsatzfaktoren des Produktionsprozesses oder sonstiger Einflußfaktoren als herstellbar angesehen wird. So reduzieren z.B. langfristige Engpässe bei Rohstoffen die Absatzmöglichkeiten auf ihren technisch realisierbaren Teil[6]. Diese herstell- **und** absetzbaren Produktionsgelegenheiten seien als das "**potentielle Produktionsprogramm**"[7] bezeichnet[8]. Seine Bestimmung erfolge durch die Angabe von Produktarten, Produktmengen und Fertigungs- bzw. Absatzzeiträumen[9]. Bei periodischer Planung sind Produktmengen und Produktionszeiträume zu Produktperiodenmengen zusammenzufassen.

---

2 Vgl. Gutenberg (Produktion) 163ff.

3 Altrogge (Flexibilität) 605 erwähnt neben absatzseitigen auch beschaffungsseitige Auslöser für Flexibilitätsnachfrage. Allerdings ist die explizite Vernachlässigung des durch Variationen in der Beschaffung von Einsatzgütern ausgelösten Flexibilitätsbedarfs dann zulässig, wenn dieser durch die entsprechende Definition von Outputgütern einbezogen wird. Dies ist dann der Fall, wenn Outputgüter, die sich in mindestens einem Einsatzfaktor unterscheiden, als verschieden definiert werden. Dann wird der beschaffungsseitige Bedarf nach einer Faktorsubstitution durch einen absatzseitigen Bedarf nach einem neuen Produkt ausgedrückt.

4 Diese Position vertreten für Flexibilitätsprobleme auch Jacob (Bedeutung) 71, Servatius (Methodik) 149, Wildemann (Investitionsentscheidungsprozeß) 98 und allgemein für Programmentscheidungen Koch (Unternehmensplanung) 66, Bircher (Konzepte) 55ff., Lücke (Anpassung) 715, Gutenberg (Produktion) 81.

5 So auch Hahn (Kontrollrechnung) 813, Jacob (Planung) 43, ders. (Realinvestitionen) 35, Servatius (Methodik) 18. Man beachte, daß die Interdependenzen zur Finanzplanung durch die Prämisse des vollkommenen Kapitalmarkts zerschnitten sind, vgl. Kap. 3.1.4. sowie Bitz (Strukturierung) 100, Fischer (Investitionsplanung) 230f., und die Interdependenzen zum Personalbereich durch die Prämisse der unbegrenzten Verfügbarkeit geeigneten Personals, vgl. Kap. 1.4.

6 Diese Beschränkungen werden von Szyperski/Tilemann (Ziele) 2315 als interfunktionale Konflikte zwischen betrieblichen Teilfunktionen bezeichnet.
Zum Zusammenhang von Absatz- und Produktionsplanung und der zeitlich gestuften Planungsabfolge, beginnend mit der langfristigen Produkt- und Absatzplanung bis hin zur Produktionsvollzugsplanung vgl. Kilger (Absatzplanung) 26ff., Zäpfel (Produktionswirtschaft) 49f. Zu den Rahmenbedingungen der Produktprogrammplanung vgl. auch Hahn/Laßmann (Produktionswirtschaft) 212ff.

7 Zu Begriff und Zusammensetzung des potentiellen Produktionsprogramms vgl. Küpper (Interdependenzen) 44f., Heinen (Kostenlehre) 487. Zum Begriff des Produktionsprogramms allgemein vgl. Kern (Produktionsprogramm).

8 Durch diese Definition der Produktionsmöglichkeiten werden nicht nur die Interdependenzen der Investitionsplanung zur Absatzplanung, sondern auch zur Beschaffungsplanung (z.B. die Beschränkung der Investitionsmöglichkeiten durch ein knappes Einsatzgut) implizit berücksichtigt. Sie bedürfen dann keiner expliziten Formulierung.

9 Vgl. zu diesen Bestimmungskomponenten von Produktionsprogrammen Küpper (Interdependenzen) 45, Zäpfel (Produktionswirtschaft) 46f.

Das potentielle Produktionsprogramm jeder Zukunftslage Z_t des Zustandsraums kann durch Vektoren outputbezogener Produktionsgelegenheiten beschrieben werden:

$$P_t = \{ P_1^t, P_2^t, \ldots , P_i^t, \ldots , P_I^t \} \qquad (4)$$

$$\text{mit } P_i^t = (\vec{m}_k)_i^t = \begin{bmatrix} m_1 \\ m_2 \\ \vdots \\ m_k \\ \vdots \\ m_K \end{bmatrix}_i^t$$

P_t^i = potentielles Produktionsprogramm der Zukunftslage t in Periode i

$\vec{m}_K$ = Mengenvektor der K Produktarten

m_k = Mengeneinheiten der Produktart k

Es setze die Nebenbedingungen für die Investitionsplanung in folgender Form: Die Daten über produktartenbezogene Periodenmengen m_k entsprechen absatz- und fertigungsbedingten **Höchstwerten** der Leistungserstellung. Sie besitzen keinen Erfüllungsanspruch i.S. eines fixierten Produktionsprogramms, das auf jeden Fall in dieser Höhe zu fertigen ist, sondern geben allein *Anhaltspunkte über erfolgversprechende Produktionsgelegenheiten.*

Mit der Festlegung der Abstimmungsfolge "Planung des potentiellen Produktionsprogramms" - "Planung möglicher Investitionsobjekte"[10] sind Planungsinterdependenzen bereits so weit zerschnitten, daß sich das komplexe Entscheidungsmodell der Planung des Realisationssystems auf folgendes Investitionsentscheidungsmodell vereinfacht:

- Erstens beinhalten die Zukunftslagen des Zustandsraums nicht mehr sämtliche für eine umfassende simultane Programmplanung relevanten Zukunftsparameter, sondern nur noch die Parameter des potentiellen Produktionsprogramms[11];
- Zweitens enthält der Alternativenraum statt Handlungsmöglichkeiten für alle simultan zu optimierenden Planungsbereiche nur noch Investitionsmöglichkeiten.
- Die Reduktion der Variablen-, Parameter- und Funktionenzahl in Zustands- und Alternativenraum erleichtert drittens die Ermittlung des Ergebnisraums.

---

10 Eine Orientierung der technischen Investitionsplanung an der mittel- bis langfristigen Planung des Produktionsprogramms und dementsprechend benötigter Produktionskapazitäten aufgrund marktseitiger Nachfrage wird auch befürwortet von Wildemann (Investitionsentscheidungsprozeß) 115 und FN 229, Schleppegrell (System) 8ff. und 67ff., Butz (Flexibilität) 165ff., Schmidt (Entscheidungsmodell) 30f., Wiendahl (Investitionsplanung) 15.

11 Mit der inhaltlichen Begrenzung von Zukunftslagen auf je ein potentielles Produktionsprogramm wird die Begründung für die Orientierung der Investitionsplanung an der Flexibilitätsnachfrage ersichtlich, die als Gesamtheit der möglichen Produktionsnachfrage aller Zukunftslagen beschrieben wurde.

Die Interdependenzen zur Produktionsplanung sind allerdings **nicht vollständig** zerschnitten, da das potentielle Produktionsprogramm nur das **maximal** mögliche Leistungsprogramm beschreibt, den tatsächlich zu realisierenden Output aber nicht zwingend fixiert. Damit ist auch das Investitionsprogramm noch nicht endgültig festlegt. Vielmehr ergeben sich bei periodischer Planung *mehrere Investitionsalternativen* je Periode, die jeweils unterschiedliche Produktionsprogramme im Rahmen des potentiellen Produktionsprogramms ermöglichen, und über den gesamten Planungszeitraum demnach eine *Vielzahl verschiedener Investitionsprogramme*.

Im verbleibenden Entscheidungsproblem wäre das **optimale** Produktionsprogramm nur mittels eines simultanen Produktions-Investitionsplanungskalküls über sämtliche Planungsperioden zu bestimmen[12].
Die empirische Beobachtung der begrenzten Anwendbarkeit derartiger Optimierungskalküle auf reale Problemstellungen führt zum Vorschlag einer **weitergehenden Entsimultaneisierung**. Sie soll durch die kombinierte Anwendung einer *sachlich-horizontalen* und einer *zeitlichen Problemdekomposition* erreicht werden. Dabei wird das nach Anwendung der oben beschriebenen Sukzessivplanung verbleibende Optimalmodell in ein vereinfachtes **Ermittlungsmodell**[13] mit verkleinertem Alternativenraum transformiert.

Die **sachlich-horizontale Problemzerlegung** besteht in der Festlegung einer weiteren sukzessiven Abstimmungsfolge, die zur Trennung von Investitions- und Produktionsplanung führt: Die Planung von Investitionsprogrammen wird zeitlich vor der Planung der zugehörigen Produktionsprogramme durchgeführt. Dazu werden in begrenzter Anzahl Investitionsalternativen je Planungsperiode nach einem heuristischen Entscheidungsoperator ausgewählt und zu Investitionsprogrammalternativen kombiniert. Als Entscheidungsoperator kann die Eignung von Investitionsobjekten zur Deckung spezifischer Flexibilitätslücken dienen[14], die anhand der Menge der potentiellen Produktionsprogramme ermittelbar sind. Die **gesamte Planungsfolge** lautet dann: Planung des potentiellen Produktionsprogramms - Investitionsprogrammplanung - Planung des Produktionsprogramms.

Dies entspricht einer vollständigen Trennung der technischen Alternativenplanung von der anschließenden ökonomischen Bewertung[15], die zusätzlich die Bestimmung

12 Vgl. die Nennung dieser Problematik bei Küpper (Ansatzpunkte) 798.
13 Vgl. dazu Kosiol (Modellanalyse) 320ff.
14 Zum Begriff des Entscheidungsoperators vgl. Meißner (Programmierung) 26 und 137ff. Zur Begründung der Wahl eines einzigen Entscheidungsoperators vgl. Schmidt (Entscheidungsmodell) 9.
15 Zur Nennung eines solchen Vorgehens infolge Planungskomplexität vgl. Schmidt (Unternehmungsinvestitionen) 52: Das Produktartenziel "legt (...) den Alternativenbereich fest, in dem sodann die durchzuführende Investition nach den hinzukommenden Kriterien der Erfolgs- und Liquiditätswirksamkeit auszuwählen ist". Zur Abgrenzung technische Investitionsplanung - ökono-

des mit dem jeweiligen Investitionsprogramm realisierbaren Produktionsprogramms voraussetzt[16].

Die **zeitliche Problemdekomposition** erfolgt durch ein zeitlich gestuftes Vorgehen der Investitionsalternativenauswahl und -kombination zu Investitionsprogrammen. Man orientiert sich an der Einteilung in Planungsperioden und schreitet bei der sukzessiven Komplettierung der Investitionsprogramme von der ersten Periode bis zum Planungshorizont fort.
Bei der Festlegung von Investitionsprogrammen sind dann nicht **sämtliche** Perioden simultan zu betrachten, sondern die Fixierung der in das Investitionsprogramm aufzunehmenden Investitionsobjekte für eine Periode führt jeweils zum Ausschluß der für diese Periode entscheidungsrelevanten Tatbestände aus dem Entscheidungsfeld. Dies entspricht einer kontinuierlichen Modellverkleinerung durch periodenweise Reduktion zeitlich-vertikaler Interdependenzen.

Insgesamt ergibt sich unter Anwendung der genannten heuristischen Prinzipien eine Reduktion des umfassenden Modells simultaner Unternehmensplanung auf ein Entscheidungsmodell der *sukzessiven Investitionsplanung*, dessen *Zukunftslagen potentielle Produktionsprogramme* und dessen *Handlungsalternativen Investitionsprogramme* darstellen.

4.2.2. Lösung des Problems der unvollkommenen Information im Investitionsentscheidungsmodell

Ausgehend von dem nach Zerschneidung von Interdependenzen verbleibenden Entscheidungsmodell sind die zentralen Probleme der

- Einbeziehung und Verarbeitung **unbestimmter Informationen** im Entscheidungsfeld und
- **Ermittlung von Investitionsalternativen**, die infolge des Flexibilisierungsziels eine Abstimmung auf die möglichen Zukunftslagen erfordert und Variationsmöglichkeiten im Leistungsangebot explizit einbezieht,

zu behandeln sowie die Lösungsprinzipien aufzuzeigen.[17]

---

mische Investitionsbeurteilung vgl. auch Wildemann (Investitionsentscheidungsprozeß) 80, Wiendahl (Investitionsplanung) 16f.

16 Vgl. auch Kap. 5.3.1.

17 Die Konkretisierung der Lösungsansätze erfolgt in Kapitel 5.2.

4.2.2.1. Lösungsansätze bei der Formulierung des Zustandsraums

Eine für die Bestimmung von Investitionsalternativen geeignete Darstellung von Zukunftslagen wird im allgemeinen durch **unterschiedliche Bestimmtheitsgrade** der die Zukunftslagen beschreibenden Informationen erschwert.
Infolge der Orientierung der Investitionsplanung an der Planung des potentiellen Investitionsprogramms liegt dieser Fall auch hier vor: Die Bestimmung von Produktionsgelegenheiten erfolgt in der praktischen Planung i.d.R. im Rahmen eines **hierarchischen Absatz- und Produktionsplanungskonzepts** mit unterschiedlichem Detailliertheitsniveau der Informationen auf länger- und kürzerfristigen Planungsebenen[18]. Diese Tatsache verhindert die Erstellung von Investitionsalternativen gleichen Spezifikationsgrades bis zum Planungshorizont.[19]

Um bei der Planung auf Informationen mit jeweils gleicher informatorischer Bestimmtheit aufbauen zu können, bietet sich die **Anpassung der Investitionsplanungsstruktur** an die Struktur der Planung des potentiellen Produktionsprogramms an. Das entspricht einer Aufspaltung des Investitionsentscheidungsfelds nach dem Genauigkeitsgrad der Prognose[20]. Dadurch ist zu gewährleisten, daß die langfristig wirksamen Investitionen auch auf langfristige Absatzerfordernisse auszurichten sind, und nicht allein anhand kurz- bis mittelfristiger Absatzdaten kreiert werden, die bei einstufiger Planung zur Alternativenfindung herangezogen würden.

Daher wird die Investitionsplanung nach dem Prinzip der **sachlich-vertikalen Dekomposition** in mehrere Hierarchieebenen zerlegt[21]. Strukturprinzipien des entstehenden Planungssystems sind der *Bestimmtheitsgrad der Planungsinformationen* und die *Fristigkeit der Planungen*[22].

Dies impliziert **zum einen** die Aufgabe, auf jeder Planungsebene ein Investitionsprogramm zu erstellen, das dem potentiellen Produktionsprogramm in seiner jeweiligen Fristigkeit entspricht und auf dessen Informationsdetailliertheit abgestimmt ist. Sie kann durch eine instrumentell gestützte *Abstimmung* der Investitionsplanung auf die Planung des potentiellen Produktionsprogramms *über Flexibilitätsgrößen* erfüllt werden[23].

18 Vgl. Jünger (Produktionsprogrammplanung), Switalski (Grundmodell) und die dort angegebene Literatur sowie Zäpfel (Produktionswirtschaft) 46f.
19 Dies ist das erste der beiden am Ende von Kap. 3.2.2.1. aufgeführten Probleme unvollkommener Information im Zustandsraum.
20 Ein solches Vorgehen befürwortet Koch (Diskussion) 56.
21 Zum Prinzip der hierarchischen Unternehmensplanung vgl. Koch (Unternehmensplanung) 32ff.
22 Zum Strukturprinzip des Bestimmtheitsgrades von Informationen vgl. Koch (Unternehmensplanung) 35, zu einem zeitlichen Strukturierungsansatz vgl. Steiner (Planung) 63ff.
23 Vgl. Kap. 4.2.2.2.

Zum anderen ist eine Koordination **zwischen** den Investitionsplanungsebenen notwendig[24]. Hier erscheint eine *zeitlich-sukzessive Anordnung* der Teilplanungen verschiedener Hierarchieebenen nach dem Kriterium der sich erhöhenden Informationsbestimmtheit bzw. verkürzenden Fristigkeit vorteilhaft. Dadurch ist das Erfordernis der Planungsintegrität[25] erfüllt.

Die jeweilige Ausgestaltung des hierarchischen Investitionsplanungssystems ist eine Funktion der verfügbaren Ausgangsdaten, und damit der im jeweiligen Unternehmen vorhandenen Absatz- und Produktionsplanungshierarchie. Eine generell gültige Investitionsplanungshierarchie kann somit nicht behauptet werden.
Um hier zu einer **konkreten** hierarchischen Investitionsplanungskonzeption zu gelangen, erscheint es zweckmäßig, die Unterteilung der längerfristigen Planung des potentiellen Produktionsprogramms in eine **langfristige Grobplanung** und eine **mittelfristige, detailliertere Planung** zu übernehmen. Dies entspricht der gängigen Einteilung der Literatur[26] und dem verbreiteten Planungsvorgehen der Praxis[27].

Das hierarchische Prinzip leistet einen Beitrag zur Reduktion von Planungskomplexität[28]: Der zu verarbeitende Datenumfang kann je Planungsebene durch die Wahl eines definierten Bestimmtheitsgrades der Daten gesteuert werden. Erst durch die Anwendung der stufenweisen Problemvereinfachung gelangt man zu der zumeist als Prämisse gesetzten planungstechnischen Handhabbarkeit des Zustandsraums. Längerfristige Planungen werden dann höher aggregierte und damit weniger bestimmte, kürzerfristige Planungen höher bestimmte Informationen in den Zukunftslagen beinhalten[29].

Der Lösungsvorschlag einer hierarchischen Investitionsplanung ist durch seine **risikomindernde Wirkung** zu rechtfertigen. Sie liegt im Vergleich zu Planungsansätzen, die sich auf vollständig bestimmte Informationen beschränken, in der *verbesserten informatorischen Fundierung der Entscheidungssituation* durch Aufnahme längerfristiger, unbestimmter Informationen in den Zustandsraum. Die Gefahr einer "verkürzten

24 Zu den Möglichkeiten der Berücksichtigung von Interdependenzen in einer hierarchisch gespaltenen Planung vgl. Cordes (Problem) 113ff.
25 Vgl. dazu Koch (Unternehmensplanung) 18f.
26 Vgl. z.B. Hoitsch (Produktionswirtschaft) 31, Bierich (Praxis) 848, Schneeweiß (Produktionswirtschaft) 111ff., Zäpfel (Produktionswirtschaft) 46f. und auf die Planung allgemein bezogen Koch (Unternehmensplanung) 34 und die dort in FN 8 genannte Literatur.
27 Vgl. dazu die empirischen Erhebungen von Brockhoff (Planung) 312f., Töpfer (Kontrollsysteme) 272f., Meier (Planung) 86 ff. sowie die Ausführungen bei Koch (Unternehmensplanung) 38 f.
28 Vgl. Gäfgen (Theorie) 212ff.
29 Vgl. auch Swoboda (Investition) 40: "Wenn gleichzeitig globale und detaillierte Investitionspläne erstellt werden, kann für erstere ein weiterer, für letztere ein engerer Planungshorizont gewählt werden".

Planung" wird somit vermieden. Dieses Informationsverhalten ist als **ursachenbezogene Risikopolitik der dritten und/oder vierten Hierarchieebene** zu begreifen[30].

Es verbleibt allerdings das Problem einer **instrumentellen Beschreibung** von Zukunftslagen, die unmittelbar die Ableitung geeigneter Investitionsalternativen ermöglicht, und deren Beschreibungsinstrumentarium auf die Bestimmtheitsgrade der Planungsinformationen verschiedener Hierarchieebenen abgestellt werden kann.[31] Beide Forderungen sind durch die **Verwendung der Kapazitätsnachfragematrix** zu erfüllen, die genau eine Zukunftslage repräsentiert. Sie liefert zum einen das formale Gerüst, das einen Vergleich der Produktionsnachfrage mit dem in der Kapazitätsangebotsmatrix wiedergegebenen Produktionsangebot standardisiert und damit erleichtert.

Zum anderen können Kapazitätsmatrizen durch Aggregation der das Produktionsprogramm beschreibenden Verrichtungen in der Matrixkopfzeile bzw. der Qualitätsklassen in der Matrixkopfspalte Informationen aufnehmen, die dem Bestimmtheitsgrad der jeweiligen Hierarchieebene entsprechen. Beispielsweise wird die Matrix bei kürzerfristiger Planung die Menge **aller** Verrichtungen detailliert nach Art und Qualität darstellen. Bei langfristiger Planung werden dagegen nur **grobe** Verrichtungs- und Qualitätsklassengruppen aufgeführt.

Aggregationen in Matrixkopfzeile und -spalte sind dabei dem Verdichtungsgrad der zukunftslagenbeschreibenden Informationen so anzupassen, daß die Zuordnung der Informationen über die Kapazitätsnachfrage des potentiellen Produktionsprogramms auf die Matrixfelder **eindeutig** ist[32]. Dann können auch unbestimmte Verrichtungen und Qualitätsangaben direkt definierten Matrixfeldern zugeordnet werden.

4.2.2.2. Lösungsansätze bei der Erstellung von Investitionsalternativen

Investitionsalternativen werden nicht als gegeben angenommen, sondern sind in Abstimmung auf die Zukunftslagen heuristisch zu erstellen.

Das **erste** hierbei auftretende Teilproblem[33] ist die **Vergleichbarkeit** von Produktionsnachfrage der Zukunftslagen und Produktionsangebot der Investitionsobjekte. Es kann durch eine Planung auf der *Basis verrichtungsbezogener Kapazitätsgrößen* gelöst

30 Das Verlustrisiko infolge verkürzter Planungsansätze und die Notwendigkeit einer weiterreichenden informatorischen Fundierung des Zustandsraums stellt auch Timm (Investitionsrisiko) 44 fest. Zur risikomindernden Wirkung der Ungewißheitsreduktion vgl. auch Kupsch (Risiko) 253ff.

31 Dies ist das zweite der am Ende von Kap. 3.2.2.1. genannten Probleme unvollkommener Information im Zustandsraum.

32 Vgl. Kap. 5.2.2.3. Vgl. auch Bitz (Strukturierung) 322ff. zu den allgemeinen Bestimmungsfaktoren des Aggregationsgrades in Entscheidungsmodellen.

33 Vgl. die Dreiteilung der Problemstellung bei der Ermittlung von Investitionsalternativen in Kap. 3.2.2.2.

werden. Dies ist möglich, weil nach der oben vorgenommenen Reduktion des Entscheidungsfelds die für die Anpassungsplanung relevanten Informationsinhalte sowohl der Zukunftslagen als auch der Handlungsalternativen vollständig durch die Angabe nachgefragter bzw. angebotener Kapazitäten wiedergegeben werden können. Zu Vergleichszwecken ist in Analogie zur Nachfrageseite eine Kapazitätsangebotsmatrix zu definieren, welche die Struktur der Kapazitätsnachfragematrix aufweist.

Auf dem Planungsinstrumentarium der Kapazitätsmatrix aufbauend kann das **zweite** Teilproblem - die Entwicklung eines **prozessualen Ablaufs der technischen Alternativenerstellung** - gelöst werden.
Zur Beschreibung des Ablaufprinzips soll in einem ersten Schritt von mehrwertigen Erwartungen und Variationsmöglichkeiten des Kapazitätsangebots flexibler Produktionseinheiten abstrahiert werden. Dann gestaltet sich der Prozeß der technischen Investitionsplanung für jede Planungsperiode i einer Planungshierarchieebene wie folgt (Abb. 13):[34]

Phase 1	Ermittlung der Kapazitätsnachfragematrix $K^{(N_i)}$
Phase 2	Ermittlung der Kapazitätsangebotsmatrix $K^{(A_i)}$ des in der Planungsperiode i verfügbaren Produktionsapparates.
Phase 3	Ermittlung der Kapazitätslückenmatrix $K^{(L_i)}$ durch Vergleich von $K^{(N_i)}$ und $K^{(A_i)}$
Phase 4	Darstellung potentieller Investitionsalternativen h durch ihre Kapazitätsangebotsmatrizen $K_h^{(I)}$
Phase 5	Ermittlung der Kapazitätsrestlückenmatrizen $K_h^{(RL_i)}$ für jede Investitionsalternative durch Vergleich von $K^{(L_i)}$ und $K_h^{(I)}$
Phase 6	Auswahl einer (oder einer Menge von) Investitionsalternativen anhand ihrer Eignung zur Kapazitätslückendeckung in der Periode i

Abb. 13: Phasenprozeß der kapazitätsorientierten Investitionsalternativenermittlung

Die Auswahl produktionstechnisch "geeigneter" Investitionsobjekte[35] in Phase 6 bedarf, ebenso wie die endgültige Fixierung der in das Investitionsprogramm aufzunehmenden Alternative, eines heuristischen Entscheidungskriteriums. Dazu bietet sich das Kriterium einer **satisfizierenden Kapazitätslückendeckung** an[36].

---

34 Zur Erweiterung auf die Betrachtung mehrerer Planungsperioden und zur Formalisierung des Prozesses vgl. Kap. 5.2.1.

35 Zur "Eignung" vgl. bereits Kap. 2.2.1. Kriterien der technologischen Eignung eines Produktionsmittels nennt Wildemann (Investitionsentscheidungsprozeß) 110ff.

36 Vgl. dazu auch Kap. 5.1.3.

Das **dritte** Teilproblem besteht in der Abstimmung **flexibler** Investitionsalternativen auf die **mehrwertige** Zukunft.
Sofern **Variationsmöglichkeiten des Kapazitätsangebots** von Investitionsalternativen oder des Produktionssystems existieren, ist das *Problem mehrfacher Zuordnungsmöglichkeiten* von Kapazitätsangebotsmatrizen zu einer Kapazitätsnachfrage- bzw. -lückenmatrix in den Phasen 3 und 5 zu lösen.
Der Lösungsansatz besteht darin, dem Vergleich jeweils diejenige Kapazitätsangebotsmatrix des Produktionssystems ($K_s^{(A)}$) bzw. der Investitionsalternative ($K_u^{(I)}$) zugrundezulegen, welche die bestmögliche Anpassung an die Kapazitätsnachfrage $K^{(N)}$ bzw. -lücke $K^{(L)}$ repräsentiert. Nur dann werden Kapazitätslücken bzw. -restlücken nicht zu hoch ausgewiesen[37]. Hierfür ist ein **Zuordnungsalgorithmus** zu entwickeln, der die *"am besten" annähernde Kapazitätsangebotsmatrix* des Produktionssystems $K_s^{(A)*}$ bzw. der Investitionsalternative $K_u^{(I)*}$ selektiert. Flexibilitätsüberlegungen werden also auch bei **deterministischer** Zukunftsentwicklung (= eine einzige Kapazitätsnachfragematrix) in der Investitionsplanung angestellt, indem eine Betrachtung des Flexibilitätsangebots erfolgt und die zur Deckung der Kapazitätsnachfrage am besten geeignete Kapazitätsangebotsmatrix daraus ausgewählt wird[38].

Tritt nun zusätzlich **Mehrwertigkeit der Zukunftsentwicklung** auf, dann existieren für **jede** Zukunftslage t eine Kapazitätsnachfragematrix $K_t^{(N)}$ und eine Kapazitätslückenmatrix $K_t^{(L)}$ sowie für jede Investitionsalternative h bzgl. dieser Zukunftslage eine Kapazitätsrestlückenmatrix $K_{ht}^{(RL)}$. Das Kapazitätskalkül bei Sicherheit wird in diesem Fall zum **Flexibilitätskalkül**.

Eine operationale Planung und Auswahl von Investitionsalternativen erfordert eine *integrative und aggregierte Betrachtungsweise* jener T Kapazitätsnachfrage-, -lücken- und -restlückenmatrizen. Diese Forderung kann durch die Verwendung der **Flexibilität als Planungsgröße** erfüllt werden. Dazu sind die Kapazitätsnachfragematrizen aller Zukunftslagen zur Menge der Flexibilitätsnachfrage $F^{(N)}$, die Kapazitätslückenmatrizen zur Flexibilitätslücke $F^{(L)}$ und die Kapazitätsrestlückenmatrizen zur Flexibilitätsrestlücke $F^{(RL)}$ zu vereinigen[39]. Die *Suche* nach Investitionsalternativen orientiert sich dann an der Flexibilitätslücke $F^{(L)}$, die bonitäre *Bewertung* an der nach Abschluß aller Investitionsvorhaben verbleibenden Restlücke $F^{(RL)}$. Dies ist der Kern einer flexibilitätsorientierten Investitionsplanung.

Der prozessuale Ablauf in Planungsperiode i verändert sich gegenüber Abb. 13 wie folgt (vgl. Abb. 14):

---

37 Vgl. Kap. 2.3.3.2.
38 Zur Auswahl der am besten annähernden Kapazitätsangebotsmatrix vgl. Kap. 5.2.1.3.
39 Gleichzeitig kann das gesamte Kapazitätsvariationsspektrum des Produktionssystems bzw. der Investitionsalternativen als Flexibilitätsangebot $F^{(A)}$ bzw. $F^{(I)}$ interpretiert werden, vgl. Kap. 2.3.1.

Phase 1	**Ermittlung der Flexibilitätsnachfrage $F^{(N_i)}$**
Phase 2	**Ermittlung des Flexibilitätsangebots $F^{(A_i)}$**
Phase 3	**Ermittlung der Flexibilitätslücke $F^{(L_i)}$ durch Vergleich von $F^{(N_i)}$ und $F^{(A_i)}$**
Phase 4	**Darstellung geeigneter Investitionsalternativen h durch ihr Flexibilitätsangebot $F_h^{(I)}$**
Phase 5	**Ermittlung der Flexibilitätsrestlücke $F^{(RL_i)}$ je Investitionsalternative durch Vergleich von $F^{(L_i)}$ und $F_h^{(I)}$**
Phase 6	**Auswahl der Investitionsalternative anhand ihrer Eignung zur Flexibilitätslückendeckung in Periode i**

Abb. 14: Phasenprozeß der flexibilitätsorientierten Investitionsalternativenermittlung

Die Verwendung von Flexibilitätsbeschreibungen macht eine Entwicklung der technischen Investitionsplanung möglich, die mehrwertige Erwartungen und gleichzeitig die für flexible Produktionsapparate charakteristischen Variationsmöglichkeiten des Leistungsangebots zu integrieren erlaubt. Der Alternativenfindungsprozeß anhand von Flexibilitätslücken gestattet eine Ausrichtung der Investitionsalternativen an demjenigen Teil der Produktionsnachfrage, der unter Ausnutzung aller verfügbaren Produktionsmöglichkeiten nicht zu befriedigen ist.

Auf diese Weise wird die Zweckeignung der investierten Produktionsmittel sichergestellt und *ursachenbezogene Risikopolitik auf der dritten Hierarchieebene* betrieben: Es sinkt das Risiko, daß die optimale oder eine hinreichend gute Alternative nicht im Alternativenraum enthalten ist[40].

Ein Verzicht auf die Planung über die produktionstechnische Flexibilität könnte beispielsweise dazu führen, daß der Planende Produktionsmittelinvestitionen **isoliert auf einzelne Zukunftslagen** abstimmt, weil die Möglichkeit des risikobegrenzenden Einsatzes flexibler, auf mehrere Zukunftslagen abgestimmter Produktionsmittel nicht offensichtlich wird.

In der **Integration mittel- und langfristiger Alternativenplanung** innerhalb des hierarchischen Planungskonzepts der flexibilitätsorientierten Investitionsplanung ist ein weiterer Aspekt der *Minderung des informationsbedingten Risikos* zu sehen: Die Aufnahme von erst in weiterer Zukunft zu realisierenden Alternativen in die Planung erlaubt eine bessere Berücksichtigung zeitlich-vertikaler Interdependenzen zwischen zeitlich differierenden Investitionen. Sie verhindert somit die mittelfristige Festlegung

40 Diese Risikoursache findet sich bei Timm (Investitionsrisiko) 40f.

auf Alternativen, die nicht gleichzeitig an längerfristige Produktionserfordernisse angepaßt sind.[41]

Neben der geschilderten Art der **Erstellung** von Investitionsalternativen ist die Art der **erstellten Alternativen** selbst dazu geeignet, das Investitionsrisiko zu senken[42]. Die Auswahl von Investitionsalternativen und -programmen nach dem Kriterium der Flexibilitätslückendeckung in definierter Höhe entspricht *wirkungsbezogener Risikopolitik der vierten Hierarchieebene* bzgl. des Alternativenraums: Das Investitionsrisiko der Alternativen ist durch **Variation der angestrebten Flexibilitätslückendeckung** zu beeinflussen - ein steigender Deckungsgrad entspricht sinkendem Investitionsrisiko.

4.2.2.3. Lösungsansätze bei der Ergebnisbildung

Zur Lösung des Problems, nicht monetär faßbare Investitionswirkungen in den Ergebnisraum zu integrieren[43], bieten sich **flexibilitätsbezogene Größen** an, die unmittelbar auf die Sachzielerfüllung schließen lassen. Ansatzpunkt der Bestimmung solcher Ergebnisgrößen können die **Flexibilitätslücke** $F^{(L)}$ und die **Flexibilitätsrestlücke** $F^{(RL)}$ sein. Ihre Differenz expliziert die technische Eignung einer Investitionsalternative zur Erfüllung noch nicht gedeckter Produktionsnachfrage. Damit kann der Grad der Flexibilitätslückendeckung[44] neben seiner Auswahlfunktion bei der Alternativenbildung eine Bewertungsfunktion bei der Alternativenbeurteilung erlangen[45]. Sofern Flexibilitätslücke und -restlücke nur als heterogene Ergebnisbeschreibungen vorliegen, z.B. in Form mehrerer isolierter Kapazitätsmatrizen, sind **Datenaggregationen** vorzunehmen, um operationale Maßgrößen zu erhalten[46].

Die Tatsache der Berücksichtigung flexibilitätsbezogener neben rein monetären Ergebnisgrößen im Ergebnisraum stellt eine *ursachenbezogene Risikopolitik der dritten Hierarchieebene* bzgl. des Ergebnisraums dar. Sie geht bei Zuweisung nicht-monetärer Ergebnisse auf **einzelne** Ergebnisfelder in eine *Risikopolitik der vierten Ebene* über. Die risikomindernde Wirkung besteht in der Möglichkeit, auch längerfristige Vorteilhaftigkeitswirkungen von Investitionsalternativen in das Entscheidungskalkül einzubeziehen, die wegen der Unbestimmtheit der Daten monetär nicht mehr faßbar sind. Mit dieser Bewertung der Sachzielerfüllung ist vereinfacht zu beurteilen, ob

41 Zur Abstimmung von mittel- und langfristig geplanten Investitionsprogrammen vgl. Kap. 5.2.2.3. Die Forderung nach Erstellung von "Handlungsweisen im Ganzen" bzw. "vollständiger Handlungsalternativen" ist wiederholt in ungewißheitstheoretischen Flexibilitätskonzeptionen zu finden, vgl. Mellwig (Anpassungsfähigkeit) 15ff., ders. (Flexibilität) 729, Jacob (Flexibilität) 302.
42 Vgl. Kap. 4.1.2.
43 Vgl. die Problemkennzeichnung in Kap. 3.2.2.3.
44 Zu seiner Bildung vgl. Kap. 5.1.2.
45 Zur Unterteilung in diese Funktionen von Flexibilitätskriterien vgl. auch Mössner (Planung) 310: Flexibilitätskriterien "sollen im Verlauf des Entwicklungsprozesses als 'Problementwickler' und 'Problembewerter' dienen, d.h. zunächst die Suchrichtung definieren und anschließend die Zweckmäßigkeit der gefundenen Alternativen beurteilen helfen".
46 Vgl. zur Entwicklung operationaler Flexibilitätsmaße Kap. 5.1.2.

eine Alternative auch langfristig einen Gewinnbeitrag leistet: Ermöglicht nämlich eine Investition im gesamten Planungszeitraum eine verbesserte Sachzielerfüllung, ausgedrückt durch ihre Eignung zur Flexibilitätslückendeckung, dann ist mit hoher Wahrscheinlichkeit auch ein längerfristig positiver Gewinnbeitrag anzunehmen. Demnach ist das Ergebnisrisiko einer bonitär als vorteilhaft bewerteten Alternative kleiner als für eine Investition, die nicht oder nur in geringem Maße Sachziele erfüllen hilft. Die Gefahr einer fehlerhaften Alternativenreihung und -auswahl durch eine Beurteilung ausschließlich anhand kurzfristiger Formalzielgrößen wird dadurch verringert, dem Sicherheitsziel ist Rechnung getragen.
Die Bewertung über bonitäre Größen wie die o.g. Flexibilitätsgrößen ist bei strategischen Investitionsprojekten oft sogar die einzige Möglichkeit, zu einer Einschätzung ihrer Vorteilhaftigkeit zu kommen. Hier ist es infolge der groben Alternativenformulierung und der hohen Unbestimmtheit von Ergebnisinformationen i.d.R. unmöglich, Kapitalwerte zu errechnen. Aussagen zur Deckung langfristiger Flexibilitätslücken durch eine strategische Alternative ermöglichen dann zumindest die Beurteilung der Sachzielerfüllung, die grob auf die Formalzielerfüllung schließen läßt.

Insgesamt ist die flexibilitätsorientierte Investitionsplanung als umfassendes, "quasi-analytisches"[47] Planungskonzept zu charakterisieren, das - unter Aufgabe der gebräuchlichen Prämisse des gegebenen und vollständig bestimmten Investitionsentscheidungsfelds - über die Ermittlung von Zustands-, Alternativen- und Ergebnisraum den Prozeß der Bestimmung vorteilhafter Produktionsmittelinvestitionen mit Flexibilisierungswirkung aufzeigt. Dabei werden den **Flexibilitätsmaßen zentrale Funktionen bei der Alternativenerstellung und -bewertung** zugeordnet.

4.3. Zur Festlegung des Umfangs risikopolitischer Planungsmaßnahmen innerhalb der flexibilitätsorientierten Investitionsplanung

Steigende Unvollkommenheit der planungsrelevanten Informationen impliziert steigendes Entscheidungsrisiko. Der vom Entscheidungsträger angestrebte Umfang des Einsatzes ursachen- und wirkungsbezogener Risikopolitik ist eine Funktion seiner **Risikoneigung**[48]. Erst über diese läßt sich der zielentsprechende Grad der Risikobegrenzung ermitteln.

47 Vgl. zur Vorteilhaftigkeit quasi-analytischer Planungsverfahren bei schlecht-definierten Flexibilitätsproblemen Meffert (Problem) 800.
48 Zur Definition von "Risikoneigung" vgl. Teichmann (Investitionsentscheidung) 110, Schneeweiß (Risiko) 45 und 54f., Schneider (Investition) 120f.

Eine Planung der Risikoneigung erfordert die Kenntnis ihrer Determinanten und deren Ausprägungen in der jeweiligen Entscheidungssituation. Man kann situative, personale und soziale Determinanten unterscheiden[49].
Wenn auch bestimmte situative Einflußgrößen wie z.B. die Erfolgswirkungen bereits realisierter Handlungsprogramme in ihrem Einfluß auf die Risikoneigung quantifizierbar sind, werden diese überlagert von anderen situativen sowie personalen und sozialen Determinanten, die einer ökonomischen Analyse unzugänglich sind.
Deshalb ist mit Mellwig zu folgern, daß die Risikoneigung des Disponenten für die rein ökonomische Analyse als **vorgegeben** zu betrachten ist[50].

Das Problem des **zielentsprechenden Umfangs** von Risikobegrenzungsmaßnahmen der flexibilitätsorientierten Investitionsplanung ist zweckmäßigerweise getrennt nach den Maßnahmentypen "**Reduktion unvollkommener Information**" und "**Planung systemflexibilitätssteigernder Investitionsprogrammalternativen**" zu behandeln. Ein simultanes Kalkül wird dadurch verhindert, daß die Höhe des Risikos aus der Unvollkommenheit des Entscheidungsfelds nicht bekannt und der Beitrag von Informationsbeschaffungsaktivitäten zur Risikobegrenzung nicht exakt ermittelbar ist. Ursache ist das ungelöste Problem der Nutzenbewertung von Informationen[51].

Aus diesen Gründen kann auch in einer isolierten Betrachtung der Maßnahmen zur Reduktion unvollkommener Information kein zielentsprechender Umfang der informatorischen Fundierung von Zustands-, Alternativen- und Ergebnisraum innerhalb der flexibilitätsorientierten Investitionsplanung angegeben werden[52]. Allenfalls subjektive Schätzungen der absoluten Risikohöhe und der risikomindernden Wirkung zusätzlicher Informationen sind möglich.

Aus dieser **Unmöglichkeit einer exakten Lösung des Informationsproblems** heraus darf jedoch einem flexibilitätsorientierten Ansatz, der Wege zusätzlicher Informationsgewinnung zur Verbesserung von Entscheidungsgrundlagen aufzeigt (z.B. durch eine explizite Planung von Flexibilität), nicht die Existenzberechtigung abgesprochen werden[53]. Ansonsten wären all jene Planungsansätze von vornherein abzulehnen, die

49 Vgl. dazu stellvertretend die Systematisierungsansätze bei Schneider (Investition) 108, Mahlmann (Anpassung) 109ff., Kupsch (Risiko) 152ff.
50 Vgl. Mellwig (Anpassungsfähigkeit) 131f.
51 Zu dieser Feststellung vgl. Mellwig (Flexibilität) 741, ders. (Anpassungsfähigkeit) 57ff., Schneider (Investition) 37, ders. (Planung) 846.
52 Auch die häufig verwendete entscheidungsorientierte Definition eines Informationswertes als Differenz des Entscheidungsergebnisses ohne und mit Informationsaufnahme (vgl. Marschak (Theory)) stellt m.E. keine Lösung des Informationsproblems dar: Die Kenntnis des Entscheidungsergebnisses mit Informationsaufnahme setzt das Vorliegen dieser Informationen voraus, d.h. Informationskosten sind bereits entstanden, so daß ein ökonomisches Kalkül der Informationsbeschaffung ex ante überflüssig wird.
53 Dies versucht aber D. Schneider (Planung) 838 und 851, der in der Bestimmung des optimalen Informationsumfangs das einzig eigenständige Problem im Hinblick auf Flexibilitätsüberlegungen sieht. Daran richtet sich auch ein Teil seiner Kritik an den flexibilitätsorientierten Ungewißheitskonzeptionen wie flexible Planung oder Theorie der Sekundäranpassung auf, die keinen Beitrag zur Lösung des Problems des Informationsoptimums leisten. Diese Kritik ließe sich auch auf das

nicht explizit den jeweiligen Informationsverarbeitungs*umfang* festlegen, wohl aber zur *Art* des Planungsverfahrens einen Beitrag leisten (wie z.B. die flexible Planung)[54]. So ist mit Mellwig festzustellen, daß "...in keinem Fall (...) zusätzliche Informationskosten die Wertlosigkeit oder gar Unsinnigkeit spezifischer Flexibilitätskonzeptionen der Ungewißheitstheorie begründen"[55] können.

Ursachen- und wirkungsbezogene Risikopolitik stehen, ähnlich wie die Flexibilität der Planung und die Planung der Flexibilität, in einem substitutionalen Verhältnis bezüglich ihrer risikobegrenzenden Wirkung[56]: Eine Intensivierung (Verringerung) der informatorischen Fundierung des Investitionsentscheidungsfelds erlaubt - bei gleicher Entscheidungssituation - einen geringeren (höheren) Grad der produktionstechnischen Flexibilität von Investitionsalternativen. Dies liegt darin begründet, daß man die Auswahl von Produktionsanlagen auf weniger (mehr) Zukunftslagen auszurichten hat.

Eine exakte Festlegung des Umfangs risikobegrenzender Maßnahmen ist nur hinsichtlich der wirkungsbezogenen Risikopolitik der Gestaltung und Auswahl flexibler Produktionsmittel-Investitionsprogramme möglich: Deren Maßnahmen zeitigen meßbare Risikowirkungen und können somit in ein Risiko-Chancen-Kalkül eingebaut werden. Aufgrund der substitutionalen Beziehung zur informationsbezogenen Risikopolitik ist dafür allerdings Voraussetzung, daß die Analyse unter der Annahme eines gegebenen Informationsstands, d.h. einer unveränderlichen Entscheidungssituation erfolgt[57].

Der einer gegebenen Risikoneigung entsprechende Umfang der Deckung von Flexibilitätsnachfrage durch das Flexibilitätsangebot von Investitionsalternativen bestimmt sich dann durch die Anwendung einer den Risikoaspekt berücksichtigenden Nutzenfunktion und der Entscheidungsregel auf die Ergebnisverteilungen[58].

Konzept der flexibilitätsorientierten Investitionsplanung hinsichtlich seiner Vorschläge zur ursachenbezogenen Risikopolitik anwenden.

54 Vgl. auch Mellwig (Flexibilität) 740f. zur Verteidigung der Theorie der Sekundäranpassung.

55 Mellwig (Flexibilität) 741.

56 Vgl. auch Kap. 4.1.1.3. und Mahlmann (Anpassung) 163ff.

57 Ähnlich Inderfurth (Investitionsplanung) 26f. sowie Mellwig (Anpassungsfähigkeit) 70.

58 Vgl. zu diesem Zusammenhang die Ausführungen in Kapitel 5.1.3.

5. Bestimmung des Ziel- und Entscheidungsfeldes von Investitionsentscheidungen zur Flexibilisierung der Produktion

Die im vorangegangenen Kapitel skizzierten Lösungsansätze bedürfen der konkreten Ausführung. Dazu bietet sich eine Dreiteilung in die Bestimmung des Zielfeldes, des Zustands- und Alternativenraums sowie des Ergebnisraums an.

5.1. Festlegung des Zielsystems

Notwendige Bestandteile jedes Zielsystems sind **operationale Entscheidungsziele**[1] und die ihnen zugrundeliegende **Präferenzordnung**[2]. In der Bestimmung dieser Komponenten besteht die Aufgabe der Formulierung von Zielsystemen.

5.1.1. Zur Formulierung operationaler Entscheidungsziele

Investitionsentscheidungen über Art, Ausmaß und Zeitpunkt der Flexibilisierung der Produktion bedingen die Festlegung von Entscheidungszielen. Sie werden in ihrer Art durch **Zielinhalt** und **Zielmaßstab** festgelegt[3]. "Erst ein gegebenes Zielsystem macht die Probleme der Anpassung im Produktions-, Absatz- und Finanzbereich einer Unternehmung entscheidbar. In diesem Sinne wird den Zielen bzw. den daraus abgeleiteten Entscheidungskriterien eine Bewertungsfunktion zuerkannt"[4]. Daneben ist den Zielen eine Auswahlfunktion bei der Lösungssuche zuzurechnen[5].

Die Zielformulierung unterliegt der **Forderung nach Operationalität**[6]. Im Einklang mit R.-B. Schmidt sind die Operationalitätskriterien Verfolgbarkeit, Meßbarkeit und Existenz eines Zeitbezuges festzulegen[7].
Voraussetzung der *Verfolgbarkeit* ist die Existenz zielerreichender Aktivitäten[8]. Entscheidend für die *Meßbarkeit* ist, daß ein Zielmaßstab existiert. Die Forderung nach *Zeitbezogenheit* operationaler Ziele verlangt die Unterlegung eines Zeitpunkts oder Zeitraums der Gültigkeit der Zielsetzung[9]. Wichtig ist in unserem Zusammenhang die Feststellung, daß sich letzterer an der Ermittelbarkeit der Maßgrößen orientiert, die das jeweilige Ziel beschreiben. Es kann nicht sinnvoll sein, den Zeitbezug des Zieles über den Horizont der Verfügbarkeit von Zielerreichungsinformationen

1 Zum Begriff "Entscheidungsziel" vgl. Kosiol (Aktionszentrum) 212ff., Hauschildt (Entscheidungsziele).
2 Vgl. Sieben/Schildbach (Entscheidungstheorie) 22f., Bamberg/Coenenberg (Entscheidungslehre) 26, Pfohl/Braun (Entscheidungstheorie) 40.
3 Vgl. Hauschildt (Entscheidungsziele) 11ff., Berthel (Unternehmungssteuerung) 13.
4 Meffert (Problem) 798. Vgl. zur Bewertungsfunktion von Zielen auch Heinen (Ansatz) 430.
5 Vgl. auch Kap. 3.1.4.
6 Vgl. Bamberg/Coenenberg (Entscheidungslehre) 29f. Zum Begriff der Operationalität von Zielen vgl. Heinen (Zielsystem) 115ff., Wild (Grundlagen) 55, Kupsch (Unternehmungsziele) 72f.
7 Zur Nennung dieser Kriterien vgl. Schmidt (Zielsetzung) 125ff.
8 Vgl. Berthel (Unternehmungssteuerung) 24.
9 Vgl. zum zeitlichen Bezug von Unternehmungszielen Heinen (Zielsystem) 85ff.

hinaus auszudehnen. Hier ist auf **andere** Ziele überzugehen, deren Anforderungen an die Bestimmtheit der zur Ergebnisbildung benötigten Informationen geringer sind.

5.1.2. Bestimmung der Entscheidungsziele bei partieller Bestimmtheit von Zukunftslagen und nicht vorgegebenem Alternativenraum

Zur Ableitung der Entscheidungsziele bei partieller Bestimmtheit von Zukunftslagen und nicht a priori gegebenem Alternativenraum sowie zur Prüfung ihrer Operationalität anhand der genannten Kriterien soll zunächst vom Fall des vollständig bestimmten Zustandsraums ausgegangen werden.

Vollständige Bestimmtheit von Zukunftslagen ermöglicht die eindeutige Ermittlung monetärer Ergebnisgrößen je Ergebnismatrixfeld. Sie erfassen die ökonomischen Wirkungen bis zum Planungshorizont. Damit ist die Voraussetzung für die Operationalisierung **rein monetär meßbarer Subziele** aus dem unternehmerischen Oberziel "Wohlstandsstreben" gegeben.

Für die hier relevanten Subziele Gewinn- bzw. Sicherheitsstreben[10] sollen die Zielinhalte **Gewinnmaximierung** bzw. **Realisierung eines Mindestgewinns** in allen Zukunftslagen festgelegt werden. Die Zielerreichung von Alternativen sei durch den mehrperiodigen Erfolgsmaßstab "Kapitalwert" zu bewerten. Zielkonforme aggregierte Maßgrößen sind **Erwartungswert und Varianz des Kapitalwerts**[11]. Damit ist die Meßbarkeit der Ziele sichergestellt.
Auch das Operationalitätskriterium der Verfolgbarkeit kann hier als erfüllt gelten, da Aktivitäten privatwirtschaftlicher Unternehmungen auf Gewinnerzielung ausgerichtet sind.
Beiden Zielen ist der **gesamte Planungszeitraum** als Zeitbezug zu unterlegen, da bei vollständiger Bestimmtheit sämtliche Vorteilhaftigkeitswirkungen von Investitionen nach Art, Höhe und zeitlicher Verteilung durch Ein- und Auszahlungen beschrieben werden können.

Bei **partieller Bestimmtheit** von Zukunftslagen existieren dagegen zahlenmäßig erfaßbare Wirkungen von Investitionen auf das Ziel "Wohlstandsstreben", für die keine Zuordnungsregel zu monetären Größen zu finden ist. Es sind dies die quantitativen Angaben zur nachfragebezogenen Sachleistungserstellung, welche die Investitionswirkungen **nach** dem Zeitpunkt der Bestimmbarkeit von Kapitalwerten beschreiben.
Wählte man zur Wahrnehmung der Bewertungsfunktion von Zielen - wie im Fall der vollständigen Bestimmtheit - rein monetäre Subziele, so bedeutete dies eine **Verkür-**

10 Vgl. Kap. 3.1.4.
11 Vgl. Kap. 4.1.2.

zung des Ergebnishorizonts[12] gegenüber dem Planungshorizont. Die Vorteilhaftigkeitsbewertung von Investitionsalternativen bliebe informatorisch unvollständig.

Um Investitionswirkungen zu erfassen, die über die Erfaßbarkeit durch monetäre Maßstäbe hinausgehen, ist daher neben dem Kapitalwert ein **Zielmaßstab mit geringeren Bestimmtheitsanforderungen** an die ihm zugrundeliegende Information zu entwickeln. Dies impliziert die Unterlegung eines zusätzlichen, **bonitären** Ziels, das in einer komplementären Beziehung zum Oberziel der Unternehmung steht, sowie dessen Operationalisierung[13].

Die Notwendigkeit der Einführung einer bonitären Zielsetzung ergibt sich auch aus der Aufgabe der Prämisse des vorgegebenen Alternativenraums: Bei gegebenen Investitionsalternativen ist allein die Bewertungsfunktion von Zielen maßgebend. Sind die Alternativen aber nicht von vornherein bekannt, haben die im Zielsystem enthaltenen Ziele stets auch eine **Auswahlfunktion** zu erfüllen, um für die technische Funktionserfüllung geeignete Alternativen aufzufinden[14]. Würde man die Auswahlfunktion einem monetären Ziel zurechnen, dann hätte dies folgende Konsequenzen:

- Erstens könnten Kapitalwerte nur für einen Planungszeitraum berechnet werden, dessen Ende bei langfristiger Planung weit vor dem Planungshorizont liegt. Dann wäre aber eine Beurteilung der längerfristigen Funktionserfüllung der Alternativen nicht möglich.
- Zweitens benötigte man Preis- und Kosteninformationen neben den zur Beurteilung der technischen Funktionserfüllung ausreichenden sachzielbezogenen Informationen. Dies erhöhte den Informationsverarbeitungsaufwand gegenüber rein bonitären Zielen erheblich.

Zur Ableitung eines für Auswahl- und Bewertungszwecke geeigneten bonitären Ziels bietet sich die **Produktzielebene** an. Produktziele bezeichnen Art, Menge und Zeitpunkt der herzustellenden und am Markt abzusetzenden Produkte[15]. Ihre Eignung ergibt sich dadurch, daß

- Informationen über die Produktzielerfüllung bereits in der Phase der technischen Alternativenfindung verfügbar sind,

12 Vgl. zum Ergebnishorizont Bitz (Strukturierung) 193 und 220ff.

13 Ein ähnlicher Gedankengang ist zu finden bei Eisele (Fertigungstechnologie) 102, der ein "organisationstheoretisches Zusatzkriterium" fordert, das neben dem Beitrag von Investitionsobjekten zur Gewinnerzielung im Rahmen des prognostizierbaren Leistungsprogramms die Berücksichtigung der Fähigkeit von Investitionsobjekten zur Änderung der Fertigungstechnologie infolge nicht oder inexakt vorherbestimmbarer Entwicklungen erlaubt.

14 Es handelt sich also nicht um die Auswahl zulässiger aus der Menge bereits gegebener Alternativen anhand monetärer Zielkriterien, wie es in der Theorie der Sekundäranpassung durch die Mindestgewinnbedingung (vgl. Mellwig (Anpassungsfähigkeit) 125ff.) oder durch die nach unten beschränkte Risikonutzenfunktion (vgl. Schneider (Investition) 122f.) geschieht. Vielmehr geht es um die Ausrichtung der Alternativenerstellung auf die tatsächlichen Produktionserfordernisse.

15 Vgl. Schmidt (Zielsetzung) 123f.

- sie in einer direkten Mittel-Zweck-Relation zum Gewinnziel stehen[16], somit (je nach Zielformulierung) ein dem Wohlstandsstreben adäquates Subziel darstellen (können) und
- sie durch ihre Formulierung der Bestimmtheit der verfügbaren Planungsinformationen angepaßt bzw. anpaßbar sind: Die Messung der Produktzielerreichung setzt erstens **keine Wertgrößen** wie z.B. Güterpreise, Faktoreinsatzkosten etc. voraus, wie dies bei monetären Ergebnisgrößen der Fall ist. Zweitens sind Produktziele in **verschiedenen Aggregationsgraden** zu formulieren (z.B. für Produktarten, Produktgruppen, Geschäftsfelder...), so daß verschiedenartige Investitionswirkungen, die sich in ihrer Bestimmtheit unterscheiden, durch jeweils geeignete Produktzielmaßstäbe auszudrücken sind[17].

Die **Operationalisierung des Produktziels** erfordert die Spezifikation von Zielinhalt, -maßstab und Zeitbezug[18]:

Inhaltlich bezeichne das Produktziel die Erfüllung der denkmöglichen Produktionsnachfrage je einer Zukunftslage nach Produktarten und Periodenmengen. Sie ist als Obergrenze des bereitzustellenden Produktionsangebots anzusehen[19].

Bei **Mehrwertigkeit der Zukunft** kann die Produktzielerreichung nur mehrdimensional durch die Angabe der Zielerreichungsgrade je Zukunftslage beschrieben werden. Unter Verwendung der Kapazitätsmatrizendarstellung entsprechen diese dem jeweiligen Grad der Kapazitätslückendeckung durch die Investitionsalternative. Es liegt dann nahe, das *Produktziel in aggregierter Form zu definieren* und als **Flexibilitätsziel** zu bezeichnen. Konkreter Zielinhalt sei das **Streben nach Flexibilitätslückendeckung** durch die Investitionsalternativen. Damit ist die Verwendung flexibilitätszielbezogener Ergebnisgrößen als Kriterium der Auswahl und Beurteilung von Investitionsvorhaben formal hergeleitet[20].
Ihre **Auswahlfunktion** besteht konkret darin, anhand der Flexibilitätslücken Investitionsnotwendigkeiten gezielt aufzudecken und daran den Vorschlag geeigneter Investitionsalternativen auszurichten.
Die **Bewertungsfunktion** ist dadurch wahrzunehmen, daß die Höhe der Flexibilitätslückendeckung neben den monetären Zielgrößen in ein Nutzenkalkül aufgenommen

16 Vgl. Kern (Investitionsrechnung) 53.
17 Dies ist bei monetären Zielsetzungen wegen ihrer bis zum Planungshorizont gleichbleibenden Bestimmtheitsanforderungen nicht möglich, vgl. auch die Kritik der Simultanplanungsansätze in Kap 3.2.1..
18 Das Kriterium der Verfolgbarkeit kann bei Verfügbarkeit produktiver Kapazitäten als erfüllt angesehen werden.
19 Vgl. dazu bereits Kap. 4.2.1.
20 Die Verwendung der Flexibilität als zusätzliches Entscheidungskriterium neben monetären Kriterien schlägt auch Hanssmann (Einführung) 231 vor.

wird oder - wenn als Mindestanspruchsniveau formuliert - als wertendes Kriterium der Zulässigkeit von Alternativen fungiert[21].

Nach der Festlegung des Zielinhalts ist ein **operationaler Zielmaßstab der Flexibilitätslückendeckung** durch Aggregation zu entwickeln. Aus Gründen der Einheitlichkeit erscheint es zweckmäßig, die Wahl des Aggregationsgrades derart vorzunehmen, daß ebenso wie bei der monetären Ergebnisgröße "Kapitalwert" genau **eine** skalare nicht-monetäre Größe je Ergebnismatrixfeld resultiert. Da letztere zukunftslagenbezogen formuliert ist, stellt sie die Maßgröße der Kapazitätslückendeckung dar, und bildet in Verbindung mit dem Kapitalwert den Ergebnisvektor des Ergebnisfelds[22].

Die Flexibilitätslückendeckung einer Investitionsalternative wird dann zunächst - wie auch die Gewinnzielerreichung - durch einen Zeilenvektor beschrieben. Seine Elemente sind die Maße der Kapazitätslückendeckung je Zukunftslage.

Neben der Festlegung der Maßstabsdimension ist eine Wahl zwischen Absolut- und Relativmaß zu treffen. Vorteilhaft für den Alternativenvergleich erscheint eine **Relativgröße**, welche die Flexibilitätslückendeckung durch die Investition zur zugehörigen Flexibilitätslücke in Beziehung setzt. Die Flexibilitätslückendeckung ist dabei zu berechnen durch die Differenz aus Flexibilitätslücke und -restlücke. Der resultierende Quotient ist als "**Grad der Flexibilitätslückendeckung**" zu bezeichnen[23]. Bei Betrachtung von nur einer Zukunftslage ergibt sich analog dazu der "Grad der Kapazitätslückendeckung".

Je nach Anwendung von Datenaggregationstechniken im Vorfeld der Ermittlung von Flexibilitätslücken und -restlücken sind diese in unterschiedlichster Form beschrieben. Daher kann die Ausgangsdatenbasis einer konkreten Zielgrößenbestimmung artmäßig verschieden sein. Differenzierungen ergeben sich durch die Verwendung von Dualzahlen bzw. quantitativen Kapazitätsdaten in Kapazitätsmatrizen, durch die Wahl von Kapazitätsmatrizen vom Typ I oder II, durch unterschiedliche Aggregationsgrade in Kapazitätsmatrixkopfzeile und -spalte[24] sowie durch Zusammenfassungen von Kapazitätsmatrizen in den Flexibilitätsangebots- und -nachfragemengen. So bestehen z.B. die Mengen der Flexibilitätslücke bzw. -restlücke je Periode bei Verwendung der Matrix vom Typ I aus nur einer, bei Typ II aus mehreren Kapazitätsmatrizen. Diese Unterschiede komplizieren die Ermittlung von Lückendeckungsgraden.

Die **Aggregationsvorschriften** zur Konkretisierung des Zielmaßstabs sollten daher an dieser Stelle so **allgemein** gehalten werden, daß sie unabhängig von der jeweiligen

21 Vgl. dazu die Diskussion um die Handhabung der Mehrfachzielsetzung in Kap. 5.1.3.
22 Vgl. zu diesen formalen Grundlagen Bitz (Strukturierung) 71.
23 Die mathematische Ausführung dieser verbalen Definitionen erfolgt an späterer Stelle dieses Kapitels.
24 Vgl. dazu Kap. 2.3.3.1.

Beschreibungsform der Flexibilitätslücke anwendbar sind. Ansonsten käme es zu einer unübersichtlichen Vielfalt solcher Vorschriften.

Ausgangspunkt der Aggregation sind die Mengen der periodenbezogenen Flexibilitätslücke $F^{(L_i)}$ sowie der Flexibilitätsrestlücke $F^{(RL_i)}$, die im allgemeinsten Fall jeweils mehrere Kapazitätsmatrizen $K_t^{(L_i)}$ bzw. $K_t^{(RL_i)}$ enthalten[25].

In der Vielfalt der Aggregationsmöglichkeiten zur Berechnung von Kapazitätslückendeckungsgraden je Zukunftslage t erscheint folgende Vorgehensweise zweckmäßig, um die Einfachheit der Aggregation zu bewahren:

Durch **Bildung von Elementsummen** je Kapazitätsmatrix der Periode i werden eindimensionale Kennziffern $\mathcal{K}_t^{(L_i)}$ und $\mathcal{K}_t^{(RL_i)}$ ermittelt, die jeweils die Höhe der Kapazitätslücke bzw. der nach Investition verbleibenden -restlücke ausdrücken:

$$\mathcal{K}_t^{(L_i)} = \sum_m \sum_n k_{tmn}^{(L_i)} \tag{5a}$$

$$\mathcal{K}_t^{(RL_i)} = \sum_m \sum_n k_{tmn}^{(RL_i)} \tag{5b}$$

Das Relativmaß **Kapazitätslückendeckungsgrad** $k_t^{(L_i)}$ berechnet sich dann zu[26]:

$$k_t^{(L_i)} = \frac{\mathcal{K}_t^{(L_i)} - \mathcal{K}_t^{(RL_i)}}{\mathcal{K}_t^{(L_i)}} \tag{6a}$$

Anpassungsfähigkeit der Investitionsalternative und Grad der Kapazitätslückendeckung sind positiv korreliert: Eine geringe Anpassungsfähigkeit der Investitionsalternative an die Produktionsanforderungen der Zukunftslage drückt sich in einem hohen Wert von $\mathcal{K}_t^{(RL_i)}$ und damit in einem niedrigen $k_t^{(L_i)}$ aus. Umgekehrt geht der Wert von $\mathcal{K}_t^{(RL_i)}$ bei hoher Anpassungsfähigkeit gegen Null, so daß $k_t^{(L_i)}$ gegen den Wert eins strebt.

25 Der Spezialfall, daß $F^{(L_i)}$ und $F^{(RL_i)}$ jeweils nur ein Element beinhalten, so z.B. bei Verwendung der Matrizen vom Typ I, ist darin enthalten. Zur Ermittlung von $F^{(RL)}$ und $F^{(L)}$ allgemein vgl. Kap. 5.2.1.

26 Die Differenz im Zähler aus $\mathcal{K}_t^{(L)}$ und $\mathcal{K}_t^{(RL)}$ ist nicht identisch mit der Matrixsumme

$\mathcal{K}_t^{(I)*} = \Sigma_m \Sigma_n k_{tmn}^{(I)*}$ der besten kapazitätslückendeckenden Investitionsalternative,

weil letztere noch nicht um die Überdeckung der Kapazitätslücke durch die Investition bereinigt ist. Um die effektiv wirksame Kapazitätslückendeckung durch die Investition nicht zu hoch auszuweisen, wird daher nicht

$\mathcal{K}_t^{(I)*}$, sondern $\{\mathcal{K}_t^{(L)} - \mathcal{K}_t^{(RL)}\}$ zu $\mathcal{K}_t^{(L)}$ in Beziehung gesetzt.

Vgl. zur Bereinigung von Kapazitätsüberdeckungen in $\mathcal{K}_t^{(L)}$ und $\mathcal{K}_t^{(RL)}$ Kap. 5.2.1.3.

Folgendes **Beispiel** soll die Aggregationsvorschrift verdeutlichen (t = 1, i = 1):

$$K_1^{(L_1)} = \begin{bmatrix} 0 & 2 & 4 \\ 0 & 3 & 0 \\ 2 & 6 & 8 \end{bmatrix} \qquad K_1^{(RL_1)} = \begin{bmatrix} 0 & 0 & 1 \\ 0 & 1 & 0 \\ 1 & 2 & 4 \end{bmatrix}$$

$$\boldsymbol{K}_1^{(L_1)} = \sum_m \sum_n k_{1mn}^{(L_1)} = 25 \qquad \boldsymbol{K}_1^{(RL_1)} = \sum_m \sum_n k_{1mn}^{(RL_1)} = 9$$

$$\boldsymbol{k}_1^{(L_1)} = \frac{25 - 9}{25} = 0{,}64$$

Der Kapazitätslückendeckungsgrad einer Zukunftslage über **sämtliche** Planungsperioden ermittelt sich beispielsweise bei Anwendung der einfachsten Zeitpräferenzordnung[27] zu:

$$\boldsymbol{k}_t^{(L)} = \frac{\sum_{i=1}^{I} \boldsymbol{k}_t^{(L_i)}}{I} \qquad (6b)$$

In Fortführung des obigen Beispiels mit folgenden zusätzlichen Daten für $k_t^{(L_i)}$

		Periode i=1	i=2	i=3	Wahrscheinlichkeit w_t
Zukunfts-lage	t=1	0,64	0,55	0,40	0,6
	t=2	0,48	0,54	0,51	0,4

ergeben sich die Kapazitätslückendeckungsgrade $k_t^{(L)}$ des gesamten Planungszeitraums zu:

27 Vgl. zu den Präferenzordnungen Kap. 5.1.3.
Bei einer derartigen Aggregation wird auf eine Gewichtung des unterschiedlichen zeitlichen Anfallens der nicht-monetären Ergebnisse, wie sie z.B. beim Kapitalwert durch einen Abzinsungsfaktor erfolgt, der Einfachheit halber verzichtet. Es sind durchaus auch Aggregationsvorschriften denkbar, die eine andere Zeitpräferenzordnung unterlegen, so z.B. eine mit zunehmender Entfernung der Planungsperiode vom Planungszeitpunkt T_0 abnehmende Gewichtung der zugehörigen Kapazitätslückendeckungsgrade.

$$k_1^{(L)} = \frac{0{,}64 + 0{,}55 + 0{,}40}{3} = 0{,}53$$

$$k_2^{(L)} = \frac{0{,}48 + 0{,}54 + 0{,}51}{3} = 0{,}51$$

Um die Flexibilitätszielerreichung der jeweiligen Investitionsalternative nicht durch einen **Zeilenvektor** von T Kapazitätslückendeckungsgraden, sondern in Form einer **einzigen Maßgröße** zu beschreiben, kann in einem weiteren Aggregationsschritt - analog zur Amalgamation der Kapitalwertverteilung zu einer einzigen Repräsentativgröße - ein **Maßstab der Flexibilitätslückendeckung** konstruiert werden.
Ein einfaches Beispiel ist der Erwartungswert der Kapazitätslückendeckungsgrade, der als Flexibilitätslückendeckungsgrad zu bezeichnen ist und durch

$$f^{(L_i)} = \sum_{t=1}^{T} k_t^{(L_i)} \cdot w_t \qquad \text{je Periode} \qquad (7a) \qquad \text{bzw.}$$

$$f^{(L)} = \sum_{t=1}^{T} k_t^{(L)} \cdot w_t \qquad \text{für den gesamten Planungszeitraum} \qquad (7b)$$

zu errechnen ist.[28]

Im Beispiel betragen die Flexibilitätslückendeckungsgrade der Periode 1 bzw. des gesamten Planungszeitraums:

$$f^{(L_1)} = 0{,}64 \cdot 0{,}6 + 0{,}48 \cdot 0{,}4 = 0{,}576$$
$$f^{(L)} = 0{,}53 \cdot 0{,}6 + 0{,}51 \cdot 0{,}4 = 0{,}522$$

Der Grad der Flexibilitätslückendeckung stellt einen einfachen und damit operationalen Maßstab zur Beurteilung der Anpassungsfähigkeit einer Investitionsalternative bzw. eines Investitionsprogramms an die unterschiedlichen Zukunftslagen dar. Er kann sowohl Auswahl- als auch Bewertungsfunktionen wahrnehmen. Damit ist die Voraussetzung geschaffen, die i.d.R. als imponderabel betrachtete, da schwer quantifizierbare Größe der Flexibilität in ein quantitatives Investitionskalkül einzubeziehen.

28 Bei Verwendung der Matrix vom Typ I erübrigt sich dieser letzte Schritt: Die Mengen $F^{(L)}$ und $F^{(RL)}$ umfassen jeweils nur eine Kapazitätsmatrix, so daß $f^{(L_i)}$ mit $k_t^{(L_i)}$ aus Gleichung (6a) und $f^{(L)}$ mit $k_t^{(L)}$ aus Gleichung (6b) identisch sind.

5.1.3. Bestimmung der Präferenzordnung über die Zielerreichungsgrade

Die vorliegende Entscheidungssituation ist durch ein **mehrperiodiges** Entscheidungsmodell mit **mehrfachen** Zielerreichungsgraden je Ergebnisfeld (Kapitalwert und Kapazitätslückendeckungsgrad) bei gegebenen Eintrittswahrscheinlichkeiten **mehrerer** Zukunftslagen zu charakterisieren[29]. Um anhand dieser Ergebnisgrößen zu einer eindeutigen Rangordnung der Alternativen zu kommen, ist eine **Entscheidungsregel**[30] aufzustellen und in ihrer Zielfunktion zu formalisieren. Sie bestimmt letztendlich die Art der Einbeziehung des Flexibilisierungsziels in die Investitionsplanung.
Zu diesem Zweck wiederum bedarf es der Festlegung einer **Präferenzordnung über die Zielerreichungsgrade.** Sie stellt ein Mindesterfordernis der rationalen Entscheidung über Investitionsalternativen dar[31]. Zudem ist ihre Kenntnis im vorliegenden Fall Voraussetzung für die Gestaltung des Alternativenerstellungsprozesses. Daher ist die Präferenzordnung noch vor der Bestimmung des Entscheidungsfelds zu behandeln.

Entsprechend der genannten Situationscharakteristik werden Bewertungen von Ergebnissen hinsichtlich ihrer Zugehörigkeit zu verschiedenen Zielgrößen (**Arten**präferenzordnung), ihrer Höhe (**Höhen**präferenzordnung) und ihres ungewissen Anfallens (**Risiko**präferenzordnung) notwendig[32]. Die Bewertung des unterschiedlichen zeitlichen Anfallens von Ein- und Auszahlungen bzw. periodenbezogenen Kapazitätslückendeckungsgraden durch Anwendung einer **Zeit**präferenzordnung ist bereits mit der Bildung des Kapitalwerts bzw. eines periodenübergreifenden Deckungsgrades erfolgt[33].

Durch die Anwendungen dieser Präferenzordnungen "niederer Art"[34] auf die Ergebnisse und ihre Verknüpfung zu einem **Präferenzensystem höherer Ordnung** sollen die Investitionsalternativen vergleichbar werden. Dies ist vor Anwendung der Präferenzordnung nicht der Fall, da für jede Investitionsalternative die Ergebnismatrix so viele Ergebnisfelder wie Zukunftslagen und je Ergebnisfeld einen Ergebnisvektor mit den Zielgrößen Kapitalwert und Kapazitätslückendeckungsgrad aufweist.

---

29 Zur Grundstruktur eines solchen Entscheidungsmodells vgl. Pfohl/Braun (Entscheidungstheorie) 43.
30 Zum Begriff der Entscheidungsregel vgl. Pfohl (Problematik) 310ff. und die dort angegebene Literatur.
31 Vgl. Pfohl (Problematik) 309.
32 Vgl. zur Nennung dieser Präferenzordnungen Sieben/Schildbach (Entscheidungstheorie) 24ff., Pfohl/Braun (Entscheidungstheorie) 43ff., Bamberg/Coenenberg (Entscheidungslehre) 26f.
33 Vgl. Kap. 3.1.4. und 5.1.2.
34 Pfohl/Braun (Entscheidungstheorie) 50.

Die Verknüpfung der Präferenzordnungen niederer Art kann wahlweise **sukzessiv oder simultan** erfolgen[35]. Bei der folgenden Festlegung des Präferenzensystems werden beide Vorgehensweisen zur Anwendung kommen

"Eine **Artenpräferenzrelation** wird erforderlich, wenn der Entscheidungsträger gleichzeitig mehrere Zielgrößen anstrebt und diese Zielgrößen zumindest teilweise konfliktär sind"[36]. Dieser Fall liegt hier vor, da zwischen dem Streben nach Flexibilitätssteigerung und Gewinnerzielung ein partieller Zielkonflikt existiert[37].
Zur Lösung des Problems dieser Mehrfachzielsetzung ist die mehrfache Zielvorschrift auf eine einfache zurückzuführen. Dazu ist unter mehreren Vorgehensweisen zu wählen[38]. Für die vorliegende Problemstellung scheinen die Konzeptionen der *Zielgewichtung* sowie der *Kombination einer Extremierungsvorschrift für ein Ziel mit einer Satisfizierungs- und/oder Fixierungsvorschrift*[39] *für die restlichen Ziele* geeignet[40].

Bei der **Zielgewichtung** werden die Zielerreichungsgrade durch eine übergeordnete Zielvorschrift zu einem einzigen Präferenzwert amalgamiert[41]. Die Problematik dieser Konzeption liegt in der Bestimmung der Zielgewichte[42]. Sie wird verstärkt, wenn wie hier Ziele verschiedene Zeitbezüge aufweisen und gleichzeitig monetäre und nicht-monetäre Ziele vorliegen. Dann kann die resultierende Nutzengröße nicht monetärer Art sein[43].

In der Literatur wird für diesen Fall teilweise eine monetäre Quantifizierung der bonitären Größen über Hilfsgrößen vorgeschlagen[44].

---

35 Vgl. Pfohl/Braun (Entscheidungstheorie) 51.

36 Bamberg/Coenenberg (Entscheidungslehre) 27.

37 Vgl. Kap. 4.1.2. Abbildung 10.

38 Vgl. Bitz (Entscheidungstheorie) 39ff., Bitz (Strukturierung) 297ff., Schneider (Investition) 58ff., Pfohl/Braun (Entscheidungstheorie) 209ff., Hettich (Entscheidungsregeln), Sinn (Ungewißheit) 95ff., Zimmermann (Entscheidungen), Dinkelbach (Entscheidungen), Fandel/Wilhelm (Zielsetzung), Bamberg/Coenenberg (Entscheidungslehre) 49ff., Weber (Entscheidungen).

39 Zu den Optimierungskriterien der Extremierung, Satisfizierung und Fixierung von Zielgrößen vgl. Bitz (Entscheidungstheorie) 35ff.

40 Die zwei in der Literatur darüber hinaus genannten Konzeptionen der Zielunterdrückung sowie der lexikographischen Auswahl werden hier aus folgenden Gründen nicht weiter verfolgt: Erstens erscheint weder die Unterdrückung der monetären noch der nicht-monetären Zielsetzung angesichts der Aufgabenstellung der vorliegenden Arbeit tragbar. Zweitens käme in unserem Fall die Festlegung auf ein lexikographisches Auswahlprinzip, das nur bei Gleichheit einer Alternative bzgl. des primären Ziels das sekundäre Ziel in Betracht zieht, der Zielunterdrückung gleich: in der Regel weisen keine zwei Alternativen die gleiche Kapitalwert- bzw. Kapazitätslückendeckungsgrad-Verteilung auf als Voraussetzung dafür, daß die Entscheidung allein anhand des primären Ziels fallen könnte.

41 Vgl. Heinen (Zielsystem) 158. Zur Bestimmung von Nutzenfunktionen bei mehrfacher Zielsetzung vgl. u.a. Keeney/Raiffa (Decisions) 108ff. und Nitzsch/Weber (Bestimmung). Allgemein zu Begriff und Vorgehensweise der Ergebnisamalgamation vgl. Bitz (Strukturierung) 388ff. und Gäfgen (Theorie) 137ff.

42 Vgl. Gaitanides (Planungsmethodologie) 112ff., Dinkelbach (Entscheidungen) 63ff.

43 Vgl. z.B. die Nutzwertanalyse als bekannteste Methode der Zusammenfassung monetärer und nicht-monetärer Zielgrößen, dargestellt bei Zangemeister (Nutzwertanalyse), Zangemeister/Bomsdorf (NWA), Dreyer (Nutzwertanalyse).

44 Vgl. Schwarz (Faktoren) 693, Frischmuth (Daten) 128ff.

Ein Ansatz, der sich solcher Hilfsgrößen bedient und diese durch Gewichtung in ein Kapitalwertmodell integriert, ist die **Konzeption des Weiterverwendbarkeitsgrades** von Schünemann/Lehnen[45]. Hierbei werden die langfristigen Vorteilhaftigkeitswirkungen der Flexibilität in der Weiterverwendbarkeit einer Investition bei späterem Aufgabenwechsel gesehen. Es wird versucht, diese in den Kapitalwert zu integrieren, indem die Anschaffungsauszahlungen um einen prozentualen Erfahrungswert reduziert werden. Die prognostizierbaren Ein- und Auszahlungen werden also mit den Anschaffungsauszahlungen, die um den Anteil der Weiterverwendbarkeit reduziert sind, gleichmäßig gewichtet.

Dieser u.W. einzige Ansatz der Literatur, langfristige Flexibilitätswirkungen von Produktionsmitteln explizit in das Investitionskalkül einzubeziehen, liefert allerdings nur sehr grobe entscheidungsunterstützende Informationen. Er stellt nicht auf prognostisch gesicherte Weiterverwendungsbedarfe, sondern auf die Gesamtheit **aller** künftigen Verwendungsmöglichkeiten ab, die zu einem gewissen Teil nicht benötigt werden. Dadurch ist der Informationswert der angegebenen Weiterverwendbarkeitsgrade begrenzt. Zudem hängt ihre Höhe von einer Vielfalt von Einflußfaktoren ab, z.B. Investitionsart, Umweltvarietät, technische Nutzungsdauer der Investitionsobjekte u.v.m., so daß pauschale Angaben der Weiterverwendbarkeitsgrade im konkreten Einzelfall wenig aussagekräftig sind.

In diese Richtung geht auch die in Kapitel 4.1.2. getroffene Feststellung, daß Flexibilisierungs- und Gewinnwirkung einer Investition in keinen mathematisch exakt formulierbaren Zusammenhang zu bringen sind. Dies ist letztlich der Grund dafür, daß das Gewicht des Flexibilitätszielerreichungsgrades relativ zur monetär meßbaren Gewinn- und Sicherheitszielerreichung **nicht bestimmt** werden kann, mit anderen Worten: Die Austauschrelation zwischen den Zielen ist nicht bekannt. Da dies aber Voraussetzung für die Anwendung der Zielgewichtungsmethode ist[46], ist der Weg der Formulierung einer übergeordneten Nutzenfunktion hier nicht gangbar. Ganz abgesehen davon unterstellte sie extremale Ziele[47] - dies ist bzgl. des Flexibilisierungsziels nicht gegeben[48].

Aus diesen Gründen erscheint einzig ein "**gemischtes**"[49] **Konzept** zweckmäßig, das allgemein Vorrang für ein Ziel und Setzen von Nebenbedingungen für die anderen Ziele vorsieht. Die daraus resultierenden Entscheidungsregeln weisen einen höheren

45 Vgl. Schünemann/Lehnen (Berücksichtigung) 504ff. sowie die Nennung dieses Ansatzes bei Wildemann (Produktionstechnik) 172f.
46 Vgl. Bamberg/Coenenberg (Entscheidungslehre) 49, Schneider (Investition) 59.
47 Vgl. Heinen (Zielsystem) 158.
48 Zur Begründung vgl. Kap. 4.1.2.
49 Vgl. Bitz (Entscheidungstheorie) 41ff. sowie Heinen (Zielsystem) 158f., Pfohl/Braun (Entscheidungstheorie) 218ff.

Grad an Operationalität auf[50], insbesondere bei Vorliegen nicht-monetärer Zielsetzungen, die dann i.d.R. als Nebenbedingung formuliert werden. Der Grund dafür liegt darin, daß zur Festlegung von Mindest- bzw. fixierten Niveaus der Zielerreichung (z.B. Flexibilitätslückendeckung) das Substitutionsverhältnis zu den anderen Zielgrößen nicht bekannt zu sein braucht. Vielmehr muß die Präferenzvorstellung bzgl. dieses Nebenziels nur in einer einzigen Größe konkretisiert werden[51].
So ist es auch bei unbekannter Austauschrelation von Gewinn- und Flexibilitätsziel möglich, letzteres in den Prozeß der Entscheidung über Produktionsmittelinvestitionen - und zwar in Form einer **Nebenbedingung** - einzubeziehen. Auf diese Weise kann die langfristige Produktzielerreichung über die Planungsgröße Flexibilität Eingang in die Investitionsüberlegungen finden und gelingt die Internalisierung einer imponderablen Größe[52].
Vorrangiges Ziel ist dann die monetär meßbare **Gewinnzielerreichung** über die Zukunftslagen. Damit ist die Artenpräferenz zwischen monetären und bonitären Zielen fixiert.

Hinter der monetären Zielsetzung möglichst hoher und über die Zukunftslagen ausgeglichener Kapitalwerte von Investitionsalternativen, die in den vorangegangenen Ausführungen als Einheit betrachtet wurde, stehen das monetär meßbare Gewinn- sowie das Sicherheitsstreben. Sie sind durch Transformation der originären Zielvariable[53] "Kapitalwert" in die subsidiären Zielvariablen "Kapitalerwartungswert" und "Kapitalwertvarianz" getrennt zu beschreiben. Diese Maßstäbe bezeichnen diejenigen Momente der Risikosituation, die dem Entscheidenden als vorrangig beachtenswert erscheinen[54].
Gewinn- und Sicherheitszielbetrachtungen sind zweckmäßigerweise durch gleichzeitige Anwendung von **Arten- und Risikopräferenzordnung** auf die Zielerreichungsgrade in Gestalt einer Zielfunktion zu vereinen. An diese ist die Forderung nach *Rationalität i.S. der Bernoulli-Norm*[55] zu stellen[56]. Die Bernoulli-Norm wird hier zu-

50 Vgl. Heinen (Zielsystem) 159.
51 Diese Argumentation vertritt auch Gaitanides (Planungsmethodologie) 118: "Es ist leichter, Konsens über Bedingungen 'zulässiger' Entscheidungsalternativen zu erzielen, als sich über die Bewertung ihrer zukünftigen Folgen zu einigen. In Bezug auf alternative Investitionsobjekte bedeutet dies, daß die Formulierung von 'Mindestrealisationsniveaus' im Vorentscheidungskontext einfacher zu erreichen ist, als eine einheitliche Schätzung und Bewertung ihrer verschiedenartigen Folgen (Zielerreichungsgrade)".
52 Zu den Möglichkeiten der Internalisierung von Imponderabilien bei Investitionsentscheidungen vgl. insbes. Wandersleb (Einflußfaktoren), Schwarz (Faktoren), Kemper (Imponderabilien).
53 Zu originären und subsidiären Zielvariablen vgl. Bitz (Strukturierung) 78ff.
54 Vgl. Bitz (Strukturierung) 79.
55 Zum Bernoulli-Prinzip vgl. m.w.N. Schneeweiß (Risiko) 61ff., Schneider (Investition) 119ff., Kruschwitz (Bernoulliprinzip), Bitz (Entscheidungstheorie) 153ff.
56 Zur Rationalität des Bernoulli-Prinzips und den Rationalitätskriterien vgl. m.w.N. Bitz (Entscheidungstheorie) 181ff., Schneeweiß (Risiko) 77ff. Zur Diskussion der Rationalität des Bernoulli-Prinzips, insbesondere der Frage, welche Präferenzen das Bernoulli-Prinzip berücksichtigt, vgl. Bitz (Diskussion) sowie die Literaturangaben bei Bamberg/Coenenberg (Entscheidungslehre) 86 FN 1 und 87 FN 2.

grundegelegt, weil kein anderes Entscheidungskonzept "auch nur annähernd in seinen Grundannahmen so einfach und in seiner Gesamtheit so plausibel erscheint"[57].

Es existieren zwei Wege der Ermittlung eines die Kapitalwertverteilung repräsentierenden Nutzenwertes[58]: Erstens die Anwendung einer sog. "**Risikonutzenfunktion**" auf die originären Zielvariablen und die anschließende Zusammenfassung der Teilnutzen zu einem Nutzenerwartungswert, oder zweitens: die Anwendung einer sog. "**Risikopräferenzfunktion**" auf subsidiäre Zielvariable, wodurch sich direkt ein Risikopräferenzwert ergibt[59]. Hier wird der einfachere zweite Weg gewählt, der die umständliche Anwendung der Nutzenfunktion auf alle Ergebnisfelder umgeht.

Sollen bei der Formulierung der Risikopräferenzfunktion der Erwartungswert und die Varianz der Kapitalwertverteilung als subsidiäre Zielvariable verwendet werden[60], dann ist vom Entscheider eine **quadratische μ-σ-Präferenzfunktion**[61] aufzustellen, um den Rationalitätsanspruch der Bernoulli-Norm zu gewährleisten[62].
Grundvoraussetzung für die Anwendung einer solchen übergeordneten Zielfunktion sind extremale Ziele - dies ist hier gegeben - sowie die Austauschbarkeit und die Kenntnis der Austauschrelation zwischen diesen. Jeder vernünftig Entscheidende muß sich zumindest gedanklich "Sicherheitsäquivalente"[63] bilden, d.h. Überlegungen anstellen, welchen Kapitalwert mit welcher Wahrscheinlichkeit er einem sicheren Kapitalwert definierter Höhe gleichsetzt. Mit diesem Austauschverhältnis legt er aber bereits seine Risikopräferenzvorstellung fest.
Daher soll hier - um von rationalem Entscheidungsverhalten ausgehen zu können - eine **gegebene Risikopräferenzfunktion** und damit ein bekannter Gesamtnutzen der Alternative bzgl. der monetär meßbaren Zielerreichung unterstellt werden[64].

Neben der **Risikopräferenzordnung** für die Kapitalwertverteilung ist diejenige für die **Verteilung der Kapazitätslückendeckungsgrade** zu bestimmen. Hier könnte prinzipi-

57 Bitz (Entscheidungstheorie) 192, ähnlich Schneeweiß (Risiko) 78f. sowie Mellwig (Flexibilität) 734: "Das Bernoulli-Prinzip wird im allgemeinen als sinnvolle Auswahlregel anerkannt, wenn Einzelentscheidungen anstehen".

58 Vgl. Schneider (Investition) 131ff., Laux (Entscheidungstheorie) 27ff.

59 Zur Erstellung von Risikopräferenzfunktionen vgl. Schneider (Investition) 98ff. und 130ff., Krelle (Entscheidungstheorie) 141ff., Laux (Entscheidungstheorie) 84ff., Pfohl/Braun (Entscheidungstheorie) 262ff.

60 Bei Verwendung allein des Erwartungswerts als Ersatzgröße der Ergebnisverteilung wäre die resultierende Risikopräferenzfunktion nur im Fall der Risikoindifferenz rational i.S. des Bernoulli-Prinzips. Davon kann aber nicht allgemein ausgegangen werden, vgl. Georgi (Steuern) 187 FN 7. Zur Auswahl von subsidiären Zielvariablen allgemein vgl. Bitz (Strukturierung) 302ff.

61 Vgl. dazu Laux (Entscheidungstheorie) 210ff., Schneeweiß (Risiko) 96ff., Schneider (Investition) 137.

62 Vgl. Schneeweiß (Risiko) 96ff., Bitz (Entscheidungstheorie) 193ff., Schneider (Investition) 136f. Eine Ausnahme liegt vor bei normalverteilter Zielgröße, vgl. dazu Georgi (Steuern) 187 und die dort in FN 14 angegebene Literatur.

63 Vgl. Schneeweiß (Risiko) 42ff., Pfohl/Braun (Entscheidungstheorie) 262ff., Laux (Entscheidungstheorie) 197ff.

64 Vgl. auch zur Befürwortung des Bernoulli-Prinzips in der praktischen Anwendung Kruschwitz (Bernoulliprinzip) 621.

ell die gleiche Vorgehensweise vorgeschlagen werden. Da der Grad der Kapazitätslückendeckung aber eine im Hinblick auf die Gewinnerzielung weitaus abstraktere Größe als der Kapitalwert darstellt, wäre die Annahme der genauen Kenntnis einer Nutzenfunktion sowie der Substitutionsbeziehung zwischen Erwartungswert und Varianz der Deckungsgrade unrealistisch. Daher wird der Einfachheit halber eine Risikonutzenfunktion gewählt, bei welcher der Nutzenwert je Kapazitätslückendeckungsgrad mit diesem **identisch** ist. Dies führt zum Präferenzwert des Flexibilitätslückendeckungsgrades entspechend den Gleichungen (7).

Die Entscheidung anhand der subsidiären Zielvariablen Erwartungswert und Varianz des Kapitalwerts garantiert noch nicht die Einhaltung einer Sicherheitsbedingung in *allen* Zukunftslagen. So gilt mit Mellwig: "Eine Vernachlässigung einzelner Datenkonstellationen bei der Beurteilung bestimmter Aktionen wird dem Flexibilitätsstreben nicht gerecht"[65].
Um unerwünschte Kapitalwerte oder Kapazitätslückendeckungsgrade, die z.B. als unternehmensgefährdend angesehen werden, in einzelnen Zukunftslagen zu vermeiden, ist eine Beschränkung der jeweils angewandten Nutzenfunktion durch das **Ansetzen einer Sicherheitsbedingung** vorzusehen[66]. Da oben je eine Risikonutzenfunktion für monetäre sowie bonitäre Zielerreichungsgrade vorgesehen wurde, hat dies den Effekt einer **zweistufigen Vorauswahl** potentieller Investitionsalternativen nach Sicherheitskriterien:
Bereits bei der technischen Investitionsplanung wird die Gesamtheit der Alternativen um diejenigen reduziert, die den Kapazitätslückendeckungsgrad der Sicherheitsbedingung in mindestens einer Zukunftslage unterschreiten. Dadurch wird dem Zeitbezug des Flexibilisierungsziels entsprechend eine langfristige Absicherung erreicht. Gleichzeitig verringert sich durch den Ausschluß von Alternativen der Aufwand der anschließenden Berechnung monetärer Ergebnisgrößen.
Diese "grobe" Vorauswahl wird ergänzt durch die auf kürzere Frist ausgelegte Elimination von Alternativen, die nicht in allen Zukunftslagen einen Kapitalwert größer Null erreichen.

Die Höhe der Sicherheitsbedingung ist von der jeweiligen **Risikoeinstellung** des Disponenten abhängig und entzieht sich damit allgemeingültigen Fixierungsversuchen[67]. Aber auch bei gegebener Risikoneigung ist es problematisch, die interne Mindestverzinsung bzw. den Mindestgrad der Kapazitätslückendeckung festzulegen: Ein **direkter** Bezug dieser Zielerreichungsgrade zum Oberziel der Unternehmung ist nur schwer herzustellen. Abgesehen davon kann der Erfolgsbeitrag einer einzelnen

65 Mellwig (Flexibilität) 731.
66 So auch Schneider (Investition) 122, Koch (Grundlagen) 159, Mellwig (Anpassungsfähigkeit) 133f., Jacob (Flexibilität) 311 und 315, Jacob (Bedeutung) 92.
67 Vgl. Mellwig (Anpassungsfähigkeit) 131f. Daher wird die Sicherheitsgrenze in der Literatur i.a. als gegeben angenommen, vgl. z.B. Schneider (Anpassungsfähigkeit) 753, ders. (Investition) 122.

Investition im Bündel des unternehmerischen Handlungsprogramms nicht exakt isoliert werden[68]. Man muß sich mehr oder weniger auf **Schätzungen der zieladäquaten Höhe** von Sicherheitsbedingungen verlassen, die sich z.B. an Erfahrungswerten der Vergangenheit orientieren.
Da die Risikoeinstellung u.a. von der Wahrscheinlichkeit des Eintritts einer Zukunftslage abhängig ist, kann die Sicherheitsbedingung in verschiedenen Zukunftslagen in verschiedener Höhe definiert werden[69].

Zur Komplettierung des Präferenzensystems verbleibt die Bestimmung der **Höhenpräferenzordnung.**
Dem Flexibilitätsziel wird als Optimierungskriterium[70] eine Satisfizierungskonzeption unterlegt. Damit werden nur solche Alternativen weiter verfolgt, die einen **Mindestgrad der Flexibilitätslückendeckung** aufweisen[71]. Die Begründung dafür liegt im Beitrag des Flexibilisierungsstrebens zum Sicherheitsziel, das allgemein mittels satisfizierender Zielerreichungsniveaus formalisiert wird. Eine Maximierung der Flexibilität wäre den Oberzielen der Unternehmung nicht dienlich[72].
Unter den vorausgewählten Alternativen ist anschließend unter Beachtung der monetären Sicherheitsbedingung anhand der **Höhe des Risikopräferenzwerts** zu entscheiden, der aus der Kapitalwertverteilung ermittelt wird. Hier gelte eine Maximierungskonzeption.

Die **Höhe des Mindestgrades der Flexibilitätslückendeckung** $f^{(L)}{}_{soll}$ sollte der Einfachheit halber identisch zu derjenigen des Kapazitätslückendeckungsgrades der Sicherheitsbedingung $k_t^{(L)}{}_{min}$ sein. Dann erfolgt die technische Vorauswahl nur einstufig.
Sie kann aber auch höher liegen, z.B. wenn durch $k_t^{(L)}{}_{soll}$ das absolute "Existenzminimum" der Sachzielerfüllung, durch $f^{(L)}{}_{soll}$ die Erwartung eines ausreichenden Gewinns gesichert werden soll. Dann läge eine zweistufige technische Selektion vor, die mit der Prüfung auf Erfüllung der monetären Sicherheitsbedingung auf eine dritte Stufe erweitert würde. Die Wahl darüber ist dem Anwender je nach seinen Sicherheitsbedürfnissen und der angestrebten Simplizität der Alternativenvorauswahl belassen.

Hilfreich bei der Festlegung einer vorteilhaften Mindestflexibilitätslückendeckung können neben Erfahrungszusammenhängen von Flexibilitätsnachfragedeckung und Gewinnerzielung auch ingenieurwissenschaftliche Erkenntnisse, empirische Erhe-

---

68 Vgl. dazu auch Schmidt (Unternehmungsinvestitionen) 48f.
69 Ähnlich auch Mellwig (Anpassungsfähigkeit) 139.
70 Zu den Optimierungskriterien der Extremierung, Satisfizierung und Fixierung vgl. Bitz (Entscheidungstheorie) 35.
71 Zur zusätzlichen Einführung eines ökonomisch begründeten Höchstgrades der Flexibilitätslückendeckung vgl. Kap. 5.2.1.5.
72 Vgl. Kap. 4.1.2.

bungen über gewinnsichernde Flexibilitätsgrade bei verschiedenen Fertigungsorganisationsformen und -typen sowie strategische Überlegungen sein[73].

Mit der Festlegung der Höhenpräferenzordnung ist nun das Präferenzensystem vollständig formuliert (vgl. zusammenfassend Abb. 15). Es bildet die Grundlage für die Einbeziehung der Flexibilität als explizite Zielgröße in den Investitionsplanungsprozeß.

PRÄFERENZORDNUNGSTYP	AUSGESTALTUNG DER PRÄFERENZORDNUNG
Artenpräferenz zwischen monetärem und bonitärem Ziel	Vorrang des monetär meßbaren Gewinn- und Sicherheitsziels vor dem bonitären Flexibilitätsziel
Arten- und Risikopräferenz innerhalb der monetär meßbaren Zielsetzung	Gewichtung von Gewinn- und Sicherheitszielgrößen mittels Risikopräferenzfunktion. Beschränkung der Risikopräferenzfunktion nach unten (Mindest-Kapitalwert in allen Zukunftslagen)
Risikopräferenz innerhalb der bonitären Zielsetzung	Identische Gewichtung der bonitären Zielgrößen "Kapazitätslückendeckungsgrade" durch einfache Risikonutzenfunktion. Beschränkung der Risikonutzenfunktion nach unten (Mindest-Kapazitätslückendeckungsgrad in allen Zukunftslagen)
Höhenpräferenzordnung der monetären Zielsetzung	Maximierung des Präferenzwerts der auf die monetären Zielgrößen angewandten Risikopräferenzfunktion
Höhenpräferenzordnung der bonitären Zielsetzung	Satisfizierungsniveau für Nutzenwert der auf die bonitären Zielgrößen angewandten Risikonutzenfunktion
Zeitpräferenz für monetäre Zielgrößen	Abnehmende Gewichtung der monetären Zielgrößen mit steigendem zeitlichen Abstand zu T_0 (Kapitalwert)
Zeitpräferenz für bonitäre Zielgrößen	Identische Gewichtung zeitlich verschiedener Zielgrößen (Kapazitätslückendeckungsgrade $h^{(L)}$)

Abb. 15: Präferenzordnung des Zielsystems

Die Erreichung der Mindestbedingung der Produktzielerfüllung erlaubt noch keine Aussage zu deren **Struktur**, da Kapazitäts- bzw. Flexibilitätslückendeckungsgrade aggregierte Größen darstellen. Hier stellt sich das Problem, Präferenzen in Form **fixer Bedarfe**, die sich z.B. infolge längerfristiger Lieferverträge ergeben, bei den Entscheidungen zur Deckung von Flexibilitätslücken zu berücksichtigen.
Zu seiner Lösung kann man bei der Formulierung des angestrebten Zielausmaßes die Nebenbedingung der Sachzielerfüllung erweitern. Da feste Bedarfe **einzelne** Felder oder Feldergruppen der Kapazitätsangebotsmatrix des Systems bzw. der Investitions-

73 Vgl. z.B. die Zusammenstellung vorteilhafter Einsatzbereiche flexibler Fertigungskonzepte bei Hedrich (Flexibilität) 96, Herrmann/Pferdmenges (Fachgebiete) 667ff., Herrmann (Fertigungskonzepte).

alternativen ansprechen, sind für diese jeweils Mindestbedingungen zu formulieren. Die Satisfizierungsbedingungen des Produktziels lauten dann z.B.:

a) $k_t^{(L)}{}_{soll} = f^{(L)}{}_{soll} = 0{,}52$

b) $k_{t25}^{(A_i)}{}_{soll} = 36$

bzw. $k_{t25}^{(I_i)} \geq k_{t25}^{(A_i)}{}_{soll} - k_{t25}^{(A_i)}{}_{ist} = 36 - k_{t25}^{(A_i)}{}_{ist}$

c) $\sum_{m=3}^{6} \sum_{n=5}^{7} k_{tmn}^{(A_i)}{}_{soll} = 224$

bzw. $\sum_{m=3}^{6} \sum_{n=5}^{7} k_{tmn}^{(I_i)} \geq 224 - \sum_{m=3}^{6} \sum_{n=5}^{7} k_{tmn}^{(A_i)}{}_{ist}$ für alle t,i

Bei der Alternativenerstellung ist primär auf deren Erfüllung zu achten, bevor Maßnahmen der weiteren Flexibilitätslückendeckung durch Investitionen eingeplant werden.

5.2. Aufbau eines hierarchischen Systems der flexibilitätsorientierten Investitionsplanung zur Bestimmung von Zustands- und Alternativenraum

Die **Konkretisierung der Grundkonzeption** einer flexibilitätsorientierten Investitionsplanung[1] kann der Übersichtlichkeit wegen in zwei getrennten Schritten erfolgen: Zunächst wird die *Planungsmethodik spezifiziert*. Dies geschieht derart, daß sie unabhängig vom Grad der Informationsreduktion - insbesondere von der Gestaltung der Kapazitätsmatrix - und damit von der jeweiligen Hierarchieebene gültig ist. Sie gibt die Vorgehensweise in jeder der hierarchischen Planungsebenen an. Zur Verdeutlichung der Planungsmethodik wird ein einfaches *Beispiel* entworfen, das sich durch sämtliche Prozeßphasen der flexibilitätsorientierten Investitionsplanung hindurchzieht.

Im Anschluß an die Vorstellung der Methodik sollen konkrete *Vorschläge zur informatorischen Ausgestaltung und zur Abstimmung der Planungshierarchieebenen* entwickelt werden.

1 Vgl. Kap. 4.2., insbes. Abb. 14.

5.2.1. Feinkonzeption der allgemeinen Planungsmethodik

5.2.1.1. Aufnahme und Aufbereitung der Ausgangsdaten

Die Ausgangsdaten der flexibilitätsorientierten Planung von Produktionsmittelinvestitionen sind nach ihrer Zugehörigkeit zu Produktionsnachfrageseite (a) bzw. -angebotsseite (b) zu unterteilen.

a) Bei der Bestimmung der **Flexibilitätsnachfrage** wird entsprechend der festgelegten Abstimmungsfolge der betrieblichen Teilpläne von den Plandaten des potentiellen Produktionsprogramms (Produktarten, -periodenmengen) ausgegangen. Sie leiten sich aus der mittel- bis langfristigen Prognose des Absatzprogramms[2], beeinflußt durch die strategische Geschäftsfeldplanung, her und weisen je nach Fristigkeit der Absatz- und Produktionsplanung unterschiedliche Bestimmtheit auf[3].

Die verrichtungsbezogene Darstellung der Produktionsanforderungen in Kapazitätsmatrizen setzt eine **differenzierte Produktkennzeichnung** voraus. Sie ist bei bereits in der Unternehmung produzierten Erzeugnissen enthalten in **Teilestamm- und Erzeugnisstrukturdateien**[4]. Diese führen Angaben zu Gestalt, Abmessungen, Werkstoff, Lage- und Formbeschreibung, Bearbeitungsarten und zugehörigen Bearbeitungsstellen[5] sowie zum Aufbau von Endprodukten und Baugruppen. Neuartige Produkte lassen sich anhand von Auftragszeichnungen, Marktbedarfsanalysen, Vergleichen mit ähnlichen Erzeugnissen etc.[6] spezifizieren.

Die **Aufbereitung der Daten** des potentiellen Produktionsprogramms erfolgt zunächst dadurch, daß man sie um diejenigen Anteile reduziert, die für Investitionsplanungszwecke nicht relevant sind. Dies sind z.B. für Herstellungsentscheidungen unwichtige

2 Vgl. dazu Jacob (Planung), Kilger (Absatzplanung), Hilke (Programmplanung), Gutenberg (Absatz) 64ff. und 535ff.
Hier sind auch die Ansätze der Früherkennung "schwacher Signale" im Hinblick auf Produktionsanforderungen relevant, vgl. Ansoff (Surprise), Rieser (Frühwarnsysteme), Hahn/Krystek (Frühwarnsysteme), sowie die Methoden der Prognose von Absatzdaten, vgl. zu einem Überblick Horváth (Controlling) 421ff.

3 Vgl. zum Charakter dieser Daten je nach betrachteter Planungsebene Kap. 5.2.2.2.

4 Vgl. Scheer (Betriebsinformatik) 168ff., Küpper (Beschaffung) 211.

5 Vgl. Schleppegrell (System) 15ff., Opitz/Herrmann/Eversheim (Untersuchungen) 38ff., Opitz u.a. (Systematisierung) 19ff. und 48ff., Spur/Prehn/Seliger (Werkstückanalyse) 229.

6 Vgl. dazu Opitz u.a. (Systematisierung) 51ff.

Produktinformationen[7]. Dabei kann man sich zweckmäßigerweise am Informationsbedarf der Kapazitätsnachfragematrix orientieren.

Danach erfolgen in Abstimmung auf die Informationsanforderungen der jeweiligen Hierarchieebene die **Maßnahmen der Ausgangsdatenreduktion**, um zu den gewünschten Planungsaggregaten wie z.B. Produktfamilien, Repräsentativprodukten etc. zu kommen[8].
Die (aufbereiteten) Ausgangsdaten über Produktarten und -mengen unterliegen bei unvollkommener Voraussicht der Unbestimmtheit. Um die daraus resultierende Planungskomplexität zu reduzieren und die Anwendbarkeit des entscheidungstheoretischen Instrumentariums zu gewährleisten, sind **Zukunftslagen** zu bilden[9]. Damit man zu einer handhabbaren Anzahl von Zukunftslagen kommt, kann man einzelne der denkmöglichen Zukunftslagen zusammenfassen oder vernachlässigen[10]. So sind beispielsweise repräsentative Zukunftslagen herauszufiltern, denen die höchsten Eintrittswahrscheinlichkeiten zugerechnet werden[11]. Dies entspricht der Datenreduktionstechnik einer *nachfrageseitigen Selektion von Systemvariationsmöglichkeiten*[12].

Um die Transformation der produktbezogenen in die verrichtungsbezogene Zukunftslagendarstellung an späterer Stelle eindeutig beschreiben zu können, ist hier die Bestimmtheit der Information in den Zukunftslagen festzulegen: Es wird eine solche Partitionierung des Zustandsraums unterstellt, daß das potentielle Produktionsprogramm je Zukunftslage entsprechend Gleichung (4)[13] **diskrete Periodenmengenangaben zu jeder Produktart bzw -gruppe** enthält. Das hat zur Folge, daß je Zukunftslage nur eine **einzige** Kapazitätsnachfragematrix mit diskreten Quantitätsangaben je Matrixfeld existiert[14].

7 Vgl. zu einer solchen Vorgehensweise Knischewski (Planung) 92ff. und 101ff.
Eine wesentliche Reduktion des Datenvolumens könnte dadurch erreicht werden, daß derjenige Teil der Produktionsnachfrage, der allen Zukunftslagen gemeinsam ist, extrahiert und einer gesonderten Kapazitätsplanung unterworfen wird. Bei diesem erübrigt es sich, Anpassungsbedarfe zu berücksichtigen.
Das Problem besteht darin, daß gleichzeitig die zur Deckung dieser fixen Nachfrage geeigneten Produktionsmittel ermittelt und aus dem für die weitere Planung verbleibenden Produktionsmittelbestand herausgenommmen werden müssten. In verschiedenen Zukunftslagen können aber aufgrund ihrer kapazitiven Variationsmöglichkeiten unterschiedliche Produktionsmittel zur Deckung dieser fixen Nachfrage "am besten" geeignet sein. Werden einige Produktionsmittel vorzeitig mit der fixen Nachfrage belegt, kann dies zu Suboptima führen, die bei einer Gesamtbetrachtung von Produktionsangebot und -nachfrage zu verhindern gewesen wären. Daher soll hier nur auf diese Möglichkeit und ihre Vor- und Nachteile hingewiesen werden, ohne sie weiterzudenken.

8 Vgl. Kap. 2.3.3.1. und die zu diesen Datenreduktionsmethoden dort angegebene Literatur.

9 Zur Formulierung von Umweltzuständen vgl. Bitz (Strukturierung) 367ff., Jacob (Flexibilität) 433ff., Gaitanides (Planungsmethodologie) 305ff.

10 Vgl. auch Laux (Entscheidungstheorie) 324f., Bitz (Strukturierung) 372ff., Gaitanides (Planungsmethodologie) 313ff.

11 Zur Berechnung der Eintrittswahrscheinlichkeiten von Zukunftslagen vgl. Laux (Entscheidungstheorie) 235f., Mellwig (Anpassungsfähigkeit) 48f.

12 Vgl. Kap. 2.3.3.1.

13 Vgl. Kap. 4.2.1.

14 Vgl. Kap. 5.2.1.2.

Diese Annahme impliziert eine nicht unerhebliche Informationsreduktion, da die Zustandsvariablen wie z.B. Produktmengenangaben real zumindest teilweise **stetig** verteilt sind[15]. Sie scheint allerdings im Hinblick auf die Operationalität des vorgeschlagenen Planungsverfahrens angebracht, um Probleme wie die Vermischung diskret und stetig verteilter Produktvariablen oder absatzbedingter Interdependenzen zwischen Produktvariablen zu umgehen. Zudem entspricht sie der Intention des real Planenden, komplexe auf einfache Sachverhalte zurückzuführen.
Dieser Anspruch an die Bestimmtheit der Zukunftslagen ist zudem weitaus geringer als derjenige, der hinter der in der Entscheidungstheorie gängigen Annahme einer überschaubaren Menge vollständig bestimmter Datenkonstellationen mit monetären Ergebnisgrößen steht[16]: Letztere verlangt ein bis zum Planungshorizont **gleichbleibend** hohes Niveau der Bestimmtheit von Produktarten-, -mengen- sowie -preisinformationen (z.B. Marktpreise für Einsatz- und Ausbringungsgüter).
In unserem Fall sind - ab einem bestimmten Planungszeitpunkt - weder Preisinformationen noch exakte Produktangaben Voraussetzung: Da im Instrumentarium der Kapazitätsmatrix durch Aggregationen in Kopfzeile und -spalte auch Verrichtungsinformationen geringeren Bestimmtheitsgrades den einzelnen Matrixfeldern zugeordnet werden können, sind für die Instrumentalisierung nicht unbedingt detaillierte Produktarteninformationen notwendig. So genügen z.B. in der langfristigen Planung Vorstellungen über die Produktgattung zur Transformation in Verrichtungsbedarfe, da Verrichtungen hier hochaggregiert definiert sind (z.B. als Kategorie "spanende Umformung", "Oberflächenbearbeitung" etc).

Die Einschränkung der obigen Annahme zur Bestimmtheit von Zukunftslagen gegenüber einem Modell, das in der Lage wäre, **sämtliche** unbestimmten Informationen planungstechnisch weiterzuverarbeiten, besteht lediglich in der Behauptung einer **handhabbaren Zahl** von Zukunftslagen. Die Unbestimmtheit in Form einer stetigen Produktmengenverteilung, welche die Absatzmöglichkeit einer Produktart widerspiegelt, wird demnach auf eine Unbestimmtheit in der Form repräsentativer, diskreter Produktmengenausprägungen vereinfacht. Aus deren kombinatorischer Gesamtheit über alle Produktarten hinweg resultiert die Menge verschiedener Zukunftslagen[17].

15 Vgl. z.B. Zäpfel (Produktionswirtschaft) 108 mit der Nennung stetig verteilter Erwartungen über Absatzobergrenzen.

16 Vgl. dazu die Nennung der entscheidungstheoretischen Literatur in Kap. 3.2.2.1. Deutlich wird dies an der Prämissensetzung bei Mellwig (Anpassungsfähigkeit) 136: "Der Disponent hält lediglich einige zukünftige Datenausprägungen für realistisch; die unternehmerische Zukunftsvorstellung beinhaltet diskrete, nichtkontinuierliche Verteilungen von Determinanten der zukünftigen Situation. Die Datenkonstellationen können exakt gekennzeichnet werden und sind jeweils durch eine spezifische Kombination von Determinanten (...) definiert".

17 Um die Diskretisierung stetiger Mengenangaben zu umgehen, könnte man je Zeile der Kapazitätsmatrix nach Mengenintervallen unterteilen. Dann wäre es nicht mehr notwendig, diskrete Kapazitätsdaten in die Felder einzutragen, sondern es genügte die Eintragung einer Dualzahl, die die (Nicht-)Zugehörigkeit einer Verrichtung definierter Qualität zu einem Mengenbereich ausdrücken würde. Durch solche Mengenbereiche könnten mengenmäßige Unbestimmtheiten in der Planung erhalten bleiben. Allerdings führte dies zu einer weiteren Aufblähung der Kapazitätsma-

Um die Zukunftslagenanzahl in der Planung weiter zu reduzieren, erscheinen insbesondere folgende Wege praktikabel und bei Bedarf einzuschlagen: Man kann erstens die gesamte Systemumwelt durch Abstraktion in bestimmte *Klassen von Umweltsituationen* einteilen[18], wie z.B. Konjunkturabschwung, -stetigkeit und -aufschwung. Dadurch werden Unbestimmtheitsbereiche von Produktmengenangaben dreigeteilt, d.h. die Mengenvariationsmöglichkeiten je Teilmodell sind geringer. Für jede dieser Entwicklungen ist dann der Investitionsplanungsprozeß getrennt zu durchlaufen. Auf diese Weise wird das Gesamtmodell der Investitionsplanung in leichter handhabbare Partialmodelle mit geringerem Informationsumfang dividiert.
Ein **zweiter** Weg besteht in der Aufteilung des gesamten Produktionsprogramms in isoliert zu planende Programm**pakete**. Um dabei möglichst wenige produktions- bzw. absatzbedingte Interdependenzen zu vernachlässigen, sollte die Gruppierung der Produkte in Anlehnung an die Aufteilung des Produktionsmittelbestands in "Kapazitätseinheiten"[19] erfolgen.

Das bereits angekündigte, durchgängige Beispiel der flexibilitätsorientierten Investitionsplanung beginnt in seiner Darstellung mit den Ausgangsdaten der Nachfrageseite in Beispiel-Teil I:[20]

Beispiel-Teil I: *Aufnahme und Aufbereitung der Ausgangsdaten auf Nachfrageseite*

Bestimmung der alternativ möglichen, potentiellen Produktionsprogramme P_1 - P_3 (= Zukunftslagen Z_1 - Z_3) für zwei Planungsperioden (i = 1,2). Dabei werden in Periode 1 zwei Produktarten PA_1 und PA_2, in Periode 2 zusätzlich eine neue Produktart PA_3 nachgefragt. Es gebe keine fixen Bedarfe.

i = 1

(Stück)	PA_1	PA_2	PA_3
Z_1	50	20	0
Z_2	40	40	0
Z_3	30	50	0

i = 2

(Stück)	PA_1	PA_2	PA_3
Z_1	40	25	80
Z_2	30	20	90
Z_3	40	40	70

trix, wodurch diese kaum noch handhabbar wäre. Deshalb ist von einer solchen Vorgehensweise abzusehen.

18 Vgl. Meffert (Problem) 792.

19 Vgl. bereits die Nennung von Kapazitätseinheiten in Kap. 2.3.3.1. und die dort angegebene Literatur. In der Praxis wird eine solche Aufteilung durch die i.d.R. vorhandene Fertigungssegmentierung begünstigt, vgl. Wildemann (Technologieplanung) 93.

20 Die Beispiel-Teile II - XIII in Kap. 5.2.1 sind Fortführungen des gleichen Beispiels und werden zur verbesserten Verständlichkeit stets im Anschluß an die entsprechenden konzeptionellen Ausführungen einzelner Planungsphasen in den Text eingestreut.

Wahrscheinlichkeiten des Eintritts der Zukunftslagen:

Z_1	Z_2	Z_3
$w_1 = 0{,}4$	$w_2 = 0{,}3$	$w_3 = 0{,}3$

Beschreibung der Produktarten durch ihren Teilestammsatz und eine Konstruktionsskizze:

Lfd.Nr.	Werkstückbeschreibung	......	Bearbeitungsarten	Größenbereich der Bearbeitung	Oberflächengüte (µm)	Verrichtungsmengeneinheiten je Produkteinheit
PA 1	Flansch mit Mittelbohrung und 4 Gewinden	......	Abdrehen	8 FE	4	2
			Plandrehen	8 FE	3	1
			Plandrehen	4 FE	-	1
			Bohren	12 VE	3	1
			Bohren	2 VE	-	4
			Gewindeschneiden	1 LE	4	4
PA 2	Vierkant mit Mittelbohrung	......	Fräsen	4 FE	6	4
			Bohren	16 VE	3	1
PA 3	Flansch mit 4 Bohrungen	......	Plandrehen	8 FE	4	2
			Bohren	2 VE	-	4
			Gewindeschneiden	1 LE	3	4
			Fräsen	2 FE	4	2

Konstruktionsskizze

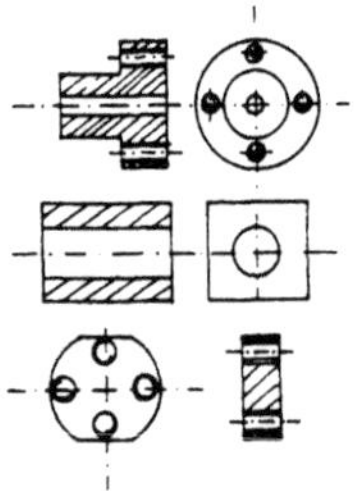

b) Die Bestimmung des **Flexibilitätsangebots** setzt am Produktionsmittelbestand an, der in den Planungsperioden verfügbar ist. Man benötigt erstens Informationen zur **Art der** in den einzelnen Perioden einsetzbaren **Produktionsmittel.** Daraus sollen die alternativ ausführbaren Verrichtungen und Verrichtungsqualitäten ersichtlich werden[21].

Zweitens ist die **Anzahl der Produktionsmittel** je einer Art festzustellen. X identische Produktionsmittel sind dabei zur Vereinfachung zu einem Produktionsmittel mit X-facher Nutzungszeit zusammenzufassen. Schließlich ist drittens je Produktionsmittel die verfügbare **Nutzungszeit** in den Planungsperioden zu ermitteln. Dies ist Voraussetzung für die Angabe der je Produktionsmittel ausführbaren Verrichtungsmengen- oder -zeiteinheiten.

Folgende Informationsquellen stehen für diese Aufgaben zur Verfügung:
Der **Bestand an Produktionsmitteln** wird i.d.R. in einer Produktionsmittel- bzw. Betriebsmitteldatei[22] geführt. Der Datensatz für ein Produktionsmittel enthält Angaben über Herstellverfahren, zugehörige Produktionsmittelgruppe, Produktionsmittelart, Arbeitsraum, Arbeitsgenauigkeiten, Leistung (Vorschub, Drehzahlbereiche etc.),

21 Um Probleme bei der Aufteilung der Gesamtkapazität auf die Verrichtungen eines Produktionsmittels - dies wird bei der Erstellung der Kapazitätsmatrizen relevant (vgl. Kap. 5.2.1.2.) - von vornherein zu vermeiden , werden Produktionsmittel dabei derart abgegrenzt, daß ihre bearbeitenden Verrichtungen nur alternativ ausführbar sind. Produktionsmittel, die an verschiedenen Teilstationen Bearbeitungsvorgänge gleichzeitig ausführen können, werden entsprechend der Zahl der Teilstationen als unterschiedliche Produktionsmittel aufgefaßt.

22 Vgl. dazu Scheer (Betriebsinformatik) 219ff.

durchschnittliche Periodenkapazität und Nutzungsdauer[23]. Dies sind im wesentlichen Informationen, die in den gebräuchlichen Maschinenschlüsseln[24] enthalten sind. Zusätzlich ist die Zahl der Produktionsmittel einer Art hier gespeichert.
In Verbindung mit den Angaben zur Nutzungsdauer und dem bereits verabschiedeten Investitions- und Desinvestitionsplan der Unternehmung sind daraus **Zahl und Art** der je Periode insgesamt verfügbaren Produktionsmittel zu bestimmen. Die Produktionsmitteldaten der im Investitionsplan enthaltenen Produktionsmittel sind dabei den Herstellerangaben zu entnehmen[25].

Die je Periode verfügbare **Nutzungszeit** der einzelnen Produktionsmittel errechnet sich durch die Differenz aus Betriebszeit (= Arbeitszeit der Planperiode) und Leer-, Verteil- und Rüstzeiten[26]. Da der konkrete Produktionsvollzug noch nicht bekannt ist, können letztere nur ungefähr aufgrund von Erfahrungs- und Schätzwerten, z.B. über die durchschnittliche Maschinenausfallzeit oder durchschnittliche Leer- und Rüstzeitenanteile, bestimmt werden. Dazu existiert i.d.R. statistisches Datenmaterial.

Die **Datenaufbereitung auf Angebotsseite** umfaßt die *Streichung* derjenigen produktionsmittelbezogenen Daten, die sich nicht auf den Informationsbedarf der Kapazitätsangebotsmatrix beziehen, sowie Maßnahmen der planungszweckadäquaten *Verdichtung*, z.B. zu Gruppen gleichartiger Produktionsmittel[27].

23 Vgl. Schulz (Investitionsplanung) 216f., Scheer (Betriebsinformatik) 219f.

24 Zum Aufbau von Maschinenschlüsseln vgl. Schleppegrell (System) 47ff., Opitz (Systematisierung) 35ff.

25 Neben den Systemelementen "Produktionsmittel" könnten grundsätzlich auch Leistungsdaten der Träger von Systembeziehungen wie Kommunikations- oder Transportmittel in Form von Kapazitätsmatrizen dargestellt werden. Das würde an der grundsätzlichen Planungssystematik nichts ändern. Um aber die Planungskomplexität zu verringern, sind diese rein leistungsübermittelnden Betriebsmittel hier auszugrenzen, indem man für sie ausreichende Flexibilität unterstellt. Dafür spricht insbesondere das Argument, daß die Planung des Stoff-, Energie- und Informationsflusses zwischen Produktionsmitteln als ein der Ausstattungsplanung mit Maschinen nachgelagertes Problem anzusehen ist (vgl. Warnecke/Vettin (Planung) 79): Sie erforderte über die Informationen des potentiellen Produktionsprogramms hinaus, die für die Bestimmung der Investitionsobjekte notwendig sind, zumindest die Kenntnis von Art und räumlicher Anordnung der zu investierenden Produktionsmittel sowie des konkreten Produktionsablaufs innerhalb des neugeschaffenen Produktionssystems. Diese Informationen sind im Stadium der Planung von Produktionsmittelinvestitionen aber noch nicht vorhanden.
Als Näherungslösung für die Planung der Beziehungen können anhand der Flexibilitätseigenschaften der geplanten Investitionsalternativen Mindestanforderungen an Art und Dimensionierung der Beziehungsträger gestellt werden. Sie sind derart zu formulieren, daß durch die Verknüpfung der Betriebsmittel keine Einschränkung ihrer Grundflexibilität (Maier (Flexibilität) 130f.) erfolgt. Diese Näherungslösung wird auch in der Investitionsrechnung benötigt, da neben den Anschaffungsauszahlungen für die reine Bearbeitungseinheit auch solche für zusätzlich benötigte Schnittstelleneinrichtungen zum vorhandenen Produktionsapparat zumindest in das monetäre Vorteilhaftigkeitskalkül einzubeziehen sind. Vgl. dazu die technischen Komponenten von Produktionsmitteln in Kap. 2.1.2.

26 Zu der zugrundeliegenden Zeitengliederung für Betriebsmittel vgl. Küpper (Ablauforganisation) 49ff.

27 Vgl. dazu Kap. 2.3.3.1. und die dort angegebene Literatur sowie Kap. 5.2.2.2.

Beispiel-Teil II: *Aufnahme und Aufbereitung der Ausgangsdaten auf Angebotsseite*

Feststellung der in den Planungsperioden verfügbaren Produktionsmittel und ihrer Nutzungszeit:
In der betrachteten Kapazitätseinheit existieren vier Produktionsmittel PM_1 - PM_4. PM_3 und PM_4 sind baugleich, PM_4 weist aber höhere Ausfallzeiten auf.

Beschreibung der Produktionsmittel durch ihren Datensatz aus der Produktionsmitteldatei:

Lfd.Nr.	Art des Produktionsmittels	Herstell-verfahren	......	Oberflächen-güte/Arbeitsbereich	durchschnittliche Nutzungszeit/Periode
PM 1	Drehmaschine Typ 4711	Spanabtrag Durchmesser	......	Q_2 Q_3	50 ZE
PM 2	NC-Bohrautomat Typ XY	Spanabtrag Bohrung, Gewinde-schneiden	......	beliebig	60 ZE
PM 3	Fräsmaschine Typ BF 22	Spanabtrag Fläche	......	Q_1 Q_2	40 ZE
PM 4	Fräsmaschine Typ BF 22	Spanabtrag Fläche	......	Q_1 Q_2	20 ZE

Mit der Aufnahme und Aufbereitung der Ausgangsdaten sind die Voraussetzungen für die Transformation der produkt- und produktionsmittelbezogenen Daten in die verrichtungsbezogene Kapazitätsmatrizendarstellung geschaffen.

5.2.1.2. Transformation der Ausgangsdaten in Kapazitätsmatrizen

Die Transformation der Ausgangsdaten in Kapazitätsmatrizen des Nachfrage- bzw. Angebotssystems[28] erfolgt in **drei Stufen**: Erstens die Überführung der produkt- und produktionsmittelbezogenen in verrichtungsbezogene Daten, zweitens deren Eintragung in Kapazitätsmatrizen je Systemelement und drittens die Zusammenfassung der elementbezogenen zu systembezogenen Kapazitätsmatrizen. Dabei wird - wie bei der gesamten Entwicklung der Planungsmethodik - von Kapazitätsmatrizen vom Typ II mit Eintrag von Verrichtungsmengeneinheiten ausgegangen, da diese als die allgemeinste Darstellungsform anzusehen sind und Typ I als Spezialfall einschließen[29].

Verrichtungsangaben zu den bereits im Produktionsprogramm befindlichen **Produkten** sind i.d.R. in Teilestammdateien oder in Arbeitsplänen durch die Beschreibung

28 "System" bezeichne dabei den isoliert planbaren Teilbereich des gesamten Nachfrage- bzw. Angebotssystems, der mit diesem identisch sein, aber auch kleinere "Kapazitätseinheiten" umfassen kann.

29 Vgl. Kap. 2.3.3.1.

von Arbeitsvorgängen enthalten[30]. Bei neuen Produkten wird in einem systematisierten Ablauf - entsprechend der Tätigkeit der Arbeitsplanerstellung - jeder Bearbeitungsstelle des Produkts eine Verrichtung mit definierter Merkmalsausprägung zugeordnet[31], z.B. über geeignete Klassifizierungsschlüssel[32]. Zu beachten ist, daß für die Investitionsplanung nur solche Verrichtungen relevant sind, zu deren Ausführung auch Produktionsmittel benötigt werden.

Die vom einzelnen **Produktionsmittel** ausführbaren Verrichtungen und ihre Qualitätsklassen sind aus dem zugehörigen Datensatz der Betriebsmitteldatei ersichtlich. Häufig existiert auch eine separate Datei, die durch die Verkettung der Betriebsmittel- und der Arbeitsgangdatei entsteht, und in der die Zuordnungsbeziehungen sämtlicher Produktionsmittel zur Menge der Verrichtungen gespeichert sind[33]. Bei nicht in der Betriebsmitteldatei enthaltenen Produktionsmitteln sind Verrichtungsdaten aus Herstellerangaben zu gewinnen.

Die **Erstellung von Kapazitätsmatrixkopfzeile und -spalte** erfolgt anhand der qualitativen Angaben zu Verrichtungsarten und ihren Merkmalsausprägungen in den Produkt- bzw. Produktionsmittelbeschreibungen[34]. Jede genannte Verrichtungsart führt zu einer eigenen Matrixspalte, jede Merkmalsklasse zu einer eigenen Matrixzeile. Diese Informationen reichen auch aus, um die Kapazitätsmatrixfelder mit Dualzahlen zu versehen. Dadurch wird die qualitative Angabe der auszuführenden Verrichtungsarten und -qualitätsklassen ermöglicht.

Beispiel-Teil III: *Erstellung der Kapazitätsmatrix*

Aus den Angaben in den Beispiel-Teilen I und II zu nachgefragten bzw. angebotenen Bearbeitungsarten, Operationsbereichen und -qualitäten ergibt sich folgende Kapazitätsmatrix:

Kapazitätsmatrixkopfzeile: (Verrichtungen in allgemeiner Formulierung!):

V_1	V_2	V_3	V_4
Spanabtrag Durchmesser	Spanabtrag Bohrung	Spanabtrag Fläche	Gewinde-schneiden

30 Ihre EDV-technische Speicherung erfolgt i.a. in Form von Arbeitsplan- und Arbeitsgangdateien, vgl. Scheer (Betriebsinformatik) 217ff.
31 Vgl. dazu Junghanns (Planung) 98ff., der dies als Verfahrens- oder Operationenplanung bezeichnet.
32 Vgl. Hedrich/Barten (Vorgehensweise) 547ff.
33 Vgl. Scheer (Betriebsinformatik) 221f., der diese Datei als "parallele Arbeitsgangdatei" bezeichnet.
34 Vgl. Kap. 2.2.2.

Kapazitätsmatrixkopfspalte:

Um die Übersichtlichkeit zu wahren, werden hier nur die beiden qualitativen Merkmale "Größenbereich der Bearbeitung" und "Oberflächengüte" mit je zwei Merkmalsintervallen für die Einteilung in Qualitätsklassen vorgesehen:

	Größenbereich	Oberflächengüte
Q_1	≤ 4 LE ≤ 6 FE ≤ 8 VE	≤ 4 µm
Q_2	≤ 4 LE ≤ 6 FE ≤ 8 VE	> 4 µm
Q_3	> 4 LE > 6 FE > 8 VE	≤ 4 µm
Q_4	> 4 LE > 6 FE > 8 VE	> 4 µm

LE = Längeneinheit
FE = Flächeneinheit
VE = Volumeneinheit
µm = Rauhtiefe/Mikrometer

Um die Felder einer **Kapazitätsnachfragematrix**, die die Nachfrage genau **einer Produktart k** in einer Periode beschreibt, mit quantitativen Verrichtungsmengenangaben zu füllen, ist die Zahl der zur Produktherstellung benötigten Verrichtungseinheiten je Verrichtungsart/-qualität mit der prognostizierten Periodenhöchstmenge dieser Produktart zu multiplizieren[35]. Man erhält die zukunftslagen-, produkt- und periodenbezogene Kapazitätsnachfragematrix $K_t(N_i)_k$ mit diskreten quantitativen Kapazitätsangaben[36].
Die mengenmäßigen Variationsmöglichkeiten der Kapazitätsnachfrage nach Produktart k über die Zukunftslagen hinweg sind durch Vereinigung der T Matrizen $K_t(N_i)_k$ zur Menge der Flexibilitätsnachfrage $F(N_i)_k$ zu beschreiben[37]. Dies stellt eine **elementbezogene Flexibilitätsdefinition** dar[38].

Die Zusammenfassung der Kapazitätsnachfragematrizen aller K nachgefragten Produktarten einer Zukunftslage t zur **Gesamtkapazitätsnachfrage des Systems** in einer Periode erfolgt dann für Matrizen mit quantitativen Kapazitätsdaten additiv:

35 Sofern es sich bei den Verrichtungseinheiten um Zeiteinheiten handeln soll, ist zusätzlich die Berechnung der pro Verrichtungsmengeneinheit benötigten Zeit erforderlich. Da eine exakte Beschreibung bereits die Zuordnung eines geeigneten Produktionsmittels voraussetzte (vgl. Kap. 2.2.3.), sind in diesem Fall die durchschnittlich benötigten Zeiteinheiten pro Verrichtungsmengeneinheit all derjenigen Produktionsmittel zu ermitteln und anzusetzen, die die besagte Verrichtung ausführen können. Zur Berechnung der zur Herstellung von Produkten benötigten Zeiten vgl. Junghanns (Planung) 136ff., Opitz u.a.(Systematisierung) 43ff.

36 Dies folgt aus der Prämisse diskreter Periodenmengenangaben in Kap. 5.2.1.1.

37 Vgl. dazu die allgemeine Gleichung (1b) in Kap. 2.3.1.

38 Die Trennung von element- und systembezogener Flexibilitätsbetrachtung findet ihre Entsprechung in der Literatur. Vgl. dazu Maier (Flexibilität) 129ff. und 137ff. sowie Wicharz (Flexibilität) 186ff.

$$K_t^{(N_i)} = \sum_{k=1}^{K} K_t^{(N_i)_k} \qquad (8)$$

Bei Verwendung von Dualzahlen wird jedem Feld der Gesamt-Kapazitätsnachfragematrix die Zahl "1" zugeordnet, wenn mindestens ein positionsgleiches Feld der produktbezogenen Nachfragematrizen eine "1" aufweist, ansonsten eine "0":

$$k_{tmn}^{(N_i)} = \begin{cases} 1, \text{ wenn } \sum_{k=1}^{K} k_{tmn}^{(N_i)_k} \geq 1 \\ 0, \text{ wenn } \sum_{k=1}^{K} k_{tmn}^{(N_i)_k} = 0 \end{cases} \qquad (9)$$

Daraus wird ersichtlich, welche Verrichtungen welcher Qualitätsklasse durch das Produktionsprogramm überhaupt nachgefragt werden[39].

Es ergeben sich - entsprechend der Anzahl an Zukunftslagen - T systembezogene Kapazitätsnachfragematrizen je Periode, denen jeweils die Eintrittswahrscheinlichkeit der Zukunftslage zugeordnet wird und die gemäß Gleichung (1b) zur Menge der periodenbezogenen **Flexibilitätsnachfrage** $F^{(N_i)}$ **des gesamten Nachfragesystems** vereinigt werden: $F^{(N_i)} = \{K_t^{(N_i)} / t = 1....T\}$.

Beispiel-Teil IV: *Überführung der aufbereiteten Nachfragedaten in Kapazitätsnachfragematrizen auf Basis von Verrichtungsmengeneinheiten*

Für jede Periode/Zukunftslage Zuordnung aller Verrichtungen je Produktart zu den entsprechenden Kapazitätsmatrixfeldern und Eintrag des mathematischen Produkts aus Produktmenge und Verrichtungsmengeneinheit pro Stück. Danach additive Verknüpfung über alle Produktarten.

Berechnungsbeispiel:

Bestimmung der Verrichtungsmengeneinheiten von PA_1 in Z_1 und Periode 1 für die Verrichtung "Abdrehen" (8 FE, 4 μm):

Einordnung in V_1 - Q_3: 50 Stück x 2 VME/Stück = 100 VME

39 Um zu verhindern, daß Verrichtungen, die nur in sehr geringem Maße nachgefragt werden, den Wert "1" erhalten und damit auf jeden Fall in der dualen Gesamtmatrix als nachgefragt ausgewiesen werden, kann man eine Mindesthöhe der Nachfrage nach Verrichtungsarten festlegen. Den Verrichtungen, die weniger nachgefragte Verrichtungseinheiten aufweisen, wird dann eine "0" zugeordnet, so daß sie nicht weiter in der Planung verfolgt werden.

$K_t^{(N_i)}$ für PA 1,2,3		Z_1				Z_2				Z_3			
		V_1	V_2	V_3	V_4	V_1	V_2	V_3	V_4	V_1	V_2	V_3	V_4
Periode 1	Q_1				200				160				120
	Q_2	50	200	80		40	160	160		30	120	200	
	Q_3	150	70			120	80			90	80		
	Q_4												
Periode 2	Q_1			160	480			180	480			140	440
	Q_2	40	480	100		30	480	80		40	440	160	
	Q_3	280	65			270	50			260	80		
	Q_4												

Schwieriger als auf Nachfrageseite gestaltet sich die Transformation der verrichtungsbezogenen Daten aus den Produktionsmitteldatensätzen in **Kapazitätsangebotsmatrizen**.

Ein Produktionsmittel/-system wird nur dann eine **einzige** Angebotsmatrix vom Typ II aufweisen, wenn keine der ausführbaren Verrichtungen definierter Qualität in einer Substitutionsbeziehung zu einer anderen Verrichtung beliebiger Qualitätsklasse oder zur gleichen Verrichtung anderer Qualitätsklasse steht. Dann ist jedem Feld, dessen zugehörige Verrichtung definierter Qualität durch das Produktionsmittel/-system ausführbar ist, die maximale Nutzungszeit zuzuordnen und in Verrichtungsmengeneinheiten umzurechnen.

Sofern **Substitutionsmöglichkeiten** existieren, d.h. wahlweise eine von mehreren alternativen Verrichtungsarten und/oder -qualitäten bereitgestellt werden kann, hängen die den Matrixfeldern zuzuordnenden Quantitätsdaten von der **Aufteilung der gesamten Nutzungszeit** des Produktionsmittels/-systems auf die entsprechenden Verrichtungen definierter Qualitätsklasse ab.

Am Beispiel dreier substituierbarer Verrichtungen V_1, V_2 und V_3 soll dies graphisch verdeutlicht werden (Abb. 16):

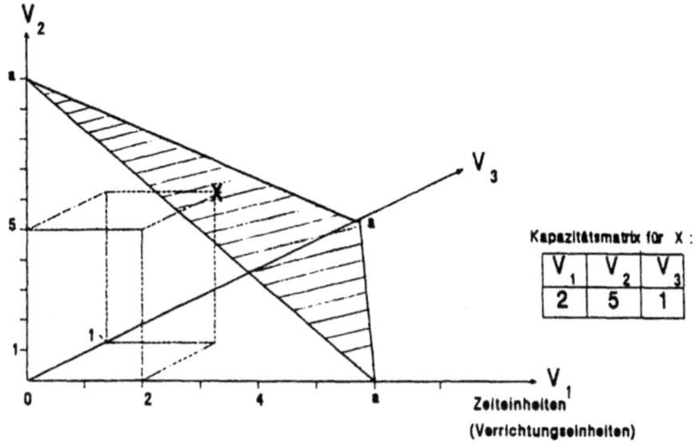

Abb. 16: Graphische Lösung zur Aufteilung der Nutzungszeit eines Produktionsmittels auf drei alternativ ausführbare Verrichtungen

Auf jeder der Verrichtungsachsen wird die maximale Nutzungszeit a abgetragen. Die Punkte der schraffierten Dreiecksfläche stellen die Menge der möglichen Kombinationen der Zeitaufteilung auf V_1 bis V_3 dar. Wird den Achsen der jeweilige Maßstab der Verrichtungseinheiten pro Zeiteinheit unterlegt, dann sind für jede Zeitaufteilung direkt die quantitativen Kapazitätsdaten der Verrichtungen abzulesen und in eine Kapazitätsmatrix einzutragen.

An diesem Beispiel wird das zentrale *Problem der Erfassung von Variationsmöglichkeiten im Verrichtungsangebot* eines Produktionsmittels/-systems deutlich: Es existiert insbesondere bei flexiblen Produktionsmitteln eine **Vielfalt** möglicher ganzzahliger[40] Kombinationen der Verrichtungsquantitäten. Je mehr dieser Kombinationen in Form von Kapazitätsangebotsmatrizen $K_S^{(A)}$ gebildet und in die Flexibilitätsangebotsbeschreibung aufgenommen werden, desto umfassender werden reale Variationsmöglichkeiten des Kapazitätsangebots im Modell abgebildet. Desto höher ist aber gleichzeitig der Datenerfassungs- und -verarbeitungsaufwand.

Ausgehend von der Gesamtzahl denkmöglicher Kombinationen besteht bei realen Problemstellungen die Notwendigkeit zur **Reduktion der Matrizenmenge**[41].
Neben der *Reduktion der Matrixdimension*, die direkt die Anzahl der element- bzw. systembeschreibenden Kapazitätsangebotsmatrizen mindert[42], ist die *Selektion reprä-*

40 Unterstellt sei hierbei die Unteilbarkeit einer Verrichtung.
41 Die Festlegung des Ausmaßes dieser Vereinfachung in der jeweiligen Planungshierarchieebene ist ein Problem des Informationsoptimums und daher keiner allgemeingültigen Lösung zugänglich, vgl. bereits Kap. 2.3.3.2. und Kap. 5.2.2.2.
42 Vgl. Kap. 2.3.3.1.

sentativer Matrizen eine geeignete Vereinfachungsmaßnahme. Ausgangspunkt der Erstellung der Kapazitätsangebotsmatrizen für ein Produktionsmittel und für diese Selektion kann die so zu bezeichnende "**Kapazitätsvariationsmatrix**" sein. Sie stellt in komprimierter Form sämtliche Variationsmöglichkeiten der zeitlichen Aufteilung des Kapazitätsangebots auf einzelne Felder der Kapazitätsangebotsmatrix dar. In Abbildung 17a) ist die Kapazitätsvariationsmatrix für ein Produktionsmittel (Nutzungszeit a = 20 Zeiteinheiten ZE pro Periode) mit zwei alternativen Verrichtungen V_1 und V_2 und drei Qualitätsklassen Q_1, Q_2 und Q_3 wiedergegeben. V_1 sei in der Qualität Q_1 und Q_2, V_2 in der Qualität Q_2 und Q_3 ausführbar.

	V_1	V_2
Q_1	$20 - k^{(z)}_{21} - k^{(z)}_{22} - k^{(z)}_{32}$	0
Q_2	$20 - k^{(z)}_{11} - k^{(z)}_{22} - k^{(z)}_{32}$	$20 - k^{(z)}_{11} - k^{(z)}_{21} - k^{(z)}_{32}$
Q_3	0	$20 - k^{(z)}_{11} - k^{(z)}_{21} - k^{(z)}_{22}$

mit $k^{(z)}_{mn}$ = Zeiteinheiten, die der Verrichtung n der Qualitätsklasse m von der Nutzungszeit zugeordnet werden

Abb. 17a): Kapazitätsvariationsmatrix zur Darstellung der zeitlichen Substitutionsbeziehungen zwischen alternativen Verrichtungen definierter Qualitätsklasse

Allgemein bestimmen sich die je Matrixfeld verfügbare Nutzungszeit bzw. die ausführbaren Verrichtungsmengeneinheiten nach den Formeln:

$$k^{(z)}_{m'n'} = a - \sum_{\substack{m \\ m \neq m'}} \cdot \sum_{\substack{n \\ n \neq n'}} k^{(z)}_{mn} - \sum_{\substack{m \\ m \neq m'}} \cdot \sum_{\substack{n \\ n = n'}} k^{(z)}_{mn} - \sum_{\substack{m \\ m = m'}} \cdot \sum_{\substack{n \\ n \neq n'}} k^{(z)}_{mn} \qquad (10\,a)$$

$$k^{(m)}_{m'n'} = \frac{a - \sum_{\substack{m \\ m \neq m'}} \cdot \sum_{\substack{n \\ n \neq n'}} k^{(z)}_{mn} - \sum_{\substack{m \\ m \neq m'}} \cdot \sum_{\substack{n \\ n = n'}} k^{(z)}_{mn} - \sum_{\substack{m \\ m = m'}} \cdot \sum_{\substack{n \\ n \neq n'}} k^{(z)}_{mn}}{k^{(m)}_{m'n'} \,/\, ZE} \qquad (10b)$$

mit $k^{(m)}_{m'n'}$ / ZE = Anzahl der in einer Zeiteinheit ausführbaren Verrichtungsmengeneinheiten $k^{(m)}_{m'n'}$ der Verrichtung $V_{n'}$ mit Qualitätsklasse $Q_{m'}$

Um nun zu einer planerisch handhabbaren Zahl von Kapazitätsangebotsmatrizen mit diskreten Kapazitätsdaten k_{mn} zu kommen, ist analog zur Vorgehensweise im Zustandsraum eine **Partitionierung** in repräsentative Kapazitätsangebotskonstellationen vorzunehmen. Hierzu existieren mehrere Wege.
Zweckmäßig erscheint eine Vorgehensweise, bei der ein stetiges Schwankungsintervall von Verrichtungszeiteinheiten auf **diskrete Werte mit gleicher Differenz** zwischen benachbarten Skalenwerten reduziert wird. Sie ist einfach in der Durchführung und erfaßt das gesamte Spektrum der Variationsmöglichkeiten. Die Anzahl der diskretisierten Kapazitätsangebotsmatrizen und damit der künftige Planungsaufwand können durch die Höhe der Differenz benachbarter Werte gesteuert werden.
Bei der Anwendung auf das Beispiel von Abb. 17a) ergibt sich mit einer gewählten Differenz von "10" folgende Menge $F^{(A)}{}_v$ diskreter Kapazitätsangebotsmatrizen vom Typ II für das Produktionsmittel v:[43]

$$\begin{bmatrix} 0\text{-}20 & 0 \\ 0\text{-}20 & 0\text{-}20 \\ 0 & 0\text{-}20 \end{bmatrix} \xrightarrow{\text{Diskretisierung}} \begin{matrix} \begin{bmatrix} 20 & 0 \\ 0 & 0 \\ 0 & 0 \end{bmatrix} \begin{bmatrix} 0 & 0 \\ 20 & 0 \\ 0 & 0 \end{bmatrix} \begin{bmatrix} 0 & 0 \\ 0 & 20 \\ 0 & 0 \end{bmatrix} \begin{bmatrix} 0 & 0 \\ 0 & 0 \\ 0 & 20 \end{bmatrix} \begin{bmatrix} 10 & 0 \\ 10 & 0 \\ 0 & 0 \end{bmatrix} \\ \begin{bmatrix} 10 & 0 \\ 0 & 10 \\ 0 & 0 \end{bmatrix} \begin{bmatrix} 10 & 0 \\ 0 & 0 \\ 0 & 10 \end{bmatrix} \begin{bmatrix} 0 & 0 \\ 10 & 10 \\ 0 & 0 \end{bmatrix} \begin{bmatrix} 0 & 0 \\ 10 & 0 \\ 0 & 10 \end{bmatrix} \begin{bmatrix} 0 & 0 \\ 0 & 10 \\ 0 & 10 \end{bmatrix} \end{matrix}$$

Abb. 17b): Diskretisierung der Kapazitätsvariationsmatrix eines Produktionsmittels in Kapazitätsangebotsmatrizen

Um schließlich zu Kapazitätsangebotsmatrizen mit Verrichtungs**mengen**einheiten $k^{(m)}{}_{mn}$ zu kommen, sind die Zeitanteile durch Multiplikation mit dem zugehörigen Faktor "Verrichtungsmengeneinheiten pro Zeiteinheit" umzurechnen.

Das **Flexibilitätsangebot eines Produktionsmittels** v wird entsprechend Gleichung (1a) durch die Menge $F^{(A)}{}_v$ der $S^{(v)}$ Kapazitätsangebotsmatrizen $K_s{}^{(A)}{}_v$ beschrieben.

43 Bei Verwendung der Matrix vom Typ I würden dieser nur die maximalen Zeitanteile zugerechnet und sie hätte für dieses Beispiel folgendes Aussehen:

$$\begin{bmatrix} 20 & 0 \\ 20 & 20 \\ 0 & 20 \end{bmatrix}$$

Die Zusammenfassung der Kapazitätsangebotsmatrizen aller in der Planungsperiode verfügbaren Produktionsmittel[44] zum **Flexibilitätsangebot der betrachteten Kapazitätseinheit** einer Periode geschieht wie folgt:
Aus jeder periodenbezogenen Menge $F^{(A_i)}{}_v$ je eines Produktionsmittels wird eine Matrix ausgewählt. Es ergibt sich eine spezifische Kombination von Kapazitätsangebotsmatrizen der Produktionsmittel. Diese kombinierten Matrizen werden addiert. Man erhält eine Kapazitätsangebotsmatrix, die eine mögliche der Ausprägungen des periodenbezogenen Systemkapazitätsangebots in Zahlen darstellt:[45]

$$K_s^{(A_i)} = \sum_{v=1}^{V} K_s^{(A_i)_v} \quad \text{mit } K_s^{(A_i)_v} = \{ K_1^{(A_i)_v} \ldots K_{S(v)}^{(A_i)_v} \} \qquad (11)$$

Insgesamt ergeben sich so viele systembezogene Kapazitätsangebotsmatrizen wie Kombinationsmöglichkeiten der elementbezogenen Matrizen. Sie werden nach Gleichung (1a) zur Menge des periodenbezogenen **Flexibilitätsangebots** $F^{(A_i)}$ **des Angebotssystems** vereinigt:[46] $F^{(A_i)} = \{K_s^{(A_i)} / s = 1....S\}$

Beispiel-Teil V: *Überführung der aufbereiteten Angebotsdaten in Kapazitätsangebotsmatrizen der Produktionsmittel und der gesamten Kapazitätseinheit auf Basis von Verrichtungsmengeneinheiten*

a) **Erstellung der Kapazitätsvariationsmatrizen** für PM_1 - PM_4. Dabei können die baugleichen PM_3 und PM_4 zusammengefaßt werden. Um von den in Beispiel-Teil II angegebenen durchschnittlichen Nutzungszeiteinheiten (ZE) zur Periodenanzahl der Verrichtungsmengeneinheiten (VME) zu gelangen, ist die Kenntnis der Zeit notwendig, die für die Ausführung einer Verrichtung definierter Qualitätsklasse von dem vorhandenen Produktionsmittel durchschnittlich benötigt wird.

ZE/VME $k_{m'n'}^{(m)}$	PM 1 (V 1)	PM 2 (V 2)	PM 3,4 (V 3)	PM 2 (V 4)
Q_1	-	0,27	$0,3\bar{3}$	0,3
Q_2	0,25	0,2	0,28	0,25
Q_3	0,2	0,3	-	0,4
Q_4	-	0,25	-	0,3

44 Hierbei sind die zur Investition bzw. Desinvestition fest eingeplanten Produktionsmittel zu berücksichtigen.
45 Bei Verwendung von Dualzahlen auf Angebotsseite gelten analog die Ausführungen zur Verwendung von Dualzahlen auf Nachfrageseite, vgl. dazu Kap. 5.2.1.2.
46 Um eine mögliche Kritik an dem Datenumfang der Flexibilitätsangebotsmenge des Produktionssystems abzuwehren, sei in in einem Vorgriff erwähnt, daß die Bildung dieser Menge in der Planung nicht unbedingt erforderlich ist. Vielmehr reicht es aus, die Flexibilitätsangebotsmengen der einzelnen Produktionsmittel zu erstellen und sukzessive mit der Kapazitätsnachfrage der Zukunftslagen abzugleichen. Vgl. dazu näher Kap. 5.2.1.3.

Aus Gleichung (10 b) ergeben sich unter Verwendung dieser Zeitfaktoren und der verfügbaren Verrichtungszeiteinheiten der Produktionsmittel pro Periode die Kapazitätsvariationsmatrizen für PM_1 - PM_4:

$k^{(m)}_{m'1}$ pro Periode	V 1
Q_1	0
Q_2	$200 - k^{(z)}_{31}/0{,}25$
Q_3	$250 - k^{(z)}_{21}/0{,}2$
Q_4	0

PM 1 (50 ZE)

$k^{(m)}_{m'3}$ pro Periode	V 3
Q_1	$180 - k^{(z)}_{23}/0{,}33$
Q_2	$214{,}3 - k^{(z)}_{13}/0{,}28$
Q_3	0
Q_4	0

PM 3 und 4 (60 ZE)

$k^{(m)}_{m'n'}$ pro Periode	V 2	V 4
Q_1	$222{,}\overline{2} - (\sum_{m=2}^{4} k^{(z)}_{m2} + \sum_{m=1}^{4} k^{(z)}_{m4})/0{,}27$	$200 - (\sum_{m=2}^{4} k^{(z)}_{m4} + \sum_{m=1}^{4} k^{(z)}_{m2})/0{,}3$
Q_2	300 -	240 - .....
Q_3	200 -	150 - .....
Q_4	240 -	200 - .....

PM 2 (60 ZE)

b) **Erstellung der Kapazitätsangebotsmatrizen** für PM_1 - PM_4 (mit einer Differenz von 10 ZE):

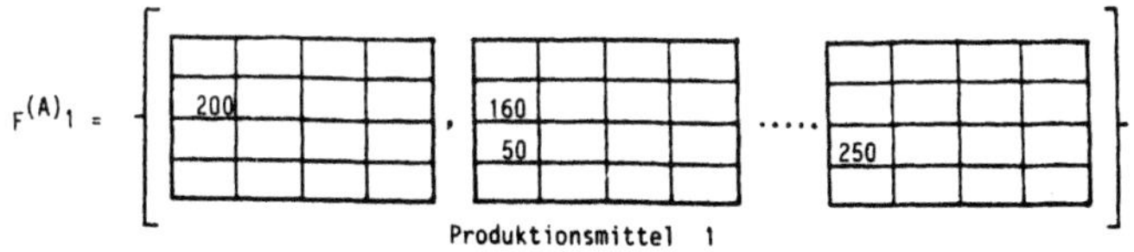

Produktionsmittel 1

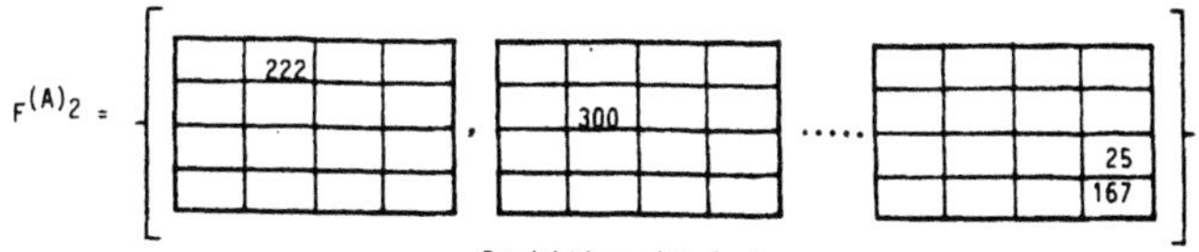

Produktionsmittel 2

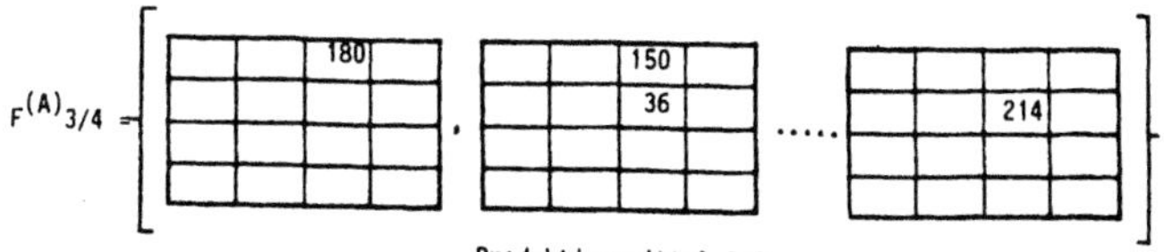

Produktionsmittel 3/4

Rechenbeispiel für die Aufteilung der 60 ZE von $PM_{3/4}$ in 50 ZE für V_3-Q_1 und 10 ZE für V_3-Q_2:

$$50/0{,}333 = 150 \text{ VME für } V_3\text{-}Q_1$$
$$10/0{,}28 = 36 \text{ VME für } V_3\text{-}Q_2$$

c) **Kombination und Addition** zu Kapazitätsangebotsmatrizen des Produktionssystems:

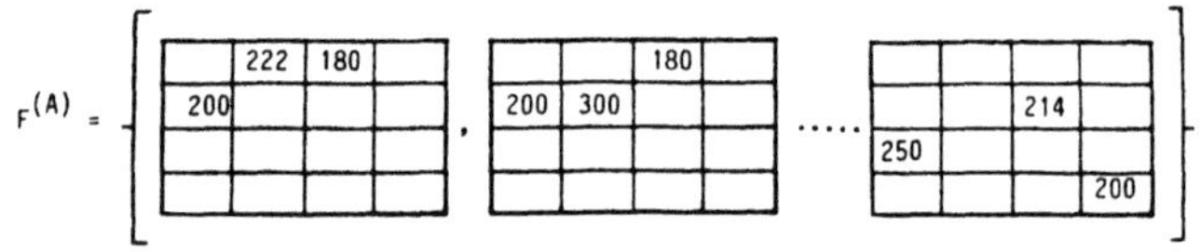

Die Ermittlung der Flexibilitätsangebotsmengen einzelner Produktionsmittel bzw. des Angebotssystems kann nur mit Hilfe der elektronischen Datenverarbeitung durchgeführt werden. Aber selbst bei Einsatz leistungsfähiger Algorithmen und Datenverarbeitungsanlagen wäre die Behauptung unrealistisch, sämtliche Produktionsmittel einer größeren Unternehmung und insbesondere ihre kapazitiven Variationsmöglichkeiten seien in Form detaillierter Kapazitätsangebotsmatrizen darstellbar und darüberhinaus ohne jede Datenreduktion zu einer Menge systembezogener Kapazitätsangebotsmatrizen kombinierbar.

Eine Planung in der geschilderten Form kann vielmehr nur dann mit vertretbarem Aufwand erfolgen, wenn die Mengen $F^{(A_i)}$ des Produktionssystems bzw. $F^{(A_i)}{}_v$ einzelner Produktionsmittel auf eine EDV-technisch handhabbare Zahl von Matrizen beschränkt werden. Das bedeutet letztlich, die Zahl der produktionsmittelbezogenen Kapazitätsangebotsmatrizen und/oder die Zahl der zu aggregierenden Produktionsmittel zu verkleinern bzw. - nach erfolgter Aggregation - die Zahl der systembezogenen Kapazitätsangebotsmatrizen zu reduzieren.

Zu diesem Zweck stehen **Datenreduktionstechniken** in verschiedenen Phasen des Planungsprozesses zur Verfügung. Dazu zählen z.B. die *Reduktion der Matrixdimension*, die isolierte *Betrachtung kleinerer Produktionsmittelgruppen* oder die *Selektion repräsentativer Matrizen* aus den Mengen $F^{(A_i)}$ bzw. $F^{(A_i)}{}_v$[47]. Sie sind gezielt anzuwenden, um die praktische Durchführbarkeit des Verfahrens nicht im vorhinein durch das Argument eines zu großen Planungsaufwands zu gefährden[48].

47 Vgl. zur systematischen Nennung von Datenreduktionstechniken Kap. 2.3.3.1.
48 Vgl. Kap. 5.2.2.2. und 5.2.2.3.

Auch wenn relativ umfangreiche Datenreduktionen vorzunehmen sind, um die Menge der element- bzw. systembezogenen Kapazitätsangebotsmatrizen nicht zu groß werden zu lassen, wird dadurch die Berechtigung einer solchen Planungsmethodik nicht aufgehoben: Sie ermöglicht es, im Gegensatz zur traditionellen Kapazitätsplanung, Flexibilitätsspielräume über die Anzahl der berücksichtigten Kapazitätsangebotsmatrizen **in gewünschtem Umfang** in die Planung einzubeziehen.
Im höchsten Grad der Aggregation kann jede Menge $F^{(A)}$ von Kapazitätsangebotsmatrizen auf eine einzige Kapazitätsangebotsmatrix reduziert werden. Dann bewegt man sich wieder in der traditionellen Kapazitätsplanung, die Substitutionsmöglichkeiten i.a. außer acht läßt[49]. Schon die Aufnahme einiger weniger Kapazitätsangebotsmatrizen schafft demgegenüber eine verbesserte Informationsgrundlage für die Ermittlung von Investitionen zur Steigerung der Anpassungsfähigkeit an Umweltentwicklungen.

5.2.1.3. Ermittlung der Flexibilitätslücken

Eine systematische Suche nach Flexibilisierungsinvestitionen setzt die Kenntnis der **Flexibilitätslücken** voraus. Erst durch die Abstimmung der Investitionen auf diese Lücken wird ihre technologische Eignung sichergestellt, ungedeckte Produktionsnachfrage der verschiedenen Zukunftslagen zu befriedigen.

Flexibilitätslücken können durch die **Gegenüberstellung von Flexibilitätsangebot $F^{(A)}$ und Flexibilitätsnachfrage $F^{(N)}$** festgestellt werden[50]. Dies geschieht zweckmäßigerweise durch elementweisen Vergleich je einer Kapazitätsnachfrage- und -angebotsmatrix. Als einfachste Form der mathematischen Verknüpfung wird die **Subtraktion** gewählt, um absolute Maßzahlen der Kapazitätslücke je Matrixfeld zu erhalten[51].

Sofern $F^{(A)}$ mehrere Matrizen enthält, existiert das Problem, welche Kapazitätsangebotsmatrix der jeweiligen Kapazitätsnachfragematrix zugeordnet werden soll[52]. Um Kapazitätslücken je Zukunftslage und damit insgesamt die Flexibilitätslücke nicht zu hoch auszuweisen, ist diejenige Kapazitätsangebotsmatrix $K_s^{(A)*}$ zur Berechnung

---

49 Vgl. Kap. 4.2.2.2.

50 Auf einen solchen Vergleich von Produktionsangebot und -nachfrage wird in der Literatur zur Investitionsplanung zumeist nicht konkret eingegangen. Vgl. repräsentativ die allgemein gehaltenen Aussagen bei Szyperski/Tilemann (Ziele) 2308: "Die quantitativen und qualitativen Programmziele führen über eine Eignungsanalyse verfügbarer Produktionsverfahren zur Ausstattungsplanung", ähnlich Zäpfel (Programmplanung) 1707. Er ist aber von grundlegender Bedeutung für die Erstellung technisch geeigneter Investitionsalternativen und daher hier näher auszuführen.

51 Eine Vergleichsform, die auf der alternativ möglichen Division beruht, wählt Riebel (Elastizität) 95, indem er den "elastizitären Deckungsgrad" als Verhältnis der vorhandenen Elastizitätsspanne und der Elastizitätsnotwendigkeit definiert.

52 Vgl. dazu bereits Kap. 4.2.2.2. Bei Verwendung der Kapazitätsmatrizen vom Typ I entfällt dieses Problem.

der Kapazitätslücke heranzuziehen, welche die Kapazitätsnachfragematrix "**am besten**" annähert.
Dieser für die flexibilitätsorientierte Investitionsplanung grundlegende Gedanke ermöglicht es, die Anpassungsfähigkeit des Produktionssystems an Zukunftsentwicklungen planerisch einzubeziehen[53] und das Zuordnungsproblem zieladäquat zu lösen.
Dann berechnet sich die "**unbereinigte**" **Kapazitätslückenmatrix** $\tilde{K}_t^{(L_i)}$ je Zukunftslage und Periode zu:

$$\tilde{K}_t^{(L_i)} = K_t^{(N_i)} - K_s^{(A_i)*} \qquad (12a)$$

bzw. feldweise

$$\tilde{k}_{t_{mn}}^{(L_i)} = k_{t_{mn}}^{(N_i)} - k_{s_{mn}}^{(A_i)*} \qquad (12b)$$

Positive Eintragungen $\tilde{k}_{tmn}^{(L_i)}$ der unbereinigten Kapazitätslückenmatrix $\tilde{K}_t^{(L_i)}$ bezeichnen Kapazitätslücken, negative $\tilde{k}_{tmn}^{(L_i)}$ vorhandene Überkapazitäten bzgl. einer Verrichtung definierter Qualität.

Die beste annähernde Kapazitätsangebotsmatrix des Produktionssystems $K_s^{(A_i)*}$ setzt sich additiv aus den jeweils besten annähernden Kapazitätsangebotsmatrizen der V Produktionsmittel zusammen. Daher kann Gleichung (12 a) auch umformuliert werden:

$$\tilde{K}_t^{(L_i)} = K_t^{(N_i)} - (K_s^{(A_i)*}{}_1 + \ldots + K_s^{(A_i)*}{}_V) \qquad (12c)$$

Alternativ zur Subtraktion von $K_s^{(A_i)*}$ können demnach von jeder Kapazitätsnachfragematrix $K_t^{(N_i)}$ sukzessive die am besten annähernden Kapazitätsangebotsmatrizen $K_s^{(A_i)*}{}_v$ der Produktionsmittel subtrahiert werden. Es ergeben sich dann (V-1) Zwischenlösungen für die Kapazitätslückenmatrix.
Im Fall einer solch sukzessiven Vorgehensweise ist die kombinatorische Bildung der Flexibilitätsmenge des gesamten Produktionssystems nicht mehr notwendig; der Datenverarbeitungsaufwand gegenüber der oben aufgezeigten Aggregation der Kapazitätsangebotsmatrizen von Produktionsmitteln zu Kapazitätsangebotsmatrizen des Produktionssystems wird somit erheblich geringer.[54]

Zur Ermittlung von $K_s^{(A_i)*}$ ist ein Kriterium festzulegen, welches die Güte der Übereinstimmung von Matrizen mißt. Aus Gründen der Einfachheit greife dieses di-

53 Vgl. auch Kap. 2.3.3.2.
54 Vgl. hierzu auch den Vorgriff in Kap. 5.2.1.2.

rekt an der Kapazitätslückenmatrix $\tilde{K}_t^{(L_i)}$ an[55] und sei durch die Elementsumme $K_t^{(L_i)}$ der positiven $\tilde{k}_{t_{mn}}^{(L_i)}$ definiert:

$$K_t^{(L_i)} = \sum_m \sum_n k_{t_{mn}}^{(L_i)} \qquad (5a)$$

$$\text{wobei } k_{t_{mn}}^{(L_i)} = \begin{cases} 0, & \text{wenn } \tilde{k}_{t_{mn}}^{(L_i)} \leq 0 \\ \tilde{k}_{t_{mn}}^{(L_i)}, & \text{wenn } \tilde{k}_{t_{mn}}^{(L_i)} > 0 \end{cases} \qquad (13)$$

Die "am besten" annähernde Kapazitätsangebotsmatrix ist dann diejenige, die zur geringsten Elementsumme $K_t^{(L_i)}$ der Matrix $K_t^{(L_i)}$ führt.[56]
Richtungweisend für die Suche nach der besten annähernden Kapazitätsangebotsmatrix ist folgende Feststellung: Es führt stets die Kapazitätsangebotsmatrix zur geringsten Elementsumme $K_t^{(L_i)}$, bei welcher zunächst die Matrixfelder mit den **niedrigsten** Werten für den Koeffizienten "benötigte Zeiteinheiten pro ausführbare Verrichtungsmengeneinheit" (ZE/VME) Anteile der Produktionskapazität zugeordnet bekommen. Ist die Kapazitätsnachfrage dieses Matrixfelds erfüllt, wird eine eventuell verbleibende Produktionskapazität des betreffenden Produktionsmittels dem Matrixfeld mit dem nächsthöheren Wert ZE/VME zugeordnet usw. Durch diesen Algorithmus vereinfacht sich die Suche nach $K_s^{(A_i)*}$ erheblich.

Die Elimination der negativen $\tilde{k}_{t_{mn}}^{(L_i)}$ bei Bildung der Matrixsumme $K_t^{(L_i)}$ wird vorgesehen, damit nur die **effektiven** Kapazitätslücken betrachtet werden, und die für die Investitionsplanung irrelevanten Überkapazitäten nicht in das Kriterium eingehen.
Auch für die weitere Formalisierung der Investitionsplanung sind nur die um negative Daten bereinigten Kapazitätslückenmatrizen $K_t^{(L_i)}$ von Relevanz. Sie werden zur Menge der **Flexibilitätslücke** zusammengefaßt:

$$F^{(L_i)} = \{ K_t^{(L_i)} \; / \; t = 1, \ldots, T \} \qquad (14)$$

Sie ist Ausgangspunkt für die Ermittlung von Investitionsgelegenheiten der Periode i[57].

---

55 Bei der sukzessiven Subtraktion der best annähernden Kapazitätsangebotsmatrix einzelner Produktionsmittel, vgl. Gleichung (12c), sind unter $K_t^{(L_i)}$ die jeweiligen Zwischenlösungen der Kapazitätslückenmatrix zu verstehen.

56 $K_t^{(L_i)}$ ist gleichzeitig ein absolutes technisches Maß für das Risiko, zukünftige Produktionsanforderungen ohne zusätzliche Investitionen nicht erfüllen zu können.

57 Die Matrizen der Überkapazitäten, die durch die Differenzbildung von $\tilde{K}_t^{(L_i)}$ und $K_t^{(L_i)}$ je Zukunftslage und Periode entstehen, enthalten insofern nicht zu vernachlässigende Planungsinformationen, als sie einen geeigneten Ausgangspunkt für Desinvestitionsüberlegungen darstellen:

Beispiel-Teil VI: *Ermittlung der Flexibilitätslücke*

Von jeder Kapazitätsnachfragematrix $K_t^{(N_i)}$ aus Beispiel-Teil IV ist die beste annähernde Kapazitätsangebotsmatrix des Produktionssystems $K_s^{(A)*}$ aus Beispiel-Teil V c) zu subtrahieren.
Statt des Vergleichs mit $K_s^{(A)*}$ des gesamten Produktionssystems können auch die jeweils besten annähernden Kapazitätsangebotsmatrizen der einzelnen Produktionsmittel zum Vergleich herangezogen und somit die Kapazitätslückenmatrizen sukzessive erstellt werden. Es ergeben sich nach der Elimination negativer Werte folgende bereinigten Kapazitätslückenmatrizen $K_t^{(L_i)}$:

$K_t^{(L_i)}$		Z_1				Z_2				Z_3			
		V_1	V_2	V_3	V_4	V_1	V_2	V_3	V_4	V_1	V_2	V_3	V_4
Periode 1	Q_1				133				67				
	Q_2											20	
	Q_3		70				80				80		
	Q_4												
Periode 2	Q_1			66	480			67	480			95	440
	Q_2	40	180			30	180			40	140		
	Q_3	30	65			20	50			10	80		
	Q_4												

Rechenbeispiel:

PM_1 mit 50 Verrichtungszeiteinheiten für V_1.
Kapazitätsnachfrage nach V_1 in Periode 2 und Z_1:

V_1
40
280

Der Koeffizient "ZE/VME" ist für V_1-Q_3 mit 0,2 kleiner als für V_1-Q_2 mit 0,25 (vgl. Beispiel-Teil V a). Daher Zuordnung der von PM_1 verfügbaren Fertigungszeit zunächst auf V_1-Q_3:

$$50ZE / 0{,}2\ ZE \text{ pro } VME = 250\ VME$$

$$K^{(N)} - K^{(A)} = 280 - 250 = 30\ VME$$

→ Kapazitätslückenvektor von V_1:

V_1
40
30

Für eine Desinvestition kommen all die Produktionsmittel in Betracht, deren Kapazitätsangebot in allen Zukunftslagen und Perioden zu ganzen Teilen der Überkapazität zuzurechnen ist.

Aus der Kenntnis der Kapazitätslückenmatrizen $K_t^{(L_i)}$ und der Kapazitätsnachfragematrizen $K_t^{(N_i)}$ kann die aktuelle Kapazitätsnachfragedeckung je Periode errechnet werden. Sie ist Ausgangsbasis für die Festlegung des Mindestgrades der Kapazitäts- bzw. Flexibilitätslückendeckung[58]. Der **Grad der Kapazitätsnachfragedeckung** ergibt sich analog Gleichung (6a) zu:

$$k_t^{(N_i)} = \frac{K_t^{(N_i)} - K_t^{(L_i)}}{K_t^{(N_i)}} \quad \text{mit} \quad K_t^{(N_i)} = \sum_m \sum_n k_{t_{mn}}^{(N_i)} \qquad (15a)$$

Der **Grad der Flexibilitätsnachfragedeckung** in der Periode i ist dann entsprechend Gleichung (7a):

$$f^{(N_i)} = \sum_{t=1}^{T} k_t^{(N_i)} \cdot w_t \qquad (16)$$

Beispiel-Teil VII: *Ermittlung der Grade der Kapazitäts- und Flexibilitätsnachfragedeckung*

Errechnung der Kapazitätsnachfragedeckungsgrade unter Verwendung der Gleichungen (5a) und (15a) sowie des Flexibilitätsnachfragedeckungsgrades mit Gleichung (16) (Ausgangsdaten in den Beispiel-Teilen IV und VI).

	$k_t^{(N_i)}$			$f^{(N_i)}$
	z_1 (w_1 = 0,4)	z_2 (w_2 = 0,3)	z_3 (w_3 = 0,3)	
Periode 1	$\frac{750-203}{750}$ = 0,73	$\frac{720-147}{720}$ = 0,80	$\frac{640-100}{640}$ = 0,84	0,73·0,4 + + 0,3(0,8 + 0,84) = = 0,78
Periode 2	$\frac{1605-761}{1605}$ = 0,53	$\frac{1570-827}{1570}$ = 0,47	$\frac{1560-805}{1560}$ = 0,48	0,53·0,4 + + (0,47 + 0,48)0,3 = = 0,5

Bei z.B. aus Erfahrung bekannter Mindest-Kapazitätsnachfragedeckung $k_t^{(N_i)}{}_{soll}$ ist die Verbindung zum Mindestgrad der Kapazitätslückendeckung $k_t^{(L_i)}{}_{soll}$ rechentechnisch nun wie folgt herzustellen: Aus Gleichung (15a) folgt:

$$K_t^{(L_i)} = K_t^{(N_i)} \cdot (1 - k_t^{(N_i)}) \qquad (15b)$$

58 Vgl. Kap. 5.1.3.

Damit ist die Matrixsumme $K_t^{(L_i)}{}_{soll}$ zu errechnen:

$$K_t^{(L_i)}{}_{soll} = K_t^{(N_i)}{}_{ist} \cdot (1 - k_t^{(N_i)}{}_{soll})$$

Unter Verwendung von Gleichung (6a) und der dortigen Ersetzung von $K_t^{(RL_i)}$ durch $K_t^{(L_i)}{}_{soll}$[59] ergibt sich der anzustrebende Grad der Kapazitätslückendeckung $k_t^{(L_i)}{}_{soll}$ zu:

$$k_t^{(L_i)}{}_{soll} = \frac{K_t^{(L_i)}{}_{ist} - K_t^{(L_i)}{}_{soll}}{K_t^{(L_i)}{}_{ist}} =$$

$$= \frac{K_t^{(L_i)}{}_{ist} - K_t^{(N_i)}{}_{ist} \cdot (1 - k_t^{(N_i)}{}_{soll})}{K_t^{(L_i)}{}_{ist}} \qquad (17)$$

Dazu ein Beispiel: $K_t^{(N_i)}{}_{ist} = 60$

$K_t^{(L_i)}{}_{ist} = 20$

$k_t^{(N_i)}{}_{soll} = 0{,}8$

$$\rightarrow \qquad k_t^{(N_i)}{}_{ist} = \frac{60 - 20}{60} = \frac{2}{3}$$

$$K_t^{(L_i)}{}_{soll} = 60 \cdot (1 - 0{,}8) = 12$$

$$k_t^{(L_i)}{}_{soll} = \frac{20 - 12}{20} = 0{,}4$$

Das bedeutet, daß die vor Investition existierende Kapazitätslücke zu 40 % zu decken ist.

Gleichung (17) kann unter Verwendung der Gleichung (15a) zu folgendem vereinfachten Ausdruck für $k_t^{(L_i)}{}_{soll}$ umgeformt werden[60]:

$$k_t^{(L_i)}{}_{soll} = \frac{k_t^{(N_i)}{}_{soll} - k_t^{(N_i)}{}_{ist}}{1 - k_t^{(N_i)}{}_{ist}} \qquad (18)$$

59 Vgl. Kap. 5.1.2. Dabei drückt $K_t^{(RL_i)}$ den realisierten, $K_t^{(L_i)}{}_{soll}$ den angestrebten Zustand nach Investition aus.

60 Zum Beweis der Identität der Gleichungen (17) und (18) vgl. Anhang I.

Für das Beispiel ergibt sich:

$$k_t{}^{(L_i)}{}_{soll} = \frac{0{,}8 - 2/3}{1 - 2/3} = 0{,}4$$

Der Analogieschluß von Gleichung (18) auf die Berechnung des angestrebten **Grades der Flexibilitätslückendeckung** ergibt:

$$f^{(L_i)}{}_{soll} = \frac{f^{(N_i)}{}_{soll} - f^{(N_i)}{}_{ist}}{1 - f^{(N_i)}{}_{ist}} \qquad (19)$$

Auf diese Weise sind Mindestgrade der Kapazitäts- bzw. Flexibilitätslückendeckung, ausgehend von den bereits realisierten Graden sowie den als bekannt vorausgesetzten[61] Mindestgraden der Kapazitäts-/Flexibilitätsnachfragedeckung, zu errechnen.

Beispiel-Teil VIII: *Berechnung der Grade der Mindestkapazitäts- und -flexibilitätslückendeckung*

Mindest-Kapazitäts- und -flexibilitätsnachfragedeckung:

$k_t{}^{(N_i)}{}_{soll} = 0{,}9$ mit $t = 1....T$[62]

Bestimmung der Elementsummen, welche die Kapazitätslückenmatrizen $K_t{}^{(L_i)}{}_{soll}$ höchstens aufweisen dürfen, nach Gleichung (15 b) (Ausgangsdaten in Beispiel-Teil VII):

$K_t{}^{(L_i)}{}_{soll}$	z_1 ($w_1 = 0{,}4$)	z_2 ($w_2 = 0{,}3$)	z_3 ($w_3 = 0{,}3$)
Periode 1	750(1 - 0,9) = 75	72	64
Periode 2	160,5	157	156

Ermittlung der anzustrebenden Grade der Kapazitätslückendeckung $k_t{}^{(L_i)}{}_{soll}$ nach Gleichung (17):

61 Vgl. Kap. 5.1.3.
62 Damit ist der Mindestgrad der Flexibilitätsnachfragedeckung ebenfalls auf 0,9 festzulegen.

$k_{t_{soll}}^{(L_i)}$	z_1 $(w_1 = 0{,}4)$	z_2 $(w_2 = 0{,}3)$	z_3 $(w_3 = 0{,}3)$
Periode 1	$\frac{203 - 75}{203} = 0{,}63$	$\frac{147 - 72}{147} = 0{,}51$	$\frac{100 - 64}{100} = 0{,}36$
Periode 2	$\frac{761 - 160{,}5}{761} = 0{,}79$	$\frac{827 - 157}{827} = 0{,}81$	$\frac{805 - 156}{805} = 0{,}81$

Das bedeutet, daß beispielsweise die Kapazitätslücke in Zukunftslage 1 der Periode 1 in Höhe von 203 Verrichtungsmengeneinheiten zu 63 % gedeckt werden muß, um den Mindestgrad der Kapazitätsnachfragedeckung von 0,9 zu erreichen.

Ermittlung der anzustrebenden Flexibilitätslückendeckungsgrade $f^{(L_i)}_{soll}$ nach Gleichung (19):

	$f^{(L_i)}_{soll}$
Periode 1	$\frac{0{,}9 - 0{,}78}{1 - 0{,}78} = 0{,}55$
Periode 2	$\frac{0{,}9 - 0{,}5}{1 - 0{,}5} = 0{,}8$

5.2.1.4. Bestimmung von Investitionsprioritäten und Konkretisierung der Investitionsbedarfe

Anhand der I Flexibilitätslücken $F^{(L_i)}$, die sich jeweils aus T Kapazitätslückenmatrizen $K_t^{(L_i)}$ zusammensetzen, sind für jede Periode i geeignete **Investitionsalternativen** zu finden[63]. Sie müssen die Satisfizierungsbedingungen des Produktziels erfüllen und darüberhinaus einen befriedigenden Kapitalwert versprechen[64].

Trotz der genannten Restriktionen bestehen bei der Auswahl der durch Investitionen zu deckenden Kapazitätslücken und der dazu geeigneten Investitionsobjekte viele Freiheitsgrade. Deswegen erscheint es zweckmäßig - wenn auch für die Durchführung der flexibilitätsorientierten Investitionsplanung nicht unbedingt erforderlich - **zusätzliche Informationen** bereitzustellen. Sie sollen den Auswahlprozeß der Investitionsalternativen in eine bestimmte Richtung lenken, indem sie einerseits Hinweise auf die

63 Die Orientierung an Flexibilitätslücken erfüllt die Forderung von Wildemann (Investitionsentscheidungsprozeß) 111ff. nach Zweckeignung einer Investitionsalternative insofern, als nur solche Alternativen erstellt werden, deren Produktionsangebot auch einer konkreten Produktionsnachfrage entspricht.

64 Eine engpaßorientierte Vorgehensweise, die nicht an Flexibilitäts-, sondern an Automatisierungslücken angreift, liefern Schulz/Steinhilper (Automatisierungslücken).

Prioritäten der zu deckenden Kapazitätslücken geben, andererseits zur *Art der Investitionsobjekte*, die zur Deckung spezifischer Lücken geeignet sind.

Zur Gewinnung solcher Informationen sind zweckmäßigerweise Kriterien aufzustellen, die den Auswahlprozeß auf die **ökonomische** Zielsetzung ausrichten. Sie sollen die Auswahl erfolgversprechender Teile des Entscheidungsbaums der Flexibilitätslückendeckung ermöglichen. Auf diese Weise kann die Vielfalt der Handlungsalternativen eingeschränkt werden, die den Mindestgrad der Flexibilitätslückendeckung erreichen.

Ein geeignetes heuristisches Kriterium zur Bestimmung von Investitionsprioritäten innerhalb der Flexibilitätslücken ist die **Dringlichkeit der Flexibilitätslückendeckung**[65]. Höchste Dringlichkeit wird zunächst denjenigen Verrichtungen zugeordnet, die fixe Bedarfe betreffen und in den Nebenbedingungen der Produktzielerfüllung angesprochen sind[66]. Darüberhinaus ist die Investition in eine bestimmte Verrichtung umso dringlicher, je häufiger für diese Verrichtung Kapazitätslücken in den verschiedenen Zukunftslagen und Perioden auftauchen, und je höher diese Lücken sind. Dabei sei auch die Eintrittswahrscheinlichkeit der Zukunftslagen berücksichtigt. Werden nämlich nach diesen Kriterien dringliche Kapazitätslücken nicht gedeckt, dann ist die Befriedigung großer Teile der Produktionsnachfrage gleich in vielen Zukunftslagen und Perioden gefährdet.

Ein **Maßstab**, der diese Aspekte auf einfache Weise vereint, ist der **Kapazitätslücken-Erwartungswert** $E(k_{mn}^{(L)})$, der ein Maß für die Flexibilitätslücke bezüglich **einer** Verrichtung definierter Qualität darstellt. Er wird über alle positionsgleichen Felder einer Menge von Kapazitätslückenmatrizen gebildet. Bei periodenbezogener Betrachtung errechnet er sich zu:

$$E\,(k_{mn}^{(L_i)}) = \sum_{t=1}^{T} w_t \cdot k_{tmn}^{(L_i)} \qquad (20a)$$

Ein hoher Erwartungswert ergibt sich **zum einen** dann, wenn Kapazitätslücken in **vielen** Zukunftslagen auftreten. Bei Bereitstellung zusätzlicher Kapazität der betreffenden Verrichtung erhöhen sich die Einzahlungen gleich in **all** diesen Zukunftslagen. Daher führt die am Erwartungswert orientierte Strategie der Deckung gemeinsamer Kapazitätslücken zu einem durchschnittlich höheren Einzahlungsstrom als die

65 Die Beurteilung von Flexibilitätsproblemen hinsichtlich ihrer Dringlichkeit wird auch von Maier (Flexibilität) 175 gefordert.

66 Vgl. Kap. 5.1.3.

Kapazitätsbereitstellung für eine Verrichtung, die nur in **einer** Zukunftslage eine Kapazitätslücke aufweist[67].

Die Deckung einer in vielen Zukunftslagen **gleichen** Kapazitätslücke hat zudem den Vorteil, daß ein **einziges** (spezialisiertes) Investitionsobjekt den Kapazitätslückendeckungsgrad in all diesen Zukunftslagen erhöhen kann. Dadurch sind Anschaffungsauszahlungen gering zu halten.

Ein Maßstab, der nicht alle Kapazitätslückenmatrizen in die Dringlichkeitsbetrachtung integriert, wäre demgegenüber von Nachteil: Er würde Anpassungsdefizite nicht aufdecken, die allen oder mehreren Zukunftslagen gemeinsam sind. So könnte z.B. ein Dringlichkeitskriterium, das auf jede Kapazitätslückenmatrix einzeln anwendbar ist, dazu führen, daß zunächst nicht identische, sondern **unterschiedliche** Lücken durch Investitionen gedeckt werden. In das Investitionsprogramm der Periode müßten dann mehrere verschiedene Investitionsobjekte eingestellt werden, um den Mindestgrad der Flexibilitätslückendeckung zu erreichen. Dies führte zu erheblich höheren Anschaffungsauszahlungen als für nur ein Investitionsobjekt, das allen Zukunftslagen gemeinsame Lücken deckt und damit den Mindestgrad ebenfalls erreicht.

Ein hoher Erwartungswert ergibt sich **zweitens** auch dann, wenn in Zukunftslagen mit hoher Eintrittswahrscheinlichkeit **sehr große** Kapazitätslücken vorliegen. Die Einstufung der zugehörigen Verrichtung als dringlich ist in diesem Fall dadurch zu rechtfertigen, daß bei Nichtdeckung großer Kapazitätslücken ein hoher Einzahlungsausfall infolge Nichtproduzierbarkeit weiter Teile der Produktionsnachfrage wahrscheinlich wird. Damit ist auch das Einhalten der Sicherheitsbedingung gefährdet.

Da Investitionen i.d.R. mehrperiodigen Charakter haben, ist die Dringlichkeit einzelner Flexibilitätslücken nicht allein über Zukunftslagen, sondern ebenfalls **über Perioden hinweg** zu analysieren. Dies soll bewerkstelligen, daß Investitionen auf Flexibilitätslücken abgestellt werden, die auch in fernerer Zukunft vorhanden sind[68]. Gerade für spätere Perioden ist es wichtig, daß Investitionsobjekte diese Sachzieleignung aufweisen, weil die Formalzieleignung nicht mehr ermittelt werden kann. Zu begründen ist dies wiederum mit dem positiven Effekt auf Ein- und Auszahlungsseite infolge der Deckung gemeinsamer Flexibilitätslücken.

Zur vereinfachten Beurteilung der **mehrperiodigen Dringlichkeit** von Flexibilitätslücken bzgl. einzelner Verrichtungen definierter Qualität können die *Zeitreihen ihrer Erwartungswerte* aufgestellt und - beispielsweise durch gewichtete Mittelwertbildung - zu einem Dringlichkeitsmaß aggregiert werden:

---

67 Diese Strategie ist mit der Strategie des "robusten ersten Schrittes" verwandt, vgl. dazu Gupta/Rosenhead (Robustness), Dichtl (Flexibilitätsprinzip), Hanssmann (Einführung) 75 und 235, Hillmer (Planung) 239ff.

68 Mit Jacob (Linearprogrammierung) 26 kann dies als Berücksichtigung zeitlich-vertikaler Beziehungen zu künftigen Planungsperioden bezeichnet werden.

$$\bar{E}\,(k_{mn}{}^{(L)}) = \sum_{i=1}^{I} g_i \cdot E\,(k_{mn}{}^{(L_i)}) \qquad \text{mit } \sum g_i = 1 \qquad (20b)$$

Anhand der $\bar{E}(k_{mn}{}^{(L)})$ ist eine **Prioritätenliste** der über alle Zukunftslagen und Perioden zu deckenden Flexibilitätslücken aufzustellen.

Um zu vermeiden, daß durch Investitionen bereits in den ersten Perioden Verrichtungen bereitgestellt werden, die erst später hohe Erwartungswerte ihrer Kapazitätslückenverteilung aufweisen, ist eine mit zunehmendem zeitlichen Abstand der Periode vom Planungszeitpunkt T_0 **abnehmende Gewichtung** vorzunehmen. Dadurch werden die Flexibilitätslücken der ersten Planungsperioden höher bewertet und als dringlich für die Investition in Periode 1 eingestuft. So ist sicherzustellen, daß frühe Investitionen nicht erst gegen Ende des Planungszeitraums genutzt werden.

Beispiel-Teil IX: *Bestimmung der Prioritätenliste von Flexibilitätslücken*

a) Ermittlung der periodenbezogenen Dringlichkeit von Flexibilitätslücken durch Berechnung der Kapazitätslücken-Erwartungswerte $E(k_{mn})^{(L_i)}$ nach Gleichung (20 a) (Ausgangsdaten in Beispiel-Teil VI):

$E(k_{mn}^{(L_1)})$	V_1	V_2	V_3	V_4
Q_1				73,3
Q_2			6	
Q_3		76		
Q_4				

Periode 1

$E(k_{mn}^{(L_2)})$	V_1	V_2	V_3	V_4
Q_1			75	468
Q_2	37	168		
Q_3	21	65		
Q_4				

Periode 2

Berechnungsbeispiel für V_4-Q_1 in Periode 1:

$$E(k_{14})^{(L_1)} = 0{,}4 \times 133 + 0{,}3 \times 67 + 0{,}3 \times 0 = 73{,}3$$

b) Ermittlung der Prioritäten der Flexibilitätslücken durch Berechnung ihrer mehrperiodigen Dringlichkeit nach Gleichung (20 b):

$\bar{E}(k_{mn}^{(L)})$	V_1	V_2	V_3	V_4
Q_1			30	231,2
Q_2	14,8	67,2	3,6	
Q_3	8,4	71,6		
Q_4				

$g_1 \stackrel{!}{=} 0{,}6$

$g_2 \stackrel{!}{=} 0{,}4$

Berechnungsbeispiel für V_4-Q_1:

$\bar{E}(k_{14}^{(L)}) = 0{,}6 \times 73{,}3 + 0{,}4 \times 468 = 231{,}2$

Es ergibt sich folgende Prioritätenliste:

nach Verrichtungen definierter Qualität		nach Verrichtungen	
1. V_4 - Q_1	231,2	1. V_4	231,2
2. V_2 - Q_3	71,6	2. V_2	137,8
3. V_2 - Q_2	67,2	3. V_3	33,6
4. V_3 - Q_1	30,0	4. V_1	23,2
5. V_1 - Q_2	14,8		
6. V_1 - Q_3	8,4		
7. V_3 - Q_2	3,6		

Prioritätenliste

Demnach dürfte die Bereitstellung eines Produktionsmittels mit der Verrichtung "Gewindeschneiden" am dringlichsten sein.

Hilfreich bei der Erstellung von Investitionsalternativen sind - neben der Priorität der Flexibilitätslücken - Hinweise auf die **Art der Produktionsmittel**, die zur Deckung spezifischer Lücken einzusetzen sind. Anhand der Verteilung einzelner Kapazitätslücken über Zukunftslagen/Perioden kann auf die Vorteilhaftigkeit ihrer Deckung durch **starre oder flexible** Produktionsmittel geschlossen werden.
Ausgangspunkt der Zuordnung von Verrichtungen[69] zu einer starren bzw. flexiblen Maschine ist die Zielsetzung, Anschaffungsauszahlungen für Investitionsobjekte, die zur Mindestdeckung der Kapazitäts-/Flexibilitätslücke benötigt werden, möglichst gering zu halten.

69 Zur Vereinfachung der Darstellungen wird in den folgenden Ausführungen dieses Kapitels nur von Verrichtungen die Rede sein, ohne die eigentlich übliche Differenzierung nach Verrichtungsqualitäten zu erwähnen. Die zu entwickelnde Vorgehensweise wird davon nicht berührt, sie ist genauso für Verrichtungen definierter Qualität anwendbar.

Bei einer über Zukunftslagen und Perioden **gleichmäßig** verteilten Kapazitätslücke kann zu deren Deckung ein Produktionsmittel zum Einsatz kommen, das neben der benötigten keine alternative Verrichtung beherrschen muß. Sein Vorteil liegt in den geringeren Anschaffungsauszahlungen im Vergleich zu flexiblen Aggregaten, welche die gleiche quantitative Kapazität bzgl. dieser Verrichtung aufweisen[70].

Weisen Kapazitätslücken dagegen die Eigenschaft einer **ungleichmäßigen** Verteilung über Zukunftslagen und Perioden auf, ist für die zugehörige Verrichtung ein flexibles Produktionsmittel zur Investition vorzusehen, das mehrere Verrichtungen mit dieser Eigenschaft alternativ bereitstellen kann. Die Anschaffungsauszahlungen für das flexible Produktionsmittel sind i.d.R. weitaus geringer, als wenn für jede der alternativen Verrichtungen in ein starres Produktionsmittel investiert wird, welches dann nur in einer (oder in wenigen) Zukunftslage(n) bzw. Periode(n) genutzt werden kann.

Kriterium der Gleichmäßigkeit kann die **Varianz der Kapazitätslückenverteilung** $Var(k_{mn}^{(L)})$ über die Zukunftslagen/Perioden sein. In Anlehnung an Gleichung (20a) und (20b) berechnet sie sich periodenbezogen zu

$$Var\,(k_{mn}^{(L_i)}) = \sum_{t=1}^{T} \{ k_{tmn}^{(L_i)} - E\,(k_{mn}^{(L_i)}) \}^2 \cdot w_t \qquad (21a)$$

und über alle Perioden als gewichtetes Varianzmittel

$$\overline{Var}\,(k_{mn}^{(L)}) = \sum_{i=1}^{I} g_i \cdot Var\,(k_{mn}^{(L_i)}) \qquad (21b)$$

Das resultierende **heuristische Prinzip** lautet demnach, für Verrichtungen mit niedriger(m) Varianz (Varianzmittel) *starre*, für solche mit hoher(m) Varianz (Varianzmittel) *flexible* Produktionsmittel zur Investition vorzusehen[71].

Das Kriterium der hohen Varianz einer Kapazitätslückenverteilung dient nur einer **groben Selektion von Verrichtungen**, die grundsätzlich durch flexible Produktionsmittel bereitgestellt werden sollten. Es erlaubt aber noch keine konkrete Angabe darüber, welche dieser Verrichtungen zweckmäßigerweise zur Ausführung durch **ein einziges Produktionsmittel** zusammenzufassen sind.

70 Dies schließt nicht aus, daß man für Verrichtungen mit näherungsweise konstantem Bedarf dennoch ein flexibles Produktionsmittel mit entsprechend großer Kapazität wählt, das sowohl diese als auch andere Verrichtungen in einer Periode in der gewünschten Kapazität bereitstellen kann. Dies ist letztlich eine Frage der Vorentscheidung über die geeignete Flexibilitätsklasse von Investitionsobjekten, vgl. dazu Kap. 5.2.1.5.

71 Die Grenzen der Varianz für gleichmäßige/ungleichmäßige Verteilung sind dabei situationsspezifisch unter Verwendung von Erfahrungswerten zu bestimmen.

So sind z.B. zwei Verrichtungen mit einer maximalen Kapazitätslücke von je 10 Verrichtungszeiteinheiten (VZE) und hoher Varianz der Kapazitätslückenverteilung dann nicht von einer Maschine mit 12 VZE bereitstellbar, wenn ihre Kapazitätslücken in den Zukunftslagen/Perioden **gleichläufig** sind, d.h. beide immer gleichzeitig gefordert oder nicht gefordert werden. Ein Indiz dafür ist, wenn die Summe der Kapazitätslücken beider Verrichtungen je Zukunftslage und Periode alle Werte zwischen 0 und 20 VZE annehmen kann. Hier könnte der Vorteil einer flexiblen Maschine, Verrichtungen alternativ auszuführen, nicht genutzt werden.
Eine Gruppe von Verrichtungen ist also nur dann durch ein flexibles Produktionsmittel bereitzustellen, wenn

1. überhaupt ein Produktionsmittel existiert, das die betreffenden Verrichtungen auszuführen in der Lage ist, und
2. die Summen ihrer Kapazitätslücken je Zukunftslage und Periode, umgerechnet in Verrichtungszeiteinheiten, über alle Perioden/Zukunftslagen hinweg nur eine geringe Streuung aufweisen.

Letzteres läßt darauf schließen, daß diese Verrichtungen sich in ihrem Kapazitätsanspruch gegenseitig substituieren. Dann bringt es i.a. ökonomische Vorteile, statt mehreren starren Aggregaten ein flexibles Produktionsmittel für das Investitionsprogramm vorzusehen, das deren qualitative Kapazität vereinigt und gleiches oder nur geringfügig höheres quantitatives Kapazitätsangebot als jedes der Einzelaggregate besitzt.

Die **Vorgehensweise** beim Vorschlag flexibler Produktionsmittel zur Investition ist demnach wie folgt:
Man listet zunächst diejenigen *Gruppen der Verrichtungen* auf, die durch marktübliche Produktionsmittel *alternativ* bereitstellbar sind. Bei Betrachtung des Marktangebots an flexiblen Produktionsmitteln[72] stellt man fest, daß sich deren Zahl in Grenzen hält, sofern keine Differenzierung nach Verrichtungsqualitäten vorgenommen wird.
Dann berechnet man für diese Verrichtungsgruppen die *Summen ihrer Kapazitätslücken* je Zukunftslage und Periode. Weisen die Verteilungen dieser Summenwerte für eine Gruppe eine geringe Streuung auf, ist das zugehörige Produktionsmittel als geeignetes Investitionsobjekt einzustufen. Seine endgültige Aufnahme in einen Investitionsprogrammvorschlag hängt nun von den Prioritäten der betreffenden Verrichtungen ab.

72 Vgl. dazu Herrmann/Pferdmenges (Fachgebiete), Holz/Gaebler (Fertigungssysteme), Hedrich (Flexibilität).

Beispiel-Teil X: *Bestimmung der Art der zu investierenden Produktionsmittel*

a) **Berechnung der Varianz der Kapazitätslückenverteilung** $Var(k_{mn}^{(L_i)})$ über die Zukunftslagen in den einzelnen Perioden nach Gleichung (21a) (Ausgangsdaten in den Beispiel-Teilen VI und IX):

$Var(k_{mn}^{(L_1)})$	V_1	V_2	V_3	V_4
Q_1				3049
Q_2			84	
Q_3		24		
Q_4				
Σ		24	84	3049

Periode 1

$Var(k_{mn}^{(L_2)})$	V_1	V_2	V_3	V_4
Q_1			172	336
Q_2	21	336		
Q_3	69	9		
Q_4				
Σ	90	345	172	336

Periode 2

Berechnungsbeispiel für V_4-Q_1 in Periode 1:

$$Var(k_{14}^{(L_1)}) = (133 - 73{,}3) \times 0{,}4 + (67 - 73{,}3) \times 0{,}3 + (0 - 73{,}3) \times 0{,}3 = $$
$$= 3049{,}4$$

b) **Berechnung des gewichteten Varianzmittels** $\overline{Var}(k_{mn}^{(L)})$ nach Gleichung (21b):

Berechnungsbeispiel für V_4-Q_1:

$$\overline{Var}(k_{14}^{(L)}) = 0{,}6 \times 3049 + 0{,}4 \times 336 = $$
$$= 1963{,}8$$

$\overline{Var}(k_{mn}^{(L)})$	V_1	V_2	V_3	V_4
Q_1			68,8	1964
Q_2	8,4	134	50,4	
Q_3	27,6	18		
Q_4				

Hohe(s) Varianz(mittel) weist einzig das Matrixfeld V_4-Q_1 der Verrichtung "Gewindeschneiden" auf. Demnach bietet sich keine Verrichtungs<u>kombination</u> zur Ausführung durch ein flexibles Produktionsmittel explizit an - jede Verrichtung kann ohne ökonomische Nachteile auch jeweils durch ein starres Produktionsmittel bereitgestellt werden.

Aus diesem Grund kann die Summenbildung der Kapazitätslücken je Zukunftslage und Periode zur Prüfung der Frage, ob Verrichtungen mit hoher Varianz <u>alternativ</u> ausführbar und damit zur Bereitstellung durch <u>ein</u> Produktionsmittel geeignet sind, entfallen.

Mit Hilfe dieser heuristischen Vorgehensweise der Ermittlung substituierbarer Verrichtungen gelingt es, Möglichkeiten der Investition in flexible Produktionsmittel zu erkennen sowie für diese zu gewährleisten, daß keine bedeutende Unterauslastung ihrer Gesamtkapazität vorliegen wird und die (teuren) Variationsmöglichkeiten ihres Kapazitätsangebots auch in Anspruch genommen werden.

Die entwickelten heuristischen Prinzipien der Bestimmung von Investitionsprioritäten und der Konkretisierung der Investitionsbedarfe sollen allein der **Anregung** von Flexibilisierungsinvestitionen dienen. Sie sind deshalb für den Investitionsplanungsprozeß **nicht zwingend** vorzuschreiben. Da ihnen der Anspruch auf Exaktheit fehlt, ist durch ihre Anwendung bei der Alternativenerstellung keine verbesserte Zielerreichung zu garantieren[73], wenn auch sehr wahrscheinlich.

5.2.1.5. Auswahl geeigneter Investitionsobjekte und Kombination zu Investitionsprogrammalternativen

An die Ermittlung der Flexibilitätslücken und ihre Reihung nach Prioritäten bzw. ihre Gruppierung schließt sich die **Bestimmung der Investitionsprogrammalternativen** für die Perioden 1 bis I an. Sie erfolgt im Rahmen eines heuristischen Prozesses der Auswahl und Kombination von Investitionsobjekten.

Der Hauptauswahl konkreter Objekte ist zu Zwecken der Komplexitätsreduktion eine **Vorauswahl** vorzuschalten. Dabei wird der Raum möglicher Lösungsalternativen durch die *Formulierung technischer Restriktionen* eingeschränkt. So sind z.B. die gewünschte Automatisierungsklasse grob festzulegen[74], Kompatibilitätsanforderungen zum existierenden Produktions- bzw. Umsystem aufzustellen (z.B. Art der Energieversorgung, der Maschinensteuerung oder der Schnittstellen)[75] und die geeignet erscheinende **Flexibilitätsklasse** grob zu bestimmen.
Letzteres kommt in Betracht, weil häufig Wahlfreiheit zwischen verschieden flexiblen Produktionskonzepten zur Erfüllung bestimmter Produktionsanforderungen besteht. So kann z.B. zur Deckung der Flexibilitätsnachfrage nach drei verschiedenen Verrichtungen sowohl eine Universalmaschine als auch ein Verbund aus drei Sondermaschinen[76] technisch gleichermaßen geeignet sein.
Auch bzgl. der *ökonomischen Eignung* von Sonder- und Universalmaschinen ist von vornherein keine Reihung möglich: Die **These des "Antagonismus zwischen Flexibili-**

---

73 Vgl. Fischer (Investitionsplanung) 176f.

74 In der technischen Literatur werden mehrere Automatisierungsklassen unterschieden: 1. Konventionelle Maschinen, 2. CNC-Maschinen mit automatisierter Bearbeitungsfolge, 3. CNC-Maschinen mit automatisierten Meß- und Handhabungsfunktionen, 4. CNC-Maschinen im DNC-Verbund. Vgl. dazu Vettin (Verfahren) 25ff., Hedrich (Flexibilität) 11ff., Warnecke (Fertigungsbetrieben) 430, Herrmann (Fertigungskonzepte) 617ff. Zur Auswahl des geeigneten Automatisierungsgrades vgl. Herrmann (Grundlagen) 58ff.

75 Zu technischen Kompatibilitätsanforderungen an Investitionsobjekte vgl. Wildemann (Investitionsentscheidungsprozeß) 132ff.

76 Die Unterscheidung in Sonder- und Universalmaschinen findet vielfach Verwendung, z.B. bei Gutenberg (Produktion) 81, Jacob (Flexibilität) 304. Sie entspricht in unserer Darstellung der Ausführbarkeit einer oder mehrerer Verrichtungsarten bzw. -qualitäten.

tät und Produktivität"[77], die auf der empirischen Beobachtung eines indirekt proportionalen Zusammenhangs zwischen technischer Umstellungsfähigkeit und Produktivitätsrate für konventionelle Maschinen beruht, ist für neuere Produktionstechnologien **nicht mehr uneingeschränkt gültig**[78]. So können flexible Fertigungssysteme durch numerische Umsteuerung bei minimalen Umrüstzeiten einen anforderungsgerechten Zustand der Hochspezialisierung erreichen, der dem von Spezialmaschinen entspricht. Damit ist gleiche Produktivität bei höherer Flexibilität erreichbar. Diesem Vorteil auf Einzahlungsseite stehen erhöhte Anschaffungsauszahlungen gegenüber[79].

Die Eignung von Produktionsanlagen verschiedener Flexibilitätsklassen zur Deckung definierter Produktionsnachfrage kann auch anhand nachfragecharakterisierender Kriterien beurteilt werden. Je nach Ausprägung des Produktionsprogramms wie z.B. Teilekomplexität, Produkt- bzw. Variantenzahl und -ähnlichkeit, Losgrößenbereiche, Häufigkeit des Loswechsels, Bearbeitungsgenauigkeit und Produktlebensdauer sind aufgrund von Erfahrungswerten spezifische **Flexibilitätsklassen** vorzuziehen[80].

Die **Hauptauswahl der Alternativen** bewegt sich innerhalb der vorgegebenen Flexibilitäts- und Automatisierungsklasse(n) und der sonstigen technischen Anforderungen. Um Produktionsmittel aufzufinden, welche die Vorauswahlkriterien erfüllen und zur Deckung spezifischer Flexibilitätslücken geeignet sind, ist eine Liste zu erstellen, die technologische Zuordnungsbeziehungen von Verrichtungen/Verrichtungsqualitäten mit Kapazitätslücken zu Produktionsmitteln verbal angibt[81] (vgl. Abb. 18).

---

77 Vgl. Schmalenbach (Schwelle) 245, Grochla (Automation) 53, Behrbohm (Flexibilität) 167ff.

78 Vgl. Warnecke (Automatisierung) 267f., Wildemann (Produktionstechnik) 165, Hillmer (Planung) 38f.

79 Vgl. zu den Zahlungswirkungen verschieden flexibler Aggregate auch Kapitel 4.1.2.

80 Beispielsweise werden flexible Fertigungssysteme bei mittleren Stückzahlen, hohen Genauigkeitsanforderungen, komplexen Bearbeitungsaufgaben und geringer Produktähnlichkeit als geeignet angesehen. Vgl. zu den Einsatzgebieten der verschiedenen flexiblen Produktionstechnologien Herrmann/Pferdmenges (Fertigungskonzepte) 617ff., Behrbohm (Flexibilität) 122f., Hedrich (Flexibilität) 96, Erkes/Schmidt (Fertigung) 578, Scharf/Schulz (Fertigungssysteme) 132, Holz/Gaebler (Fertigungssysteme) 9f.

81 Dabei kann man sich der Angaben der Produktionsmitteldatei oder des Herstellers zur Ausführbarkeit von Verrichtungen durch Produktionsmittel bedienen. Vgl. dazu bereits Kap. 5.2.1.2. und Moll (Maschinenbelegung) 27ff. Zum analogen Problem der Zuordnung von Produktionsmittelalternativen zu Werkstücken vgl. Opitz u.a. (Systematisierung) 55ff. und Vettin (Verfahren) 44. Lösungsansätze werden dort allerdings nur für das einperiodige Problem und ein definiertes, exakt bestimmtes Werkstückspektrum erstellt. In diesem Fall existierte nach unserem Verfahren nur eine einzige Kapazitätslückenmatrix.

Verrichtung mit Flexibilitätslückenausweis	Qualitätsklasse	Lfd. Nr. der Verrichtung	Zur Ausführung geeignete Produktionsmittelalternativen	Kapazitätsangebot der Verrichtung (Zeit-, Mengeneinheiten)	Vom Produktionsmittel alternativ ausführbare Verrichtungen
Spanabtrag an ebener Fläche	1	1.1.	Hobelmaschine Typ ...	...	-
			Waagrechtfräsmaschine Typ ...	...	-
			Universalfräsmaschine Typ ...	...	3.2., 3.3.
	2	1.2.	Universalfräsmaschine Typ ...	...	3.2., 3.3.
			Flexible Fertigungszelle mit Frässtation Typ ...	...	3.2., 4.1.
			CNC-Bearbeitungszentrum Typ ...	...	2.2., 2.3., 3.2., 4.1.
⋮	⋮	2.1. ⋮	⋮	⋮	⋮

Abb. 18: Beispiel einer Zuordnungsliste Verrichtung - Produktionsmittelalternativen

Sie läßt die zur Ausführung der jeweiligen Verrichtung definierter Qualität grundsätzlich geeigneten Investitionsalternativen mit verschiedener technischer Funktionserfüllung bzw. unterschiedlicher Automatisierungs- oder Flexibilitätsklasse erkennen[82]. Darüberhinaus kann die letzte Listenspalte Hinweise auf Gruppen von Verrichtungen geben, die gemeinsam durch ein Produktionsmittel bereitzustellen sind.

Der Prozeß der **heuristischen Planung von Investitionsprogrammalternativen** beginnt - entsprechend der oben festgelegten sukzessiven Vorgehensweise - mit der Erstellung von Investitionsalternativen für die **erste** Periode. Dabei besteht jede Investitionsalternative aus mindestens einem Investitionsobjekt, das in der Zuordnungsliste aufgeführt ist.

Die Alternativenbildung läßt sich in die Phasen der Grob- und der Feinauswahl unterteilen. Die **Grobauswahl von Investitionsobjekten** orientiert sich an der Prioritätenliste der Flexibilitätslücken und der Aufstellung zusammenfaßbarer Verrichtungen. Ein Investitionsobjekt, das eine Verrichtung höherer Priorität deckt, leistet einen größeren Beitrag zur Sachzielerfüllung und ist als Bestandteil des Investitionsvorschlags einem anderen vorzuziehen[83]. Durch dieses heuristische Prinzip - die Ausrichtung an einer vorstrukturierten Gesamtheit der Flexibilitätslücken - wird die Ideenfindung auf die Planungsziele ausgerichtet und die Gesamtaufgabe, problembezogene

---

82 Vgl. Opitz u.a. (Systematisierung) 64: "Die Einführung alternativer Maschinen in der technologischen Zuordnung ist deshalb notwendig, da die Entscheidung des optimalen Verfahrens nicht aufgrund der einzelnen Werkstücke getroffen werden kann. Diese Entscheidung muß einer wirtschaftlichen Gesamtbetrachtung unter dem Aspekt der maximalen Auslastung mit allen in Frage kommenden Werkstücken vorbehalten bleiben".

83 Kruschwitz (Planung) 215 geht bei der Planung von Finanzinvestitionsprogrammen in ähnlicher Weise vor, indem er Prioritätenlisten über Investitionsvorschläge sukzessiv abarbeitet.

Investitionsalternativen zu erstellen, in sukzessive Teilaufgaben der Objektauswahl nach Verrichtungsprioritäten zerlegt.

Für Gruppen von Verrichtungen *hoher Priorität*, die gleichzeitig eine *hohe Varianz* der Kapazitätslückenverteilung aufweisen und gemeinsam auf einer Produktionsanlage ausführbar sind, ist das zugehörige flexible Produktionsmittel in die Investitionsalternative der Periode 1 einzustellen. Bei einer Verrichtung mit *hoher Priorität*, aber *geringer Varianz* der Kapazitätslücken besteht die Wahlmöglichkeit zwischen einem starren Produktionsmittel und einer flexiblen Anlage mit entsprechend höherer Kapazität, die gleichzeitig auch den Bedarf an anderen Verrichtungen hoher Priorität deckt.

Um Überkapazitäten zu vermeiden, sollte das Kapazitätsangebot der Investitionsobjekte die über alle Zukunftslagen/Perioden größte Kapazitätslücke der einzelnen Verrichtung bzw. - bei Bereitstellung mehrerer Verrichtungen durch ein Produktionsmittel - die größte Kapazitätslückensumme möglichst nicht überschreiten[84]. Die zur Investitionsalternative kombinierten Investitionsobjekte sollten zudem **verschiedene** Kapazitätslücken decken, um Redundanzen zu vermeiden.

Beispiel-Teil XI: *Grobauswahl von Investitionsobjekten für die Periode 1*

Ausgangsdaten für den Vorschlag von Investitionsobjekten für die Periode 1 sind:

- Erwartungswerte der Kapazitätslücken und die daraus abgeleitete Prioritätenliste der Verrichtungen (Beispiel-Teil IX)
- Aussagen zur Zusammenfaßbarkeit von Verrichtungen und zur Art der zu investierenden Produktionsmittel (Beispiel-Teil X)

Eine nach Zukunftslagen und Perioden detailliertere Betrachtung der Struktur von Flexibilitätslücken (Beispiel-Teil VI) kann das Urteil über die Investitionseignung einzelner Produktionsmittel erleichtern.

Laut Beispiel-Teil X sind starre Produktionsmittel, die einzelne Verrichtungen bereitstellen, ebenso geeignet wie flexible Produktionsmittel mit größerem Verrichtungsangebot. Es bestehe aber bei der Vorauswahl die technische Restriktion, flexible Maschinen mit entsprechend höherem Kapazitätsangebot vorzuziehen.
Demnach werden folgende vorläufige Investitionsobjekte für Periode 1 vorgeschlagen:

84 Eine bessere Auslastung der Investitionsobjekte ist zu erwarten, wenn sich das zusätzliche Kapazitätsangebot der Investitionsobjekte am Erwartungswert der Kapazitätslücke bzw. der Kapazitätslückensumme orientiert. Dann besteht allerdings die Gefahr eines zu geringen Kapazitätsangebots in einzelnen Zukunftslagen/Perioden.

Investitions-alternative	Art des Produktions-mittels	Kapazität	Verrichtung	$ZE/_{VME}$	Begründung	mögliche Anschluß-investition in i_2
$\bar{h}_1^1$	Bohrautomat mit Gewindeschneid-einrichtung	60 ZE	V_2	Q_1: 0,35 Q_2: 0,3 Q_3: 0,4 Q_4: 0,33	Verrichtungen Gewindeschneiden und Spanabtrag Bohrung mit höchster Priorität in i_1; in i_2 Weiterverwendung durch hohe Kapazitätslücken bei V_2 und V_4 im Fall der Ausführbarkeit aller nachgefragten Qualitätsklassen gewährleistet	flexible Produktionsmittel in den verschiedensten Verrichtungsangebotskombinationen zur Bereitstellung von V_1-V_4
			V_4	Q_1: 0,4 Q_2: 0,35		
$\bar{h}_2^1$	Hochfrequenz-Bohr-/Gewinde-schneidautomat	100 ZE	V_2	Q_1: 0,2 Q_2: 0,15 Q_3: 0,2 Q_4: 0,18	siehe $\bar{h}_1^1$, zusätzlich: Deckung der Kapazitätslücken von V_2 und V_4 in i_2 macht Anschlußinvestitionen in eine ähnliche Maschine in i_2 unnötig;	flexible Produktionsmittel für V_1, V_3
			V_4	Q_1: 0,2 Q_2: 0,18		

Eine derart vorselektierte Alternative ist in der Feinauswahl **dann** in die Menge der $H^{(1)}$ Investitionsalternativen der Periode 1 aufzunehmen, wenn sie die Satisfizierungsbedingungen des Produktziels in dieser Periode erfüllt (**notwendige Bedingung**) und keine zu großen Überkapazitäten bzgl. Verrichtungen mit und/oder ohne Ausweis von Kapazitätslücken bereitstellt (**hinreichende Bedingung**).

Die **notwendige Bedingung** resultiert aus dem *Sicherheitsstreben* des Investors. Sie ist erfüllt, wenn mit der Investition die Mindestgrade der Kapazitätslückendeckung[85] in allen Zukunftslagen für die Periode 1[86] zumindest erreicht sind und den Nebenbedingungen der Produktzielerfüllung Rechnung getragen ist.

Die **hinreichende Bedingung** soll bereits bei der Ermittlung des Alternativenraums die *Eignung von Investitionsalternativen zur Gewinnerzielung* zumindest ansatzweise berücksichtigen, um die Qualität der in die ökonomische Bewertung eingehenden Alternativen zu erhöhen[87]. Sie beruht auf der Erkenntnis, daß ein Zuviel an Flexibilität ökonomisch nachteilig ist.

Zum einen sollte der *Flexibilitätslückendeckungsgrad in Periode 1 nicht wesentlich überschritten* werden, weil sich dieser an einem hypothetisch als zieloptimal erachteten Flexibilitätsgrad orientiert[88]. Jede zusätzliche Deckung von Flexibilitätslücken

85 Die Einhaltung des Mindest-Flexibilitätslückendeckungsgrades ist zusätzlich zu überprüfen, wenn er nicht identisch mit der Höhe des Mindest-Kapazitätslückendeckungsgrades ist, vgl. Kap. 5.1.3.

86 Die Deckungsgrade der Periode 2 werden erst nach Bestimmung der Investitionsalternativen für diese Periode auf Erfüllung geprüft. Durch die Auswahl von Verrichtungen, deren Kapazitätslücken in Periode 1 zu decken sind, anhand der Prioritätenliste wird aber bereits ein Beitrag zur Lückendeckung der Perioden 2 und folgende geleistet, da bei der Prioritätenermittlung auch Kapazitäts-/Flexibilitätslücken dieser Perioden beachtet wurden (Vgl. Kap. 5.2.1.4.).

87 Sie steht neben den für jede Investitionsentscheidung geltenden und deshalb hier nicht explizit aufzuführenden Kriterien, daß bei gleich funktions- und leistungsfähigen Anlagen diejenige mit den geringeren prognostizierten Auszahlungen (ersatzweise Anschaffungsauszahlungen) gewählt wird, und bei gleichen Auszahlungsreihen diejenige mit höherer Funktions- und/oder Leistungsfähigkeit.

88 Vgl. die Hypothese der Existenz eines gewinnoptimalen Flexibilitätsgrades in Kap. 4.1.2. und die Ausrichtung der nicht-monetären Sicherheitsbedingung an diesem Grad in Kap. 5.1.3.

kann eine Entfernung vom Optimum bedeuten. Zur Operationalisierung dieser Bedingung sind Obergrenzen der Flexibilitätslückendeckung zu formulieren.
Zum anderen sollte durch Investitionen möglichst wenig Flexibilitätsangebot bereitgestellt werden, dem keine Flexibilitätsnachfrage gegenübersteht. Das hätte nur zusätzliche Auszahlungen zur Folge. Man kann dies auch als Forderung nach *Bezogenheit von Investitionsalternativen auf Flexibilitätslücken* der ersten und künftiger Perioden bezeichnen. Demnach sind nur solche Alternativen zu wählen, deren Verrichtungsangebot in etwa nach Art und Höhe den Verrichtungen entspricht, für die in den Kapazitätslückenmatrizen auch Lücken ausgewiesen sind.[89]

Durch Einführung der hinreichenden Bedingung erhöht sich die Wahrscheinlichkeit, daß die so ausgewählten Investitionsalternativen ein günstiges Verhältnis von Ein- zu Auszahlungen und damit einen positiven Kapitalwert erzielen. Es werden solche Alternativen von vornherein ausgeschieden, welche die hinreichende Bedingung nicht erfüllen, d.h. aller Voraussicht nach keinen oder nur einen geringen Erfolgsbeitrag bringen. Damit wird die Anzahl der in die ökonomische Bewertung eingehenden Alternativen verringert.
Die Berücksichtigung der hinreichenden Bedingung ist allerdings für den Planungsprozeß nicht zwingend erforderlich. Spätestens in der Phase der ökonomischen Bewertung nämlich werden Alternativen ausgeschieden, die den monetären Zielsetzungen nicht genügen.
Bei der Entscheidung für oder gegen ihre Aufnahme ist der Mehraufwand bei der Auswahl hinreichend guter Alternativen dem Minderaufwand der anschließenden ökonomischen Bewertung gegenüberzustellen.

Zur **Prüfung** jeder vorläufigen Investitionsalternative $\bar{h}$ der Periode 1 aus deren Gesamtzahl $\bar{H}^{(1)}$ auf Erfüllung der notwendigen und hinreichenden Bedingung sind folgende formalen Schritte a) bis d) zu durchlaufen:

a) Ermittlung des Flexibilitätsangebots $F_{\bar{h}}^{(I)}$ der Alternativen. Dazu sind jeweils $U^{(\bar{h})}$ Kapazitätsangebotsmatrizen $K_u^{(I)}{}_{\bar{h}}$ aufzustellen und zur Menge $F_{\bar{h}}^{(I)}$ zusammenzufassen. Man geht dabei wie bei der Ermittlung des Flexibilitätsangebots einzelner Produktionssystemelemente bzw. - falls eine Alternative aus mehreren Investitionsobjekten besteht - wie bei der Bestimmung des System-Flexibilitätsangebots vor[90].

b) Vergleich des Flexibilitätsangebots der Investitionsalternative $\bar{h}$ mit den Flexibilitätslücken der Periode 1 und ihrer Folgeperioden. Letztere werden nur herangezo-

89 Die Formalisierung der hinreichenden Bedingung erfolgt an späterer Stelle dieses Kapitels.
90 Vgl. Kap. 5.2.1.2.

gen, wenn in der hinreichenden Bedingung die Bezogenheit der Alternative auch auf künftige Flexibilitätslücken überprüft werden soll[91].
Von jeder Kapazitätslückenmatrix je Zukunftslage und Periode ist dazu die jeweils am besten annähernde Kapazitätsangebotsmatrix der Alternative $\bar{h}$ zu subtrahieren. Als Maßstab der besten Annäherung diene entsprechend Gleichung (13)[92] die Matrixsumme $K_{t\bar{h}}^{(RL_i)}$ der um negative Werte bereinigten Kapazitätsrestlückenmatrix $K_{t\bar{h}}^{(RL_i)}$.
Aus der Subtraktion ergeben sich die Kapazitätsrestlückenmatrizen der Investitionsalternative $\bar{h}$ in Zukunftslage t:

$$\tilde{K}_{t\bar{h}}^{(RL_i)} = K_t^{(L_i)} - K_{u\bar{h}}^{(I)*} \qquad (22)$$

Damit sind die informatorischen Voraussetzungen für die Prüfung der für Periode 1 vorgesehenen Alternativen auf Zulässigkeit geschaffen.

c) **Prüfung der notwendigen Bedingung** der Produktzielerfüllung durch Vergleich der Mindestgrade der Kapazitäts- und Flexibilitätslückendeckung der Periode 1 ($k_{tsoll}^{(L_1)}$ bzw. $f_{soll}^{(L_1)}$) mit den Ist-Deckungsgraden des Produktionssystems nach Investition in die Alternative $\bar{h}$ ($k_{t\bar{h}}^{(L_1)}$ bzw. $f_{\bar{h}}^{(L_1)}$) [93]. Existieren fixe Bedarfe, so sind auch die Nebenbedingungen der Sachzielerfüllung durch Betrachtung der betroffenen $k_{tmn}^{(I_1)}{}_{\bar{h}}$ zu überprüfen.[94]
Die Sollwerte sind dabei nach Ausführung der Gleichungen (18) und (19) vorgegeben, die Ist-Deckungsgrade der Alternative $\bar{h}$ können mit Hilfe der Gleichungen (6a) und (7a) berechnet werden.

Sind die Satisfizierungsbedingungen der Periode i = 1 für die Alternative $\bar{h}$ nicht erfüllt, kann man in diese Alternative ein **zusätzliches Investitionsobjekt** einstellen, das auf bisher noch nicht gedeckte Kapazitätslücken trifft. Diese werden aus den Kapazitätsrestlückenmatrizen $K_{t\bar{h}}^{(RL_1)}$ ersichtlich[95].
Für die so entstandene, neue Investitionsalternative ist die Prüfung auf Erfüllung der Mindestdeckungsgrade und der Nebenbedingungen mit den dazu nötigen Vorarbeiten (vgl. Schritte a) und b)) erneut vorzunehmen.

---

91 In diesem Fall liegt eine Ausweitung der Planungsaufgaben, die in den Phasen 5 und 6 des in Abbildung 14 vereinfacht aufgezeigten Planungsprozesses wahrzunehmen sind, auf die Perioden i+1 bis I vor.
92 Zur Anwendung der Gleichung (13) auf diesen Fall sind alle L_i durch RL_i zu ersetzen.
93 Der Vergleich der $f^{(L_i)}$ erübrigt sich, falls die Vergleiche der $k_t^{(L_i)}$ vorausgingen und die Mindestgrade der Flexibilitätslücken- und Kapazitätslückendeckung derart festgelegt sind, daß sie zum gleichen Grad der Flexibilitätsnachfragedeckung führen (Vgl. Kap. 5.1.3.).
94 Vgl. dazu Kap. 5.1.3.
95 Bei der Auswahl zusätzlicher Investitionsobjekte ist wie bei der o.g. Grobauswahl von Alternativen vorzugehen.

d) **Prüfung der hinreichenden Bedingung** für alle Alternativen, welche die Satisfizierungsbedingungen des Produktziels erfüllen. Damit sind Anhaltspunkte für ihre Eignung zur Formalzielerreichung zu erhalten. Sie ermöglichen die Entscheidung, ob eine Alternative für die weitere Untersuchung auszuschließen oder in den Alternativenraum aufzunehmen ist.

Die **erste Frage** der hinreichenden Bedingung nach einem *zu hohen Grad an Flexibilitätslückendeckung* kann durch den Vergleich des nach Investition sich ergebenden Deckungsgrades für die Periode 1 mit zuvor festgelegten *Obergrenzen* beantwortet werden.

Die **zweite Frage** betrifft die *Bezogenheit der Investitionsalternative* auf die Flexibilitätslücken dieser und künftiger Perioden. Sie kann nicht im Grad der Flexibilitätslückendeckung erfaßt werden, da diese Maßgröße von bereinigten Kapazitätslückenmatrizen ausgeht und so nur das Produktionsangebot berücksichtigt, welches auch auf Produktionsnachfrage bezogen ist. Eine potentielle Überdeckung von Flexibilitätslücken durch das Produktionsangebot des Investitionsobjekts $\bar{h}$ ist vielmehr anhand der *negativen Werte in den unbereinigten Kapazitätsmatrizen* $\tilde{K}_{t\bar{h}}^{(RL_i)}$ zu erkennen.

Der Planende kann die Zulässigkeit einer Investitionsalternative auf einfache Weise durch reines Betrachten aller negativen Matrixwerte subjektiv beurteilen. Eine Objektivierung der Zulässigkeitsprüfung wird z.B. durch **Festlegung eines Grenzwerts** K_{max} erreicht. Er ist mit der Summe der negativen Werte in der Matrix $\tilde{K}_{t\bar{h}}^{(RL_i)}$ zu vergleichen. Sie bestimmt sich aus der Differenz von bereinigter und unbereinigter Kapazitätsrestlückenmatrix. Die formale Vorschrift lautet dann je Periode und Zukunftslage:

$$\sum_m \sum_n \left(K_{t\bar{h}}^{(RL_i)} - \tilde{K}_{t\bar{h}}^{(RL_i)} \right) < K_{max} \tag{23}$$

Zur **Vereinfachung** kann man diese letzte Zulässigkeitsprüfung von Investitionsalternativen der ersten Periode auf die Daten der Periode 1 beschränken. Dafür spricht, daß die Gefahr einer unerwünschten Bereitstellung von Überkapazitäten in den Folgeperioden insbesondere dann gering ist, wenn die Grobauswahl der Alternativen *anhand der Prioritätenliste der Verrichtungen* mit Kapazitätslücken getroffen wurde: Diese Alternativen sind dann auch auf künftige Lücken abgestimmt, weil sich die Priorität einer Verrichtung nach dem mehrperiodigen Dringlichkeitsmaß $\bar{E}(k_{mn}^{(L)})$ bemißt[96].

Sollte für eine Alternative $\bar{h}$ mindestens **eine** der beiden hinreichenden Bedingungen nicht erfüllt sein, dann können - sofern sie aus mehreren Investitionsobjekten besteht - einzelne oder mehrere Objekte *aus dem Alternativenvorschlag herausgenommen*

96 Vgl. Kap. 5.2.1.4.

werden[97]. Dabei ist zu beachten, daß die notwendige Bedingung nicht verletzt wird. Ist dies in keinem Fall der Abspaltung von Investitionsobjekten möglich, ist die jeweilige Alternative zu verwerfen.

Durch die geschilderten Zulässigkeitsprüfungen und Alternativenmodifikationen wird die *Menge der vorläufigen Investitionsalternativen reduziert* auf $H^{(1)}$ Alternativen der Periode 1. Sie erscheinen zur Aufnahme in ein mehrperiodiges Investitionsprogramm unter dem Aspekt verbesserter Zielerfüllung durch höhere Flexibilität geeignet.
Ob sie jeweils tatsächlich dazu angetan sind, die Produktionsnachfrage der ersten Periode in allen Zukunftslagen besser zu decken, zeigt sich erst im Vergleich der Produktionsprogrammplanung für das Produktionssystem vor und nach Investition.

Beispiel-Teil XII: *Prüfung der vorläufigen Investitionsvorschläge für Periode 1 auf Einhaltung von Nebenbedingungen*

Prüfung der beiden Investitionsobjekte aus Beispiel-Teil XI auf Erfüllung der notwendigen und hinreichenden Bedingungen der Produktzielerfüllung (sonstige Nebenbedingungen sind hier wegen der Nichtexistenz fixer Bedarfe nicht zu berücksichtigen):

a) **Ermittlung der Flexibilitätsangebote der Investitionsobjekte** analog zu Beispiel-Teil V (Ausgangsdaten in Beispiel-Teil XI):

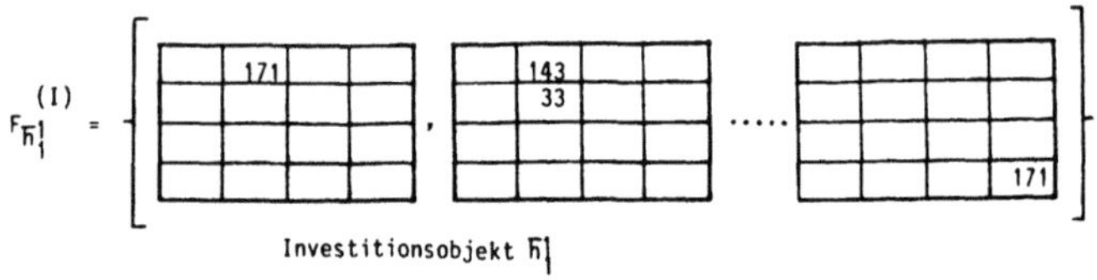

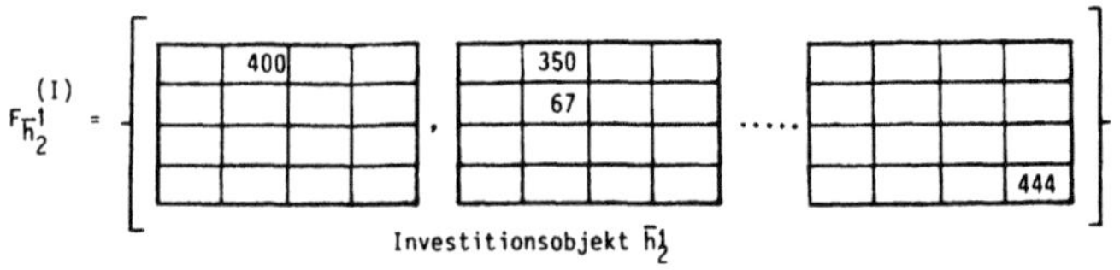

b) Je Zukunftslage **Ermittlung der Kapazitätsrestlücken** für Periode 1 (nach Gleichung (22)) und der nach Investition verbleibenden Kapazitätslücken in Periode 2 (nach Gleichung (24)) durch Vergleich des Flexibilitätsangebots der Investitionsalternativen mit den Flexibilitätslücken der Periode 1 (analog Beispiel-Teil VI).

97 Diese sind so zu wählen, daß möglichst dasjenige Verrichtungsangebot der Investitionsalternative reduziert wird, das die Kapazitätslücke der betreffenden Verrichtung in vielen Zukunftslagen übersteigt beziehungsweise, falls statt Überdeckung der Lücke nur ein zu hoher Grad der Lückendeckung vorliegt, die kleinste Investitionspriorität aufweist.

Dazu ist die jeweils best annähernde Kapazitätsangebotsmatrix $K_u^{(I)}{}_{\bar{h}*}$ der betrachteten Investitionsalternative von der Kapazitätslückenmatrix $K_t^{(L_i)}$ des Produktionssystems (aus Beispiel-Teil VI) zu subtrahieren.

		Z_1				Z_2				Z_3			
		V_1	V_2	V_3	V_4	V_1	V_2	V_3	V_4	V_1	V_2	V_3	V_4
$K_{t\bar{h}_1}^{(RL_1)}$ für Periode 1	Q_1				53				-3				-70
	Q_2											20	
	Q_3												
	Q_4												
$K_{t\bar{h}_1}^{(L_2)}$ für Periode 2	Q_1			66	480			67	480			95	440
	Q_2	40				30				40			
	Q_3	30	50			20	35			10	35		
	Q_4												

für Investitionsalternative $\bar{h}_1^1$

		Z_1				Z_2				Z_3			
		V_1	V_2	V_3	V_4	V_1	V_2	V_3	V_4	V_1	V_2	V_3	V_4
$K_{t\bar{h}_2}^{(RL_1)}$ für Periode 1	Q_1				-47				-103				-170
	Q_2											20	
	Q_3												
	Q_4												
$K_{t\bar{h}_2}^{(L_2)}$ für Periode 2	Q_1			66	180			67	165			95	95
	Q_2	40				30				40			
	Q_3	30				20				10			
	Q_4												

für Investitionsalternative $\bar{h}_2^1$

c) **Prüfung der notwendigen Bedingung der Produktzielerfüllung:**

Berechnung der Grade der Ist-Kapazitäts- und Flexibilitätslückendeckung nach Investition in die beiden vorausgewählten Investitionsalternativen entsprechend Gleichung (5b), (6a) und (7a).
(Ausgangsdaten sind die um negative Werte bereinigten Kapazitätsrestlückenmatrizen $K_t^{(RL_i)}$ in Beispiel-Teil XII b) und die Kapazitätsnachfragedeckungsgrade in Beispiel-Teil VII)

		$k_{t_{\bar{h}}}^{(L_i)}$ Z_1 ($w_1 = 0{,}4$)	Z_2 ($w_2 = 0{,}3$)	Z_3 ($w_3 = 0{,}3$)	$f_{\bar{h}}^{(L_i)}$
$\bar{h}_1^1$	Periode 1	$\frac{203-53}{203} = 0{,}74$	$\frac{147-0}{147} = 1$	$\frac{100-20}{100} = 0{,}8$	$0{,}74 \cdot 0{,}4 + (1+0{,}8) \cdot 0{,}3 = 0{,}83$
	Periode 2	$\frac{761-666}{761} = 0{,}12$	$\frac{827-632}{827} = 0{,}24$	$\frac{805-620}{805} = 0{,}23$	$0{,}12 \cdot 0{,}4 + (0{,}24 + 0{,}23) 0{,}3 = 0{,}19$
$\bar{h}_2^1$	Periode 1	$\frac{203-0}{203} = 1$	$\frac{147-0}{147} = 1$	$\frac{100-20}{100} = 0{,}8$	0,94
	Periode 2	$\frac{761-316}{761} = 0{,}58$	$\frac{827-282}{827} = 0{,}66$	$\frac{805-240}{805} = 0{,}7$	0,64

Der Vergleich der hier errechneten Grade der Kapazitäts- und Flexibilitätslückendeckung für Periode 1 mit den Sollwerten der Kapazitäts- und Flexibilitätslückendeckung (vgl. Beispiel-Teil VIII) ergibt, daß die notwendige Bedingung für beide Alternativen in allen Zukunftslagen erfüllt ist.

d) Prüfung der hinreichenden Bedingungen der Produktzielerfüllung

1. Vergleich des erreichten (Beispiel-Teil XII c)) und des maximalen Grades der Flexibilitätslückendeckung ($f^{(L_i)}_{max} = 0{,}85$)

$f_{\bar{h}_1}^{(L_1)} = 0{,}83 < 0{,}85 \rightarrow \bar{h}_1^{(1)}$ zulässig

$f_{\bar{h}_2}^{(L_1)} = 0{,}94 > 0{,}85 \rightarrow \bar{h}_2^{(1)}$ unzulässig

2. Prüfung der Bezogenheit von Investitionsalternativen auf Flexibilitätslücken nach Gleichung (23).

(Beschränkung der Prüfung auf Periode 1, Ausgangsdaten in Beispiel-Teil XII b))

Grenzwert $K_{max} = -100$

Summe der negativen Matrixwerte in $K_{t_{\bar{h}^1}}^{(RL_1)}$	Z_1	Z_2	Z_3	
$\bar{h}_1^1$	0	-3	-70	$\rightarrow \bar{h}_1^1$ zuläss
$\bar{h}_2^1$	-47	-103	-170	$\rightarrow \bar{h}_2^1$ unzulä

Die Wahl von Investitionsalternative $\bar{h}_2^{(1)}$ würde zu einer zu hohen Bereitstellung von Flexibilitätsangebot in Periode 1, d.h. zu einem ökonomisch nachteiligen Überangebot vorübergehend ungenutzter Kapazität, führen. Infolge der Nichterfüllung der hinreichenden Bedingungen wird sie daher für die weitere Planung verworfen. Es verbleibt die Investitionsalternative $\bar{h}_1^{(1)} = h_1^{(1)}$

Soll der Nachteil ausgeschaltet werden, daß die Eignung von Investitionsalternativen zur Deckung von Flexibilitätslücken erst bei der anschließenden Produktionsprogrammplanung festgestellt wird, ist folgende Vorgehensweise denkbar: Der Planungsprozeß beginnt damit, daß von Anfang an konkrete Produktionsprogramme für die verschiedenen Zukunftslagen aufgestellt werden. Dies ist unter der Voraussetzung zu erreichen, daß der Entscheidende noch vor der Bestimmung der Flexibilitätsnachfrage bei der Gewinnung der Ausgangsdaten einen konkreten Anteil des potentiellen Produktionsprogramms jeder Zukunftslage fixieren kann, der auf jeden Fall herstellbar sein soll. Die entsprechende Festlegung lautet dann beispielsweise, daß in Zukunftslage 1 mindestens 60% der Absatzhöchstmenge einer Produktart A und 70% einer Produktart B, in den Zukunftslagen 2 und 3 40% von A, 80% von B und 60% von C hergestellt werden sollen. Anhand dieser Angaben ist die Flexibilitätsnachfrage zu bestimmen.
Werden alle Investitionsprogramme auf der Basis solch spezifizierter Ausgangsdaten geplant, so sind sie in gleichem Maße zur Ausführung der Produktionsprogramme geeignet. Ihre konkrete technische Eignung wird also nicht erst dann ersichtlich, wenn im Rahmen der Alternativenbewertung die ausführbaren Produktionsprogramme ermittelt werden.
Die flexibilitätsorientierte Investitionsplanung kann in diesem Fall nahezu unverändert durchgeführt werden und führt ebenfalls zu Investitionsprogrammalternativen, welche auf die Variabilität der Produktionserfordernisse ausgerichtet sind. Eine Veränderung des Planungsprozesses ergibt sich einzig dadurch, daß die Prüfung der hinreichenden Bedingung auf zu hohe Flexibilitätslückendeckung entfällt: Sämtliche Flexibilitätslücken sind zu 100% durch die Investition zu decken.
Den beschriebenen Vorteilen einer solchen Vorgehensweise steht der Nachteil gegenüber, daß man sich von vornherein auf mehrere zu fertigende Produktionsprogramme festlegt. Das resultierende Investitionsprogramm wird daher in geringerem Maße flexibel gegenüber später auftretenden Abweichungen der tatsächlichen von den prognostizierten Produktionsmöglichkeiten sein.

Insgesamt beläßt die geschilderte heuristische Vorgehensweise der Alternativengewinnung immer noch einen verhältnismäßig großen **Spielraum**. Die Orientierung an den zentralen Bedingungen der Vor- und Hauptauswahl hat aber gegenüber einer re-

striktionslosen Alternativensuche den Vorteil, daß der Alternativenraum auf eine vergleichsweise **geringe Zahl erfolgversprechender Handlungsweisen** eingeschränkt wird.
Im anderen Fall bliebe nur die willkürliche Alternativenerstellung mit der Gefahr, daß nach Ausnutzung der begrenzten Planungskapazität kein zielgerechter Investitionsvorschlag im Alternativenraum enthalten ist.
Letztlich ist ein **Kompromiß** zu finden zwischen dem zusätzlichen Informationsverarbeitungsaufwand, der für die Zielausrichtung der Alternativen durch die flexibilitätsorientierte Investitionsplanung erforderlich ist, und der Verbesserung der Alternativenqualität im Hinblick auf ihren Beitrag zur Sach- und Formalzielerfüllung. Dabei ist zu beachten, daß infolge der vielfältigen Möglichkeiten zur Datenreduktion dieser Informationsverarbeitungsaufwand der Vorauswahl und Zulässigkeitsprüfung von Investitionsobjekten beliebig verringert werden kann[98].

Bei **mehrperiodiger Betrachtung** besteht die Planungsaufgabe darin, Investitionsalternativen für jede Planperiode zu erstellen und zu **Investitionsprogrammalternativen** zu kombinieren[99]. Dies erfordert einen **sukzessiven Planungsprozeß**, der von Periode zu Periode fortschreitet[100] und bei der Festlegung periodenbezogener Investitionsalternativen jeweils die Aktionen der Vorperiode antizipiert.
Es wäre prinzipiell denkbar, stattdessen in einer einstufigen Planung die Flexibilitätslücken sämtlicher Perioden durch ein umfangreiches Investitionsprogramm **der Periode 1** abzudecken. Dann träfe das in Periode 1 bereitgestellte Produktionsangebot aber teilweise erst in den Folgeperioden auf Flexibilitätslücken. Anschaffungsauszahlungen führten demnach nicht schon in der Planperiode, sondern erst in weiter entfernten Perioden zu Einzahlungen. Dieser Fall kann durch die **sukzessive** Einplanung zusätzlichen Flexibilitätsangebots in Abstimmung auf die jeweilige Flexibilitätsnachfrage der Periode vermieden werden[101].

Der **Planungsprozeß** gestaltet sich demnach wie folgt: Getrennt für jede Investitionsalternative $h^{(1)}$ der ersten Periode ist ihr Flexibilitätsangebot mit den Kapazitätslückenmatrizen der Periode 2 zu vergleichen. Dadurch wird festgestellt, inwieweit sie Kapazitätslücken der zweiten Periode bereits abdeckt. Auf diese Weise sind zeitlich-

98 So gestaltet sich z.B. bei Verwendung von Kapazitätsmatrizen vom Typ I mit geringer Dimension die Suche nach geeigneten Investitionsalternativen sehr einfach.

99 Vgl. Jacob (Flexibilität) 307: "...bei der zwei- und mehrperiodigen Betrachtung müssen gemäß dem Vorgehen der klassischen Ungewißheitstheorie zunächst einmal (..) mögliche Folgen von Aktionsprogrammen mehr oder weniger willkürlich aufgestellt und vorgegeben werden".

100 Diese sukzessive Kombination periodenbezogener Investitionsalternativen zu Investitionsprogrammen erwähnen auch Opitz (Systematisierung) 112ff. und Schleppegrell (System) 115ff.

101 Auch in der Literatur wird die Vorteilhaftigkeit der zeitlich gestuften Systemveränderung durch Investitionen bestätigt, vgl. Wildemann (Einführungsstrategien) 347ff., ders. (Produktionstechnik) 176f., Bußmann (Methodik), Hedrich (Flexibilität) 126.

vertikale Wirkungen von Investitionsalternativen der ersten auf die zweite Periode einzubeziehen[102].

Ohne die Berücksichtigung solcher Wirkungen bestünde die Gefahr, mit einer für Periode 2 eingeplanten Investitionsalternative $h^{(2)}$ Kapazitätslücken mehrfach zu decken und eventuell **Überkapazitäten** bereitzustellen.

Sofern jede der $H^{(1)}$ Investitionsalternativen der ersten Periode unterschiedliche Auswirkungen auf die Kapazitätslückenmatrizen $K_t^{(L_2)}$ der zweiten Periode hat, ergeben sich $\dot{H}^{(1)}$ verschiedene Flexibilitätslückenmengen $F^{(L_2)}$ für die Planung der Investitionsalternativen der zweiten Periode. Zur Ermittlung der durch eine potentielle Investition $h^{(1)}$ veränderten Kapazitätslückenmatrizen ${K_t^{(L_2)}}_{h^{(1)}}$ ist die am besten annähernde Kapazitätsangebotsmatrix von $h^{(1)}$ von jeder Kapazitätslückenmatrix $K_t^{(L_2)}$ zu subtrahieren. So erhält man analog Gleichung (22) die Kapazitätslücken von Periode 2 in Abhängigkeit von der jeweils betrachteten, in Periode 1 fixierten Investitionsalternative.

Allgemein errechnen sich die Kapazitätslückenmatrizen der Periode i für die zu verfolgende Investitionsalternative $h^{(i-1)}$ der Periode (i-1) zu:

$$\tilde{K}_t{}^{(L_i)}{}_{h^{(i-1)}} = K_t{}^{(L_i)} - {K_u{}^{(I)}}^{*}{}_{h^{(i-1)}} \tag{24}$$

Sie sind um negative Werte zu bereinigen. Die resultierenden ${K_t^{(L_i)}}_{h^{(i-1)}}$ stellen dann die Ausgangsbasis der Planung von $H^{(i)}$ Investitionsalternativen für die Periode i unter Antizipation eines bis zur Periode (i-1) fixierten Investitionsprogramms dar.

Bei der Grobauswahl von Investitionsobjekten für die i-te Periode ist insbesondere der Aspekt ihrer Kompatibilität zu diesem Investitionsprogramm zu beachten, da Investitionsalternativen früherer Perioden eine Fixierung der Anforderungen an künftige Investitionsobjekte mit sich bringen können[103]. Dies ist z.B. der Fall, wenn die sukzessive Investitionsplanung nach dem Baukastenprinzip[104] erfolgt.

Sofern auf jeder Planungsstufe für jede Investitionsalternative $h^{(i-1)}$ die gleiche Zahl $H^{(i)}$ von Alternativen der Periode i gebildet wird, ergibt sich die **Gesamtzahl H** der in der letzten Planperiode I resultierenden Investitionsprogrammalternativen multiplikativ zu:

102 Vgl. zu dieser Forderung allgemein bereits Kap. 3.2.1.

103 Dies wird in der Literatur häufig als technische (Inter-) Dependenz bezeichnet, vgl. Kern (Investitionsrechnung) 72f., Wildemann (Investitionsentscheidungsprozeß) 44f.

104 Zum Baukastenprinzip vgl. Borowski (Baukastensystem), Wicharz (Flexibilität) 197f., Vettin (Verfahren) 60, Ropohl (Fertigungssysteme) 200ff.

$$H = \prod_{i=1}^{I} H^{(i)} \tag{25}$$

Je größer die Zahl der Programmalternativen, desto höher die Wahrscheinlichkeit, daß eine den Zielen Gewinn- und Sicherheitsstreben entsprechende Alternative enthalten ist. Umso höher ist aber gleichzeitig der Aufwand der sich anschließenden Ergebnisermittlung und Bewertung.

Der sukzessive Investitionsplanungsprozeß ist nochmals in Abbildung 19 graphisch dargestellt:

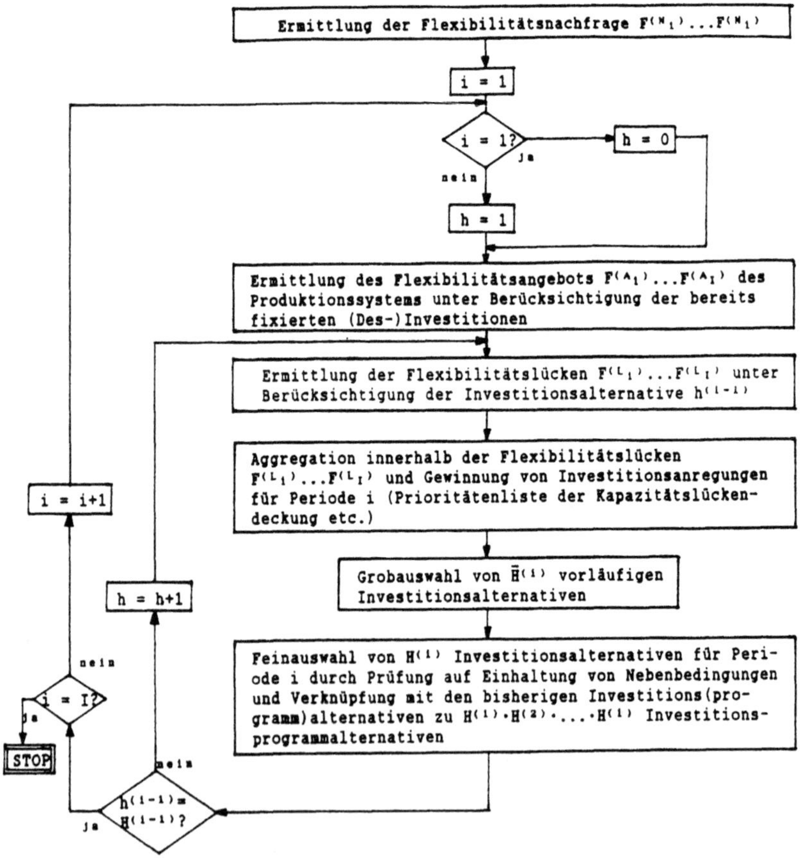

Abb. 19: Prozeß der mehrperiodigen flexibilitätsorientierten Planung von Investitionsprogrammalternativen

Es ist zu bedenken, daß die Festlegung der Investitionsalternativen für spätere Perioden nur der umfassenden Berücksichtigung der Vorteilhaftigkeitswirkung einer Ausgangsinvestition dient, die mit diesen in einem interdependenten Zusammenhang steht. Die vorausschauende Planung von Investitionsprogrammen unterstüzt daher allein die rationale Entscheidungsfindung bzgl. der Investition in Periode 1. Die **endgültige Fixierung** der in Folgeperioden zu realisierenden Alternativen ist **erst in Zukunft** anhand des dann verbesserten Informationsstands vorzunehmen[105].

Beispiel-Teil XIII: *Planung der Investitionsalternativen für Periode 2 und Erstellung des Investitionsprogramms*

Da aus der Periode 1 nur eine Investitionsalternative $h_1^{(1)}$ weiterverfolgt wird, ist der Planungsprozeß für Periode 2 nur einmalig zu durchlaufen, um die auf $h_1^{(1)}$ abgestimmten Anschlußinvestitionen zu ermitteln.

a) Grobauswahl von Investitionsobjekten für Periode 2:

Ausgangsdaten:

- Kapazitätslückenmatrizen des Produktionssystems in Periode 2 nach Investition in h_1 (vgl. Beispiel-Teil XII b)):

		66	480
40			
30	50		

		67	480
30			
20	35		

		95	440
40			
10	35		

- Erwartungswerte und Varianzen der Kapazitätslücken in Periode 2 sowie Prioritätenliste der Flexibilitätslücken (Ermittlung analog Beispiel-Teile IX und X):

$E(k_{mn}^{(L_2)})$	V_1	V_2	V_3	V_4
Q_1			75	468
Q_2	37			
Q_3	21	41		
Q_4.				

Prioritätenliste nach Verrichtungen:

1. V_4 468
2. V_3 75
3. V_1 58
4. V_2 41

$Var(k_{mn}^{(L_2)})$	V_1	V_2	V_3	V_4
Q_1			172	336
Q_2	21			
Q_3	69	54		
Q_4				

Die Bereitstellung der Verrichtung "Gewindeschneiden" ist demnach in Periode 2 am dringlichsten, V_1 bis V_3 besitzen ungefähr gleiche, geringere Dringlichkeit.

105 Vgl. dazu Jacob (Flexibilität) 439 und 307, Schneider (Investition) 111, Knischewski (Planung) 35, Dichtl (Flexibilitätsprinzip) 175.

Kein Matrixfeld weist eine hohe Varianz auf. Demnach können aus ökonomischer Sicht alle Verrichtungen sowohl durch starre als auch durch flexible Produktionsmittel bereitgestellt werden.

Vorschlag vorläufiger Investitionsobjekte für Periode 2 unter der Restriktion der Beschaffung möglichst flexibler Produktionsmittel (analog Beispiel-Teil XI):

Investitions-alternative	Art des Produktionsmittels	Kapazität	Verrichtung	ZE/VME	Begründung
$\bar{h}_1^2$	2 Gewindeschneid-automaten	2 x 60 ZE	V_4	Q_1: 0,3 Q_2: 0,25	hohe Kapazitätslücke für V_4 mit annähernder Gleichverteilung in Z_1 - Z_3 garantiert konstante Auslastung der Spezialmaschine
	und flexible NC-Maschine mit Dreh-, Bohr-, Fräseinrichtung	50 ZE	V_1	Q_1: 0,35 Q_2: 0,3 Q_3: 0,4 Q_4: 0,32	Je Verrichtung relativ geringe Kapazitätsnachfrage, die insgesamt nur eine Maschine mit wechselndem Verrichtungsangebot auslasten kann
			V_2	Q_1: 0,4 Q_2: 0,35 Q_3: 0,5 Q_4: 0,4	
			V_3	Q_1: 0,36 Q_2: 0,32 Q_3: 0,42 Q_4: 0,38	
$\bar{h}_2^2$	Flexible Fertigungszelle mit Dreh-, Fräs-, Bohr- und Gewindeschneideinrichtung und 2 Bearbeitungsstationen	2 x 100 ZE	V_4	Q_1: 0,4 Q_2: 0,35 Q_3: 0,45 Q_4: 0,4	Bei potentiell geringeren Kapazitätslücken in nachfolgenden Perioden für V_4 ist ein flexibler Wechsel im Verrichtungsangebot möglich (= Alternative $\bar{h}_1^2$, wo Kapazitätsunterauslastungen der Gewindeschneidautomaten die Folge wären)
			V_1 V_2 V_3	analog $\bar{h}_1^2$	

b) **Ermittlung der Flexibilitätsangebote der Investitionsobjekte** (analog Beispiel-Teil XII a))

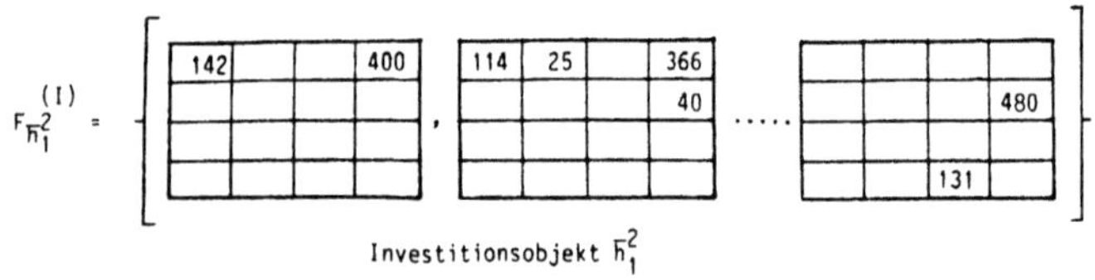

Investitionsobjekt $\bar{h}_1^2$

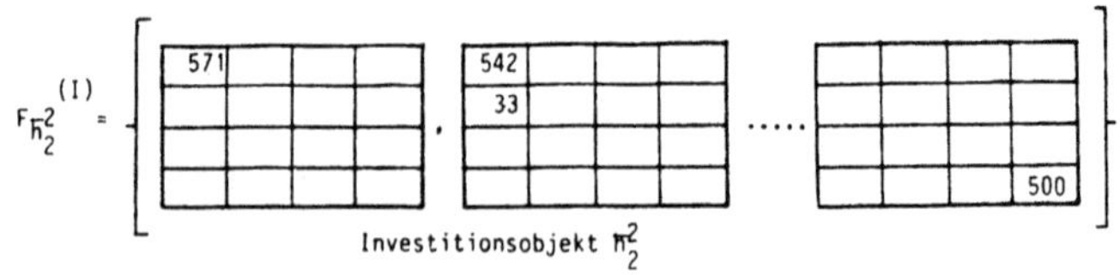

Investitionsobjekt $\bar{h}_2^2$

c) **Ermittlung der Kapazitätsrestlücken** (analog Beispiel-Teil XII b))

$K_{t\bar{h}}^{(RL_2)}$ für $\bar{h}_1^2$:

Z_1	V_1	V_2	V_3	V_4
Q_1				80
Q_2				
Q_3		46		
Q_4				

Z_2	V_1	V_2	V_3	V_4
Q_1				80
Q_2				
Q_3		41		
Q_4				

Z_3	V_1	V_2	V_3	V_4
Q_1				40
Q_2				
Q_3		50		
Q_4				

$K_{t\bar{h}}^{(RL_2)}$ für $\bar{h}_2^2$:

Z_1	V_1	V_2	V_3	V_4
Q_1				70
Q_2				
Q_3	30	50		
Q_4				

Z_2	V_1	V_2	V_3	V_4
Q_1				62
Q_2				
Q_3	20	35		
Q_4				

Z_3	V_1	V_2	V_3	V_4
Q_1				56
Q_2				
Q_3	10	35		
Q_4				

d) **Prüfung der notwendigen Bedingung der Produktzielerfüllung** in Periode 2 (analog Beispiel-Teil XII c))

Dabei sind zur Berechnung der Kapazitätslückendeckungsgrade $k_t^{(L_2)}$ die ursprünglichen Kapazitätslücken für Periode 2 aus Beispiel-Teil VI zu verwenden, um die Vergleichbarkeit zu den in Beispiel-Teil VIII ermittelten Soll-Kapazitätslückendeckungsgraden zu gewährleisten.

	$k_{t\bar{h}}^{(L_2)}$ Z_1 ($w_1 = 0{,}4$)	Z_2 ($w_2 = 0{,}3$)	Z_3 ($w_3 = 0{,}3$)	$f_{\bar{h}}^{(L_2)}$
Periode 1	$\frac{761-(46+80)}{761} = 0{,}83$	$\frac{827-121}{827} = 0{,}85$	$\frac{805-90}{805} = 0{,}89$	0,85
Periode 2	$\frac{761-150}{761} = 0{,}8$	$\frac{827-117}{827} = 0{,}86$	$\frac{805-101}{805} = 0{,}87$	0,84

Der Vergleich mit den Sollwerten in Beispiel-Teil VIII ergibt die Zulässigkeit beider Investitionsalternativen.

e) **Prüfung der hinreichenden Bedingungen der Produktzielerfüllung** in Periode 2 (analog Beispiel-Teil XII d)

1. Vergleich des erreichten (Beispiel-Teil XIII c) und des maximalen Grades der Flexibilitätslückendeckung ($f(L_2)_{max}$ = 0,85)

$$f_{\bar{h}_1}(L_2) = 0{,}85 \leq f(L_2)max \longrightarrow \bar{h}_1 \text{ zulässig}$$

$$f_{\bar{h}_2}(L_2) = 0{,}84 \leq f(L_2)max \longrightarrow \bar{h}_2 \text{ zulässig}$$

2. Prüfung der Bezogenheit der Investitionsalternativen auf Flexibilitätslücken (analog Beispiel-Teil XII d):

Keine der beiden Investitionsalternativen von Periode 2 führt zu Überkapazitäten, da keine negativen Matrixwerte in den unbereinigten Kapazitätsrestlückenmatrizen $\tilde{K}_{t\bar{h}}(RL_2)$ auftreten, vgl. Beispiel-Teil XIII c). Daher sind beide auch in dieser Beziehung zulässig:

$$\bar{h}_1(2) = h_1(2),\ \bar{h}_2(2) = h_2(2)$$

f) Erstellung der Investitionsprogrammalternativen

Aus dem Prozeß der zweiperiodigen flexibilitätsorientierten Investitionsplanung resultieren folgende zwei Investitionsprogrammalternativen:

Periode 1	Periode 2
Investitionsalternative h_1^1	Investitionsalternative h_1^2
1 Bohrautomat mit Gewindeschneideinrichtung (60 ZE)	2 Gewindeschneidautomaten (120 ZE) und 1 flexible NC-Maschine mit Dreh-, Bohr-, Fräsbearbeitung (50 ZE)

Investitionsprogrammalternative 1

Periode 1	Periode 2
Investitionsalternative h_1^1	Investitionsalternative h_2^2
1 Bohrautomat mit Gewindeschneideinrichtung (60 ZE)	1 flexible Fertigungszelle (Dreh-, Fräs-, Bohr-, Gewindebearbeitung) (200 ZE)

Investitionsprogrammalternative 2

Mit der Erstellung der alternativen Investitionsprogramme ist das zentrale Problem des nicht a priori vorgegebenen Alternativenraums unter Einbeziehung der Mehrwertigkeit der Zukunftsentwicklung und der Variationsmöglichkeiten des produktiven Angebots auf spezifische Weise gelöst.

Das Konzept der flexibilitätsorientierten Investitionsplanung ist auch dann anwendbar, wenn **keine** Variationsmöglichkeiten der Zukunftsentwicklung und im Kapazitätsangebot des Produktionssystems existieren bzw. berücksichtigt werden sollen. Dann entspricht es der **traditionellen Kapazitätsplanung** mit Erweiterung auf die genauere, verrichtungsbezogene Betrachtung und um Ausführungsqualitäten.
Sofern hiervon ausgehend die Mehrwertigkeit der Zukunft, nicht aber die Variabilität des Kapazitätsangebots einbezogen wird, stellt es eine zusätzliche *Erweiterung der herkömmlichen Planung um ungewisse Erwartungen* dar. Weitergehende Variationsmöglichkeiten sind in der Vernachlässigung der Differenzierung in Verrichtungsqualitäten und/oder Verrichtungsarten zu sehen.
Die flexibilitätsorientierte Investitionsplanung ist demnach als **allgemeine Konzeption** aufzufassen, die **Ausgangspunkt für die Ableitung spezifischer Formen der Investitionsplanung für Produktionsmittel** durch Datenreduktion ist.

Sie bringt auch dann Vorteile, wenn das Ziel der Flexibilisierung zwar **Planungsmaxime** ist, aber aus Gründen der Planungsvereinfachung nicht wie oben durch Mindestgrade der Kapazitäts- und Flexibilitätslückendeckung formuliert wird.[106] In diesem Fall ist der Investitionsplanungsprozeß *nur bis zur Grobauswahl* von Flexibilisierungsalternativen zu durchlaufen, auf die Feinauswahl wird verzichtet. Das Ausmaß des gewünschten Flexibilitätsangebots wird also nicht vorfixiert, sondern ist erst nach erfolgter ökonomischer Bewertung festzulegen.
Die Verbesserung gegenüber der traditionellen Kapazitätsplanung bestünde in diesem Fall im Auffinden von Handlungsalternativen, deren kapazitive Variationsmöglichkeiten planerisch berücksichtigt und auf die Variabilität der Zukunftsentwicklung ausgerichtet sind. Allerdings enthält der Alternativenraum wegen des Fehlens der Zulässigkeitsprüfung dann in geringerem Maße zielbezogene Investitionsalternativen.

106 Die Vereinfachung liegt dabei im Verzicht auf die Zulässigkeitsprüfung geeignet erscheinender Investitionsalternativen mittels notwendiger und hinreichender Bedingungen der Produktzielerreichung.

5.2.2. Unterlegung einer hierarchisch gestuften Planungsfolge

Würde der Anspruch stets gleicher, hoher Bestimmtheit sämtlicher Plandaten bis zum Planungshorizont erhoben, so wäre die flexibilitätsorientierte Investitionsplanung in der vorgeschlagenen Form aufgrund des Datenmengenproblems nicht praktikabel[1].

Dieses Problem entschärft sich, wenn durch die Einführung einer **hierarchischen Investitionsplanung mit Ebenen verschiedenen Detailliertheitsgrades**[2] der Tatsache Rechnung getragen wird, daß die Ausgangsdaten der Planung unterschiedliche Bestimmtheit aufweisen[3]. Auf diese Weise ist Konformität der Planungskonzeption zur Datenbasis herzustellen.

5.2.2.1. Grundlagen der hierarchischen Planung

Die Datenmenge ist i.d.R. proportional zur *zeitlichen Reichweite* und zum (*sachlichen) Umfang* des Planungsproblems sowie zur *Bestimmtheit der Plandaten.*

Bei der hierarchischen Planung werden durch sachliche und/oder zeitliche Aufspaltung[4] des Problemfelds mehrere Planungsebenen erzeugt, die sich hinsichtlich Fristigkeit und/oder Planungsumfang unterscheiden[5]. Mittels kombinierter sachlich-zeitlicher Differenzierung ergibt sich eine hierarchische Abstufung zwischen einer längerfristigen Gesamtplanung und kürzerfristigen Teilplanungen.

Um zu einer planerisch handhabbaren Datenmenge je Ebene zu gelangen, wird der Abstraktionsgrad höherhierarchischer Ebenen zwangsläufig größer sein. Deswegen ist längerfristig nur eine **Grobplanung**[6] der Investitionsvorhaben möglich. Sie wird über die kürzerfristigen **Feinplanungen** der Investitionsprogramme konkretisiert[7]. Diese können infolge des geringeren sachlichen und zeitlichen Planungsumfangs de-

---

1 Für sämtliche Planungsperioden müßten detaillierte Kapazitätsangebots- und -nachfragematrizen erstellt, zu Flexibilitätsmengen zusammengefaßt und verglichen werden sowie umfangreiche Datenaggregationen zur Gewinnung der Kapazitäts-/Flexibilitätslückendeckungsgrade stattfinden.

2 Zur Verwendung dieses Begriffs vgl. Koch (Unternehmensplanung) 34. Als Synonyme werden "Globalitätsgrad" (Jünger (Produktionsprogrammplanung) 4) und "Abstraktionsgrad" (Bitz (Strukturierung) 400) verwendet.

3 Vgl. die Bestätigung des geringeren Planungsaufwandes einer hierarchischen Sukzessivplanung gegenüber einer gleichmäßig detaillierten Simultanplanung bei Cordes (Problem) 145ff. sowie den Vorschlag einer stufenweise verdichteten hierarchischen Flexibilisierungsplanung bei Eversheim/Schaefer (Planung) 234.

4 Vgl. zur sachlichen und zeitlichen Differenzierung Gäfgen (Theorie) 213f., Koch (Planung) 34ff.

5 Vgl. Jünger (Produktionsprogrammplanung) 4.

6 Zum Vorschlag einer Grobbeschreibung künftiger Aktionsmöglichkeiten im Rahmen einer Vereinfachung der Planung vgl. Laux (Entscheidungstheorie) 328. Zur Aufteilung in Grob- und Feinplanung vgl. auch Wittmann (Unternehmung) 206ff., Wild (Grundlagen) 159f., Koch (Diskussion) 56.

7 Vgl Wild (Grundlagen) 169.

tailliertere Daten aufnehmen[8]. Der "Abstraktionsgrad"[9] der zu ermittelnden Entscheidungsalternativen ist demnach unterschiedlich.
Dem kommt entgegen, daß die verfügbaren Ausgangsdaten der Investitionsplanung i.a. längerfristig ein höheres, kürzerfristig ein niedrigeres Aggregationsniveau aufweisen.
In einer solchen Aufspaltung eines umfassenden Entscheidungsmodells in mehrere sukzessiv zu lösende Teilmodelle und in der Wahl des jeweils geeigneten Abstraktionsgrades liegt die datenreduzierende Wirkung der hierarchischen Planung begründet[10].

Die **Modellvariablen** "Anzahl", "gewünschter Umfang" sowie "Detailliertheit" der Hierarchieebenen determinieren Art und Ausmaß der notwendigen Datenreduktion bei der Aufnahme der Ursprungsdaten, ihrer Transformation in Kapazitätsmatrizen und deren Weiterverarbeitung im Prozeß der flexibilitätsorientierten Investitionsplanung[11].
Bevor die Datenbasis, anzuwendende Datenreduktionstechniken und das Planungsinstrumentarium je Hierarchieebene festgelegt werden, sind diese Variablen demnach zu bestimmen[12].

Einen Beitrag zur zieloptimalen Festlegung der Variablen eines hierarchischen Modells könnte die "**Theorie der Optimalkomplexion**"[13] liefern. Sie behandelt die Frage, "wie die Gesamtheit der bei der Modellformulierung anzuwendenden Abbildungsregeln konkret auszugestalten ist, damit sich ein adäquater, d.h. im Hinblick auf die für die anstehende Entscheidung maßgeblichen Ziele optimaler Kalkül ergibt"[14]. Damit erhebt sie den Anspruch, auch den Abstraktionsgrad der Entscheidungsvariablen des Modells optimal festzulegen. Die Theorie der Optimalkomplexion weist allerdings

8 Zum Verhältnis von Fristigkeit, Weite des Problemfelds und Globalitätsgrad der Planung vgl. Switalski (Grundmodell) 448: "Dabei werden die Pläne der einzelnen Ebenen von oben nach unten detaillierter, der Planungshorizont verkürzt sich, die Zahl der parallel zu lösenden Entscheidungsprobleme (...) nimmt zu". Ähnlich Kern (Produktionswirtschaft) 71, Koch (Unternehmensplanung) 33, Cordes (Problem) 104. Zum allgemeinen Zusammenhang zwischen der Weite des betrachteten Realitätsausschnitts und der Feinheit der Aktivitätenplanung vgl. Bitz (Strukturierung) 332ff.

9 Zum Begriff Abstraktionsgrad vgl. Gaitanides (Planungsmethodologie) 97: "Der Abstraktionsgrad wird durch Art und Anzahl der Merkmale bestimmt, die in ihrer Gesamtheit eine Entscheidungsalternative beschreiben. Bezogen auf Investitionsalternativen können dies Merkmale der 'Verrichtung', des 'Objekts' oder andere ein spezifisches Projekt auszeichnende Bedingungen sein".

10 Vgl. Switalski (Aggregation) 383: "Die betriebswirtschaftliche Bedeutung der Betrachtung von Aggregaten besteht darin, daß die Informationsdichte jeweils der Entscheidungsebene angemessen ist".

11 Diese Systematik der Datenreduktionstechniken ist ausführlich bereits in Kap. 2.3.3.1. behandelt.

12 Vgl. Switalski (Aggregation) 391, ebenso Gaitanides (Planungsmethodologie) 97: "Die Definition von Entscheidungsräumen und die Ordnung von Entscheidungsalternativen setzt zunächst Vorentscheidungen über den Abstraktionsgrad und Grad der Differenzierung voraus".

13 Vgl. dazu Teichmann (Komplexion), Niggemann (Informationsprozesse), Zentes (Optimalkomplexion), Bitz (Strukturierung) 400ff. und die dort angegebene Literatur. Vgl. auch die Hinweise zu dieser Theorie in den Kapiteln 2.3.3.2. und 4.3.

14 Bitz (Strukturierung) 400.

einige **Mängel** auf[15]. So ist mit Bitz festzustellen, "daß es - zumindest nach dem derzeitigen Erkenntnisstand - kein systematisches Verfahren gibt, das es erlaubt, für praktische Entscheidungsmodelle den optimalen Komplexionsgrad auch nur annähernd exakt zu ermitteln"[16]. Die Wahl des Modelltyps "muß somit letztlich dem subjektiven Ermessen des Entscheidenden, Erfahrungen und Fingerspitzengefühl, persönlichem Geschmack und Intuition überlassen bleiben"[17].
Demnach kann die Investitionsplanungshierarchie nicht allgemeingültig ausgestaltet und damit eine konkrete Anwendung von Datenreduktionstechniken **nicht abschließend festgelegt** werden[18].

Es muß aber Aufgabe dieser Arbeit sein, zumindest **Anhaltspunkte** für eine zweckmäßige hierarchische Ausgestaltung der flexibilitätsorientierten Investitionsplanung zu liefern, um dem Datenmengenproblem gerecht zu werden[19].

5.2.2.2. Wahl und Ausgestaltung der Hierarchieebenen

Infolge der Unmöglichkeit eines Optimalkalküls erscheint es zur Gewinnung von Ansatzpunkten der Datenreduktion zweckmäßig, entsprechend der sukzessiven Planungsfolge "Planung des potentiellen Produktionsprogramms - Investitionsplanung" das Investitionsplanungsmodell an der im Unternehmen vorliegenden hierarchischen Konzeption der **Produktionsprogrammplanung**[20] zu orientieren. Dabei sind Abstraktionsgrad und mit ihm Anzahl und Planungsumfang der Investitionsplanungshierarchieebenen an der Ausgestaltung der entsprechenden Variablen im Produktionsplanungsmodell auszurichten:

Unterstellt man eine zeitliche Differenzierung der längerfristigen Planung des potentiellen Produktionsprogramms in eine **Lang- und eine Mittelfristplanung**[21], so erscheint auch für das hierarchische Investitionsplanungskonzept eine entsprechende Zweiteilung zweckmäßig[22]. Damit ist die Modellvariable "**Anzahl der Hierarchieebenen**" fixiert.

15 Zur Kritik an der Theorie der Optimalkomplexion vgl. Bitz (Strukturierung) 429f. und Jünger (Produktionsprogrammplanung) 15ff.
16 Bitz (Strukturierung) 428f. So auch Lassak (Kapitalbudget) 149ff.
17 Bitz (Strukturierung) 430 und die dort angegebene Literatur.
18 Vgl. auch Switalski (Grundmodell) 451: "Aufgrund der Komplexität und Verschiedenartigkeit der Aufgabenstellungen läßt sich kein allgemeiner Aggregationsalgorithmus angeben".
19 Eine ähnliche Fragestellung behandelt Jünger (Produktionsprogrammplanung) 10ff., indem er die für die jeweiligen Hierarchieebenen der Produktionsplanung geeigneten Globalitätsgrade festzulegen versucht.
20 Zur hierarchischen Produktionsplanung vgl. Hax (Systems), Axsäter/Jönsson (Aggregation), Bitran/Haas/Hax (Planning), Gelders/v.Wassenhove (Planning), Manz (Aggregation), Rieper (Entscheidungsmodelle), Switalski (Grundmodell), Switalski (Aggregation), Jünger (Produktionsprogrammplanung), Zäpfel/Gfrerer (Produktionsplanung).
21 Zur Begründung vgl. Kap. 4.2.2.1.
22 Zur Theorie zweistufiger hierarchischer Systeme vgl. Mesarovic/Macko/Takahara (Theory) 113ff.

Die zweite Modellvariable "**Planungsumfang**" bestimmt sich über die zeitliche Eingrenzung hinaus nach der sachlichen Differenzierung der Investitionsplanung:
Die Langfrist-Produktionsplanung wird i.d.R. den gesamten Produktionsbereich oder getrennt planbare Kapazitätseinheiten als Ganzes umfassen, so daß sich **langfristig eine Gesamtplanung** der Investitionen in Produktionsmittel anbietet.
Für die **mittelfristige Investitionsplanung** soll in dieser Hinsicht keine Fixierung erfolgen. In der betrieblichen Praxis existiert eine Vielfalt der sachlichen Aufteilung in mittelfristig isoliert zu planende Produktionsplanungseinheiten[23] - eine "übliche" Differenzierung, die als Anhaltspunkt für die sachliche Unterteilung der Investitionsplanung einer Hierarchieebene dienen könnte, ist nicht zu erkennen.
Daher genüge der Hinweis auf die Möglichkeit der Datenreduktion durch sachliche Differenzierung eines Investitionsentscheidungsmodells in Teilmodelle. Dabei besteht die Notwendigkeit zur Abstimmung auf die sachlich übergeordnete Gesamtplanung[24].

Hinweise zur dritten Modellvariablen, dem **Abstraktionsgrad** der Hierarchieebenen, ergeben sich aus den Ursprungsdaten, die in den Plänen des potentiellen Produktionsprogramms verschiedener Hierarchieebenen bereitstehen. Deren Bestimmtheit setzt jeweils die **obere Grenze** für die Detailliertheit der Beschreibung von Investitionsobjekten, die anhand dieser Daten in den verschiedenen Ebenen festzulegen sind.

Die langfristige Planung des potentiellen Produktionsprogramms kann als **Globalplanung** bezeichnet werden[25]. Ihr Schwergewicht liegt auf der Planung von Produkt*feldern*[26] und *-gruppen.*[27] Auf Produktartenebene wird allenfalls bei engem Produktionsprogramm und/oder stetiger Nachfrageentwicklung geplant[28]. Produktunterarten (z.B. Sorten) werden i.a. nicht ausgewiesen[29]. Die Produkt(feld)beschreibung der langfristigen Programmplanung wird i.d.R. so global sein, daß eine qualitative Einordnung nur nach wenigen Beschreibungsmerkmalen der Produktqualität (z.B. geometrische Größenordnung) möglich ist. *Qualitative Details* werden *vernachlässigt*[30].

---

23 So sind z.B. sachliche Differenzierungen nach getrennt planbaren Kapazitätseinheiten (vgl. Kap. 2.3.3.1.), nach organisatorischen Entscheidungseinheiten der Produktion (z.B. Fertigung, Montage, Qualitätsprüfung) oder nach räumlich getrennten Produktionsmittelgruppen möglich.
24 Vgl. zu dieser Feststellung und zu den Abstimmungsmöglichkeiten Bitz (Strukturierung) 104ff. und Cordes (Problem) 113ff.
25 Vgl. Koch (Unternehmensplanung) 65.
26 Zur Beschreibung von Produktfeldern vgl. Adam (Produktionspolitik) 340. Zur Unterscheidung von Produktfeld, -gruppe und -art vgl. Kern (Produktionsprogramm) 1566, ähnlich Rieper (Entscheidungsmodelle) 771.
27 Vgl. zu dieser Feststellung Koch (Unternehmensplanung) 65, Koch (Entscheidungskriterien) 2, Hoitsch (Produktionswirtschaft) 38, ähnlich Schneeweiß (Produktionswirtschaft) 113.
28 Zu diesen Bestimmungsfaktoren neben anderen, m.E. weniger bedeutenden Faktoren vgl. Jünger (Produktionsprogrammplanung) 27, Koch (Unternehmensplanung) 68. Zur Behauptung der Planung von Produktarten in der strategischen Planung vgl. Hahn/Laßmann (Produktionswirtschaft) 113.
29 Vgl. Jünger (Produktionsprogrammplanung) 26.
30 Vgl. Cordes (Problem) 105.

Quantitative Festlegungen beschränken sich häufig auf die *Angabe von Marktanteilen*[31] in zeitlich grob unterteilten Perioden. Gemeinsam mit der Prognose des Marktvolumens ist damit aber zumindest ungefähr auf genauere Produktionsmengen zu schließen[32].

Mittelfristig wird das Produktionsprogramm differenziert nach Produkt*arten* und eventuell *-varianten* ausgewiesen[33]. "Dabei läßt sich jede Detailvariable (z.B. Produkttyp) als Spezifikation einer entsprechenden Globalvariable (z.B. Produktzweig) interpretieren"[34]. Demgemäß liegt auch eine detailliertere Beschreibung **qualitativer** Produktmerkmale vor, so daß konkrete Fertigungsanforderungen (z.B. notwendige Verrichtungsarten und -qualitäten) formulierbar sind. Aus der Spezifikation der Produkt**quantitäten** resultieren produktartenbezogene Informationen über *Periodenabsatzmengen*. Dabei sind Perioden i.a. differenzierter untergliedert als in der Langfristplanung und betragen "in der Regel ein Jahr"[35].

Die genannten Ursprungsdaten beschreiben die jeweils feststellbare **Flexibilitätsnachfrage**. Davon ausgehend sind zum Zweck der hierarchischen Ausgestaltung des in Kapitel 5.2.1. allgemein dargestellten Planungsinstrumentariums nun konkrete Vorschläge zum jeweils geeigneten **Aggregationsgrad** der langfristigen (I) und der mittelfristigen (II) Hierarchieebene zu unterbreiten. Sie betreffen

a) die Beschreibung des Flexibilitätsangebots
b) die Wahl von Kapazitätsmatrizen und
c) ihre Weiterverarbeitung.

Orientierungshilfen liefern hierfür die oben systematisierten Datenreduktionstechniken, die vielfältige Möglichkeiten zur Variation des Abstraktionsgrades beinhalten.

I. Ebene der langfristigen Investitionsplanung

a) Auf der Ebene der **Ursprungsdaten** erscheint es zweckmäßig, die Aggregationsgrade der Beschreibung von Flexibilitätsangebot und -nachfrage aus Gründen des Vergleichs einander anzupassen. Daher wird vorgeschlagen, entsprechend der nachfrageseitigen Betrachtung von Produkt**gruppen** Produktionsmittel mit gleichem oder verwandtem technologischem Funktionsprinzip zu **Produktionsmittelgruppen** zu-

31 Vgl. Koch (Unternehmensplanung) 68.
32 Vgl. auch Cordes (Problem) 105, der die globale Berücksichtigung von Absatzmengen als Bestandteil der Grobplanung nennt, sowie Hahn/Laßmann (Produktionswirtschaft) 113, die darüber hinausgehen und die Planung von Produktionshöchstmengen der langfristigen Produktionsplanung zuordnen.
33 Vgl. Jünger (Produktionsprogrammplanung) 38f., Zäpfel (Programmplanung) 1700.
34 Koch (Unternehmensplanung) 33.
35 Zäpfel (Programmplanung) 1702. So auch Koch (Unternehmensplanung) 37.

sammenzufassen[36]. Andernfalls wäre die Bestimmtheit der nachfrage- und angebotsbezogenen Informationen verschieden. Dies erschwerte den Flexibilitätsvergleich. Bei der Aggregation können die in der ingenieurwissenschaftlichen Literatur gängigen Zuweisungen von Maschinen nach ihrem Funktionsprinzip zu definierten **Maschinen- bzw. Verfahrensklassen** herangezogen werden[37]. Als Beispiel sei folgendes Klassifizierungssystem für Bearbeitungsverfahren angegeben (Abb. 20):[38]

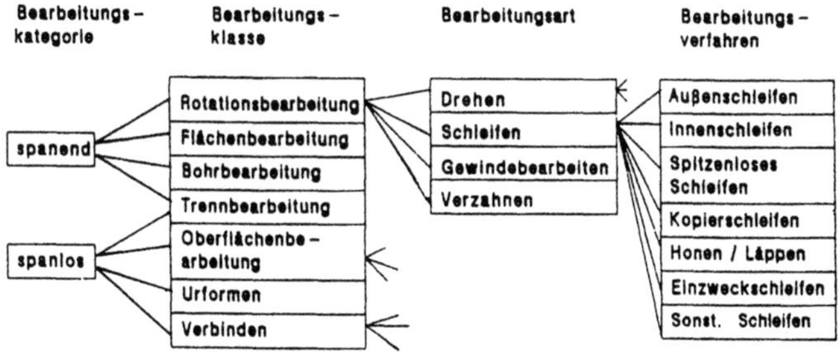

Abb. 20: Beispiel einer Klassifizierung von Bearbeitungsverfahren

Die Betrachtung von **Produktgruppen** führt im Vergleich zur Betrachtung von Produktarten zu einer geringeren Zahl von Kapazitätsnachfragematrizen. Sie erfordert damit weniger Additionen zur Berechnung der Kapazitätsmatrix des gesamten Nachfragesystems[39].

Dies gilt angebotsseitig analog für **Produktionsmittelgruppen**, mit dem Unterschied, daß nicht weniger Additionen, sondern Multiplikationen zur Erstellung der Kapazitätsmatrizen des gesamten Produktionssystems durchzuführen sind. Damit kann die Anzahl der Kapazitätsmatrizen in der Menge des Systemflexibilitätsangebots in umgekehrt exponentiellem Verhältnis reduziert werden.

b) Aufbauend auf diesen Festlegungen zur Aufbereitung der Ursprungsdaten können **Dimension und Art der** in der längerfristigen Planung zu verwendenden **Kapazitätsmatrix** näher bestimmt werden:

36 Produktionsmittelgruppen bzw -typen gleichen technologischen Verfahrens- oder Funktionsprinzips werden auch von Koch (Globalplanung) 226 und Hoitsch (Produktionswirtschaft) 38 als Gegenstand langfristiger Programmplanung genannt.

37 Vgl. z.B. Opitz u.a. (Systematisierung) 58f., Wittemann (Daten) 144 und die dort angegebene Literatur.

38 Vgl. auch die ähnlichen Darstellungen von Opitz u.a. (Systematisierung) 38 und Wiendahl (Investitionsplanung) 25f.

39 Vgl. Kap. 5.2.1.2.

Der besagte Aggregationsgrad der Produkt- und Produktionsmitteldaten legt den **Eintrag von Verrichtungsgruppen in die Matrixkopfzeile** nahe. Die Gruppeneinteilung kann sich an der genannten Klassifizierung von Bearbeitungsverfahren orientieren (vgl. Abb. 20). Dabei erscheint für die langfristige Grobplanung die Differenzierung nach "Bearbeitungsklassen" am besten geeignet. Für die **Matrixkopfspalte** ist allenfalls eine Unterteilung nach den übergeordneten **Verrichtungsmerkmalen Operationsbereich und -güte** zweckmäßig. Jede darüber hinausgehende Differenzierung würde zu hohe Anforderungen an die langfristig verfügbaren Produkt- und Produktionsmittelinformationen stellen. Somit ergibt sich eine vergleichsweise geringe Matrixdimension.

Die **Festlegungen zur Matrixart** betreffen die Wahl zwischen der Matrix vom Typ I oder II, der Angabe von Dualzahlen oder exakteren Quantitätsangaben und dem Eintrag von Verrichtungsmengen- oder -zeiteinheiten.

Bei der **Wahl des Matrixtyps** ist zu beachten, daß mit zunehmender Aggregation von Verrichtungsarten die Menge der zu berücksichtigenden Substitutionsmöglichkeiten zwischen den in der Kapazitätsmatrix ausgewiesenen Verrichtungsgruppen kleiner wird. So liegt z.B. in einem gegebenen Produktionsmittelbestand kaum ein substitutives Verhältnis zwischen dem Kapazitätsangebot der Verrichtungsgruppen spanabhebender und spanloser Bearbeitung vor, weil der Umprogrammierung auf alternativ ausführbare Verrichtungsgruppen technische Grenzen gesetzt sind.
Da für die Kapazitätsmatrixkopfzeile der Eintrag derartiger Bearbeitungsklassen empfohlen wurde, erscheint es zweckmäßig, in der langfristigen Investitionsplanung der **Matrix vom Typ I** den Vorzug zu geben. Ihr spezifischer Nachteil der Vernachlässigung von Substitutionsbeziehungen kommt bei der Planung auf Basis von Verrichtungs**gruppen** kaum zum Tragen[40]. Es dominiert der Vorteil eines erheblich geringeren Aufwands für die Erstellung flexibilitätsbezeichnender Mengen (z.B. Flexibilitätsangebot) und von Flexibilitätskennzahlen (z.B. Grad der Flexibilitätslückendeckung) als bei Verwendung von Typ II.

In die Felder der Kapazitätsmatrix sind - angesichts der Kenntnis von zumindest groben Produktmengenangaben - **quantitative Kapazitätsdaten** eingetragen. Sie geben die benötigten bzw. angebotenen Verrichtungseinheiten der Periode in tatsächlicher Relation zu den jeweiligen Mengen an. Demnach muß sich die Mengenbetrachtung nicht auf die Verwendung von Dualzahlen beschränken[41].

---

40 Vgl. zum Problem des Verlustes flexibilitätsrelevanter Informationen bei Verwendung von Kapazitätsmatrizen vom Typ I Kap. 2.3.3.2.

41 Vgl. die informatorischen Nachteile der Verwendung von Dualzahlen in Kap. 2.3.3.2.

Hinsichtlich der Gestaltung der Matrixart wird schließlich für die langfristige Investitionsplanung vorgeschlagen, **Verrichtungszeit-** statt Verrichtungsmengeneinheiten zu verwenden. Die Ursache liegt darin, daß man für Verrichtungsgruppen, die in der Kapazitätsmatrix nur wenig differenziert beschrieben werden, keine verläßlichen Mengenangaben pro Zeiteinheit ermitteln kann. Dazu wären konkretere Informationen über Verrichtungsarten und -ausführungsformen samt Intensitätsdaten notwendig. Die Ermittlung angebotener bzw. benötigter Produktionszeiten für einzelne Verrichtungsgruppen anhand der prognostizierten Produktperiodenmengen fällt dagegen leichter.

c) Neben der Aufbereitung der Ursprungsdaten und der Kapazitätsmatrixgestaltung kann die **Weiterverarbeitung der Matrizen** ein weiterer Ansatzpunkt der Datenreduktion sein. Wird allerdings schon bei der Erstellung von Kapazitätsangebots- und -nachfragematrizen wie hier der Matrixtyp I gewählt, so ist die höchste Stufe der Reduktion der Matrizenanzahl bereits erreicht: Die Mengen $F^{(A)}$, $F^{(N)}$, $F^{(L)}$ und $F^{(RL)}$ beinhalten dann jeweils nur eine Matrix. Weitere Matrixselektionen und -aggregationen unter Beibehaltung der Matrixdimension sind nicht möglich.

II. Ebene der mittelfristigen Investitionsplanung

a) Die mittelfristigen Ursprungsdaten auf Nachfrageseite umfassen Detailinformationen zu Produktarten und ihren Ausführungsqualitäten. Dementsprechend sollen hier Produktionsmittel**arten** betrachtet und dem Flexibilitätsangebot gegenübergestellt werden.
Zur Reduktion des Datenvolumens können die Techniken der Datenaggregation und -selektion, bei Aufbereitung der Ursprungsdaten[42] z.B. die Auswahl repräsentativer Produktionsmittel, angewandt werden. Art und Ausmaß ihrer Anwendung sind aber nicht fixierbar, da sie von der jeweiligen Datenmenge abhängig sind, und diese wiederum von der Breite des potentiellen Produktionsprogramms bzw. des Produktionsmittelbestands.

b) Die Verfügbarkeit detaillierter Produkt- und Produktionsmittelbeschreibungen läßt eine differenzierte Bestimmung von Verrichtungsnachfrage und -angebot zu.
Bezüglich der **Matrixdimension** legt sie die Angabe von **Verrichtungsarten** in der Kapazitätsmatrixkopfzeile nahe. Für die Kopfspalte ist eine Gliederung in **Qualitätsklassen** vorzusehen, der eine Mehrzahl verrichtungskennzeichnender "Untermerkmale" von Operationsbereich und -güte zugrundeliegt. Damit wird die Matrixdimension **größer** als in der langfristigen Planung. Der höhere Datenverarbeitungsaufwand

42 Vgl. zu diesen Techniken der Datenreduktion bereits Kap. 2.3.3.1.

wird aber durch die geringere Matrizenanzahl infolge des zeitlich und evtl. sachlich reduzierten Planungsumfangs kompensiert.

Bei den Festlegungen zur **Matrixart** ist zu antizipieren, daß

- erstens im Falle der Anführung von Verrichtungsarten und -qualitäten *vielfältige Substitutionsmöglichkeiten* zwischen diesen bestehen können, und
- zweitens mittelfristig relativ genaue Angaben zu Produktionsnachfrage- und -angebotsmengen sowie zu Ausführungsformen und Intensitäten von Verrichtungen zur Verfügung stehen.

Daher soll hier die **Kapazitätsmatrix vom Typ II** mit Eintrag von **Verrichtungsmengeneinheiten** gewählt werden, die exakt den bekannten Produktmengen bzw. Kapazitätsdaten der Produktionsmittel entsprechen. Die Mengen $F^{(N)}$ und $F^{(A)}$ bestehen dann aus mehreren Kapazitätsmatrizen. Dies ermöglicht beim Vergleich von $F^{(N)}$ und $F^{(A)}$ die Auswahl der die jeweilige Kapazitätsnachfragematrix am besten annähernden Angebotsmatrix. Somit kann die Flexibilitätseigenschaft "Substitutionsmöglichkeiten zwischen Verrichtungsarten und/oder -qualitäten" planerisch einbezogen werden.

Droht die Menge $F^{(A)}$ wegen einer großen Anzahl an Produktionsmitteln zu umfangreich zu werden, so kann man repräsentative Kapazitätsangebotsmatrizen selektieren[43] oder die Matrixdimension verringern. Auf jeden Fall sollte in der mittelfristigen Planung vermieden werden, statt der Anwendung dieser oder vorgelagerter Datenreduktionsmöglichkeiten auf die Matrix vom Typ I überzugehen. Dann wären die bei der genannten Planungsdetailliertheit relevanten Variationsmöglichkeiten im Kapazitätsangebot flexibler Produktionsmittel nur noch unzureichend zu berücksichtigen. Der Intention, ein Planungsinstrumentarium zu entwickeln, das speziell solche Variationsmöglichkeiten einbezieht und damit der Entwicklung flexibler Produktionsmittel Rechnung trägt, wäre widersprochen[44].

c) Das letztgenannte Argument impliziert, daß auch **bei Weiterverarbeitung** der Kapazitätsnachfrage- und -angebotsmatrizen **von Matrixzusammenfassungen abzusehen** ist. Ansonsten käme es z.B. bei Aggregation der Menge $F^{(I)}$ auf eine Matrix zu einem zu niedrigen Ausweis der Kapazitätslückendeckung[45]: Es würde nämlich nicht das am besten annähernde, sondern das durchschnittliche Kapazitätsangebot der Investitionsalternative mit den Kapazitätslückenmatrizen verglichen. Anhand der hierbei errechneten Lückendeckungsgrade könnten Investitionsalternativen fälschlicherweise als nicht geeignet zur Erreichung der Mindestdeckung eingestuft werden.

---

43 Vgl. Kap. 5.2.1.2.

44 Es kann allerdings bei Produktionssystemen mit sehr vielen Produktionsmitteln und Variationsmöglichkeiten des Kapazitätsangebots infolge des hohen Datenaufkommens unumgänglich werden, die Matrix vom Typ I zu verwenden.

45 Vgl. auch Kap. 5.2.1.3.

Die genannten Vorschläge zur Fixierung von Umfang und Abstraktionsgrad der beiden Hierarchieebenen sind - gemeinsam mit den Techniken der Datenreduktion durch Variation von nicht endgültig fixierbaren Variablen (z.B. Periodenanzahl) - in Abbildung 21 zusammengefaßt:

PHASE	VARIABLE	LANGFRISTIGE INVESTITIONSPLANUNG	MITTELFRISTIGE INVESTITIONSPLANUNG
1. Aufbereitung der Ursprungsdaten	a) sachliche Systemdifferenzierung	Tendenz: geringer (Gesamtplanung des Produktionssystems oder abgrenzbarer Kapazitätseinheiten)	Tendenz: höher (Teilplanungen entsprechend der Aufteilung nach Produktionsplanungseinheiten)
	b) zeitliche Systemdifferenzierung	Tendenz: geringer (weniger Planungsperioden)	Tendenz: höher (mehr Planungsperioden)
	c) Grad der Datenaggregation	Tendenz: geringer (Produktfelder,-gruppen,(-arten), Produktionsmittelgruppen,(-arten)	Tendenz: höher (Produktarten,-varianten, Produktionsmittelarten,-varianten)
	d) Art der Datenselektion	Beschränkung auf wichtige Produktfelder, -gruppen und Produktionsmittelgruppen (ABC-Analyse)	Auswahl repräsentativer Produkte und Produktionsmittel
	e) Anzahl berücksichtigter Systemvariationsmöglichkeiten (Zukunftslagen)	Tendenz: wenige Zukunftslagen (z.B. Konjunkturentwicklung gut - mittel - schlecht)	Tendenz: mehr Zukunftslagen
2. Transformation in Kapazitätsmatrizen	a) Dimension der Matrix	Tendenz: kleiner	Tendenz: größer
	- Variablen der Kopfzeile	Verrichtungsgruppen (Bearbeitungsklassen)	Verrichtungsarten
	- Variablen der Kopfspalte	Qualitätsklassen entsprechend den Merkmalen Operationsbereich und -güte	Qualitätsklassen entsprechend mehreren Untermerkmalen von Operationsbereich und -güte
	b) Art der Matrix		
	- Matrixtyp	Typ I	Typ II
	- Eintrag in die Matrixfelder	grobe Mengenangaben	konkrete Mengenangaben
	- Einheit der Verrichtungskapazitätsangabe	Verrichtungszeiteinheiten	Verrichtungsmengeneinheiten
3. Weiterverarbeitung der Kapazitätsmatrizen	c) Grad der Matrizenselektion bzw.-aggregation	—	Selektion "repräsentativer" Kapazitätsangebotsmatrizen; keine Matrizenzusammenfassung

Abb. 21: Auswahl von Datenaggregationsstufen und Datenreduktionstechniken für die Ebenen der hierarchischen flexibilitätsorientierten Investitionsplanung

Mit diesen Festlegungen wird das Problem der Gestaltung eines Planungsinstrumentariums gelöst, das unterschiedlich bestimmte Informationen aufzunehmen in der Lage ist[46].

Sollte durch die Fixierung der Variablen in der in Abbildung 21 genannten Form der als optimal erachtete Grad der Modellkomplexität in einer konkreten Planungssituation **überschritten** sein, so ist eine "schrittweise Verringerung des Komplexionsgra-

46 Vgl. die Problemkennzeichnung in Kap. 3.2.2.1.

des"[47] vorzunehmen. Dies solange, "bis die aus einer weiteren Vergröberung des Modells erzielbaren Vorteile die damit verbundenen Nachteile nicht mehr überwiegen"[48].
Man kann dazu prinzipiell an allen Variablen der Abbildung 21 ansetzen. Beispiele sind die Vernachlässigung der Angabe von Qualitätsklassen in den Kapazitätsmatrizen der langfristigen Planung sowie der Eintrag von Dualzahlen in die Matrixfelder. Letzteres führte zu einer rein "qualitativen Programmplanung"[49].

Im Falle der **Unterschreitung** des als optimal erachteten Komplexionsgrades kann seine schrittweise Erhöhung[50] nur durch Variation des Planungsumfangs erfolgen. Eine Verringerung des Abstraktionsgrades ist nicht möglich, weil in den Investitionsplanungsebenen keine detaillierteren als die oben genannten Daten der vorgeschalteten Produktionsplanung zur Verfügung stehen.

Zur Veränderung des Komplexionsgrades ist es auch denkbar, durch verschiedene Stufen der Modellvergröberung/-konkretisierung eine "**Sekundärhierarchie**" innerhalb der zweistufigen Primärhierarchie "lang- und mittelfristige Investitionsplanung" zu schaffen.
Beispielsweise können in einer langfristigen Gesamtbetrachtung des Produktionsbereichs zunächst Verrichtungsqualitäten außer acht gelassen und Verrichtungsgruppen mit Kapazitätslücken extrahiert werden. Diese allein sind dann in einer zweiten Stufe der Flexibilisierungsplanung weiterzuverfolgen, wobei jetzt detailliertere Angaben über Verrichtungsqualitäten einbezogen werden. Eine solche Vorgehensweise führt ebenfalls zu einer sukzessiven Verkleinerung des betrachteten Entscheidungsproblems.

5.2.2.3. Abstimmung der Ebenen und Planungsablauf im hierarchischen System

Die Abstimmung von lang- und mittelfristiger Investitionsplanung ist abhängig von der **Art ihrer zeitlichen Integration** ins Planungssystem. Unter den Möglichkeiten der Reihung, Staffelung und **Schachtelung** von Planungsstufen[51] sei hier die Schachtelung ausgewählt und den Ausführungen zur Abstimmung zugrundegelegt[52].

Der mittelfristige Flexibilisierungsplan ist in diesem Fall zeitlich in die langfristige Investitionsgrobplanung eingebettet. Der Zweck einer solchen Verkettung liegt darin,

47 Bitz (Strukturierung) 410.
48 Bitz (Strukturierung) 410. Vgl. auch die Nennung der Vor- und Nachteile ebd., S. 411.
49 Vgl. Hilke (Programmplanung) 2.
50 Vgl. dazu Bitz (Strukturierung) 403ff.
51 Vgl. zur Beschreibung dieser Verkettungsmöglichkeiten Wild (Grundlagen) 171ff.
52 Die Begründung dafür lautet mit Wild, daß nur das Schachtelprinzip eine vollständige Integration der Stufen gewährt, gleichzeitig die höchste Planungsflexibilität aufweist und somit "alles für die Anwendung des Schachtelprinzips beim Aufbau mehrstufiger Planungssysteme" spricht, vgl. Wild (Grundlagen) 174ff.

die Kompatibilität des kürzerfristigen Plans zu den Zielsetzungen und vorgesehenen Maßnahmen des längerfristigen zu sichern[53]. Dadurch gelingt es, *langfristige Flexibilisierungsbedarfe bei der Erstellung mittelfristig zu realisierender Investitionsprogramme zu berücksichtigen*. Darüberhinaus kommt dem mittelfristigen Plan die Aufgabe zu, den Langfristplan für einen zeitlichen Teilabschnitt *inhaltlich zu konkretisieren*[54].

Für die **Abstimmung zwischen den Hierarchieebenen** existieren grundsätzlich zwei Prinzipien: Die wechselseitige und die sequentielle bzw. hierarchische Abstimmung[55]. Mit Rieper läßt sich feststellen, "daß das wechselseitige Abstimmungsprinzip nur dann nötig und möglich ist, wenn die zu integrierenden Teilprobleme die gleiche zeitliche Reichweite besitzen, den gleichen Aggregationsgrad hinsichtlich der Entscheidungstatbestände und Informationen aufweisen sowie eine nachhaltige wechselseitige Einflußnahme aufeinander ausüben"[56].
Dies ist hier nicht der Fall, so daß die lang- und mittelfristige Investitionsplanung zwangsläufig **sequentiell** abzustimmen sind. Dabei ist **deduktiv** vorzugehen[57], d.h. der kürzerfristige Plan ist auf der Basis des längerfristigen zu erstellen.
Demnach ergibt sich eine **hierarchische Abstimmungsfolge**, bei der durch den Globalplan Rahmendaten festgelegt werden, die den Aktionsspielraum der mittelfristigen Planung einengen[58]. Die Handlungsempfehlungen des Rahmenplans sind nur in ihren wesentlichen Grundzügen fixiert. Sie müssen in der detaillierteren Planung der hierarchisch untergeordneten Ebene konkretisiert werden[59].

Diese Abstimmung der Ebenen sei in der **Darstellung des Planungsverlaufs** im hierarchischen System der flexibilitätsorientierten Investitionsplanung spezifiziert (vgl. Abb. 22):
Auf **langfristiger Ebene** wird im Vergleich von Flexibilitätsnachfrage $F(N_i)$ mit dem Flexibilitätsangebot $F(A_i)$, jeweils bestehend aus einer Kapazitätsnachfragematrix $\overline{K}(N_i)$ bzw. einer Kapazitätsangebotsmatrix $\overline{K}(A_i)$ vom Typ I, pro Periode die Kapazitätslückenmatrix $\overline{K}(L_i)$ errechnet. Anhand der $\overline{K}(L_i)$ werden Investitionsalternativen erstellt, auf die Einhaltung der notwendigen und hinreichenden Bedingungen der Kapazitätslückendeckung überprüft und zu Investitionsprogrammalternativen kombi-

53 Vgl. Bitz (Strukturierung) 108f. sowie Wild (Grundlagen) 168f.
54 Vgl. Wild (Grundlagen) 169 und 175, ähnlich Koch (Entscheidungskriterien) 1.
55 Vgl. Rieper (Entscheidungsmodelle) 777. Bitz (Strukturierung) 105ff. trennt zwischen hierarchischer, sequentieller und rekursiver Abstimmung. Die hierarchische Abstimmung ist aber m.E. als ein Spezialfall der sequentiellen anzusehen, so daß die Zweiteilung sequentielle - wechselseitige Abstimmung ausreichend erscheint.
56 Rieper (Entscheidungsmodelle) 783.
57 Vgl. zum Vorzug der deduktiven gegenüber der induktiven Entwicklungsfolge Wild (Grundlagen) 174ff.
58 Vgl. dazu Bitz (Strukturierung) 105 sowie Cordes (Problem) 108f., der dies als "Maßgeblichkeitsprinzip" des globalen für den detaillierten Plan bezeichnet, ebenfalls Switalski (Aggregation) 382, Gäfgen (Theorie) 212ff.
59 Über diese allgemeinen Feststellungen hinaus liegen für die Verknüpfung zwischen strategischer und taktisch-operativer Planung bisher kaum Ansätze vor, vgl. Küpper (Koordination) 171.

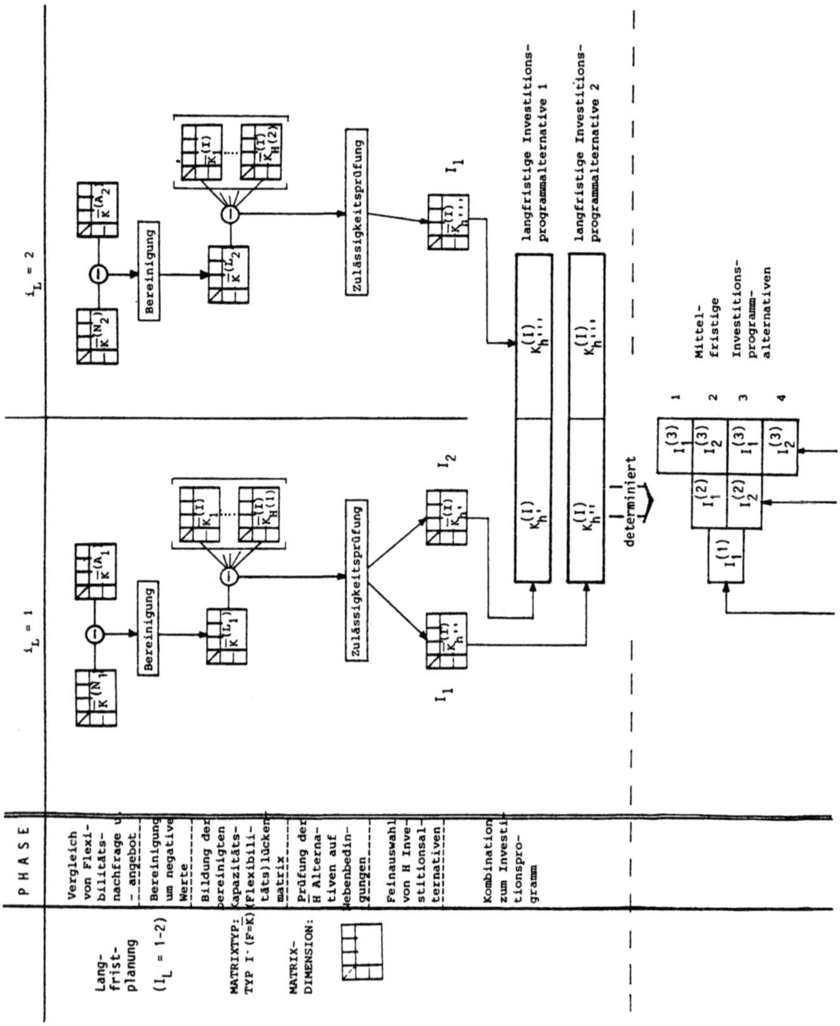
PHASE
Lang-frist-planung
(I_L = 1-2)
MATRIXTYP: TYP I·(F=K)
MATRIX-DIMENSION:
Vergleich von Flexibilitätsnachfrage u. -angebot
Bereinigung um negative Werte
Bildung der bereinigten Kapazitäts-(Flexibilitäts)lückenmatrix
Prüfung der H Alternativen auf Nebenbedingungen
Feinauswahl von H Investitionsalternativen
Kombination zum Investitionsprogramm
i_L = 1
i_L = 2
Bereinigung
Bereinigung
Zulässigkeitsprüfung
Zulässigkeitsprüfung
langfristige Investitionsprogrammalternative 1
langfristige Investitionsprogrammalternative 2
determiniert
Mittelfristige Investitionsprogrammalternativen
1
2
3
4

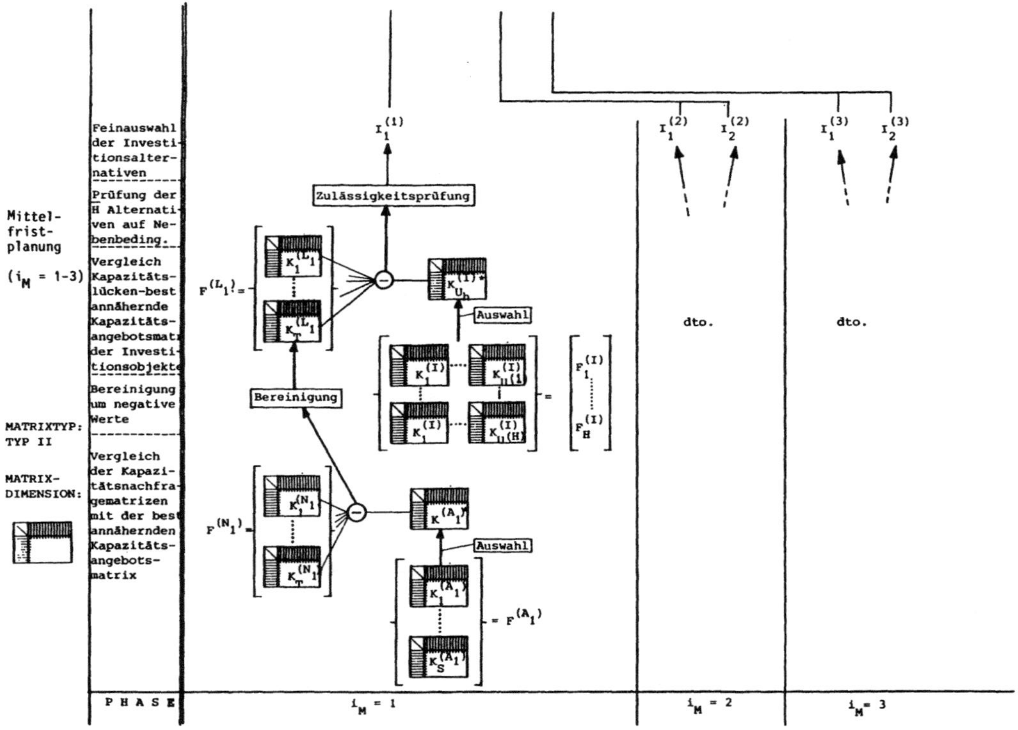

Abb. 22: Prozeß der hierarchischen flexibilitätsorientierten Investitionsprogrammplanung und Planabstimmung

niert. Aufgrund der Tatsache, daß bei grober Periodeneinteilung nur wenige Kapazitätslückenmatrizen $\overline{K}^{(L_i)}$ zu berücksichtigen sind, gleichzeitig die Beschreibung von Verrichtungsart und -qualität in den $\overline{K}^{(L_i)}$ und daraus folgend der Investitionsobjekte hoch aggregiert ist, verbleibt nur ein geringer Spielraum der Formulierung alternativer Investitionsobjekte. Deshalb und um den Datenverarbeitungsaufwand in der mittelfristigen Planung, die jede langfristige Programmalternative weiterverfolgen muß, gering zu halten, wird man sich i.d.R. auf **wenige** oder nur auf **ein** Investitionsrahmenprogramm beschränken.

Der langfristige Investitionsplan enthält zum einen die grobe Angabe der zu investierenden Produktionsmittelgruppen, ihrer Operationsbereiche und -güte. Zum anderen werden je Produktionsmittelgruppe Daten der benötigten Produktionskapazität verfügbar sein, welche die Gruppe bereitstellen soll.
Das Investitionsprogramm der langfristigen Grobplanung ist zeitlich nach den art- und mengenmäßigen Investitionsaktivitäten der einzelnen Perioden unterteilbar.

Die **mittelfristige Planung** ist auf diejenigen Investitionsvorgaben der Langfristplanung abzustimmen, die ihre Planungsfrist betreffen. Ihre feinere Periodeneinteilung ist zweckmäßigerweise so vorzunehmen, daß eine **ganze** Zahl von Perioden genau einer Periode der höherhierarchischen Planung entspricht. Betragen z.B. die Planungszeiträume sechs Jahre für die langfristige und drei Jahre für die mittelfristige Planung, so ist eine Aufteilung der Langfristplanung in zwei Drei-Jahres-Abschnitte zweckmäßig.
Es ist nun die Aufgabe der Mittelfristplanung, **für jede langfristige Investitionsprogrammalternative** die grob formulierten Investitionsaktivitäten der ersten Periode der Langfristplanung zu konkretisieren. Dies geschieht durch die Erstellung mittelfristiger Investitionsprogrammalternativen mit konkreter Angabe der Produktionsmittel und Kapazitäten.
Um die Kompatibilität zur übergeordneten Grobplanung sicherzustellen, sind dabei solche Produktionsmittel als Investitionsobjekte zu wählen, die den vorgegebenen Produktionsmittelgruppen mit definierten Ausprägungen von Operationsbereich und -güte angehören, und deren gruppenbezogenes zeitliches Kapazitätsangebot der langfristigen Kapazitätsvorgabe entspricht. Diese Bedingungen, die für unser Beispiel alle Investitionsaktivitäten der Mittelfrist-Planungsperioden 1 bis 3 als Gesamtheit betreffen, sind **neben** den notwendigen und hinreichenden Bedingungen der mittelfristigen Flexibilitätslückendeckung zu erfüllen.

Sofern in der mittelfristigen Planung eine **sachliche Differenzierung** des Umfangs der langfristigen Planung vorgenommen wurde, besteht die Gefahr, daß für jeden der entstandenen Teilbereiche Investitionsprogramme isoliert geplant und in ihrer Gesamtheit nicht auf das übergeordnete langfristige Investitionsprogramm abgestimmt sind. Deshalb bedürfen solch "interdependente oder gekoppelte Teilprobleme (...) einer Koordination oder Integration, die ganz allgemein als zielgerichtete Abstimmung bzw. Anpassung der Teilproblemlösungen umschrieben werden soll"[60]. Sie hat durch Kommunikation der Entscheidungsträger zu erfolgen[61] und ist möglichst von einer zentralen Investitionsplanungsstelle durchzuführen.

Das Setzen von Rahmendaten der langfristigen Investitionsgrobplanung ermöglicht eine Ausrichtung der mittelfristig geplanten Investitionen am längerfristigen Flexibilisierungsbedarf. Dadurch wird das Risiko gemindert, daß mittelfristig vorteilhafte Investitionen langfristig inflexibel sind und sich als Fehlentscheidungen herausstellen. Der Effekt der Ausrichtung rührt daher, daß in der Langfristplanung bei der Aufstellung der Investitionsalternativen für den Planungszeitraum, der demjenigen der Mittelfristplanung entspricht, auch die Flexibilisierungsbedarfe der darüber hinaus gehenden Perioden berücksichtigt werden - dies infolge der **Orientierung an der Prioritätenliste** der langfristig zu deckenden Kapazitätslücken. Dann sind aber die aus dem langfristigen Investitionsprogramm abgeleiteten mittelfristigen Investitionsalternativen ebenfalls auf die langfristigen Flexibilisierungsbedarfe bezogen.
Die hierarchische Abstimmungsfolge entspricht daher der o.g. Forderung nach langfristiger Ausrichtung der Investitionsplanung.

5.3. Ermittlung des Ergebnisraums und Vorbereitung einer zielentsprechenden Auswahlentscheidung

Zur Komplettierung des Entscheidungsfelds sind die **Ergebnisgrößen** zu ermitteln. Die Ergebnisverteilung einer Investitionsprogrammalternative über die Zukunftslagen ist Ausgangspunkt der anschließenden **Bewertung**, diese wiederum Grundlage der zielentsprechenden Auswahlentscheidung.

5.3.1. Aufgaben und Probleme der Ergebnisbildung

Bei der Beschreibung der Ergebnisbildung ist zwischen I) langfristiger und II) mittelfristiger Planungsebene zu differenzieren, da deren Informationsbasen und damit die Art der ermittelbaren Ergebnisse voneinander verschieden sind.

---

60 Rieper (Entscheidungsmodelle) 777.

61 Vgl. Switalski (Aggregation) 382 sowie zu den Koordinationsmechanismen Switalski (Grundmodell) 451ff.

I) Auf **langfristiger Ebene** sind zur Messung der Erreichung des bonitären Sicherheitsziels *Kapazitätslückendeckungsgrade je Periode für jede Investitionsprogrammalternative* zu bilden[1]. Dies erfolgt in der oben beschriebenen Weise[2]. Sie werden bereits in der Phase der Alternativenerstellung benötigt, demnach läuft die Ermittlung bonitärer Ergebnisse simultan zu dieser Phase ab.

Aufgrund des hohen Abstraktionsgrades der Langfristdaten können kaum aussagekräftige Kapitalwerte ermittelt werden[3].
Ein anschauliches Beispiel dafür gibt Gaitanides: "Die Entscheidungsalternative 'Drehmaschine' besitzt nahezu keinen Informationsgehalt. Dem entsprechenden Investitionsprogramm $x_i = 5$ wird man im konkreten Fall keine Auszahlungen zurechnen können, da es sich hinsichtlich Verrichtung, Objekt und Verwendungszweck um völlig unterschiedliche Projekte handeln kann"[4].
Will man dennoch die hinsichtlich der Gewinnwirkung beste(n) langfristige(n) Investitionsprogrammalternative(n) vorauswählen, ist demnach ein Ausweichen auf **Ersatzgrößen** unumgänglich. Sie sollten einen direkten Bezug zur Gewinnzielerreichung aufweisen. So können **grobe Abschätzungen** der Einzahlungsüberschüsse aus der laufenden Produktion und der Anschaffungsauszahlungen vorgenommen und jeweils durch Spannweiten ausgedrückt werden. Daraus ergeben sich die ungefähren Größenordnungen von Kapitalwerten für die langfristigen Investitionsprogrammalternativen. Anhand des Vergleichs dieser Größenbereiche sind solche Alternativen auszuschließen, die in allen Zukunftslagen von anderen dominiert werden.[5]

Eine weitere Möglichkeit, die in der Literatur zur strategischen Planung immer wieder angeführt wird, ist die Abschätzung der Veränderung von **Erfolgspotentialen** durch ein Handlungsprogramm[6]. Infolge der geringen Operationalität der Maßgröße "Erfolgspotential" unterliegt diese Alternativenbeurteilung allerdings noch gößerer Willkür.

Üblicherweise werden aber langfristig nur eine oder wenige Investitionsprogrammalternativen erstellt[7], so daß sich der Aufwand für deren Konkretisierung in der mittel-

---

1 Aufgrund der Verwendung der Kapazitätsmatrix vom Typ I sind keine gesonderten Flexibilitätslückendeckungsgrade zu bilden, da die flexibilitätsbezeichnenden Mengen $F^{(N)}_i$, $F^{(A)}_i$, $F^{(I)}_i$ und $F^{(L)}_i$ jeweils aus nur einer Kapazitätsmatrix bestehen. Damit sind Kapazitäts- und Flexibilitätslückendeckungsgrad identisch.

2 Vgl. Kap. 5.2.1.5. und 5.1.2.

3 Vgl. Koch (Entscheidungskriterien) 12: "Je geringer bei gegebener Planungsfrist der Detailliertheitsgrad der Entscheidungsvariablen (...) desto schwieriger ist es, (...) die Gewinnwirkung prognostisch zu erfassen". Ähnlich Laux (Entscheidungstheorie) 328: "Entsprechend den zunächst nur groben Umrissen zukünftiger Aktionsmöglichkeiten können auch die damit verbundenen Konsequenzen zunächst nur grob geschätzt werden".

4 Gaitanides (Planungsmethodologie) 97.

5 Zum Dominanzprinzip vgl. Schneider (Investition) 116f.

6 Vgl. dazu Gälweiler (Unternehmensführung) 26ff., Link (Organisation) 15ff., Hillmer (Planung) 36f. Bei Vernachlässigung der schwierig zu ermittelnden Leistungspotentiale sind allein Kostensenkungspotentiale zu betrachten, vgl. dazu Wildemann (Investitionsplanung) 41.

7 Vgl. Kap. 5.2.2.3.

fristigen Planung in Grenzen hält. Dann besteht nicht die Notwendigkeit, aus Gründen der Komplexitätsreduktion eine auf sehr vagen Zahlungsgrößen basierende und damit möglicherweise fehlerhafte Vorauswahl langfristiger Investitionsprogrammalternativen vorzunehmen. Vielmehr ist die Beurteilung durch die bonitären Ersatzgrößen der Kapazitätslückendeckung ausreichend, um langfristig erfolgversprechende Alternativen zu selektieren[8].

II) Die Daten der **mittelfristigen Planungsebene** sind dagegen detaillierter. Es können Preis- und Mengeninformationen über relativ genau spezifizierbare In- und Outputgüter gewonnen und damit prinzipiell *verläßliche Kapitalwerte* ermittelt werden.
Die **Reihenfolge der** Alternativenauswahl und -bewertung ist hier wie folgt: Zunächst werden Kapazitäts- und Flexibilitätslückendeckungsgrade der Investitions(programm)alternativen für alle Zukunftslagen und Perioden gebildet. Für diejenigen Alternativen, die nach Vergleich mit den geforderten Mindestgraden die notwendige und hinreichende Bedingung der Lückendeckung erfüllen, werden anschließend Kapitalwerte errechnet. Hierzu sind die durch die Investitionsprogramme hervorgerufenen Ein- und Auszahlungen zu bestimmen.

Letzteres wirft neben dem bekannten **Prognoseproblem**[9] die Schwierigkeiten der zeitlichen Abgrenzung von Investitionswirkungen und der sachlichen Abgrenzung zum restlichen Handlungsprogramm der Unternehmung auf:

Die Bestimmung der wirtschaftlich optimalen Nutzungsdauer zur **zeitlichen Abgrenzung** von Investitionsobjekten erforderte ein simultanes Produktions-Investitionsplanungskalkül[10], das bei praktischen Problemstellungen i.a. sehr komplex und daher im Rahmen der flexibilitätsorientierten Investitionsplanung nicht vorgesehen ist.
Als praktikabler Ausweg bietet sich an, die Nutzungsdauer anderweitig abzuschätzen und der Investitionsrechnung gesondert zugrundezulegen. So können als Ersatzgrößen z.B. die voraussichtliche technische Nutzungsdauer, eine nach wirtschaftlichen Gesichtspunkten modifizierte technische Nutzungsdauer oder die betriebsgewöhnliche Nutzungsdauer dienen[11].

Infolge von Interdependenzen des Investitionsprogramms zum sonstigen Aktionsprogramm ist es zudem schwierig, eine **sachliche Abgrenzung** vorzunehmen und ersterem Zahlungen eindeutig zuzuordnen[12]. Das Zurechnungsproblem ist allerdings nicht lösungsbedürftig, wenn nicht das einzelne Investitionsprogramm, sondern die Aus-

8 Vgl. ausführlicher Kap. 4.2.2.3.
9 Vgl. dazu Schmidt (Zielerreichung) 94ff.
10 Vgl. Seelbach (Investition) 174f.
11 Vgl. Frischmuth (Daten) 231ff., Schneider (Investition) 223ff.
12 Vgl. Jacob (Entwicklungen) 490, Schneider (Investition) 217f., Kruschwitz (Investitionsrechnung) 30f., Frischmuth (Daten) 107f., Adam (Interdependenzenproblem) 989ff., Knischewski (Planung) 26ff.

wirkung der Investitionshandlung auf eine ganze Kapazitätseinheit betrachtet wird[13]. "Zur Begründung: Bei Investitionsentscheidungen kommt es immer auf die Bewertung von Investitionshandlungen und der aus diesen Tätigkeiten folgenden Veränderungen von Zahlungsreihen und nie auf die Bewertung von Investitionsobjekten an"[14].

Bei der Beurteilung der Vorteilhaftigkeit einzelner Investitionsprogramme ist dann in einer "**Grenzüberlegung**"[15] zu überprüfen, ob die Verzinsung des eingesetzten Kapitals nach Investition höher ist als vorher[16]. Wählt man den Kalkulationszinsfuß derart, daß sich vor Investition ein Kapitalwert der Produktionstätigkeit von Null ergibt, so ist ein einzelnes Investitionsprogramm also dann vorteilhaft, wenn der Kapitalwert positiv wird. Im Vergleich mehrerer Investitionsprogrammalternativen ist diejenige mit dem höchsten Kapitalwert für die Kapazitätseinheit zu wählen. Auf diese Weise sind die Abgrenzungsprobleme zu lösen.

Zur **Prognose der Höhe einzelner Zahlungsstromkomponenten**[17] muß das Produktionsprogramm bekannt sein, das unter Berücksichtigung des zusätzlichen Kapazitätsangebots der jeweiligen Investitionsprogrammalternative herstellbar ist. Dies ist ein Problem der Produktionsprogrammplanung bei gegebenen Kapazitäten und in der Regel mehreren Engpaßkapazitäten. Es läßt sich optimal nur durch Ansätze der mathematischen Programmierung lösen[18].

Bei der einfacheren Lösung ohne Optimalitätsgarantie findet eine sukzessive Zuordnung von Produktmengen auf Kapazitäten nach spezifischen heuristischen Regeln statt. Sie birgt allerdings die Gefahr, daß geringere Kapitalwerte ausgewiesen werden als diejenigen, die sich bei Optimalplanung ergeben würden. Dies kann die Reihung der Alternativen nach ihrer Vorteilhaftigkeit verändern und zu Fehlentscheidungen führen.

Unterstellt man, daß Produktionsprogramme auf eine der genannten Weisen bestimmbar und die darüber hinausgehenden Informationen für die Prognose von

---

13 Vgl. Perridon/Steiner (Finanzwirtschaft) 71, Kruschwitz (Investitionsrechnung) 31. Zur Problematik der Erfassung von Zahlungsstromveränderungen in anderen Unternehmensbereichen, die nicht der Kapazitätseinheit zugerechnet sind, und deren Lösung durch Ansatz "hypothetischer Zahlungen" vgl. Horváth/Kleiner/Mayer (Vergleich) 25.

14 Kruschwitz (Investitionsrechnung) 31. Dies entspricht auch der obigen Feststellung, daß die Veränderung der Produktionssystemflexibilität durch Investitionen und nicht die Investitionsobjektflexibilität an sich planungs- und bewertungsrelevant ist.

15 Schneider (Investition) 222.

16 Vgl. Terborgh (Management) 125, der dies als "with-and-without-principle" bezeichnet.

17 Vgl. hierzu auch Blohm/Lüder (Investition) 142ff., Moll (Sachinvestitionsprogramme) 71ff., Knischewski (Planung) 171ff.

18 Vgl. Schweitzer/Küpper (Systeme) 366ff., Frischmuth (Daten) 116, Jacob (Flexibilitätsüberlegungen) 5, Jacob (Linearprogrammierung), Altrogge (Flexibilität) 614f., Kilger (Absatzplanung) 95ff. Der Modellierungs- und Rechenaufwand für die Programmierungsmodelle der reinen Produktionsprogrammplanung ist aber erheblich geringer als derjenige bei simultaner Investitions- und Produktionsprogrammplanung. Daher gilt die in Kap. 3.2.1. vorgebrachte Kritik am Aufwand von Programmierungsansätzen nur noch eingeschränkt.

Zahlungen bis zu einem bestimmten Planungszeitpunkt zu gewinnen sind, können Kapitalwerte errechnet werden und als Ergebnisgrößen der mittelfristigen Planung verwendet werden[19].

5.3.2. Verarbeitung der Ergebnisgrößen im Bewertungsprozeß

Da die Flexibilitätszielerfüllung in Form von Satisfizierungsbedingungen formuliert wurde, dienen Kapazitäts- und Flexibilitätslückendeckungsgrade allein der **Selektion zulässiger Investitionsprogrammalternativen** sowohl auf lang- als auch auf mittelfristiger Planungsebene.
Durch diesen Bewertungs- und Auswahlprozeß wird gewährleistet, daß die verbliebenen mittelfristigen Alternativen, über die letztendlich eine Entscheidung zu treffen ist, **zum einen** den *langfristigen* Flexibilitätsanforderungen durch die Abstimmung von lang- und mittelfristiger Planung genügen. Dadurch ist die Auswahl solcher Alternativen zu verhindern, die zwar in der mittelfristigen Bewertung Kapitalwerte größer Null erlangen würden, längerfristig aber nicht auf die Produktionsnachfrage abgestimmt und daher insgesamt ökonomisch unvorteilhaft sind. Die Einbeziehung bonitärer Ergebnisgrößen ermöglicht damit erst die Alternativenbewertung im Hinblick auf strategische Zielsetzungen[20].
Zum anderen erfüllen die in der Mittelfristplanung ausgewählten Alternativen ausnahmslos die konkreter formulierten Anforderungen der *mittelfristigen* Kapazitäts- bzw. Flexibilitätslückendeckung und versprechen damit positive Kapitalwerte.

Von dieser Basis der gleichmäßigen Sachzielerfüllung durch alle Alternativen ausgehend sind in einer weitergehenden Bewertung allein die Kapitalwerte entscheidungsrelevant. Sie führt zur Auswahl der zu realisierenden mittelfristigen Investitionsprogrammalternative.

Hierbei sind in einem ersten Schritt die Alternativen entsprechend der Beschränkung der Risikopräferenzfunktion nach unten[21] auf **Erfüllung der monetären Sicherheitsbedingung** "positiver Kapitalwert in allen Zukunftslagen" zu prüfen. Alternativen, die gegen diese Bedingung verstoßen, sind auszuschließen. Die Kapitalwertverteilung jeder zulässigen Alternative ist anschließend durch Anwendung einer als bekannt vorausgesetzten Risikopräferenzfunktion, die oben als quadratische μ-σ-Präferenzfunktion konkretisiert wurde[22], auf einen **Präferenzwert** zu amalgamieren. Es ergibt sich

---

19 Davon gehen auch durchweg die dynamischen Investitionsrechenverfahren aus, vgl. Kern (Investitionsrechnung) 81.
20 Vgl. zu diesen Vorteilen der Verwendung bonitärer Flexibilitätsgrößen bei der Alternativenbewertung ausführlich Kap. 4.2.2.3.
21 Vgl. Kap. 5.1.3.
22 Vgl. Kap. 5.1.3.

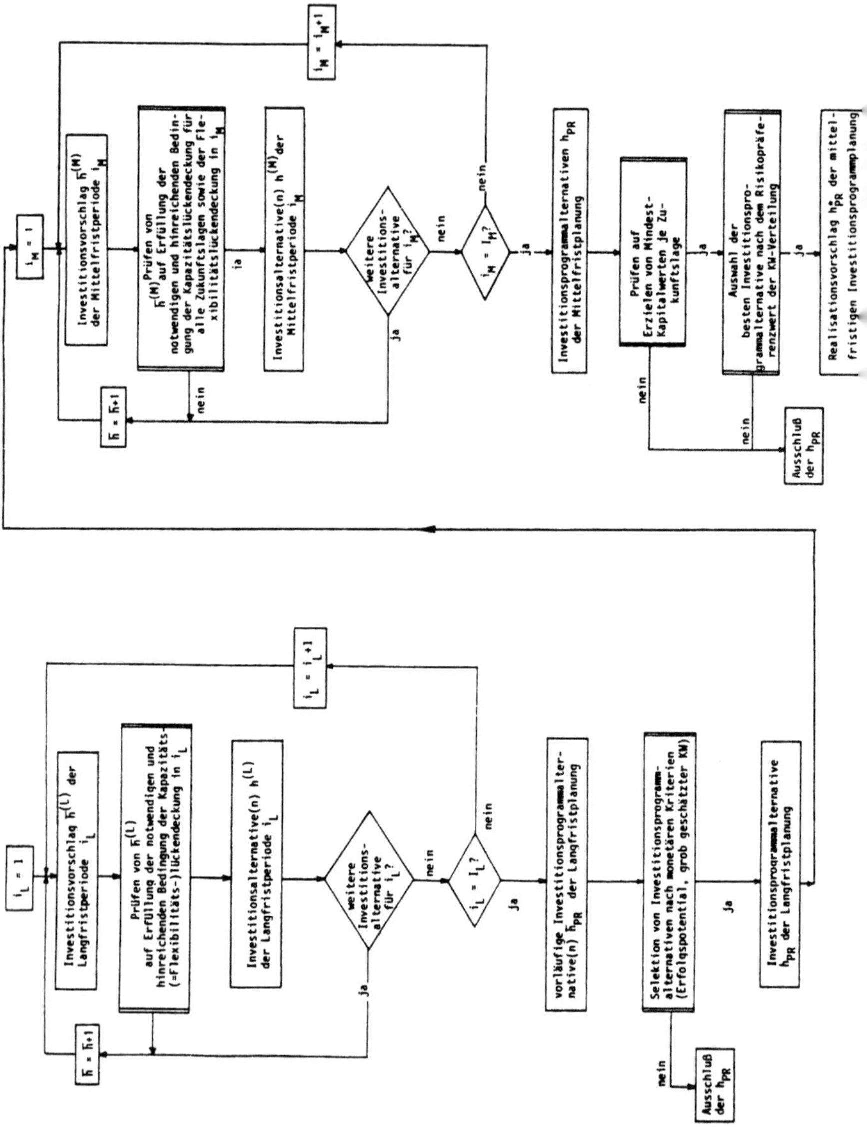

Abb. 23: Ablaufplan der hierarchisch gestuften Bewertung von Investitionsprogrammalternativen

eine Reihenfolge der Alternativen nach der Höhe dieser Nutzenwerte und damit ein Vorschlag für die Auswahlentscheidung.

Der gesamte Bewertungsprozeß beider Hierarchieebenen ist in Abbildung 23 durch einen Ablaufplan veranschaulicht.

Die Auswahl eines mittelfristig zu realisierenden Investitionsprogramms in T_0 bedeutet zwar das Einschlagen der Richtung, **noch nicht aber die Zementierung** des langfristigen Investitionsprogramms, dem dieses mittelfristige Programm zugehörig ist. Vielmehr ist bei Änderung oder zusätzlicher Gewinnung von Daten in T_1 (T_2,T_3,...) ein **Wechsel** der langfristigen Investitionsstrategie möglich. Voraussetzung ist, daß sich durch die Wahl eines anderen als in T_0 für die Perioden 2 (3,4,...) vorgesehenen Investitionsprogramms ein höherer Risikopräferenzwert ergibt.

Die flexibilitätsorientierte Investitionsplanung in der dargestellten Form ist nicht in der Lage, den Entschluß für eine bestimmte Alternative zweifelsfrei vorzuzeichnen. Sie kann lediglich einen **Beitrag** zur logischen Fundierung einer Investitionsentscheidung leisten, welche sich an der Maxime der Flexibilisierung des Produktionssystems orientiert. Die endgültige Auswahl wird gleichermaßen determiniert von der Ausprägung **weiterer** situationsspezifischer Einflußfaktoren auf die Entscheidung, die außerhalb des Investitionskalküls verarbeitet werden. So gilt mit Meffert, daß die ermittelten Lösungen "nicht als definitive Lösungen angesehen, sondern als vorläufige Ergebnisse in die verschiedenen Phasen des Entscheidungsprozesses zurückgeführt"[23] werden.

---

23 Meffert (Problem) 800.

6. Zusammenfassung und Ergebnis

Die Auseinandersetzung mit dem Problem der zielentsprechenden Flexibilisierung von Produktionsmitteln und -systemen entspringt der Notwendigkeit, dem zunehmend verfügbaren Angebot flexibler Produktionstechnologien sowie der steigenden Nachfrage nach Produktionsflexibilität in der betrieblichen Investitionsplanung Rechnung zu tragen.

Ziele der Arbeit waren die analytische Durchdringung des komplexen Flexibilitätsbegriffs und die Entwicklung einer operationalen Flexibilitätsbeschreibung, der Nachweis der Berechtigung von Flexibilität als Ziel- und Planungsgröße im Investitionsplanungsprozeß sowie die Konzipierung einer auf Flexibilisierung zielenden Investitionsplanung. Letzteres erfordert die explizite Einbeziehung von Flexibilitätsgrößen in den Planungsablauf. Hier besteht in der betrieblichen Anwendung wie in der betriebswirtschaftlichen Theorie bisher ein Defizit.

Zunächst werden Kriterien zur **Systematisierung von Teilaspekten der Flexibilität** ermittelt. Die resultierende Systematik stellt einen allgemeinen Ausgangspunkt für die planungszweckbezogene Eingrenzung betriebswirtschaftlicher Flexibilitätsbetrachtungen dar.
Die spezielle Eingrenzung des Gegenstands der vorliegenden Arbeit führt zur Planungsaufgabe, das leistungswirtschaftliche Flexibilitätsangebot von Produktionssystemen durch eine mittel- bis langfristige Investitionsplanung auf die Flexibilitätsnachfrage abzustimmen.

Grundlegend für die Erfüllung solch spezifischer Planungszwecke ist die **Operationalisierung des Flexibilitätsverständnisses.** Das Angebot an Produktionsflexibilität kann durch die Variationsmöglichkeiten der verfügbaren Produktionskapazität nach Art und Menge beschrieben werden. Entsprechend ist die Flexibilitätsnachfrage durch die Variationsmöglichkeiten der nachgefragten Produktionskapazität nach Art und Menge zu kennzeichnen. Die Kapazität ist damit grundlegende Bezugsgröße der Flexibilität.

Zur instrumentellen Darstellung sowohl der Kapazitätsausprägung einer produktiven Einheit als auch der Kapazitätsnachfrage einer spezifischen Zukunftsentwicklung kann die sogenannte **Kapazitätsmatrix** dienen. Sie ermöglicht den Eintrag sowohl quantitativer als auch qualitativer Kapazitätsdaten. Damit ist die traditionell quantitativ ausgerichtete Kapazitätsplanung um qualitative Aspekte erweitert.
Zur möglichst genauen Abstimmung von Kapazitätsnachfrage und -angebot erweist sich dabei die Planungsbasis der Verrichtungen als vorteilhaft.

Unter Verwendung des Instrumentariums der Kapazitätsmatrix sind demnach Flexibilitätsangebot und -nachfrage jeweils durch Mengen von Kapazitätsangebots- bzw. Kapazitätsnachfragematrizen wiederzugeben. Sie stellen die Ausgangspunkte für eine weitergehende Operationalisierung von Flexibilitätsgrößen dar.

Eine **Analyse dieser Flexibilitätsbeschreibung** und ihr Vergleich zu Flexibilitätsdarstellungen der Literatur ergibt, daß sie alle hinsichtlich der Planungsaufgabe relevanten Flexibilitätskomponenten erfaßt und somit eine vergleichsweise hohe Beschreibungsgüte betrieblicher Flexibilitätstatbestände aufweist.
Dem steht allerdings das Problem der Datenvielfalt gegenüber. Zur Steigerung der Operationalität werden deshalb Ansatzpunkte einer systematischen Datenreduktion in den Planungsphasen der Erstellung und Verarbeitung von Kapazitätsmatrizen erarbeitet.

Den Ausführungen zur Beschreibung von Produktionsflexibilität folgen eine Erarbeitung und Lösung grundlegender Probleme der Planung von Produktionsmittelinvestitionen, die sich auf das zuvor erstellte Entscheidungsmodell der Investitionsplanung stützen. Probleme erwachsen zum einen aus den **Interdependenzen** betrieblicher Teilpläne, zum anderen aus der **Unvollkommenheit der Informationen** im Zustands-, Alternativen- und Ergebnisraum des Investitionsentscheidungsmodells.
Abstrahiert man von der in der Literatur gebräuchlichen, aber unrealistischen Prämisse des vollständig formulierten Entscheidungsfelds, welche von vornherein die genannten Probleme als gelöst unterstellt, sind der Planungsgröße Flexibilität sowie einer an der Flexibilität orientierten Investitionsplanung problemlösende Funktionen zuzuweisen. In diesem Fall wird die Flexibilität zur **eigenständigen Planungsgröße**. Dies stellt eine zentrale Erkenntnis dar und trägt dazu bei, den Literaturstreit über die Notwendigkeit der Planung von Flexibilität aufzulösen.
Die Planung zusätzlicher Flexibilität ist aber erst dann hinreichend zu begründen, wenn dadurch ein Beitrag zur (besseren) Erfüllung von mindestens einem der Oberziele Gewinn- und Sicherheitsstreben geleistet wird. Es kann gezeigt werden, daß das Flexibilitätsziel zum **Sicherheitsziel** streng komplementär ist, zum **Gewinnziel** dagegen nur bis zu einem definierten Flexibilitätsgrad komplementär und über diesen hinaus konkurrierend.

Das Problem der **Interdependenz von Teilplanungen** führt zu der Aufgabe, durch Anwendung geeigneter Heuristiken eine sachlich-zeitliche Abstimmungsfolge zu ermitteln. Sie ist hier durch Festlegung einer **sukzessiven Partialplanung** zu lösen. Diese schreitet von der Planung des potentiellen Produktionsprogramms über die Investitionsprogrammplanung zur Planung des realisierbaren Produktionsprogramms fort und geht innerhalb der Investitionsprogrammplanung zeitlich gestuft von Periode zu Periode vor. Dadurch können vielfältige sachliche und zeitliche Interdependenzen aufgelöst und das verbleibende Investitionsentscheidungsmodell auf einen praktikablen Umfang reduziert werden.

Die Problematik der **unvollkommenen Information** äußert sich bei der Formulierung des Zustandsraums in einer **partiellen Bestimmtheit von Zukunftslagen.**
Die Zulassung partiell bestimmter Informationen verursacht *erstens* die Schwierigkeit, die Investitionsplanung auf unterschiedlich bestimmte Informationen des **Zustandsraums** abzustimmen. Insbesondere muß ein Planungsinstrumentarium zur Erfassung sowohl hoch als auch gering bestimmter Informationen ausgestaltet werden. Diese Probleme werden gelöst durch den Aufbau einer integrierten **Planungshierarchie** "langfristige Investitionsgrobplanung - mittelfristige Investitionsfeinplanung" sowie durch die Verwendung des Planungsinstrumentariums der Kapazitätsmatrix, die je nach Dimension Informationen unterschiedlichen Bestimmtheitsgrades aufzunehmen in der Lage ist. Damit wird auch das Datenmengenproblem entschärft.

Die *zweite* Schwierigkeit der Zulassung partiell bestimmter Informationen liegt im **Ergebnisraum:** Monetäre Ergebnisgrößen sind nur bis zu einem bestimmten Planungszeitpunkt ermittelbar. Sie erlauben daher nur eine unvollständige, zeitlich verkürzte Beurteilung von Alternativen. Zur umfassenden Bewertung der Vorteilhaftigkeitswirkungen von Investitionen muß man darüber hinaus auf bonitäre Ergebnisgrößen übergehen, die geringere Informationsanforderungen aufweisen. Hier bietet es sich im Hinblick auf das Sachziel höherer Produktionsflexibilität an, **Flexibilitätsgrößen** zu formalisieren, die eine Aussage zum Grad der Deckung von Flexibilitätslücken durch Investitionsalternativen zulassen. Durch deren Einbeziehung wird es möglich, eine längerfristige und damit fundiertere Betrachtung der Ergebniswirkung anpassungsfähiger Investitionsalternativen anzustellen. Auf diese Weise können - insbesondere bei strategischen Investitionsprojekten - Flexibilitätsgrößen in Ermangelung monetärer Ergebnisse eine **Bewertungsfunktion** wahrnehmen.

In Anbetracht der Feststellungen, daß Flexibilitäts- und Gewinnziel in keinen mathematisch exakt formulierbaren Zusammenhang zu bringen sind und das Flexibilitätsziel streng gleichläufig zum Sicherheitsziel der Unternehmung ist, wird das bonitäre Flexibilitätsziel dem monetär meßbaren Ziel der Gewinnerwirtschaftung untergeordnet und mit einer Satisfizierungskonzeption versehen. Damit ist die technische Alternativenvorauswahl, die sich an Mindestgrößen der Flexibilitätslückendeckung orientiert, von der anschließenden monetären Alternativenbewertung mittels gegebener Risikopräferenzfunktion getrennt.

Bei partieller Bestimmtheit existiert *drittens* das Problem der **Erstellung des Alternativenraums**. Die Lösungsvorschläge der Konzipierung von Investitionsalternativen berücksichtigen die Eigenschaft flexibler Produktionsmittel zur Veränderung ihres kapazitiven Angebots und führen zu einer Ausweitung der traditionellen Investitionsplanung unter Sicherheit auf Mehrwertigkeit von Zukunftsentwicklungen. Flexibilitätsgrößen werden hierbei insofern planungsrelevant, als sie zur Vorauswahl sachzielentsprechender Investitionsalternativen dienen. Damit wird der Flexibilität neben der Bewertungsfunktion eine **Auswahlfunktion** zugewiesen.

Die Vorschläge zur Alternativenermittlung werden im Prozeß der "**flexibilitätsorientierten Investitionsplanung**" vereinigt. Er beginnt mit der produktionsmittel- und -systembezogenen Ermittlung von Flexibilitätsnachfrage und -angebot. Aus dem Vergleich resultieren Flexibilitätslücken. Ihre Betrachtung führt zu Investitionsnotwendigkeiten und zur Vorauswahl von Investitionsalternativen. Die Hauptauswahl erfolgt durch die Prüfung vorläufiger Alternativen auf Mindestdeckung der Kapazitäts- bzw. Flexibilitätslücken. Daneben können weitere Zulässigkeitsprüfungen stattfinden. Geeignete Investitionsalternativen sind schließlich zu Investitionsprogrammalternativen zu kombinieren.

Mit diesem formalisierten Prozeßablauf steht ein auf die praktischen Problemlösungsbedürfnisse zugeschnittenes Verfahren der Investitionsplanung zur Flexibilisierung von Produktionssystemen zur Verfügung. Es erlaubt sowohl die Berücksichtigung der Mehrwertigkeit von Zukunftsentwicklungen und längerfristiger, nur partiell bestimmter Planungsinformationen als auch der Variationsmöglichkeiten des kapazitiven Angebots von Produktionseinheiten sowie qualitativer Kapazitätsaspekte. Seine Praktikabilität im jeweiligen Anwendungsfall ist durch die vielfältigen Spielräume der Verfahrensgestaltung gegeben.

Mit der verbesserten informatorischen Fundierung des Entscheidungsmodells durch die flexibilitätsorientierte Investitionsplanung und der expliziten Einbeziehung des Flexibilitätsziels in den Auswahl- und Bewertungsprozeß wird ein Beitrag zur **Senkung des Investitionsentscheidungsrisikos** geleistet. Dies kann mit der Entwicklung des Modells einer hierarchischen Risikopolitik verdeutlicht werden. Mit dessen Hilfe gelingt auch die Abgrenzung der beiden Risikopolitiken "Flexibilität der Planung" und "Planung der Flexibilität".

Es verbleibt zum einen die Aufgabe, die in der flexibilitätsorientierten Investitionsplanung vorgegebenen Algorithmen derart in anwendungsspezifische Programme umzusetzen, daß sie von elektronischen Datenverarbeitungsanlagen ausgeführt werden können. Zum anderen ist im Anschluß an die geleistete Verfahrens**konstruktion** eine Verfahrens**evaluation** durchzuführen, um die Qualität der erzielbaren Lösungen und den erforderlichen Lösungsaufwand abschätzen zu können. Dies ist allerdings nur im konkreten Fall möglich und daher dem Anwender zu überlassen.

Anhang

A1. Beweis der Identität der Gleichungen (17) und (18) in Kapitel 5.2.1.3.

$$k_t^{(L_i)}{}_{soll} = \frac{K_t^{(L_i)}{}_{ist} - K_t^{(N_i)}{}_{ist} \cdot \left[1 - k_t^{(N_i)}{}_{soll}\right]}{K_t^{(L_i)}{}_{ist}} \qquad (17)$$

$$k_t^{(L_i)}{}_{soll} = \frac{k_t^{(N_i)}{}_{soll} - k_t^{(N_i)}{}_{ist}}{1 - k_t^{(N_i)}{}_{ist}} \qquad (18)$$

Durch Einsetzen der Gleichung

$$k_t^{(N_i)}{}_{ist} = \frac{K_t^{(N_i)}{}_{ist} - K_t^{(L_i)}{}_{ist}}{K_t^{(N_i)}{}_{ist}} \qquad (15a)$$

in Gleichung (18) ergibt sich:

$$k_t^{(L_i)}{}_{soll} = \frac{k_t^{(N_i)}{}_{soll} - \left[K_t^{(N_i)}{}_{ist} - K_t^{(L_i)}{}_{ist}\right] / K_t^{(N_i)}{}_{ist}}{1 - \left[K_t^{(N_i)}{}_{ist} - K_t^{(L_i)}{}_{ist}\right] / K_t^{(N_i)}{}_{ist}} =$$

$$= \frac{\left[k_t^{(N_i)}{}_{soll} \cdot K_t^{(N_i)}{}_{ist} - K_t^{(N_i)}{}_{ist} + K_t^{(L_i)}{}_{ist}\right] / K_t^{(N_i)}{}_{ist}}{\left[K_t^{(N_i)}{}_{ist} - K_t^{(N_i)}{}_{ist} + K_t^{(L_i)}{}_{ist}\right] / K_t^{(N_i)}{}_{ist}} =$$

$$= \frac{K_t^{(L_i)}{}_{ist} - K_t^{(N_i)}{}_{ist} + k_t^{(N_i)}{}_{soll} \cdot K_t^{(N_i)}{}_{ist}}{K_t^{(L_i)}{}_{ist}} =$$

$$= \frac{K_t^{(L_i)}{}_{ist} - K_t^{(N_i)}{}_{ist} \cdot \left[1 - k_t^{(N_i)}{}_{soll}\right]}{K_t^{(L_i)}{}_{ist}} \qquad (17)$$

A2. Gedankengang der Differenzierung der Flexibilitätsbeschreibung in quantitative und qualitative Flexibilität

Zur Erarbeitung **getrennter Beschreibungen von quantitativer und qualitativer Flexibilität**, die sich an die in Kap. 2.3.2.2. genannte Definition anlehnen, bietet sich ein zweistufiges Vorgehen an:

Zunächst sind nur quantitative Verrichtungsangaben, die nicht nach Qualitätsklassen aufgesplittet sind, den Beschreibungsansätzen zugrundezulegen. Darauf aufbauend sind die notwendigen Erweiterungen der resultierenden Beschreibungen bei Einbeziehung von Qualitätsaspekten zu schaffen. Dabei ist von der Produktionsangebotsseite auszugehen.

Die **quantitative Kapazität** wurde in Kap. 2.2.1. als **Maximalwert der in einer Zeiteinheit auszuführenden Verrichtungen einer bestimmten Art und Qualität beschrieben.** Beachtet man die Forderung nach einer verrichtungsprogrammbezogenen Definition, kann sie durch eine bestimmte Konstellation von Maximalwerten der in einer Periode verfügbaren Verrichtungseinheiten gekennzeichnet werden. Beispielsweise ergibt sich eine mögliche Beschreibung der quantitativen Kapazität eines Produktionssystems mit vier potentiellen Verrichtungen wie folgt:

V_1	V_2	V_3	V_4
20	40	110	0

Abb. A-1: Kapazitätszeile zur Beschreibung einer möglichen Ausprägung der quantitativen Kapazität eines Produktionssystems (ohne Berücksichtigung von Verrichtungsqualitäten)

Quantitative Flexibilität ist dann bezüglich dieser speziellen Verrichtungsprogrammkonstellation, hier bestehend aus den Verrichtungen 1 bis 3, durch die **mengenmäßigen Substitutionsmöglichkeiten zwischen den Verrichtungen innerhalb dieses Programms** zu charakterisieren, und durch die Anzahl der Kapazitätszeilen, bei denen diese Verrichtungen 1 bis 3 eine unterschiedliche zahlenmäßige Belegung aufweisen, formal zu beschreiben.

$F_{quant}^{(PS)} = \left[\ldots \right]$

1. Ausprägung

V_1	V_2	V_3	V_4
20	40	110	0

2. Ausprägung

V_1	V_2	V_3	V_4
20	60	70	0

3. Ausprägung

V_1	V_2	V_3	V_4
60	50	10	0

.....

der quantitativen Kapazität $K_{quant}^{(PS)}$

Abb. A-2: Elemente der Beschreibung der quantitativen Flexibilität eines Produktionssystems (ohne Berücksichtigung von Verrichtungsqualitäten)

Die **qualitative Flexibilität**, deren Beschreibung Mengenaspekte vernachlässigt und in der ersten Stufe allein auf Verrichtungsarten abstellt, wird dann gekennzeichnet durch die **artmäßigen Substitutionsmöglichkeiten zwischen den potentiellen Verrichtungen** eines Systems und ausgedrückt durch die **Zahl der unterschiedlichen Verrichtungsprogramme**. Für diese ist jeweils getrennt die quantitative Flexibilität zu bestimmen.

$F_{qual}^{(PS)} = \left[\ldots \right]$

1. Ausprägung

V_1	V_2	V_3	V_4
X	X		X

2. Ausprägung

V_1	V_2	V_3	V_4
X			X

3. Ausprägung

V_1	V_2	V_3	V_4
	X	X	X

.....

der qualitativen Kapazität $K_{qual}^{(PS)}$

Abb. A-3: Elemente der Beschreibung der qualitativen Flexibilität eines Produktionssystems (ohne Berücksichtigung von Verrichtungsqualitäten)

Die Kopplung von quantitativer und qualitativer Flexibilitätsbeschreibung führt zum Ausdruck der **Flexibilität als Menge aller Kapazitätszeilen mit unterschiedlicher Belegung der Zeilenelemente**. Dies entspricht der Definition von Flexibilität als Menge unterschiedlicher Leistungsprogramme[1].

1 Vgl. Kap. 2.3.2.1.

$$F^{(PS)} = \sum_{i=1}^{I} F^{(PS)}_{quant}\left(K^{(PS)}_{qual_i}\right) =$$

$$= \left[\left[\begin{array}{|c|c|c|c|} \hline V_1 & V_2 & V_3 & V_4 \\ \hline 20 & 40 & 110 & 0 \\ \hline \end{array} \; \begin{array}{|c|c|c|c|} \hline V_1 & V_2 & V_3 & V_4 \\ \hline 20 & 60 & 70 & 0 \\ \hline \end{array} \; \begin{array}{|c|c|c|c|} \hline V_1 & V_2 & V_3 & V_4 \\ \hline 60 & 50 & 10 & 0 \\ \hline \end{array} \cdots \right], \left[\begin{array}{|c|c|c|c|} \hline V_1 & V_2 & V_3 & V_4 \\ \hline 30 & 0 & 120 & 0 \\ \hline \end{array} \; \begin{array}{|c|c|c|c|} \hline V_1 & V_2 & V_3 & V_4 \\ \hline 50 & 0 & 105 & 0 \\ \hline \end{array} \; \begin{array}{|c|c|c|c|} \hline V_1 & V_2 & V_3 & V_4 \\ \hline 10 & 0 & 135 & 0 \\ \hline \end{array} \cdots \right], \cdots\cdots \right]$$

Abb. A-4: Elemente der Flexibilitätsbeschreibung für ein Produktionssystem (ohne Berücksichtigung von Verrichtungsqualitäten)

Die entwickelten Ansätze zur formalen Beschreibung von quantitativer und qualitativer Flexibilität, die noch nicht die Möglichkeit unterschiedlicher Verrichtungsqualitäten integrieren, heben bereits Definitionsprobleme auf, die in der Literatur festzustellen sind:

- Die Abgrenzung zwischen qualitativer Kapazität und qualitativer Flexibilität ist eindeutig möglich[2];
- Die Beschreibung der quantitativen Flexibilität erfolgt in Bezug auf die Gesamtheit der gleichzeitig durchzuführenden Verrichtungen. Dadurch ist der Tatsache Rechnung zu tragen, daß eine Veränderlichkeit der quantitativen Kapazität bzgl. einer Verrichtung nur eintritt, wenn eine Umverteilung der Kapazität innerhalb des gesamten Verrichtungsspektrums vorliegt;
- Bei gleichbleibender Kapazitätsaufteilung auf Verrichtungen existiert keine Variabilität der periodenbezogenen Maximalkapazität einer Verrichtung. Daher sind Beschreibungen der quantitativen Flexibilität, die allein auf eine Verrichtung abstellen, unzweckmäßig[3].

Die Darstellungen der quantitativen und qualitativen Flexibilität sind in einer **zweiten Stufe** durch die **Einbeziehung von Verrichtungsqualitätsangaben** zu erweitern. In diesem Fall können sich die Beschreibungen nun entweder auf nur eine Verrichtung oder aber auf das gesamte Verrichtungsspektrum beziehen.
Die **quantitative Flexibilität einer Verrichtung** besteht in den **mengenmäßigen Substitutionsmöglichkeiten innerhalb eines "Qualitätenprogramms"**, das ist eine spezifische Form der Belegung der Spaltenvektorfelder mit (von Null verschiedenen) Zahlen. Sie wird ausgedrückt durch die Anzahl der verschiedenartigen Ausprägungen eines Qualitätenprogramms.

2 Vgl. die sich ähnelnden Definitionen von qualitativer Kapazität in der Literatur (Kap. 2.2.1.) und qualitativer Flexibilität in Kap. 2.3.2.1.
3 Vgl. dazu die Literaturangaben in Kap. 2.3.2.2.

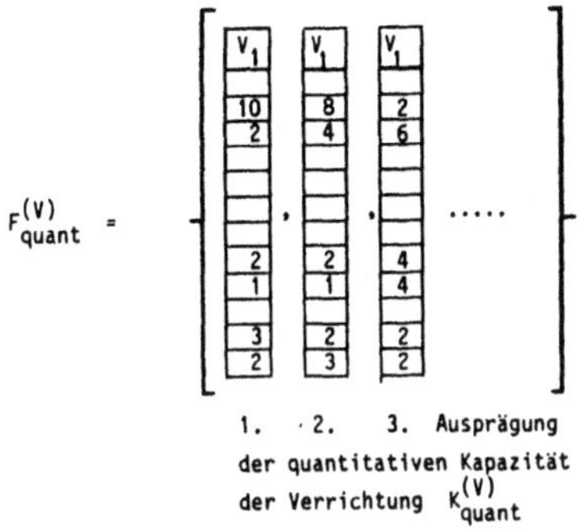

Abb. A-5: Elemente der Beschreibung quantitativer Flexibilität einer Verrichtung[4] (unter Berücksichtigung von Verrichtungsqualitäten)

Die **qualitative Verrichtungsflexibilität** bestimmt sich aus der **Anzahl der möglichen, qualitativ verschiedenen Verrichtungen**, das heißt durch die Zahl potentieller Qualitätenprogramme bzw. verschiedenartiger Spaltenvektoren.

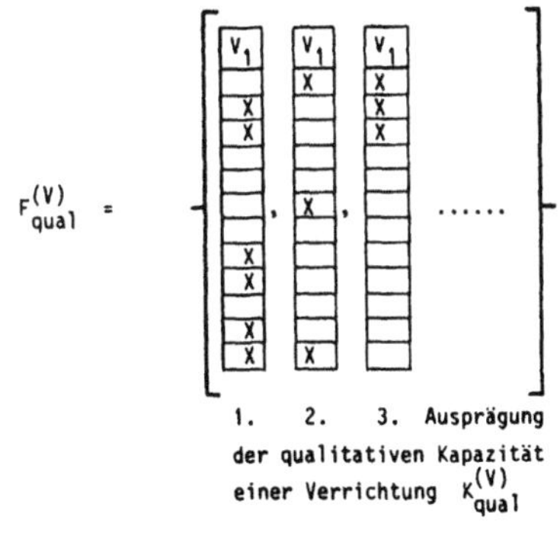

Abb. A-6: Elemente der Beschreibung qualitativer Flexibilität einer Verrichtung (unter Berücksichtigung von Verrichtungsqualitäten)

Für jede Ausprägung der qualitativen Verrichtungskapazität ist die quantitative Flexibilität zu bestimmen. Deren Kumulation über all diese Qualitätenprogramme ergibt einen Ausdruck für die **Verrichtungsflexibilität.**

4 Zur Steigerung der Übersichtlichkeit wurde in Abbildung A-5 die Zahl Null jeweils durch ein Leerfeld ersetzt.

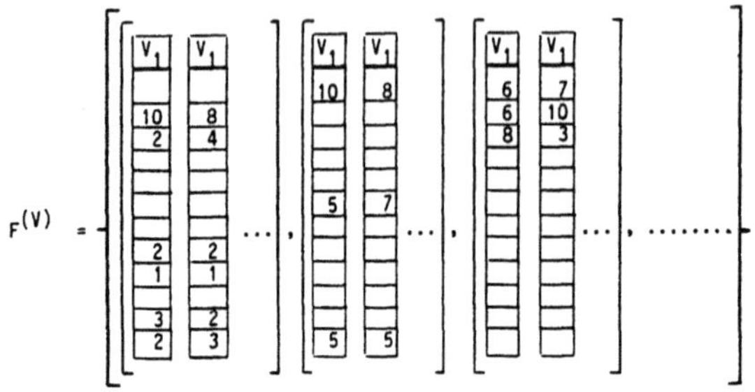

Abb. A-7: Elemente der Flexibilitätsbeschreibung für eine Verrichtung (unter Berücksichtigung von Verrichtungsqualitäten)

Die **Flexibilität des gesamten Produktionssystems** unter Berücksichtigung von Verrichtungsqualitäten wird durch die Vereinigung der Verrichtungsflexibilitäten gewonnen.

Die **quantitative Gesamtflexibilität** besteht in den **mengenmäßigen Substitutionsmöglichkeiten innerhalb eines speziellen Verrichtungsprogramms**, wobei die Verrichtungen jeweils eine definierte Verrichtungsqualität (d.h. ein bestimmtes Qualitätenprogramm) aufweisen[5].

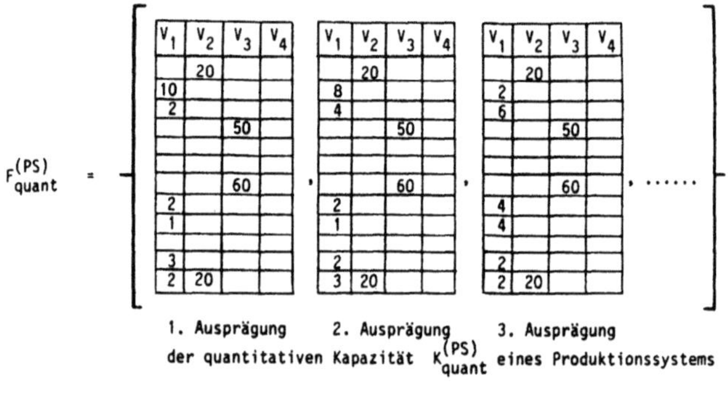

Abb. A-8: Elemente der Beschreibung quantitativer Flexibilität eines Produktionssystems (unter Berücksichtigung von Verrichtungsqualitäten)

5 Hier wird die Steigerung in der Differenziertheit der Beschreibung quantitativer Flexibilität deutlich: Werden allein Verrichtungen ohne Herstellung des Verrichtungszusammenhangs und ohne qualitative Eigenschaften betrachtet, so ist das Bezugsobjekt der Beschreibung allein die Quantität einer Verrichtung. Im Verrichtungszusammenhang ohne Berücksichtigung qualitativer Verrichtungseigenschaften wird eine spezifische Ausprägung des Verrichtungsprogramms zum Beschreibungsgegenstand. Bezieht man qualitative Eigenschaften ein, so bezieht sich die Beschreibung der quantitativen Flexibilität folgerichtig auf ein definiertes Verrichtungsprogramm mit jeweils spezifischen Verrichtungsqualitäten.

Die Anzahl solcher Bescheibungen quantitativer Flexibilität für das Produktionssystem bestimmt sich aus der Zahl verschiedenartiger Verrichtungsprogramme mit jeweils unterschiedlichen Qualitätsprogrammkonstellationen der Verrichtungen. Diese bezeichnet die **qualitative Flexibilität des Produktionssystems.**

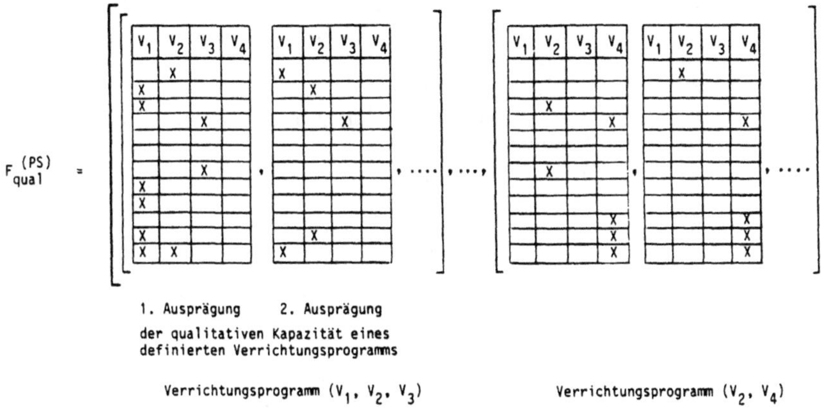

Abb. A-9: Elemente der Beschreibung qualitativer Flexibilität eines Produktionssystems (unter Berücksichtigung von Verrichtungsqualitäten)

Die Kumulation der je auf eine qualitative Kapazitätsmatrix bezogenen quantitativen Flexibilität über alle qualitativen Kapazitätsmatrizen hinweg führt zur **Gesamtflexibilität des Produktionssystems,** wie sie oben definiert wurde:

$$F^{(PS)} = \sum_{d=1}^{D} F^{(PS)}_{quant}(K^{(PS)}_{qual\ d})$$

mit D = Zahl der verschiedenartigen Matrizen der qualitativen Kapazität

Insgesamt ist es damit gelungen, den Nachweis der Integration quantitativer und qualitativer Flexibilitätskomponenten in der kapazitätsorientierten Flexibilitätsbeschreibung zu führen und diese Komponenten in Entsprechung bzw. Erweiterung zu Definitionen der Literatur formal darzustellen - dies sowohl ohne als auch mit Differenzierung der Verrichtungen nach ihren verschiedenen Qualitätsausprägungen.

Verzeichnis der wichtigsten Variablen, Symbole und Indices

Variable

a	Nutzungszeit eines Produktionsmittels in einer Periode
$\mathcal{f}$	Grad der Flexibilitätsnachfrage- oder -lückendeckung
g	Gewichtungsfaktor
k	Verrichtungseinheiten
$\mathcal{k}$	Grad der Kapazitätsnachfrage- oder -lückendeckung
p	Präferenzniveau
w	Wahrscheinlichkeit
E( )	Erwartungswert
$\overline{E}$( )	gewichteter Erwartungsmittelwert
$\mathcal{F}$	Mächtigkeit der Flexibilität
$H^{(i)}$	Anzahl der Investitionsalternativen h der Periode i
$\overline{H}^{(i)}$	Anzahl der vorläufigen Investitionsalternativen $\overline{h}$ der Periode i
$\mathcal{K}$	Matrixsumme der Kapazitätsmatrix
S	Anzahl der Kapazitätsangebotsmatrizen eines Produktionssystems
$S^{(v)}$	Anzahl der Kapazitätsangebotsmatrizen eines Produktionsmittels v
$U^{(h/\overline{h})}$	Anzahl der Kapazitätsangebotsmatrizen der Investitionsalternative h oder $\overline{h}$
Var( )	Varianz
$\overline{Var}$( )	gewichtetes Varianzmittel

Symbole

(A)	Bezeichnung der Angebotsseite
(N)	Bezeichnung der Nachfrageseite
(I)	Bezeichnung der Investitionsseite
$(N \cap A)$	Bezeichnung der Nachfragedeckung durch das Angebot
(L)	Bezeichnung der Lücke zwischen Angebot und Nachfrage
(RL)	Bezeichnung der Restlücke zwischen Flexibilitäts-/ Kapazitätslücke und Flexibilitäts-/Kapazitätsangebot der Investitionsalternative
F	Menge der Flexibilität
$\overline{K}$	Kapazitätsmatrix vom Typ I
K	Kapazitätsmatrix vom Typ II
M	Verrichtungsmerkmal
P	potentielles Produktionsprogramm
PA	Produktart
PM	Produktionsmittel
Q	Qualitätsklasse

$\vec{Q}$	Vektor der betrachteten Verrichtungsmerkmale
T_{i-1}	Planungszeitpunkt zu Beginn der Periode i
V	Verrichtung
VME	Verrichtungsmengeneinheit
VZE	Verrichtungszeiteinheit
Z	Zukunftslage
ZE	Zeiteinheit
γ	Zuordnungsfunktion für Wahrscheinlichkeitsziffern
μ	Erwartungswert
σ	Varianz
*	Bezeichnung der eine Kapazitätsnachfragematrix best annähernden Kapazitätsangebotsmatrix

Indices

a	= 1....A	Merkmal von Verrichtungen
h	= $1....H^{(1)}$ $\{H^{(2)}...H^{(I)}\}$	Investitionsalternative der Periode 1 {2...I}
$\bar{h}$	= $1....\bar{H}^{(1)}$ $\{\bar{H}^{(2)}...\bar{H}^{(I)}\}$	vorläufige Investitionsalternative der Periode 1 {2...I}
i	= 1....I	Periode
i_L	= $1....I_L$	Periode der Langfristplanung
i_M	= $1....I_M$	Periode der Mittelfristplanung
k	= 1....K	Produktart
m	= 1....M	Klasse der Verrichtungsqualität
n	= 1....N	Verrichtung
s	= 1....S	Ausprägung der Produktionsmittel-/Produktionssystemkapazität
t	= 1....T	Zukunftslage
u	= $1....U^{(1)}$ $\{U^{(2)}...U^{(H)}\}$	Kapazitätsmatrixausprägung der Investitionsalternative 1 {2...H}
v	= 1....V	Anzahl der Produktionsmittel des Produktionssystems
(m)		Mengenbezug der Verrichtungseinheiten
(z)		Zeitbezug der Verrichtungseinheiten (Nutzungszeitanteile)

Abbildungsverzeichnis

Literaturverzeichnis

Ackoff, R.L.: Towards a (System) of System Concepts, in: Management Science 17(1971), S. 661 - 671

Adam, A.: (Messen) und Regeln in der Betriebswirtschaft, Würzburg 1959

Adam, D.: Das (Interdependenzenproblem) in der Investitionsrechnung und die Möglichkeiten einer Zurechnung von Erträgen auf einzelne Investitionsprojekte, in: Der Betrieb 19(1966), S. 989 - 993

Adam, D.: Zur (Problematik) der Planung in schlechtstrukturierten Entscheidungssituationen, in: Jacob, H. (Hrsg.): Neue Aspekte der betrieblichen Planung. Schriften zur Unternehmensführung Bd. 28, Wiesbaden 1980, S. 47 - 76

Adam, D.: (Produktionspolitik), 4. Aufl. Wiesbaden 1986

Aden, R.: (Konzeption) einer computergestützten flexiblen Investitionsprogrammplanung, Frankfurt am Main 1987

Albach, H.: Wirtschaftlichkeitsrechnung bei unsicheren Erwartungen, Köln/Opladen 1959

Albach, H.: (Lineare Programmierung) als Hilfsmittel betrieblicher Investitionsplanung, in: ZfhF 12(1960), S. 526 - 549

Albach, H.: (Entscheidungsprozeß) und Informationsfluß in der Unternehmensorganisation, in: Schnaufer, E., Agthe, K. (Hrsg.): Organisation, Berlin/Baden-Baden 1961, S. 355 - 402

Albach, H.: (Investition) und Liquidität, Wiesbaden 1962

Albach, H.: (Investitionsentscheidungen) in Mehrproduktunternehmen, in: Angermann, A.(Hrsg.): Betriebsführung und Operations Research, Frankfurt am Main 1963, S. 24 - 48

Albach, H.: Zur (Verbindung) von Produktionstheorie und Investitionstheorie, in: Koch, H. (Hrsg.): Zur Theorie der Unternehmung, Wiesbaden 1963, S. 137 - 203

Albach, H. (Hrsg.): (Investitionstheorie), Köln 1975

Albach, H.: (Ungewißheit) und Unsicherheit, in: Grochla, E., Wittmann, W. (Hrsg.): Handwörterbuch der Betriebswirtschaft, Band I/3, 4. Aufl. Stuttgart 1976, Sp. 4036 - 4041

Albach, H.: (Strategische Unternehmensplanung) bei erhöhter Unsicherheit, in: ZfB 48(1978), S. 702 - 715

Albach, H.: (Investitionspolitik) erfolgreicher Unternehmen, in: ZfB 57(1987), S. 636 - 661

Allen, R.G.D.: (Mathematik) für Volks- und Betriebswirte, Dt. Übersetzung von Erich Kosiol, Berlin 1956

Altfelder, K.: (Entscheidungshilfen) zur Beurteilung der Prozeßwirtschaftlichkeit rechnergestützter Fertigungssysteme, in: Wildemann, H. u.a.(Hrsg.): Strategische Investitionsplanung für neue Technologien in der Produktion, Tagungsband 2. Fertigungswirtschaftliches Kolloquium, Univ. Passau 1986, S. 858 - 877

Altrogge, G.: Der Einfluß von Minimal- und Maximalintensitäten auf die kostenoptimale (Anpassung) von Aggregatgruppen, in: ZfB 42(1972), S. 545 - 564

Altrogge, G.: (Flexibilität) der Produktion, in: Kern, W. (Hrsg.), Handwörterbuch der Produktionswirtschaft, Stuttgart 1979, Sp. 604 - 618

Ansoff, H.I.: (Management-Strategie), München 1966

Ansoff, H.I.: Managing (Surprise) and Discontinuity - Strategic Response to Weak Signals, in: ZfbF 28(1976), S. 129 - 152

Arbeitskreis Hax der Schmalenbach-Gesellschaft: Die (Produktprogrammpolitik) der Unternehmung, in: ZfbF-Sonderheft 15(1983), S. 96 - 109

Arbeitskreis Hax der Schmalenbach-Gesellschaft: Investitions- und (Finanzierungsentscheidungen) im Rahmen langfristiger Unternehmenspolitik, in: ZfbF 22(1970), S. 741 - 770

Arbeitskreis "Langfristige Unternehmensplanung" der Schmalenbach-Gesellschaft: Strategische (Planung), in: ZfbF 29(1977), S. 1 - 20

Ashby, W.R.: Einführung in die (Kybernetik) - Dt. Übersetzung von J.A. Huber, 2. Aufl. Frankfurt am Main 1985

Axsäter, S.: Aggregation of Product (Data), in: Henn, R. u.a. (Hrsg.): Operations Research Verfahren, Band 35, Königstein/Ts. 1979, S. 29 - 48

Axsäter, S., Jönsson, H.: (Aggregation) and Disaggregation in Hierarchical Production Planning, in: European Journal of Operational Research 17(1984), S. 338 - 350

Axsäter, S., Schneeweiß, C., Silver, E.: Multi-Stage (Production) Planning and Inventory Control, Berlin/Heidelberg/New York 1986

Backhaus, K.: (Fertigungsprogrammplanung), Stuttgart 1979

Baetge, J.: Betriebswirtschaftliche (Systemtheorie), Opladen 1974

Baetge, J., Steenken, H.-U.: Theoretische (Grundlagen) eines Regelungsmodells zur operationalen Planung und Überwachung betriebswirtschaftlicher Prozesse, in: ZfbF 23(1971), S. 593 - 630

Ballmann, W.: (Beitrag) zur Klärung des betriebswirtschaftlichen Investitionsbegriffes und zur Entwicklung einer Investitionspolitik der Unternehmung, Diss. Mannheim 1954

Bamberg, G., Coenenberg, A.G.: Betriebswirtschaftliche (Entscheidungslehre), 4. Aufl. München 1985

Barnsteiner, K.-H.: (Planung) eines flexiblen Fertigungssystems, in: FB&IE 34(1985), S. 277 - 285

Barth, K.: Die (Fertigungselastizität) maschineller Anlagen als betriebswirtschaftliches Problem, Diss. Köln 1966

Baumgartner, J.P., Zürcher, P.: Schrittweiser (Ausbau) zu flexiblen Fertigungssystemen, in: Werkstatt und Betrieb 117(1984), S. 729 - 733

Bea, F.X., Bohnet, A., Klimesch, H. (Hrsg.): (Investition), München/Wien 1981

Beek, P.v., Putten, C.v.: OR Contributions to (Flexibility) Improvement in Production/Inventory Systems, in: European Journal of Operational Research 31(1987), S. 52 - 60

Behrbohm, P.: (Flexibilität) in der industriellen Produktion, Frankfurt am Main/Bern/New York 1985

Beier, U.: Zur Anwendung heuristischer (Entscheidungsmethoden) bei der Bestimmung eines Konsumprogramms, in: ZfB 43(1973), S. 199 - 224

Bellman, R.E.: Dynamic (Programming), Princeton N.J. 1957

Bellman, R.E., Zadeh, L.A.: (Decision)-Making in a Fuzzy Environment, in: Management Science 17(1970) S. B141 - B164

Bergner, H.: (Vorbereitung) der Produktion, physische, in: Kern, W. (Hrsg.): Handwörterbuch der Produktionswirtschaft, Sp. 2173 - 2185

Bertalanffy, L.v.: Zu einer allgemeinen (Systemlehre), in: Biologia Generalis 19(1949), S. 114 - 129

Berthel, J.: Zielorientierte (Unternehmungssteuerung) - Die Formulierung operationaler Zielsysteme, Stuttgart 1973

Beste, T.: Größere (Elastizität) durch unternehmerische Planung vom Standpunkt der Wissenschaft, in: ZfhF 10(1958), S. 75 - 106

Bidlingmaier, J.: (Unternehmerziele) und Unternehmerstrategien, Wiesbaden 1964

Bidlingmaier, J.: (Zielkonflikte) und Zielkompromisse im unternehmerischen Entscheidungsprozeß, Wiesbaden 1968

Biehl, W.: (Investition) und Innovation, Mainz/Wiesbaden 1982

Bierich, M.: Investitionsentscheidungen in der (Praxis), in: Büschgen, H.E. (Hrsg.): Handwörterbuch der Finanzwirtschaft, Stuttgart 1976, Sp. 848 - 855

Bircher, B.: Langfristige Unternehmungsplanung. (Konzepte), Erkenntnisse und Modelle auf systemtheoretischer Grundlage, Bern/Stuttgart 1976

Bitran, G.R., Haas, E.A., Hax, A.C.: Hierarchical Production (Planning): A Single Stage System, in: Operations Research 29(1981), S. 717 - 743

Bitz, M.: Äquivalente (Zielkonzepte) für Modelle zur simultanen Investitions- und Finanzplanung, in: ZfbF 28(1976), S. 485 - 501

Bitz, M.: Die (Strukturierung) ökonomischer Entscheidungsmodelle, Wiesbaden 1977

Bitz, M.: (Entscheidungstheorie), München 1981

Bitz, M.: Zur (Diskussion) um die präferenztheoretischen Implikationen des Bernoulli-Prinzips, in: ZfB 54(1984), S. 1077 - 1089

Bloech, J., Lücke, W.: (Fertigungswirtschaft), in: Bea, F.X., Dichtl, E., Schweitzer, M. (Hrsg.): Allgemeine Betriebswirtschaftslehre Bd. 3: Leistungsprozeß, 2. Aufl. Stuttgart/New York 1985, S. 47 - 90

Blohm, H., Lüder, K.: (Investition), 6. Aufl. München 1988

Blumentrath, U.: Investitions- und Finanzplanung mit dem Ziel der (Endwertmaximierung), Wiesbaden 1969

Böcker, F.: Strategisches (Controlling) im Kleinunternehmen, in: Albach, H., Held, T.: Betriebswirtschaftslehre mittelständischer Unternehmen, Stuttgart 1984, S. 665 - 681

Bolenz, G.: (Sequentielle) Investitions- und Finanzierungsentscheidungen, Berlin 1978

Bombach, G., Blattner, N. (Hrsg.): Technischer (Fortschritt) - Kritische Beurteilung von Meß- und Prognosekonzepten, Göttingen 1976

Born, A.: (Entscheidungsmodelle) zur Investitionsplanung - Ein Beitrag zur Konzeption der "flexiblen Planung", Wiesbaden 1976

Borowski, K.H.: Das (Baukastensystem) in der Technik, Berlin/Göttingen/Heidelberg 1961

Bortz, J.: Lehrbuch der (Statistik), Berlin/Heidelberg/New York 1979

Botsch, O.: Die (Matrix). Theorie und Anwendung in Algebra und Geometrie, 1. Teil, Frankfurt am Main/Berlin/München 1974

Botta, V.: Betriebswirtschaftliche (Produktionsfunktionen) - Ein Überblick, in: WiSt 15(1986), S. 113 - 119

Boucher, T.O., Muckstadt, J.A.: Cost Estimating (Methods) for Evaluating the Conversion from a Functional Manufacturing Layout to Group Technology, in: IIE Transactions 17(1985), S. 268 - 273

Brankamp, K.: Ein (Terminplanungssystem) für Unternehmen der Einzel- und Serienfertigung, Würzburg/Wien 1968

Bretzke, W.-R.: Der (Problembezug) von Entscheidungsmodellen, Tübingen 1980

Brink, H.-J., Fabry, P.: Die (Planung) von Arbeitszeiten unter besonderer Berücksichtigung der Systeme vorbestimmter Zeiten, Wiesbaden 1974

Brockhoff, K.: (Planung) in mittelgroßen Industrieunternehmen - Ergebnisse einer Umfrage, in: Die Unternehmung 29(1975), S. 303 - 317

Brockhoff, K.: Technologischer (Wandel) und Unternehmenspolitik, in: ZfbF 36(1984), S. 619 - 635

Brodbeck, B.: Flexibles (Fertigungssystem), in: IBM-Nachrichten 35(1985), S. 25 - 30

Brose, P.: (Planung), Bewertung und Kontrolle technologischer Innovationen, Berlin 1982

Brose, P., Corsten, H.: Zur Eignung investitionstheoretischer Kalküle für die (Wirtschaftlichkeitsanalyse) technologischer Innovationen, in: Journal für Betriebswirtschaft 30(1980), S. 161 - 174

Bruse, H.: Das (Unternehmensrisiko): Eine theoretische und empirische Untersuchung, in: ZfB 54(1984), S. 964 - 996

Buchner, R.: Das Problem des zieladäquaten Entscheidungskriteriums bei Bestimmung der optimalen (Investitionsdauer), in: ZfB 37(1967), S. 244 - 267

Buchner, R.: Zur Anwendung der Verfahren der dynamischen (Programmierung) und der Netzwerktechnik auf Fragen der optimalen Anlagenpolitik, in: ZfB 40(1970), S. 571 - 588

Bühler, W.: Investitions- und Finanzplanung bei qualitativer (Information), unveröff. Habilitationsschrift Aachen 1976

Bühner, R.: Arbeitseinsatz und Arbeitsstrukturierung in flexiblen Fertigungssystemen (FFS), in: WiSU 15(1986), S. 69 - 74

Bühner, R.: Strategisches (Personalmanagement) für neue Produktionstechnologien, in: BFuP 39(1987), S. 249 - 265

Busse von Colbe, W., Schelo, S.: (Produktionsmanagement), München 1977

Busse von Colbe, W., Laßmann, G.: Betriebswirtschaftstheorie, Bd. 3: (Investitionstheorie), 2. Aufl. Berlin/Heidelberg/New York/Tokyo 1986

Bußmann, J.: (Methodik) zum stufenweisen Aufbau neuer Fertigungskonzepte unter besonderer Berücksichtigung kleiner und mittlerer Unternehmen, Düsseldorf 1983

Bußmann, J.: Stufenweiser (Aufbau) neuer Fertigungskonzepte, in: VDI-Zeitschrift 126(1984), S. 87 - 93

Bussmann, K.F.: Das betriebswirtschaftliche (Risiko), Meisenheim am Glan 1955

Butz, H.-W.: Geplante (Flexibilität) in Unternehmungen der Einzelfertigung, Diss. TH Aachen 1976

Claußnitzer, R.: (Modell) zur dynamischen Investitionsrechnung bei NC-Maschinen, Diss. Berlin 1978

Conradi, J.: Operationsanalytische (Modelle) der Kapazitätsdisposition aus produktionstheoretischer Sicht, Diss. Univ. München 1973

Cordes, H.-P.: Das (Problem) der Berücksichtigung von Interdependenzen in der Planung, Diss. Münster 1976

Crostack, G.: Strategien zur langfristigen (Anpassung) von Aktionsprogrammen. Die Ausnutzung von Flexibilität bei sich verbesserndem Informationsstand, Köln u.a. 1982

Czayka, L.: (Systemwissenschaft), München 1974

Czeranowsky, G.: Grundsätzliche Überlegungen bei der (Auswahl) adäquater Modellformulierungen, in: ZfB 50(1980), S. 53 - 58

Czeranowsky, G., Strutz, H.: (Ergebnisse) einer empirischen Untersuchung über Unternehmensziele, in: Jacob, H. (Hrsg.): Schriften zur Unternehmensführung, Bd. 11(1970), S. 121 - 124

Dichtl, E.: Die (Flexibilität) als Optimierungskriterium für Absatzentscheidungen, in: Wirtschaftsdienst 50(1970), S. 146 - 153

Dichtl, E.: Die (Beurteilung) der Erfolgsträchtigkeit eines Produktes als Grundlage der Gestaltung des Produktionsprogramms, Berlin 1970

Dichtl, E.: Ein (Ansatz) zur simultanen Optimierung von Produktionsprogramm und Investitionspolitik, in: Köhler, R., Zimmermann, H.-J.: Entscheidungshilfen im Marketing, Stuttgart 1977, S. 487 - 499

Dichtl, E.: (Flexibilitätsprinzip), in: WiSt 6(1977), S. 175 - 177

Dienstbach, H.: (Dynamik) der Unternehmungsorganisation - Anpassung auf der Grundlage des "Planned Organizational Change", Wiesbaden 1972

Dienstdorf, B.: (Kapazitätsanpassung) durch flexiblen Personaleinsatz bei Werkstättenfertigung, Diss. Aachen 1972

Dienstdorf, B.: Der (Kapazitätsbegriff) und seine Anwendung auf Betriebe mit Werkstättenfertigung, in: ZwF 68(1973), S. 192 - 199

Dinkelbach, W.: (Entscheidungen) bei mehrfacher Zielsetzung und die Problematik der Zielgewichtung, in: Busse von Colbe, W., Meyer-Dohm, P. (Hrsg.): Unternehmerische Planung und Entscheidung, Bielefeld 1969, S. 55 - 70

Dinkelbach, W.: (Ziele), Zielvariablen und Zielfunktionen, in: DBW 38(1978), S. 51 - 58

Dinkelbach, W.: (Entscheidungsmodelle), Berlin/New York 1982

Dolezalek, C.M., Ropohl, G.: (Ansätze) zu einer produktionswissenschaftlichen Systematik der industriellen Fertigung, in: VDI-Zeitschrift 109(1967), S. 636 - 640 und S. 715 - 721

Doppelfeld, V.: Flexible (Organisationsformen) in einem funktional gegliederten Großunternehmen, in: ZfbF 39(1987), S. 577 - 584

Dreyer, A.: (Nutzwertanalyse) als Entscheidungsmodell bei mehrfacher Zielsetzung, Diss. Hamburg 1975

Drucker, P.E.: The (Age) of Discontinuity - Guideline to our changing society, New York 1978

Drukarczyk, J.: Zum (Stand) der Investitionstheorie bei Sicherheit, in: ZfB 42(1972), S. 803 - 820

Duncan, R.B.: (Characteristics) of organizational environments and percieved environmental uncertainty, in: Administration Science Quarterly 17(1972), S. 313 - 327

Dyckhoff, H.: Informationsverdichtung zur (Alternativenbewertung), in: ZfB 56(1986), S. 848 - 872

Eidenmüller, B.: Neue Planungs- und Steuerungskonzepte bei flexibler (Serienfertigung), in: ZfbF 38(1986), S. 618 - 634

Eidenmüller, B.: Auswirkungen neuer (Technologien) auf die Arbeitsorganisation, in: BFuP 39(1987), S. 239 - 248

Eisele, P.: Prioritätenbestimmung von Investitionsvorhaben zur Änderung der (Fertigungstechnologie) aus einzelwirtschaftlicher Sicht, Diss. Univ. Stuttgart 1976

Eisenführ, F., Weber, M.: (Zielstrukturierung): Ein kritischer Schritt im Entscheidungsprozeß, in: ZfbF 38(1986), S. 907 - 929

Ellinger, T.: Industrielle (Wechselproduktion), Stuttgart 1985

Emmert, P.H.: Die (Planung) und Beurteilung von Investitionsvorhaben in einem Mensch-Maschinen-Kommunikations-System, Diss. Nürnberg/Erlangen 1974

Engelhardt, D.v.: (Risikobereitschaft) bei betriebswirtschaftlichen Entscheidungen, Berlin 1981

Engels, W.: Betriebswirtschaftliche (Bewertungslehre) im Licht der Entscheidungstheorie, Köln/Opladen 1962

Eppink, D.J.: Planning for Strategic (Flexibility), in: Long Range Planning 11(1978), S. 9 - 15

Erkes, K., Schmidt, H.: Flexible (Fertigung), in: VDI-Zeitschrift 126(1984), S. 577 - 591

Eucken, W.: Die (Grundlagen) der Nationalökonomie, 8.Aufl. Berlin/Heidelberg/New York 1965

Eversheim, W., Heuwing, F.W., Friese, W.: Planung der (Flexibilität) in Unternehmen der Investitionsgüterindustrie, in: VDI-Zeitschrift 117(1975), S. 116 - 120

Eversheim, W., Heuwing, F.W., Friese, W.: Nutzung der (Flexibilität) in Unternehmen der Investitionsgüterindustrie, in: VDI-Zeitschrift 117(1975), S. 229 - 234

Eversheim, W., Schaefer, F.-W.: (Planung) des Flexibilitätsbedarfs von Industrieunternehmen, in: DBW 40(1980), S. 229 - 248

Eversheim, W., Kettner, P., Merz, K.-P.: Ein (Baukastensystem) für die Montage konzipieren, in: Industrie 105(1983), S. 27 - 30

Eversheim, W., Bette, B., Hausmann, A.: Industrierobotereinsatz in der (Produktion) - Ziele, Chancen und Risiken, in: DBW 46(1986), S. 473 - 485

Fandel, G.: Optimale (Entscheidung) bei mehrfacher Zielsetzung, Berlin/Heidelberg/New York 1972

Fandel, G., Wilhelm, J.: Zur Entscheidungstheorie bei mehrfacher (Zielsetzung), in: Zeitschrift für Operations Research 20(1976), S. 1 - 21

Farny, D.: (Gewinn) und Sicherheit als Ziele von Versicherungsunternehmen, in: Zeitschrift für die gesamte Versicherungswissenschaft 56(1967), S. 49 - 81

Fischer, J.: Heuristische (Investitionsplanung): Entscheidungshilfen für die Praxis, Berlin 1981

Fisz, M.: Wahrscheinlichkeitsrechnung und mathematische (Statistik), 10. Aufl. Berlin 1980

Flechtner, H.: Grundbegriffe der (Kybernetik), 5.Aufl. Stuttgart 1970

Fleck, F.H.: Die ökonomische (Theorie) des technischen Fortschritts und seine Identifikation, Meisenheim am Glan 1973

Fotilas, P.: Die Berücksichtigung von (Imponderabilien) im Rahmen eines integralen, entscheidungsorientierten Investitionskalküls, in: BFuP 33(1981), S. 190 - 204

Frank, E., Haas, S., Schmidt, M.: Statistische (Untersuchungen) als Grundlage für die Entwicklung flexibler Fertigungssysteme - Zahl der Einsätze, Stückzahlen und Fertigungszeiten, in: Zeitschrift für industrielle Fertigung 61(1971), S. 273 - 278

Franke, G., Laux, H.: Die Ermittlung der (Kalkulationszinsfüße) für investitionstheoretische Partialmodelle, in: Albach, H. (Hrsg.): Investition und Liquidität, Wiesbaden 1962, S. 155 - 175

Frese, E.: Heuristische (Entscheidungsstrategien) der Unternehmensführung, in: ZfbF 23(1971), S. 283 - 307

Fuchs, D.: EDV-gestützte (Planung) des Produktionsprogramms - Auftragsgrobplanung, in: FB&IE 27(1978), S. 93 - 99

Gäfgen, G.: (Theorie) der wirtschaftlichen Entscheidung, 3. Aufl. Tübingen 1974

Gälweiler, A.: (Determinanten) des Zeithorizontes in der Unternehmungsplanung, in: Angewandte Planung 1(1977), S. 95 - 106

Gälweiler, A.: Strategische (Unternehmensführung), Frankfurt/New York 1987

Gaitanides, M.: (Planungsmethodologie) - Vorentscheidungen bei der Formulierung integrierter Investitionsplanungsmodelle, Berlin 1979

Gaitanides, M.: Aufgabenstrukturplanung und (Flexibilität) von Produktionsprozessen, in: ZfB 50(1980), S. 231 - 243

Galland, H.: (Entwicklung) einer werkstückbeschreibenden Systemordnung zur Kostensenkung in der Kleinserien- und Einzelfertigung, Diss. Aachen 1964

Gallenmüller, O., Hülsenberg, F.: (Methodik) der Ermittlung und Analyse der Produktionskapazität, Leipzig 1974

Gallus, G.: (Betriebsmittel): Begriff und Arten, in: Kern, W. (Hrsg.): Handwörterbuch der Produktionswirtschaft, Stuttgart 1979, Sp. 354 - 361

Gaugler, E.: (Flexibilisierung) der Arbeitszeit, in: ZfbF 35(1983), S. 858 - 872

Gebert, D.: Organisation und (Umwelt), Stuttgart 1978

Geitner, U.W.: (Teilefamilienbildung), in: Kern, W. (Hrsg.): Handwörterbuch der Produktionswirtschaft, Stuttgart 1979, Sp. 1956 - 1965

Geitner, U.W.: Mittel- und langfristige (Kapazitätsplanung) mit Simulation, in: Bea, F.X., Bohnet, A., Klimesch, H. (Hrsg.): Investition - Erklärung und Planung durch Simulation, München 1981, S. 264 - 282

Gelders, L.F., v. Wassenhove, L.N.v.: Hierarchical Integration in Production (Planning): Theory and Practice, in: Journal of Operations Management 3(1982), S. 27 - 35

Georgi, A.A.: (Steuern) in der Investitionsplanung - Eine Analyse der Entscheidungsrelevanz von Ertrag- und Substanzsteuern, Hamburg 1986

Gerwin, D.: A Framework for the Analysis of Manufacturing (Flexibility), in: Wildemann, H. u.a. (Hrsg.): Strategische Investitionsplanung für neue Technologien in der Produktion, Tagungsband 2. Fertigungswirtschaftliches Kolloquium Universität Passau, Stuttgart 1986, S. 700 - 721

Göppl, H.: Über mikroökonomische (Produktionsfunktionen), in: ZfB 41(1971), S. 517 - 524

Grabbe, H.-W.: Investitionsrechnung in der Praxis - Ergebnisse einer Unternehmensbefragung, Köln 1976

Green, H.A.J.: (Aggregation) in Economic Analysis, Princeton/New Jersey 1964

Greve, J.: (Störungen) im Industriebetrieb, Diss. TH Darmstadt 1970

Griem, H.: Der (Prozeß) der Unternehmungsentscheidung bei unvollkommener Information, Berlin 1968

Grob, R.: (Flexibilität) in der Fertigung - Organisation und Bewertung von Personalstrukturen, Berlin/Heidelberg/New York/Tokyo 1986

Grochla, E.: Elastische Beschaffungsplanung im Industriebetrieb zur (Anpassung) an die konjunkturelle Entwicklung, in: BFuP 11(1959), S. 397 - 409

Grochla, E.: (Automation) und Organisation, Wieswbaden 1966

Grochla, E.: Modelle als Instrumente der Unternehmungsführung, in: ZfbF 39(1969), S. 382 - 397

Grochla, E.: (Systemtheorie) und Organisationstheorie, in: ZfB 40(1970), S. 1 - 16

Grochla, E., Lehmann, H.: Systemtheorie und (Organisation), in: Grochla, E. (Hrsg.): Handwörterbuch der Organisation, 2. Aufl. Stuttgart 1980, Sp. 2204 - 2216

Grosse-Oetringhaus, W.F.: (Fertigungstypologie) unter dem Gesichtspunkt der Fertigungsablaufplanung, Berlin 1974

Günther, H.-O.: Mittelfristige Produktionsplanung. Konstruktion und Vergleich quantitativer (Modelle), München 1982

Gupta, S.K., Rosenhead, J.: (Robustness) in Sequential Investment Decisions, in: Management Science 15(1968), S. B18 - B29

Gutenberg, E.: (Untersuchungen) über Investitionsentscheidungen industrieller Unternehmen, Köln/Opladen 1959

Gutenberg, E.: Die gegenwärtige Situation der Betriebswirtschaftslehre, in: ZfhF 12(1960), S. 118 - 129

Gutenberg, E.: (Anmerkungen) zur Frage der Gestaltung industrieller Produktionsprogramme, in: ZfB 34(1964), S. 667 - 675

Gutenberg, E.: Grundlagen der Betriebswirtschaftslehre. Zweiter Band: Der (Absatz), 16. Aufl. Berlin/Heidelberg/New York 1979

Gutenberg, E.: Grundlagen der Betriebswirtschaftslehre. Erster Band: Die (Produktion), 23. Aufl. Berlin/Heidelberg/New York 1979

Haas, C.: (Unsicherheit) und Risiko in der Preisbildung, Köln u.a. 1965

Haberfellner, R.: Die (Unternehmung) als dynamisches System, Zürich 1974

Hackstein, R., Dienstdorf, B.: Grundfragen der (Kapazitätsplanung), in: ZwF 68(1973), S. 18 - 25

Haegert, L.: Die (Aussagefähigkeit) der Dualvariablen und wirtschaftliche Deutung der Optimalitätsbedingungen beim Chance-Constrained-Programming, in: Hax, H. (Hrsg.): Entscheidungen bei unsicheren Erwartungen, Köln/Opladen 1970, S. 101 - 128

Händle, F., Jensen, S.: (Systemtheorie) und Systemtechnik, München 1974

Hahn, D.: (Wachstumspolitik) industrieller Unternehmungen, BFuP 22(1970), S. 609 -626

Hahn, D.: Industrielle (Fertigungswirtschaft) in entscheidungs und systemtheoretischer Sicht, in: ZfO 41(1972), S. 269 - 278, S. 369 - 380, S. 427 - 439

Hahn, D.: Planungs- und (Kontrollrechnung), 3. Aufl. Wiesbaden 1985

Hahn, D., Laßmann, G.: (Produktionswirtschaft). Controlling industrieller Produktion, Band 1, Heidelberg/Wien/Zürich 1986

Hahn, D., Krystek, U.: Betriebliche und überbetriebliche (Frühwarnsysteme) für die Industrie, in: ZfbF 31(1979), S. 76 - 88

Hahn, E.-F., Wollschläger, H.: Technische (Potentialanalyse) als Grundlage für eine strategische Investitionsplanung, in: ZfB-Ergänzungsheft 1/1986, S. 49 - 64

Hahn, O.: (Finanzwirtschaft), München 1975

Hahn, R., Kuhnert, W., Roschmann, K.: Die (Teileklassifizierung), Heidelberg 1970

Hammann, P.: (Entscheidungsmodelle) in der betriebswirtschaftlichen Theorie, in: ZfbF 21(1969), S. 457 - 467

Hanssmann, F.: Die Rolle von Entscheidungsmodellen in der srategischen (Planung), in: Müller-Merbach, H. (Hrsg.): Quantitative Ansätze in der BWL, München 1978, S. 31 - 44

Hanssmann, F.: (Einführung) in die Systemforschung - Methodik der modellgestützten Entscheidungsvorbereitung, 3. Aufl. München 1987

Hart, A.G.: (Risk), Uncertainty and the Unprofitability of Compounding Probabilities, in: Lange, O. u.a. (Hrsg.): Studies in Mathematical Economics and Econometrics, Chicago 1942, S. 110 - 118

Hart, A.G.: (Anticipations), Uncertainty and Dynamic Planning, 3. Aufl. New York 1965

Hartner, G.: Die (Determinanten) der Investitionsentscheidung und ihre Wertigkeit im Entscheidungsprozeß, Wien 1968

Hasenauer, R., Laubach, H.: Zur (Kapazität) in der Betriebswirtschaftslehre - Ein systemtheoretischer Ansatz, in: ZfO 39(1970), S. 177 - 183 und 219 - 224

Haumer, H.: Sequentielle stochastische (Investitionsplanung), Wiesbaden 1983

Hauschildt, J.: (Entscheidungsziele). Zielbildung in innovativen Entscheidungsprozessen: Theoretische Ansätze und empirische Prüfung, Tübingen 1977

Hax, A.C.: Hierarchical Planning (Systems) - A Production Application, in: Plötzeneder, H.D. (Hrsg.): Computergestützte Unternehmensplanung, Stuttgart 1977, S. 103 ff.

Hax, H.: Die (Gestaltung) des Fertigungsprogramms unter Berücksichtigung produktionswirtschaftlicher und absatzwirtschaftlicher Faktoren, in: BFuP 10(1958), S. 498 - 517

Hax, H.: Bewertungsprobleme bei der Formulierung von (Zielfunktionen) für Entscheidungsmodelle, in: ZfbF 19(1967), S. 749 - 761

Hax, H.: Investitionsentscheidungen bei unsicheren (Erwartungen), in: Hax, H. (Hrsg.): Entscheidungen bei unsicheren Erwartungen, Köln/Opladen 1970, S. 129 - 140

Hax, H.: (Investitionstheorie), 5. Aufl. Würzburg/ Wien 1985

Hax, H., Laux, H.: Flexible (Planung) - Verfahrensregeln und Entscheidungsmodelle für die Planung bei Ungewißheit, in: ZfbF 24(1972), S. 318 - 340

Hedrich, P.: (Flexibilität) in der Fertigungstechnik durch Computereinsatz, München 1983

Hedrich, P., Barten, G.: (Vorgehensweise) bei der Umstellung von konventioneller Drehbearbeitung auf NC-Maschinen, in: ZwF 76(1981), S. 547 - 551

Heider, M.: Simulationsmodelle zur (Risikoanalyse) für Investitionsplanungen, Diss. Bonn 1969

Heinen, E.: Zum (Begriff) und Wesen der betriebswirtschaftlichen Investition, in: BFuP 9(1957), S. 16 - 31 und S. 85 - 98

Heinen, E.: (Investitionsplanung), Industrielle, in: Seischab, H., Schwantag, K. (Hrsg.): Handwörterbuch der Betriebswirtschaft, Band II, 3. Aufl. Stuttgart 1957/1958, Sp. 2876 - 2881

Heinen, E.: Die (Zielfunktion) der Unternehmung, in: Koch, H. (Hrsg.): Zur Theorie der Unternehmung, Wiesbaden 1962, S. 9 - 71

Heinen, E.: Betriebswirtschaftslehre heute - Die (Bedeutung) der Entscheidungstheorie für Forschung und Praxis, Wiesbaden 1966

Heinen, E.: Zum (Wissenschaftsprogramm) der entscheidungsorientierten Betriebswirtschaftslehre, in: ZfB 39(1969), S. 207 - 220

Heinen, E.: Der entscheidungsorientierte (Ansatz) in der Betriebswirtschaftslehre, in: ZfB 41(1971), S. 429 - 444

Heinen, E.: Zur (Problembezogenheit) von Entscheidungsmodellen, in: WiSt 1(1972), S. 3 - 7

Heinen, E.: Grundlagen betriebswirtschaftlicher Entscheidungen. Das (Zielsystem) der Unternehmung, 3. Aufl. Wiesbaden 1976

Heinen, E. (Hrsg): Betriebswirtschaftliche (Führungslehre) - Ein entscheidungsorientierter Ansatz, Wiesbaden 1978

Heinen, E.: (Führung) als Gegenstand der Betriebswirtschaftslehre, in: Heinen, E. (Hrsg.): Betriebswirtschaftliche Führungslehre. Ein entscheidungsorientierter Ansatz, Wiesbaden 1978

Heinen, E. (Hrsg.): (Industriebetriebslehre) - Entscheidungen im Industriebetrieb, 8. Aufl. Wiesbaden 1985

Heinen, E.: Betriebswirtschaftliche (Kostenlehre). Kostentheorie und Kostenentscheidungen, 6. Aufl. Wiesbaden 1983

Heinrich, G.: Ein (Beitrag) zur langfristigen Produktionsplanung mit verdichteten Daten bei überwiegender Serienfertigung, Diss. Berlin 1980

Hellmich, R.: (Entwicklung) eines Planungssystems für Unternehmungen. Versuch einer allgemeinen Grundlegung, Diss. St. Gallen 1970

Hellwig, K.: Mehrstufige (Unternehmensplanung), Meisenheim am Glan 1976

Henzel, F.: Führungsprobleme der Industriellen Unternehmung. Bd. 1: Die (Produktion) in technologisch-wirtschaftlicher Betrachtung, Berlin 1973

Herrmann, P.: Flexible (Fertigungskonzepte), in: VDI-Zeitschrift 123(1981), S. 615 - 628

Herrmann, P.: (Grundlagen) einer rechnergestützten Investitionsplanung und Wirtschaftlichkeitsrechnung für flexible Fertigung, Diss. Aachen 1983

Herrmann, P., Pferdmenges, R.: Flexible Fertigungskonzepte - (Fachgebiete) in Jahresübersichten, in: VDI-Zeitschrift 122(1980), S. 667 - 677

Heß-Kinzer, D.: (Grundlagen) der Grobtermin- und Kapazitätsplanung, in: FB&IE 3(1973), S. 371 - 381

Heß-Kinzer, D.: Grobtermin- und (Kapazitätsplanung) bei Einzel-, Serien- und Massenfertigung, in: FB&IE 4(1974), S. 19 - 30

Hettich, G.O.: Entscheidungsprinzipien und (Entscheidungsregeln) bei mehrfacher Zielsetzung, in: WiSt 7(1978), S. 484 - 487

Hielscher, U.: Das optimale Aktienportefeuille - (Grundlagen) der Kapitalanlagenplanung am Aktienmarkt, Frankfurt 1969

Hilke, W.: Zielorientierte Produktions- und (Programmplanung), 2. Aufl. Neuwied/Darmstadt 1986

Hill, W., Fehlbaum, R., Ulrich, P.: (Organisationslehre), 3. Aufl. Bern 1981

Hillmer, H.-J.: (Planung) der Unternehmensflexibilität, Frankfurt am Main/Bern/New York 1987

Hoberg, P.: (Investitionseinzelentscheidungen), Münster 1983

Hoffmann, F.: Kritische (Erfolgsfaktoren) - Erfahrungen in großen und mittelständischen Unternehmungen, in: ZfbF 38(1986), S. 831 - 843

Hoffmann, H.P.: (Flexibilität) in der Auftragsabwicklung, Diss. Passau 1986

Hoitsch, H.-J.: (Produktionswirtschaft), München 1985

Holz, B.F.: Neue (Wertmaßstäbe) zur Wirtschaftlichkeitsbeurteilung von Fertigungen, in: ZfB-Ergänzungsheft 1/1986, S. 199 - 212

Holz, B.F., Gaebler, W.: Flexible (Fertigungssysteme), FFS-Report der INGERSOLL Engineers, Berlin u.a. 1985

Horváth, P.: (Controlling), 2. Aufl. München 1986

Horváth, P., Mayer, R.: Produktionswirtschaftliche (Flexibilität), in: WiSt 15(1986), S. 69 - 76

Horváth, P., Kleiner, F., Mayer, R.: (Rechenstift) für flexible Maschinen - Wirtschaftlichkeit zeitgemäßer Fertigungssysteme vergleichend beurteilen, in: Maschinenmarkt 92(1986)27, S. 22 - 26

Horváth, P., Kleiner, F., Mayer, R.: Das Günstigste finden - Wirtschaftlicher (Vergleich) von Fertigungseinrichtungen mit Zahlungsströmen, in: Maschinenmarkt 92(1986)30, S. 22 - 25

Horváth, P., Kleiner, F., Mayer, R.: Zweckneutrale Kostenerfassung in der flexiblen (Montage) mit Hilfe von Datenbanken, in: KRP (1987), S. 93 - 104

Horváth, P., Kleiner, F., Mayer, R.: Dynamische Investitionsrechnung für flexibel automatisierte (Werkzeugmaschinen), in: DBW 47(1987), S. 69 - 84

Hosterbach, E: Einige kritische (Bemerkungen) zur Kapitalwertmethode, in: ZfB 40(1970), S. 613 - 620

Imboden, C., Leibundgut, A., Siegenthaler, P.: (Klassifikation) heuristischer Prinzipien, in: Die Unternehmung 29(1975), S. 295 - 330

Inderfurth, K.: Starre und flexible (Investitionsplanung), Wiesbaden 1982

Isermann, H.: (Strukturierung) von Entscheidungsprozessen bei mehrfacher Zielsetzung, in: OR Spektrum (1979), S. 3 - 26

Jablonowski, J.: Aiming for (Flexibility), in: American Machinist and Automated Manufacturing 130(1986), S. 167 - 182

Jacob, H.: (Preispolitik), Wiesbaden 1963

Jacob, H.: Neuere (Entwicklungen) in der Investitionsrechnung, in: ZfB 34(1964), S. 487 - 507 und S. 551 - 594

Jacob, H.: (Flexibilitätsüberlegungen) in der Investitionsrechnung, in: ZfB 37(1967), S. 1 - 34

Jacob, H.: Zum (Problem) der Unsicherheit bei Investitionsentscheidungen, in: ZfB 37(1967), S. 153 - 187

Jacob, H.: Optimale (Investitionspolitik), Schriften zur Unternehmensführung Band 4, Wiesbaden 1968

Jacob, H.: Die (Planung) des Produktions- und Absatzprogramms, in: Jacob, H. (Hrsg.): Industriebetriebslehre in programmierter Form. Band II: Planung und Planungsrechnungen, Wiesbaden 1972, S. 39 - 259

Jacob, H.: (LP-Modelle) der Investitionsplanung, in: WiSU 2(1973), S. 260 - 265, S. 310 - 316, S. 361 - 364

Jacob, H.: Unsicherheit und (Flexibilität), in: ZfB 44(1974), S. 299 - 326, S. 403 - 448, S. 505 - 526

Jacob, H.: (Investitionsplanung), in: Grochla, E., Wittmann, W. (Hrsg.): HWB, Band I/2, 4. Aufl. Stuttgart 1975, Sp. 1978 - 1996

Jacob, H.: Investitionsplanung und Investitionsentscheidung mit Hilfe der (Linearprogrammierung), 3. Aufl. Wiesbaden 1976

Jacob, H.: Allgemeine (Betriebswirtschaftslehre) in programmierter Form, 3. Aufl. Wiesbaden 1976

Jacob, H.: Zur Bedeutung von Flexibilität und Diversifikation bei (Realinvestitionen) - Ein Beitrag zur Theorie der Planung bei Unsicherheit, in: Mellwig, W. (Hrsg.): Unternehmenstheorie und Unternehmensplanung, Wiesbaden 1979, S. 31 - 67

Jacob, H.: Die (Aufgaben) der strategischen Planung - Möglichkeiten und Grenzen, in: Jacob, H. (Hrsg.): Strategisches Management, Schriften zur Unternehmensführung Band 29, Wiesbaden 1982

Jacob, H.: Die (Bedeutung) der Flexibilität im Rahmen der strategischen Planung, in: Koch, H. (Hrsg.): Neuere Entwicklungen in der Unternehmenstheorie, Wiesbaden 1982, S. 69 - 98

Jacob, H.: Kurzlehrbuch (Investitionsrechnung), 3. Aufl. Wiesbaden 1984

Jacob, H., Leber, W.: Bernoulli-Prinzip und rationale Entscheidung bei (Unsicherheit), in: ZfB 46(1976), S. 177 - 204

Jandt, J.: Investitionseinzelentscheidungen bei unsicheren Erwartungen mittels (Risikoanalyse), in: WiSt 15(1986), S. 543 - 549

Jochum, H.: Flexible (Planung) als Grundlage unternehmerischer Investitionsentscheidungen, Diss. Saarbrücken 1969

Jünger, E.-P.: Hierarchische (Produktionsprogrammplanung), Frankfurt am Main 1980

Junghanns, W.: (Planung) neuer Fertigungssysteme für die Einzel- und Serienfertigung, Diss. Aachen 1971

Kalveram, W.: (Elastizität) der Betriebsführung, in: ZfB 8(1931), S. 705 - 711

Kamp, A.-W.: Ein (Beitrag) zur Ablaufplanung bei flexiblen Fertigungssystemen, Düsseldorf 1978

Kaplan, R.S.: Must (CIM) be justified by faith alone?, in: Harvard Business Review 64(1986), S. 87 - 95

Kappler, E., Rehkugler, H.: (Kapitalwirtschaft), in: Heinen, E. (Hrsg.): Industriebetriebslehre - Entscheidungen im Industriebetrieb, 8. Aufl. Wiesbaden 1985, S. 773 - 887

Kaufman, G.M: Sequentielle (Investitionsanalyse) unter Unsicherheit, in: Albach, H. (Hrsg.): Investitionstheorie, Köln 1978, S. 248 - 287

Keeney, R.L., Raiffa, H.: (Decisions) with Multiple Objectives: Preferences and Value Tradeoffs, New York u.a. 1976

Keller, N.: Die Ermittlung der (Elastizität) von Fertigungssystemen mittels Simulation als Möglichkeit zur Risikoabgrenzung bei Investitionsentscheidungen, Diss. TU München 1979

Kemper, D.H.: (Imponderabilien) im Investitionskalkül, Düsseldorf 1980

Kern, W.: Die (Messung) industrieller Fertigungskapazitäten und ihre Anwendung, Köln und Opladen 1962

Kern, W.: (Investitionsrechnung), Stuttgart 1974

Kern, W.: (Kapazität) und Beschäftigung, in: Grochla, E., Wittmann, W. (Hrsg.): Handwörterbuch der Betriebswirtschaft, Bd. I/2, 4. Aufl. 1975, Sp. 2083 - 2089

Kern, W.: (Grundzüge) der Investitionsrechnung, Stuttgart 1976

Kern, W.: (Produktionswirtschaft), in Kern, W. (Hrsg.): Handwörterbuch der Produktionswirtschaft, Stuttgart 1979, Sp. 1647 - 1660

Kern, W.: (Produktionsprogramm), in Kern, W. (Hrsg.): Handwörterbuch der Produktionswirtschaft, Stuttgart 1979, Sp. 1563 - 1572

Kern, W.: (Industrielle Produktionswirtschaft), 3. Aufl. Stuttgart 1980

Kilger, W.: Optimale Produktions- und (Absatzplanung), Opladen 1973

Kilger, W., Scheer, A.-W. (Hrsg.): Investitions- und (Finanzplanung) im Wechsel der Konjunktur, Würzburg/Wien 1981

Kinzer, D.: Ein Verfahren zum mittelfristigen (Kapazitätsabgleich) bei Werkstattfertigung, Diss. Aachen 1971

Kirsch, W.: Entscheidungsprozesse, Band 1: Verhaltenswissenschaftliche (Ansätze) der Entscheidungstheorie, Wiesbaden 1970

Kirsch, W.: (Entscheidungsprozesse), Band 2: Informationsverarbeitungstheorie des Entscheidungsverhaltens, Wiesbaden 1971

Kirsch, W.: Unternehmenspolitik: Von der (Zielforschung) zum strategischen Management, München 1981

Kirsch, W., Esser, W.-M., Gabele, E.: Das (Management) des geplanten Wandels von Organisationen, Stutgart 1979

Kistner, K.-P.: Produktions- und (Kostentheorie), Würzburg/Wien 1981

Klatt, S.: Die (Qualität) als Objekt der Wirtschaftswissenschaft, in: Jahrbuch für Sozialwissenschaft, Band 12(1961), S. 19 - 57

Klein, H.-K.: Heuristische (Entscheidungsmodelle) - Neue Techniken des Programmierens und Entscheidens für das Management, Wiesbaden 1971

Klingel, U.: (Bestimmung) kalkulatorischer Betriebsmittelkosten - Eine Analyse der Einflußfaktoren, Düsseldorf 1981

Kloock, J.: Betriebswirtschaftliche Input-Output-(Modelle), Wiesbaden 1969

Kloock, J.: Input-Output-(Analyse), in: Grochla, E., Wittmann, W. (Hrsg.): Handwörterbuch der Betriebswirtschaft, Band I/2, 4. Aufl. Stuttgart 1975, Sp. 1953 - 1966

Knight, F.H.: (Risk), Uncertainty and Profit, Boston/New York 1921, reprinted Chicago 1957

Knischewski, G.: Die (Planung) der Anpassungsfähigkeit industrieller Fertigungsanlagen, Frankfurt/Zürich 1974

Knoop, J.: Prozeßorientierte (Kostenrechnung) - Ein Instrument zur Planung flexibler Fertigungssysteme, in: KRP (1987), S. 47 - 58

Koch, H.: Zur (Diskussion) in der Ungewißheitstheorie, in: ZfhF 12(1960), S. 49 - 75

Koch, H.: Betriebliche (Planung) - Grundlagen und Grundfragen der Unternehmenspolitik, Wiesbaden 1961

Koch, H.: Über eine allgemeine Theorie des (Handelns), in: Koch, H. (Hrsg.): Zur Theorie der Unternehmung, Wiesbaden 1962, S. 367 - 423

Koch, H.: (Grundlagen) der Wirtschaftlichkeitsrechnung, Probleme der betriebswirtschaftlichen Entrscheidungslehre, Wiesbaden 1970

Koch, H.: Die zentrale (Globalplanung) als Kernstück der integrierten Unternehmensplanung, in: ZfbF 24(1972), S. 222 - 252

Koch, H.: Zur Diskussion über die Theorie der (Sekundäranpassung) - Die Problematik der Risikonutzentheorie, in: ZfbF 25(1973), S. 773 - 791

Koch, H.: Die (Problematik) der Bernoulli-Nutzentheorie, in: ZfbF 28(1977), S. 415 - 426

Koch, H.: Die (Theorie) des Gewinn-Vorbehalts als ungewißheitstheoretischer Ansatz, in: ZfbF 30(1978), S. 19 - 38

Koch, H.: Zum (Verfahren) der strategischen Programmplanung, in: ZfbF 31(1979), S. 145 - 161

Koch, H.: Zum Verfahren der strategischen (Programmplanung), in: Koch, H. (Hrsg.): Neuere Beiträge zur Unternehmensplanung, Wiesbaden 1980, S. 109 - 127

Koch, H.: Die (Entscheidungskriterien) in der hierarchischen Unternehmensplanung, in: ZfbF 33(1981), S. 1 - 21

Koch, H.: Integrierte (Unternehmensplanung), Wiesbaden 1982

Koch, H.: Neuere (Entwicklungen) in der Unternehmenstheorie, Wiesbaden 1982

Koch, H., Kramer, M.: Hierarchische Unternehmensplanung und (Informationsgewinnung), Opladen 1983

Koenig, J.W.: Dynamische (Optimierungsmodelle) der chemischen Industrie, Diss. Hamburg 1968

Kofler, E., Menges, G.: (Entscheidungen) bei unvollständiger Information, Berlin/Heidelberg/New York 1976

Kortzfleisch, G.v.: Heuristische dynamische (Verfahren) für geschäftspolitische Entscheidungen bei unsicheren Erwartungen und veränderlichen Zielsetzungen, in: Hax, H. (Hrsg.): Entscheidungen bei unsicheren Erwartungen, Köln und Opladen 1970, S. 203 - 217

Kosiol, E.: Elastizität der Kalkulation und Preispolitik, in: ZfB 8(1931), S. 740 - 746

Kosiol, E.: (Anlagenrechnung) - Theorie und Praxis der Abschreibungen, Wiesbaden 1955

Kosiol, E.: (Modellanalyse) als Grundlage unternehmerischer Entscheidungen, in: ZfhF 13(1961), S. 318 - 334

Kosiol, E.: Erkenntnisgegenstand und methodologischer (Standort) der Betriebswirtschaftslehre, in: ZfB 31(1961), S. 129 - 136

Kosiol, E.: Die Unternehmung als wirtschaftliches (Aktionszentrum) - Einführung in die Betriebswirtschaftslehre, 2. Aufl. Reinbek 1972

Kosiol, E. (Hrsg.): (Organisation) des Entscheidungsprozesses, 2. Aufl. Berlin 1975

Kosiol, E.: Organisation der (Unternehmung), 2. Aufl. Wiesbaden 1976

Kosiol, E., Szyperski, N., Chmielewicz, K.: Zum (Standort) der Systemforschung im Rahmen der Wissenschaften, in: ZfbF 17(1965), S. 337 - 378

Kotler, P.: Marketing-(Management), 4. Aufl. Stuttgart 1982

Kreikebaum, H.: Die (Potentialanalyse) und ihre Bedeutung für die Unternehmensplanung, in: ZfB 41(1971), S. 257 - 272

Kreikebaum, H.: Die (Lückenanalyse) als Voraussetzung der Unternehmensplanung, in: Interne Revision 8(1973), S. 17 - 27

Kreikebaum, H.: Strategische (Unternehmensplanung), 2. Aufl. Berlin/Köln/Mainz 1987

Krelle, W.: (Unsicherheit) und Risiko in der Preisbildung, in: Zeitschrift für die gesamte Staatswissenschaft 113(1957), S. 632 - 677

Krelle, W.: (Preistheorie), 1. Teil: Monopol- und Oligopoltheorie, 2. Aufl. Tübingen 1976

Krelle, W.: Präferenz- und (Entscheidungstheorie), Tübingen 1968

Krieg, W.: Kybernetische (Grundlagen) der Unternehmungsgestaltung, Bern 1971

Kruschwitz, L.: (Kritik) der Produktionsbegriffe, in: BFuP 26(1974), S. 242 - 258

Kruschwitz, L.: Zur heuristischen (Planung) des Investitionsprogramms, in: ZfB 47(1977), S. 209 - 224

Kruschwitz, L.: Bemerkungen zur (Risikoanalyse) aus theoretischer Sicht, in: ZfB 50(1980), S. 800 - 808

Kruschwitz, L.: (Investitionsrechnung), 3. Aufl. Berlin/New York 1987

Kruschwitz, L.: Das (Bernoulliprinzip), in: WiSt 16(1987), S. 567 - 570 und S. 618 - 621

Kruschwitz, L., Fischer, J.: Heuristische (Lösungsverfahren), in: WiSt 10(1981), S. 449 - 458

Kruschwitz, L., Schöbel, R.: Die Beurteilung riskanter Investitionen und das Capital Asset Pricing Model (CAPM), in: WiSt 16(1987), S. 67 - 72

Küpper, H.-U.: Das (Input-Output-Modell) als allgemeiner Ansatz für die Produktionsfunktion der Unternehmung, in: Jahrbücher für Nationalökonomie und Statistik 191(1977), S. 492 - 519

Küpper, H.-U.: Dynamische (Produktionsfunktion) der Unternehmung auf der Basis des Input-Output-Ansatzes, in: ZfB 49(1979), S. 93 - 106

Küpper, H.-U.: (Produktionstypen), in: Kern, W. (Hrsg.): Handwörterbuch der Produktionswirtschaft, Stuttgart 1979, Sp. 1636 - 1647

Küpper, H.-U.: (Interdependenzen) zwischen Produktionstheorie und der Organisation des Produktionsprozesses, Berlin 1980

Küpper, H.-U.: (Ablauforganisation), Stuttgart/New York 1982

Küpper, H.-U.: (Beschaffung), in: Vahlens Kompendium der Betriebswirtschaftslehre, Band 1, München 1984, S. 187 - 240

Küpper, H.-U.: Kosten- und entscheidungstheoretische (Ansatzpunkte) zur Behandlung des Fixkostenproblems in der Kostenrechnung, in: ZfbF 36(1984), S. 794 - 811

Küpper, H.-U.: (Koordination) und Interdependenz als Bausteine einer konzeptionellen und theoretischen Fundierung des Controlling, in: Lücke, W. (Hrsg.): Betriebswirtschaftliche Steuerungs- und Kontrollprobleme, Wiesbaden 1988

Küpper, H.-U.: (Verantwortung) in der Wirtschaftswissenschaft, in: ZfbF 40(1988), S. 318 - 339

Kuhn, K.D.: Die finanzwirtschaftliche (Flexibilität) der Unternehmung, Diss. München 1970

Kupsch, P.U.: Das (Risiko) im Entscheidungsprozeß, Wiesbaden 1973

Kupsch, P.U.: Risiken als (Gegenstand) der Unternehmungspolitik, in: WiSt 4(1975), S. 153 - 159

Kupsch, P.U.: (Unternehmungsziele), Stuttgart/New York 1979

Lassak, H.-P.: (Kapitalbudget), Unsicherheit und Finanzierungsentscheidung, Meisenheim am Glan 1973

Laßmann, G., Bleuel, B., Rademacher, M.: (Leitfaden) für ein PC-gestütztes Verfahren der Investitionsplanung für mittelständische Industrieunternehmen mit begleitender Ausführungsüberwachung und Wirtschaftlichkeitskontrolle, Bochum 1985

Laux, H.: Flexible (Planung) des Kapitalbudgets mit Hilfe der linearen Programmierung, in: ZfbF 21(1969), S. 728 - 742

Laux, H.: Flexible (Investitionsplanung), Opladen 1971

Laux, H.: (Entscheidungstheorie). Band 1: Grundlagen, Berlin/Heidelberg/New York 1982

Laux, H., Franke, G.: Investitions- und (Finanzplanung) mit Hilfe von Kapitalwerten, in: ZfbF 21(1969), S. 43 - 56

Layer, M.: Optimale (Kapazitätsausnutzung) und Kapazitätsbereitstellung, Würzburg/Wien 1975

Layer, M.: (Kapazität): Begriff, Arten und Messung, in: Kern, W. (Hrsg.): Handwörterbuch der Produktionswirtschaft, Stuttgart 1979, Sp. 871 - 882

Lehneis, A.: Langfristige (Unternehmensplanung) bei unsicheren Erwartungen, Neuwied/Berlin 1971

Lienert, J., Nieß, P.: Wirtschaftlichkeitsbeurteilung komplexer (Fertigungsanlagen), in: ZwF 73(1978), S. 59 - 63

Liesegang, D.G.: (Aggregation) bei linearen Optimierungsmodellen, unveröff. Habilitationsschrift Köln 1980

Likert, R.: A Motivational (Approach) to a Modified Theory of Organization and Management, in: Haire, M. (Hrsg.): Modern Organization Theory, New York/London 1959, S. 184 - 217

Link, J.: (Organisation) der strategischen Planung, Heidelberg/Wien 1985

Lochstampfer, P.: Systemorientierte (Betriebsorganisation), München 1974

Löffler, H.: (Beitrag) zur Datenreduktion betrieblicher Werkstückspektren für die Investitionsplanung in der Einzel- und Kleinserienfertigung, in: Technisches Zentralblatt für praktische Metallverarbeitung (1973), S. 444 - 448

Löffler, H.: (Methoden) zur Aggregierung fertigungsbezogener Innovationsparameter, Düsseldorf 1979

Löw, A.: Die Wirtschaftlichkeitsrechnung bei zeitlich vorgezogenen (Investitionen), in: KRP (1982), S. 109 - 116

Lorenz, G.: Größere (Flexibilität) durch Innovation, in: ZfbF 37(1985), S. 138 - 143

Lücke, W.: (Probleme) der quantitativen Kapazität in der industriellen Erzeugung, in: ZfB 35(1965), S. 354 - 369

Lücke, W.: Betriebliche (Anpassung) und Strategie in der Rezession, in: ZfB 44(1974), S. 711 - 728

Lücke, W.: (Produktionstheorie), in: Kern, W. (Hrsg.): Handwörterbuch der Produktionswirtschaft, Stuttgart 1979, Sp. 1619 - 1636

Lücke, W.: (Kapazität), in: WiSU 16(1987), S. 318 - 323

Lücke, W.: Quantitative, qualitative Kapazität und (Kapazitätsharmonie), in: WiSU 17(1988), S. 43 - 47

Lüder, K.: (Investitionen), Planung und Kontrolle der, in: Kern, W. (Hrsg.): Handwörterbuch der Produktionswirtschaft, Stuttgart 1979, Sp. 846 - 856

Lüder, K.: (Investitionsplanung), München 1977

Luhmann, N.: Die Programmierung von Entscheidungen und das Problem der (Flexibilität), in: Mayntz, R. (Hrsg.): Bürokratische Organisation, Köln/Berlin 1968, S. 324 - 341

Lutz, F., Lutz, V.: The (Theory) of Investment of the firm, Princeton 1951

Macharzina, K.: (Reduktion) von Ungewißheit und Komplexität durch Prognose und Planung, in: MIR (1975), S. 29 - 41

Männel, W.: Produktionsanlagen, (Eignung) von, in: Kern, W. (Hrsg.): Handwörterbuch der Produktionswirtschaft, Stuttgart 1979, Sp. 1465 - 1481

Mag, W.: (Planungsstufen) und Informationsteilprozesse, in: ZfbF 23(1971), S. 803 - 830

Mag, W.: Sequentielle (Informationsbeschaffung) für unternehmerische Entscheidungen, in: ZfB 43(1973), S. 829 - 846

Mag, W.: Entscheidung und (Information), München 1977

Mahlmann, K.: (Anpassung) und Anpassungsfähigkeit der betrieblichen Planung, Diss. Göttingen 1976

Maier, K.: Die (Flexibilität) betrieblicher Leistungsprozesse, Frankfurt am Main 1982

Maier, U.: Arbeitsgangterminierung mit variabel strukturierten (Arbeitsplänen) - Ein Beitrag zur Fertigungssteuerung flexibler Fertigungssysteme, Berlin/Heidelberg/New York 1980

Manz, J.: Zur Anwendung der (Aggregation) auf mehrperiodische lineare Produktionsprogrammplanungsprobleme, Frankfurt am Main/ Bern/New York 1983

Markowitz, H.M.: Portfolio (Selection), New York/London 1959

Marr, R.: (Produktfeldplanung), in: Kern, W. (Hrsg.): Handwörterbuch der Produktionswirtschaft, Stuttgart 1979, Sp. 1441 - 1450

Marshak, J.: Towards an Economic (Theory) of Organization and Information, in: Thrall, R.M., Coombs, C.H., Davis, R.L. (Hrsg.): Decision Processes, New York/London 1954, S. 187 - 220

Marshak, T., Nelson, R.: (Flexibility), Uncertainty and Economic Theory, in: Metroeconomica (1962), S. 42 - 58

Mascarenhas, B.: Planning for (Flexibility), in: Long Range Planning 14(1978), S.78 - 82

Massé, P.: (Investitionskriterien), München 1968

May, D.: Die entscheidungstheoretisch fundierte (Organisation) der Investitionsentscheidung im Industrieunternehmen, Diss. Berlin 1983

Meffert, H.: Die Flexibilität in der betriebswirtschaftlichen (Entscheidung), unveröff. Habilitationsschrift München 1968

Meffert, H.: Zum (Problem) der betriebswirtschaftlichen Flexibilität, in: ZfB 39(1969), S. 779 - 800

Meffert, H.: (Systemtheorie) aus betriebswirtschaftlicher Sicht, in: Schenk, K.-E. (Hrsg.): Systemanalyse in den Wirtschafts- und Sozialwissenschaften, Berlin 1971, S. 174 - 206

Meffert, H.: Größere (Flexibilität) als Unternehmungskonzept, in: ZfbF 27(1985), S. 121 - 139

Meier, R.E.: (Planung), Kontrolle und Organisation des Investitionsentscheides, Bern/Stuttgart 1970

Meißner, J.D.: Heuristische Programmierung, Wiesbaden 1978

Mellwig, W.: (Anpassungsfähigkeit) und Ungewißheitstheorie. Zur Berücksichtigung der Elastizität des Handelns in der Unternehmenstheorie, Tübingen 1972

Mellwig, W.: (Flexibilität) als Aspekt unternehmerischen Handelns, in: ZfbF 24(1972), S. 724 - 744

Mellwig, W.: (Gewinnsicherung) und Auswahlkriterium bei Ungewißheit, in: ZfbF 25(1973), S. 792 - 804

Menges, G.: (Grundmodelle) wirtschaftlicher Entscheidungen. Einführung in moderne Entscheidungstheorien, 2. Aufl. Opladen 1974

Mesarovic, M.D., Macko, D., Takahara, Y.: (Theory) of Hierarchical, Multilevel Systems, New York 1970

Mesarovic, M.D., Takahara, Y.: General Systems Theory: Mathematical (Foundations), New York 1975

Meyer, R. A.: (Equipment) Replacement under Uncertainty, in: Management Science 17(1971), S. 750 - 758

Michael, R.: Untersuchung über die Auswirkungen unterschiedlicher Vorgehensweisen der (Datenverdichtung) - dargestellt am Beispiel der Terminplanung, Diss. Aachen 1979

Milling, P.: Der technische (Fortschritt) beim Produktionsprozeß, Wiesbaden 1974

Mössner, G.U.: (Planung) flexibler Unternehmensstrategien, München 1982

Moll, P.P.: Optimale (Sachinvestitionsprogramme) mit Hilfe der Portfolio-Selection-Technik und der Investitionsrechnung, Diss. Berlin 1983

Moll, W.-P.: Flexible (Maschinenbelegung), Diss. Stuttgart 1974

Moxter, A.: (Präferenzstruktur) und Aktivitätsfunktion des Unternehmers, in: ZfbF 16(1964), S. 6 - 35

Moxter, A.: Offene (Probleme) der Investitions- und Finanzierungstheorie, in: ZfbF 17(1965), S. 1 - 16

Müller-Merbach, H.: (Morphologie) heuristischer Verfahren, in: ZOR 20(1976), S. 69 - 87

Mus, G.: (Zielkombinationen) - Entscheidungsformen und Entscheidungsmaximen, Frankfurt/Zürich 1975

Neipp, G.: Rechnerintegrierte (Produktion) - Unternehmensstrategien bei Investitionen in neue Informationstechniken, in: BFuP (1987), S. 225 - 238

Neubürger, K.W.: (Risikobeurteilung) bei strategischen Unternehmungsentscheidungen, Stuttgart 1980

Nieß, P.S.: (Fertigungssysteme), flexible, in: Kern, W. (Hrsg.): Handwörterbuch der Produktionswirtschaft, Stuttgart 1979, Sp. 595 - 604

Nieß, P.S.: (Kapazitätsabgleich) bei flexiblen Fertigungssystemen, Berlin/Heidelberg/New York 1980

Niggemann, W.: Optimale (Informationsprozesse) in betriebswirtschaftlichen Entscheidungssituationen, Wiesbaden 1973

Nitzsch, R.v., Weber, M.: Die verläßliche (Bestimmung) von Nutzenfunktionen, in: ZfbF 38(1986), S. 844 - 862

Opitz, H.: Fertigungsverfahren als (Elastizitätsfaktor), in: Dt. Gesellschaft für Betriebswirtschaft (Hrsg.): Dynamische Betriebswirtschaft, Berlin 1959, S. 40 - 56

Opitz, H.: Werkstückbeschreibendes (Klassifizierungssystem), Essen 1966

Opitz, H. u.a.: (Systematisierung) der Investitionsplanung für Industrieunternehmen, Opladen 1972

Opitz, H., Herrmann, J., Eversheim, W.: (Untersuchungen) über die technische Ausnutzung von Werkzeugmaschinen und Ermittlung von Werkstückcharakteristiken zur Auslegung und Auswahl von Werkzeugmaschinen, Köln und Opladen 1966

Opitz, H. u.a.: (Entwicklung) eines Kapazitätsterminierungsverfahrens mit steuerbarem Aufwand unter besonderer Berücksichtigung der Forderung einer Real-Time-Datenverarbeitung, Opladen 1974

Pack, L.: Betriebliche (Investition). Begriff-Funktion-Bedeutung-Arten. Wiesbaden 1966

Pack, L.: (Elastizität), in: Grochla, E., Wittmann, W. (Hrsg.): Handwörterbuch der Betriebswirtschaft, Band I/1, 4. Aufl. Stuttgart 1974, Sp. 1251 - 1259

Perridon, L., Steiner, M.: (Finanzwirtschaft) der Unternehmung, 5. Aufl. München 1988

Pfeiffer, W.: (Absatzpolitik) bei Investitionsgütern der Einzelfertigung, Stuttgart 1965

Pferdmenges, R.: (Organisation) in flexibel automatisierten Fertigungskonzepten, Diss. Aachen 1980

Pfohl, H.-C.: Zur (Problematik) von Entscheidungsregeln, in: ZfB 42(1972), S. 305 - 336

Pfohl, H.-C.: Problemorientierte (Entscheidungsfindung) in Organisationen, Berlin/New York 1977

Pfohl, H.-C.: (Messung) subjektiver Wahrscheinlichkeiten, in: Pfohl, H.-C., Rürup, B. (Hrsg.): Wirtschaftliche Meßprobleme, Köln 1977, S. 23 - 35

Pfohl, H.-C., Braun, G.: (Entscheidungstheorie), Landsberg am Lech 1981

Philipp, F.: (Risiko) und Risikopolitik, Stuttgart 1967

Platt, J.: (Kostenanalyse) bei flexiblen Fertigungssystemen, München 1987

Popper, K.R.: (Logik) der Forschung, 6. Aufl. Tübingen 1976

Preinreich, G.A.D.: The Economic Life of Industrial (Equipment), in: Econometrica 8(1940), S. 12 - 44

Rapoport, A.: Mathematische (Methoden) in den Sozialwissenschaften, Würzburg 1980

Reich, O.D.: (Maintaining) a flexible organization for changing conditions, New York 1932

Reichert, R.: (Entwurf) und Bewertung von Strategien, München 1984

Reichwald, R., Sievi, C.: (Produktionswirtschaft), in: Heinen, E. (Hrsg.): Industriebetriebslehre, 6. Aufl. Wiesbaden 1978, S. 283 - 418

Reichwald, R., Mrosek, D.: (Produktionswirtschaft), in: Heinen, E. (Hrsg.): Industriebetriebslehre, 8. Aufl. Wiesbaden 1985, S. 365 - 503

Reichwald, R., Behrbohm, P.: (Flexibilität) als Eigenschaft produktionswirtschaftlicher Systeme, in: ZfB 53(1983), S. 831 - 853

Riebel, P.: Die (Elastizität) des Betriebes - Eine produktions- und marktwirtschaftliche Untersuchung, Köln/Opladen 1954

Rieper, B.: Die (Planung) von Produktionsanpassungen bei unsicheren Absatzerwartungen, in: ZfB 50(1980), S. 18 - 32

Rieper, B.: Hierarchische (Entscheidungsmodelle) in der Produktionswirtschaft, in: ZfB 55(1985), S. 770 - 789

Rieser, J.: (Frühwarnsysteme), in: Die Unternehmung 32(1978), S. 51 - 68

Rischmüller, G.: Die multi-attributive (Nutzentheorie) - Ein Entscheidungshilfeverfahren bei mehrfacher Zielsetzung, in: ZfbF 32(1980), S. 498 - 518

Rößner, W.: (Auswahl) und Entwicklung von Verkettungseinrichtungen für Fertigungssysteme, Diss. Stuttgart 1981

Ropohl, G.: Zum Begriff der (Flexibilität), in: Werkstattstechnik 57(1967), S. 644

Ropohl, G.: Flexible (Fertigungssysteme), Mainz 1971

Ropohl, G.: Eine Systemtheorie der (Technik): Zur Grundlegung der allgemeinen Technologie, München/Wien 1974

Ropohl, G.: (Systemtechnik) - Grundlagen und Anwendung, München/Wien 1975

Rosenberg, O.: (Investitionsplanung) im Rahmen einer simultanen Gesamtplanung, Köln u.a. 1975

Ruberg, C.: Der (Begriff) der Betriebskapazität und deren Messung in Handelsbetrieben, in: ZfB 23(1953), S. 465 - 482

Rückle, D.: Betriebliche (Investitionen), in: DBW 43(1983), S. 457 - 476

Sabel, H.: Die (Grundlagen) der Wirtschaftlichkeitsrechnungen, Berlin 1965

Saliger, E.: Betriebswirtschaftliche (Entscheidungstheorie). Eine Einführung in die Logik individueller und kognitiver Entscheidungen, München/Wien 1981

Schaefer, F.-W.: System zur Planung und Nutzung der (Flexibilität) in der Fertigung, Diss. Aachen 1980

Scharf, P.: (Entwicklung) flexibler Fertigungssysteme auf der Grundlage der Systemtechnik, in: Werkstattstechnik 60(1970), S. 457 - 460

Scharf, P., Schulz, E.: Integrierte, flexible (Fertigungssysteme), in: Werkstattstechnik 63(1973), S. 130 - 136

Scharf, P.: (Strukturalternativen) integrierter, flexibler Fertigungssysteme und ihre Bewertung, Diss. Stuttgart 1975

Scheer, A.-W.: (Produktionsplanung) auf der Grundlage einer Datenbank des Fertigungsbereichs, München/Wien 1976

Scheer, A.-W.: Wirtschafts- und (Betriebsinformatik), München 1978

Scheibler, A.: Betriebswirtschaftliche (Entscheidungen) in Theorie und Praxis, Wiesbaden 1974

Schiemenz, B.: (Regelungstheorie) und Entscheidungsprozesse. Ein Beitrag zur Betriebskybernetik, Wiesbaden 1972

Schindel, V.: Entscheidungsorientierte Interpretationen des Informationswertes und ihre jeweilige (Eignung) zur Beurteilung von Informationsbeschaffungsmaßnahmen, in: ZfB 49(1979), S. 39 - 56

Schirmeister, R.: (Modell) und Entscheidung, Stuttgart 1981

Schirmer, A.: Dynamische (Produktionsplanung) bei Serienfertigung, Wiesbaden 1980

Schleppegrell, J.: Ein (System) zur Investitionsplanung auf der Grundlage einer Werkstück- und Maschinenklassifizierung, Diss. Aachen 1969

Schlingensiepen, J.: Wirtschaftlichkeitsrechnungen und kostenrechnerische (Kalküle) für flexible Fertigungssysteme (FFS), in: KRP (1987), S. 179 - 186

Schmalenbach, E.: Die Betriebswirtschaftslehre an der (Schwelle) der neuen Wirtschaftsverfassung, in: ZfhF (1928), S. 241 ff.

Schmidt, F.: Die (Anpassung) der Betriebe an die Wirtschaftslage, in: ZfB 3(1926), S. 85 ff.

Schmidt, R.-B.: Wirtschaftslehre der Unternehmung. Band 2: (Zielerreichung), Stuttgart 1973

Schmidt, R.-B. unter Mitwirkung von Berthel, J.: (Unternehmungsinvestitionen). Strukturen, Entscheidungen, Kalküle, 4. Aufl. Reinbek bei Hamburg 1984

Schmidt, R.-B.: Wirtschaftslehre der Unternehmung. Band 1: Grundlagen und (Zielsetzung). 2. Aufl. Stuttgart 1977

Schmidt, R.-B.: (Investitionsrechnung), in: Kern, W. (Hrsg.): Handwörterbuch der Produktionswirtschaft, Stuttgart 1979, Sp. 856 - 870

Schmidt, R.-B.: (Unterstützung) risikobehafteter Unternehmungsentscheidungen durch Ungewißheitstheorien, in: Geist, M.N., Köhler, R. (Hrsg.): Die Führung des Betriebes, Stuttgart 1981, S. 91 - 104

Schmidt, R.H.: (Grundzüge) der Investitions- und Finanzierungstheorie, 2. Aufl. Wiesbaden 1986

Schmidt, W.-D.: (Entscheidungsmodell) zur elastischen Kapazitätspolitik, Zürich/Frankfurt am Main 1976

Schmidt-Sudhoff, U.: (Unternehmerziele) und unternehmerisches Zielsystem, Wiesbaden 1967

Schmigalla, H.: (Methoden) zur optimalen Maschinenanordnung, Berlin 1970

Schmigalla, H.: Zur Definition und Quantifizierung der (Flexibilität) von Fertigungsstätten, in: Wissenschaftliche Zeitschrift der Friedrich Schiller-Universität Jena 25(1976), S. 633 - 638

Schneeweiß, C.: Das (Grundmodell) der Entscheidungstheorie, in: Statistische Hefte 7(1966), S. 125 - 137

Schneeweiß, C.: Entscheidungskriterien bei (Risiko), Berlin/Heidelberg/New York 1967

Schneeweiß, C.: (Elemente) einer Theorie betriebswirtschaftlicher Modellbildung, in: ZfB 54(1984), S. 480 - 504

Schneeweiß, C.: Einführung in die (Produktionswirtschaft), Berlin u.a. 1987

Schneider, D.: Flexible (Planung) als Lösung der Entscheidungsprobleme unter Ungewißheit?, in: ZfbF 23(1971), S. 831 - 851

Schneider, D.: Flexible Planung als (Lösung) der Entscheidungsprobleme unter Ungewißheit?, in: ZfbF 24(1972), S. 456 - 476

Schneider, D.: (Anpassungsfähigkeit) und Entscheidungsregel unter Ungewißheit, in: ZfbF 24(1972), S. 745 - 757

Schneider, D.: Anpassungsfähigkeit und Entscheidungsregel unter (Ungewißheit), in: ZfbF 25(1973), S. 805 - 806

Schneider, D.: (Gewinnbesteuerung) und Risikobereitschaft: zur Bewährung quantitativer Ansätze in der Entscheidungstheorie, in: ZfbF 29(1977), S. 633 - 666

Schneider, D.: (Meßbarkeitsstufen) subjektiver Wahrscheinlichkeiten als Erscheinungsformen der Ungewißheit, in: ZfbF 31(1979), S. 89 - 122

Schneider, D.: (Investition) und Finanzierung, 5. Aufl. Wiesbaden 1980

Schneider, E.: (Wirtschaftlichkeitsrechnung). Theorie der Investition, 8. Aufl. Tübingen/Zürich 1973

Schneider, E.: Der (Maßstab) für die Rentabilität von Investitionen unter Unsicherheit, in: ZfbF 38(1986), S. 383 - 392

Schröer, H.- O.: (Sicherheit) als Gegenstand der Unternehmungspolitik, Diss. Tübingen 1969

Schünemann, T.M., Lehnen, H.: (Berücksichtigung) unterschiedlicher Flexibilitätsgrade bei der Planung von Industrierobotern, in: ZwF 78(1983), S. 501 - 506

Schultz, R.: Kapitalwertbezogene (Risikoanalyse) - Berechnung von Wahrscheinlichkeitsverteilungen mit Hilfe von Regressionsbeziehungen, in: ZfbF 32(1980), S. 430 - 441

Schulz, E.: Technische (Investitionsplanung) in Fertigungsbetrieben, in: Management-Zeitschrift io 47(1978), S. 214 - 219

Schulz, E., Steinhilper, R.: (Automatisierungslücken) in der Produktion, in: Management-Zeitschrift io 48(1979), S. 425 - 429

Schulz, H.: Erfolgreiche (Nutzung) des Potentials rechnergestützter Fabrikautomatisierung, in: Werkstatt und Betrieb 118(1985), S. 565 - 568

Schumann, J.: Input-Output-(Analyse), Berlin/Heidelberg/New York 1968

Schuppisser, H.R.: Die (Gestaltung) der Investitionsentscheidung unter Berücksichtigung des Risikos, Bern/Stuttgart 1978

Schuppisser, H.R.: Die Gestaltung der (Investitionsentscheidung), in: Die Unternehmung 32(1978), S. 367 - 391

Schusser, W.H.: (Bausteine) zur Flexibilisierung der Arbeitszeit, in: ZfbF 35(1983), S. 885 - 898

Schwab, H.: Modelltechnologische (Grundlagen) betrieblicher Anlagenwirtschaft, Zürich/Frankfurt 1978

Schwarz, H.: Zur Bedeutung und Berücksichtigung nicht oder schwer monetär quantifizierbarer (Faktoren) im Rahmen des investitionspolitischen Entscheidungsprozesses, in: BFuP (1960), S. 686 - 698

Schwarz, H.: (Investition), Begriff und Formen, in: Grochla, E., Wittmann, W. (Hrsg.): Handwörterbuch der Betriebswirtschaft, Band I/2, 4. Aufl. Stuttgart 1975, Sp. 1974 - 1978

Schweim, J.: Integrierte (Unternehmensplanung), Bielefeld 1969

Schweitzer, M., Küpper, H.-U.: Produktions- und (Kostentheorie) der Unternehmung, Reinbek bei Hamburg 1974

Schweitzer, M., Küpper, H.-U.: (Systeme) der Kostenrechnung, 4. Aufl. Landsberg 1986

Seelbach, H.: (Planungsmodelle) in der Investitionsrechnung, Würzburg/Wien 1967

Seitz, M.: (Probleme) der betrieblichen Planung bei im Zeitablauf wechselnden Marktverhältnissen, Wiesbaden 1968

Seliger, G.: Wirtschaftliche (Planung) automatisierter Fertigungssysteme, München 1983

Servatius, G.: (Methodik) des strategischen Technologie-Managements, 2. Aufl. Berlin 1986

Sieben, G., Schildbach, T.: Betriebswirtschaftliche (Entscheidungstheorie), 2. Aufl. Tübingen/Düsseldorf 1980

Siegwart, H., Kunz, B.R.: (Brevier) der Investitionsplanung, Bern/Stuttgart 1982

Simon, H.A.: (Models) of Man, New York 1957

Sinn, H.-W.: Ökonomische Entscheidungen bei (Ungewißheit), Tübingen 1980

Siskow, W.I.: (Messung) und Optimierung der Erzeugnisqualität, Berlin 1969

Spur, G.: (Optimierung) des Fertigungssystems Werkzeugmaschine, München/Wien 1972

Spur, G.: (Verkettung) von Betriebsmitteln, in: Kern, W. (Hrsg.): Handwörterbuch der Produktionswirtschaft, Stuttgart 1979, Sp. 2119 - 2129

Spur, G., Prehn, W., Seliger, G.: (Werkstückanalyse) zur Auslegung eines flexiblen Fertigungssystems, in: ZwF 71(1976), S. 227 - 233

Standop, D.: Zum (Elastizitätsproblem) der unternehmerischen Finanzplanung, in: Mellwig, W. u.a.(Hrsg.): Unternehmenstheorie und Unternehmensplanung, Wiesbaden 1979, S. 207 - 226

Staudt, E.: Die ökonomischen Ursachen der Rationalisierung in der (Strukturkrise), in: WiSt 7(1978), S. 413 - 420

Staudt, E.: Struktur und Methoden technologischer (Voraussagen), Göttingen 1974

Stegmüller, W.: Die (Aufgaben) der rationalen Entscheidungstheorie, in: Stegmüller, W.: Personelle und statistische Wahrscheinlichkeit, Berlin/Heidelberg/New York 1973, S. 287 - 323

Steinbach, K.: Ein (Modell) zur langfristigen Investitionsplanung im Maschinenbau, in: ZfbF 29(1977), S. 506 - 519

Steinbuch, K.: (Systemanalyse) - Versuch einer Abgrenzung, Methoden, Beispiele, in: IBM-Nachrichten 17(1967), S. 446 - 456

Steiner, G.A.: Top Management Planung, München 1971

Stepan, A.: Produktionsfaktor (Maschine) - Betriebswirtschaftliche Konsequenzen aus dem Anlagenverschleiß, Würzburg 1981

Stigler, G.J.: (Production) and distribution in the short run, in: Journal of Political Economy (1939), S. 305 ff.

Stork, A.: (Kapazitätsplanung) als Grundlage von Investitionsentscheidungen, Diss. Darmstadt 1963

Storr, A.: (Planung) und Realisierung flexibler Fertigungssysteme, in: Werkstattstechnik 69(1979), S. 681 - 691

Streim, H.: Heuristische (Lösungsverfahren). Versuch einer Begriffsklärung, in: ZOR 19(1975), S. 143 - 162

Sturm, N.: Erfolgsbesteuerung und (Risikobereitschaft) bei unternehmerischen Langfristentscheidungen, in: ZfB 56(1986), S. 805 - 826

Suresh, N.C., Meredith, J.R.: Justifying Multimachine (Systems): An Integrated Strategic Approach, in: Manufacturing Systems 4(1985), S. 117 - 134

Switalski, M.: Hierarchische Produktionsplanung - Entwicklung und (Grundmodell), in: WiSt 16(1987), S. 446 - 453

Switalski, M.: Hierarchische Produktionsplanung und (Aggregation), in: ZfB 58(1988), S. 381 - 395

Swoboda, P.: Die betriebliche (Anpassung) als Problem des betrieblichen Rechnungswesens, Wiesbaden 1965

Swoboda, P.: Die simultane (Planung) von Rationalisierungs- und Erweiterungsinvestitionen und von Produktionsprogrammen, in: ZfB 35(1965), S. 148 - 163

Swoboda, P.: (Investition) und Finanzierung, 3. Aufl. Göttingen 1986

Szyperski, N.: (Interdependenzen) und Komplexität von Anpassungs- und Lernaufgaben der Unternehmung, in: ZfO 38(1969), S. 54 - 60

Szyperski, N.: Das Setzen von Zielen - Primäre (Aufgabe) der Unternehmensleitung, in: ZfB 41(1971), S. 639 - 670

Szyperski, N., Tilemann, T.: (Ziele), produktionswirtschaftliche, in: Kern, W. (Hrsg.): Handwörterbuch der Produktionswirtschaft, Stuttgart 1979, Sp. 2301 - 2318

Teichmann, H.: Die (Investitionsentscheidung) bei Unsicherheit, Berlin 1970

Teichmann, H.: Die optimale (Komplexion) des Entscheidungskalküls, in: ZfbF 24(1972), S. 519 - 539

Teichmann, H.: Der optimale (Planungshorizont), in: ZfB 45(1975), S. 295 - 312

Tempelmeier, H.: (Kapazitätsplanung) für flexible Fertigungssysteme, in: ZfB 58(1988), S. 963 - 980

Terborgh, G.: Business Investment (Management), Washington 1967

ter Horst, K.W.: (Investitionsplanung), Stuttgart u.a. 1980

Then, W.: Flexibilisierungs-(Strategien), in: Der Arbeitgeber (1987), S. 255 - 257

Timm, E.: Das (Investitionsrisiko) im investitionstheoretischen Ansatz, Berlin 1976

Tintner, G.: The (theory) of choice under subjective risk and uncertainty, in: Econometrica (1941), S. 298 ff.

Tintner, G.: A (Contribution) to the Nonstatic Theory of Production, in: Lange, O. u.a.(Hrsg.): Studies in Mathematical Economics and Econometrics, Chicago 1942, S. 92 - 109

Töpfer, A.: Planungs- und (Kontrollsysteme) industrieller Unternehmungen, Berlin 1976

Trechsel, F.: (Investitionsplanung) und Investitionsrechnung, Bern/Stuttgart 1973

Tries, B.: Zur (Frage) der Flexibilitätsbestimmung bei Investitionen dauerhafter Produktionsmittel, Landbauforschung Völkenrode, Sonderheft 21, Braunschweig/Völkenrode 1973

Trilling, G.: Die Berücksichtigung des technischen Fortschritts in der (Investitionsplanung), Frankfurt am Main/Zürich 1975

Troßmann, E.: Betriebliche (Bedarfsplanung) auf der Grundlage einer dynamischen Produktionstheorie, in: ZfB 56(1986), S. 827 - 847

Tschink, K., Klaus, R.: Systemtheoretische (Grundlagen) für Maschinen- und Fertigungssysteme, in: Maschinenbautechnik 23(1974), S. 305 - 311

Ulrich, H.: Die (Unternehmung) als produktives soziales System, Bern/Stuttgart 1968

Vettin, G.: (Verfahren) zur technischen Investitionsplanung automatisierter flexibler Fertigungsanlagen, Berlin/Heidelberg/New York 1982

Vischer, P.: Simultane Produktions- und (Absatzplanung), Wiesbaden 1967

Vogel, F.: (Matrizenrechnung) in der Betriebswirtschaft, Grundlagen und Anwendungsmöglichkeiten, Opladen 1970

Volberg, K.: Zur Problematik der (Flexibilität) menschlicher Arbeit, Düsseldorf 1981

Volk, P.G.: (System) zur Steigerung des wirtschaftlichen Erfolges beim Einsatz von NC-Maschinen, Diss. Hannover 1984

Vormbaum, H.: (Wechselbeziehungen) zwischen den fixen Kosten und dem betriebswirtschaftlichen Elastizitätsstreben, in: ZfB 29(1959), S. 193 - 205

Wacker, W.H.: Betriebswirtschaftliche (Informationstheorie), Opladen 1971

Wandersleb, M.: Zur Berücksichtigung von nicht oder nur schwer monetär quantifizierbaren (Einflußfaktoren) bei der Investitionsentscheidung, Diss. Würzburg 1984

Warnecke, H.-J.: (Automatisierung) von Fertigungs- und Montageprozessen, in: Kern, W. (Hrsg.): Handwörterbuch der Produktionswirtschaft, Stuttgart 1979, Sp. 267 - 286

Warnecke, H.-J.: Flexible Automatisierung in (Fertigungsbetrieben), in: Management-Zeitschrift io 50(1981), S. 429 - 432

Warnecke, H.-J.: Flexible (Fertigungssysteme), in: FB&IE 34(1985), S. 268 - 275

Warnecke, H.-J., Vettin, G.: Rechnergestützte (Planung) flexibler Fertigungssysteme, in: TZ für praktische Metallbearbeitung 71(1977), S. 77 - 82

Warnecke, H.-J. Lederer, K.G.: Neue (Arbeitsformen) in der Produktion, Düsseldorf 1979

Warnecke, H.-J., Steinhilper, R., Roth, H.-P.: Developments and (Planning) for FMS - Requirement Examples and Experiences, in: Bullinger, H.-J., Warnecke, H.-J. (Hrsg.): Toward the Factory of the Future, Berlin/Heidelberg/New York/Tokyo 1985, S. 74 - 80

Weber, H.J.: (Fertigungsverfahren) aus betriebswirtschaftlicher Sicht, Diss. Köln 1972

Weber, M.: (Entscheidungen) bei Mehrfachzielen, Wiesbaden 1983

Weck, M.: (Werkzeugmachinen). Band 3: Automatisierung und Steuerungstechnik, Düsseldorf 1978

Wedekind, H.: (Fertigungsdatenbanken), in: Informatik-Spektrum 10(1987), S. 40

Wegner, G.: Systemanalyse und (Sachmitteleinsatz) in der Betriebsorganisation, Wiesbaden 1969

Weinberg, F., Zehnder, C.A. (Hrsg.): Heuristische (Planungsmethoden), Berlin/Heidelberg/New York 1969

Wenig, A.: (Aggregationsprobleme) in der Produktionstheorie, Diss. Regensburg 1969

Wenzel, F.: Entscheidungsorientierte (Informationsbewertung), Opladen 1975

Wesseler, B.: Erfahrung sammeln in (Kapazitätsplanung) - Zwickmühle zwischen Engpaß und Überfluß, in: online (1987), S. 18 - 23

Westkämper, E.: (Automatisierung) in der Einzel- und Kleinserienfertigung, Diss. Aachen 1977

Wicharz, R.E.: Die (Flexibilität) industrieller Produktionsplanung und -steuerung, Düsseldorf 1983

Wiegand, B.: Darstellung und Vergleich der Berechnungsmethoden industrieller Kapazitäten und deren Ausnutzungsgrad, Diss. Darmstadt 1968

Wiendahl, H.-P.: Technische Struktur- und (Investitionsplanung), Essen 1973

Wiendahl, H.-P.: (Bestimmung) des Investitionsbedarfs und der Produktionselastizität einer Maschinenfabrik, in: Werkstattstechnik 69(1979), S. 103 - 109

Wiendahl, H.-P., Mende, R.: Produkt- und (Produktionsflexibilität), in: Werkstattstechnik 71(1981), S. 293 - 296

Wild, J.: Grundlagen und Probleme der betriebswirtschaftlichen (Organisationslehre), Berlin 1966

Wild, J.: Zur (Problematik) der Nutzenbewertung von Informationen, in: ZfB 41(1971), S. 315 - 334

Wild, J.: (Bestandteile), Aufbauprinzipien und Entwicklungsstufen von Planungssystemen, in: Grochla, E., Szyperski, N. (Hrsg.): Modell- und computergestützte Unternehmungsplanung, Wiesbaden 1973, S.217 - 229

Wild, J.: (Grundlagen) der Unternehmungsplanung, 4. Aufl. Opladen 1982

Wildemann, H.: Termin- und (Kapazitätsgrobplanung), Wiesbaden 1983

Wildemann, H.: Investitionsplanung und Wirtschaftlichkeitsrechnung für eine flexible (Produktionstechnik), in: Albach, H., Held, F. (Hrsg.): Betriebswirtschaftslehre mittelständischer Unternehmungen, Stuttgart 1984, S. 163 - 181

Wildemann, H.: (Investitionsentscheidungsprozeß) für numerisch gesteuerte Fertigungssysteme, 2. Aufl. München 1985

Wildemann, H.: (Technologieplanung) als strategische Aufgabe, in: Harvard Manager (1986), S. 86 - 103

Wildemann, H.: (Einführungsstrategien) für neue Produktionstechnologien - dargestellt an CAD/CAM-Systemen und Flexiblen Fertigungssystemen, in: ZfB 56(1986), S. 337 - 369

Wildemann, H.: Strategische (Investitionsplanung) für neue Technologien in der Produktion, in: Wildemann, H. u.a. (Hrsg.): Strategische Investitionsplanung für neue Technologien in der Produktion, Tagungsband 2. Fertigungswirtschaftliches Kolloquium Univ. Passau, Stuttgart 1986, S. 1 - 110

Wildemann, H.: Strategische Investitionsplanung: (Methoden) zur Bewertung neuer Produktionstechnologien, Wiesbaden 1987

Wildemann, H.: Auftragsabwicklung in einer computergestützten Fertigung (CIM), in: ZfB 57(1987), S. 6 - 31

Wildemann, H.: Betriebswirtschaftliche (Wirkungen) einer flexibel automatisierten Fertigung, in: BFuP (1987), S. 209 - 223

Wildemann, H.: Investitionsplanung und (Wirtschaftlichkeitsrechnung) für flexible Fertigungssysteme, Stuttgart 1987

Witte, E.: Phasen-Theorem und (Organisation) komplexer Entscheidungsverläufe, in: ZfbF 20(1968), S. 625 - 647

Witte, E.: Organisation für (Innovationsentscheidungen), Göttingen 1973

Witte, T.: Heuristisches (Planen) - Vorgehensweisen zur Strukturierung betrieblicher Planungsprobleme, Wiesbaden 1979

Wittemann, N.: Produktionsplanung mit verdichteten (Daten), Berlin u.a. 1985

Wittmann, W.: (Ungewißheit) und Planung, in: ZfhF 10(1958), S. 499 - 510

Wittmann, W.: (Betriebswirtschaftslehre). Ein einführendes Lehrbuch. Tübingen 1982

Wittmann, W.: (Unternehmung) und unvollkommene Information, Köln und Opladen 1959

Woithe, G., Gottschalk, E.: (Flexibilität) und Variabilität von Maschinenbaubetrieben, in: Fertigungstechnik und Betrieb 26(1976), S. 706 - 710

Wossidlo, P.R.: Unternehmenswirtschaftliche (Reservierung). Eine realtheoretische und praxeologische Untersuchung. Berlin 1970

Zachert, H.K.: Die (Elastizität) in der Betriebswirtschaft, Diss. Mannheim 1949

Zäpfel, G.: (Planung) des Fertigungsprogramms bei unsicheren Erwartungen über die Absatzwerte, in: angewandte planung (1978), S. 73 - 80 und 101 - 108

Zäpfel, G.: (Programmplanung), mittelfristige, in: Kern, W. (Hrsg.): Handwörterbuch der Produktionswirtschaft, Stuttgart 1979, Sp. 1700 - 1713

Zäpfel, G.: (Produktionswirtschaft), Berlin/New York 1982

Zäpfel, G., Brunner, J.K.: (Planung) des Fertigungsprogramms bei unsicheren Erwartungen über die Absatzwerte, in: angewandte planung (1978), S. 73 - 80 und S. 101 - 108

Zäpfel, G., Gfrerer, H.: Sukzessive (Produktionsplanung), in: WiSt 13(1984), S. 235 - 241

Zahn, E.: Technologische (Vorhersagen), in: Kern, W. (Hrsg.): Handwörterbuch der Produktionswirtschaft, Stuttgart 1979, Sp. 1938 - 1956

Zangemeister, C.: (Nutzwertanalyse) in der Systemtechnik, 3. Aufl. München 1973

Zangemeister, C., Bomsdorf, E.: Empfindlichkeitsuntersuchungen in der Nutzwertanalyse (NWA): Ermittlung kritischer Zielgewichte und Empfindlichkeitsmaße, in: ZfbF 35(1983), S. 375 - 396

Zelenovic, D.M.: (Flexibility) - a condition for effective production systems, in: International Journal of Production Research 20(1982), S. 319 - 337

Zentes, J.: Die (Optimalkomplexion) von Entscheidungsmodellen, Köln u.a. 1976

Zimmermann, H.-J.: Optimale Entscheidungen bei unscharfen (Problembeschreibungen), in: ZfbF 27(1975), S. 785 - 795

Zimmermann, H.-J.: Optimale (Entscheidungen) bei mehreren Zielkriterien, in: ZfO 8(1976), S. 455 - 460

Zimmermann, W.: Modellanalytische (Verfahren) zur Bestimmung optimaler Fertigungsprogramme, Berlin 1966

GPSR Compliance

The European Union's (EU) General Product Safety Regulation (GPSR) is a set of rules that requires consumer products to be safe and our obligations to ensure this.

If you have any concerns about our products, you can contact us on ProductSafety@springernature.com

In case Publisher is established outside the EU, the EU authorized representative is:

Springer Nature Customer Service Center GmbH
Europaplatz 3
69115 Heidelberg, Germany

Batch number: 10815964

Printed by Printforce, the Netherlands